研究生教学用书

公共基础课系列

矩阵论

（第二版）

杨　明　刘先忠

华中科技大学出版社

中国·武汉

图书在版编目(CIP)数据

矩阵论(第二版)/杨　明　刘先忠.—武汉:华中科技大学出版社,2005年3月(2023.9重印) ISBN 978-7-5609-3046-6

Ⅰ.矩…　Ⅱ.①杨…　②刘…　Ⅲ.矩阵-研究生教育-教材　Ⅳ.O151.21

中国版本图书馆CIP数据核字(2005)第077146号

矩阵论(第二版)　　杨　明　刘先忠

责任编辑:李　德　　封面设计:潘　群

责任校对:刘　飞　　责任监印:周治超

出版发行:华中科技大学出版社

武昌喻家山　邮编:430074　电话:(027)81321915

录　排:华大图文设计室

印　刷:武汉市洪林印务有限公司

开本:787mm×960mm　1/16　印张:12　字数:215 000

版次:2005年3月第2版　印次:2023年9月第13次印刷　定价:29.80元

ISBN 978-7-5609-3046-6/O・290

内容简介

本教材适用于工学硕士和工程硕士研究生数学基础课——矩阵论. 全书共分 7 章,主要内容为线性空间与线性变换、Jordan 标准形、矩阵分解、矩阵的广义逆、矩阵分析、矩阵的 Kronecker 积与 Hadamard 积和非负矩阵介绍. 为工学硕士研究生的应用研究提供所需的数学工具. 为他们的继续学习提供必需的数学基础.

本书适用于 50 学时左右的矩阵论课程的教学使用,也可作为同类课程的教学参考书.

Abstract

Matrix Theory is an important component of postgraduate mathematics, particularly for postgraduate students majoring in the scientific and engineering. This book is a text book for MA program course—matrix theory. The topics been covered in the seven chapters are general vector space and linear transformations, Jordan Canonical matrix of matrices. matrix decomposition, generalized inverse of matrix, matrix analyses, the Kronecker product and Hadamard product and introduction to nonnegative matrices. The text contains all the topics recommended by the Ministry of Education.

This book is suitable for 50 lectures.

写在“研究生教学用书”出版15周年前岁

“接天莲叶无穷碧，映日荷花别样红.”今天，我国的教育正处在一个大发展的崭新时期，而高等教育即将跨入“大众化”的阶段，蓬蓬勃勃，生机无限.在高等教育中，研究生教育的发展尤为迅速.在盛夏已临，面对池塘中亭亭玉立的荷花，风来舞举的莲叶，我深深感到，我国研究生教育就似夏季映日的红莲，别样多姿.

党的十六大报告以空前的力度强调了“科教兴国”的发展战略，强调了教育的重大作用，强调了教育的基础性全局性先导性，强调了在社会主义建设中教育的优先发展的战略地位.从报告中，我们可以清楚看到，对高等教育而言，不仅赋予了重大的历史任务，而且更明确提出了要培养一大批拔尖创新人才.不言而喻，培养一大批拔尖创新人才的历史任务主要落在研究生教育肩上.“百年大计，教育为本；国家兴亡，人才为基.”国家之间的激烈竞争，在今天，归根结底，最关键的就是高级专门人才，特别是拔尖创新人才的竞争.由此观之，研究生教育的任务可谓重矣！重如泰山！

前事不忘，后事之师.历史经验已一而再、再而三地证明：一个国家的富强，一个民族的繁荣，最根本的是要依靠自己，要以“自力更生”为主.《国际歌》讲得十分深刻，世界上从来就没有什么救世主，只有依靠自己救自己.寄希望于别人，期美好于外力，只能是一种幼稚的幻想.内因是发展的决定性的因素.当然，我们决不应该也绝不可能采取“闭关锁国”，自我封闭，故步自封的方式来谋求发展，重犯历史错误.外因始终是发展的必要条件.正因为如此，我们清醒看到了，“自助者人助”，只有“自信、自尊、自主、自强”，只有独立自主，自强不息，走以“自力更生”为主的发展道路，才有可能在向世界开放中，争取到更多的朋友，争取到更多的支持，充分利用好外部的各种有利条件，来扎扎实实地而又尽可能快地发展自己.这一切的关键就在于，我们要有数量与质量足够的高级专门人才，特别是拔尖创新人才.何况，在科技高速发展与高度发达，而知识经济已初见端倪的今天，更加如此.人才，高级专门人才，拔尖创新人才，是我们一切事业发展的基础.基础不牢，地动山摇；基础坚牢，大厦凌霄；基础不固，木凋树枯；基础深固，硕茂葱绿！

"工欲善其事，必先利其器."自古凡事皆然，教育也不例外. 教学用书是"传道授业解惑"培育人才的基本条件之一."巧妇难为无米之炊". 特别是在今天，学科的交叉及其发展越来越多及越快，人才的知识基础及其要求越来越广及越高，因此，我一贯赞成与支持出版"研究生教学用书"，供研究生自己主动地选用. 早在1990年，本套用书中的第一本即《机械工程测试·信息·信号分析》出版时，我就为此书写了个"代序"，其中提出：一个研究生应该博览群书，博采百家，思路开阔，有所创见. 但这不等于他所在一切方面均能如此，有所不为才能有所为. 如果一个研究生的主要兴趣与工作不在某一特定方面，他也可选择一本有关这一特定方面的书作为了解与学习这方面知识的参考；如果一个研究生的主要兴趣与工作在这一特定方面，他更应选择一本有关的书作为主要的学习用书，寻觅主要学习线索，并缘此展开，博览群书. 这就是我赞成要为研究生编写系列的"研究生教学用书"的原因. 今天，我仍然如此来看.

还应提及一点，在教育界有人讲，要教学生"做中学"，这有道理；但须补充一句，"学中做". 既要在实践中学习，又要在学习中实践，学习与实践紧密结合，方为全面；重要的是，结合的关键在于引导学生思考，学生积极主动思考. 当然，学生的层次不同，结合的方式与程度就应不同，思考的深度也应不同. 对研究生特别是对博士研究生，就必须是而且也应该是"研中学，学中研"，在研究这一实践中，开动脑筋，努力学习，在学习这一过程中，开动脑筋，努力研究；甚至可以讲，研与学通过思考就是一回事情了. 正因为如此，"研究生教学用书"就大有英雄用武之地，供学习之用，供研究之用，供思考之用.

在此，还应进一步讲明一点. 作为一个研究生，来读"研究生教学用书"中的某书或其他有关的书，有的书要精读，有的书可泛读. 记住了书上的知识，明白了书上的知识，当然重要；如果能照着用，当然更重要. 因为知识是基础. 有知识不一定有力量，没有知识就一定没有力量，千万千万不要轻视知识. 对研究生特别是博士研究生而言，最为重要的还不是知识本身这个形而下，而是以知识作为基础，努力通过某种实践，同时深入独立思考而体悟到的形而上，即《老子》所讲的不可道的"常道"，即思维能力的提高，即精神境界的升华.《周易·系辞》讲了："形而上谓之道，形而下谓之器."我们的研究生要有器，要有具体的知识，要读书，这是基础；但更要有"道"，更要一般，要体悟出的形而上.《庄子·天道》讲得多么好："书不过语. 语之所贵者意也，意有所随.意之所随者，不可以言传也.”这个“意”，就是孔子所讲的“一以贯之”的“一”，就是“道”，就是形而上.它比语、比书，重要多了.要能体悟出形而上，一定要有足够数量的知识作为必不可缺的基础，一定要在读书去获得知识时，整体地读，重点地读，反复地读；整体地想，重点地想，反复地想.如同韩愈在《进学解》中所讲的那样，能“提其要”，“钩其玄”，以达到南宋张孝祥所讲的“悠然心会，妙处难与君说”的体悟，化知识为己之素质，为“活水源头”.这样，就可驾驭知识，发展知识，创新知识，而不是为知识所驾驭，为知识所奴役，成为计算机的存储装置.

这套“研究生教学用书”从第一本于1990年问世以来，到明年，就经历了不平凡的15个春秋.从研究生教育开始以来，我校历届领导都十分关心研究生教育，高度重视研究生教学用书建设，亲自抓研究生教学用书建设；饮水思源，实难忘怀！“逝者如斯夫，不舍昼夜.”截至今天，“研究生教学用书”的出版已成了规模，蓬勃发展.目前已出版了用书69种，有的书发行了数万册，有22种分别获得了国家级、省部级教材奖、图书奖，有数种已为教育部列入向全国推荐的研究生教材，有20种一印再印，久销不衰.采用此书的一些兄弟院校教师纷纷来信，称赞此书为研究生培养与学科建设做出了贡献.我们深深感激这些鼓励，“衷心藏之，何日忘之?!”没有读者与专家的关爱，就没有我们“研究生教学用书”的发展.

唐代大文豪李白讲得十分正确:“人非尧舜，谁能尽善?”我始终认为，金无足赤，物无足纯，人无完人，文无完文，书无完书.“完”全了，就没有发展了，也就“完”蛋了.江泽民同志在党的十六大报告中讲得多么深刻:“实践没有止境，创新也没有止境.”他又指出，坚持“三个代表”重要思想的关键是与时俱进.这套“研究生教学用书”更不会例外.这套书如何？某本书如何？这样的或那样的错误、不妥、疏忽或不足，必然会有.但是，我们又必须积极、及时、认真而不断地加以改进，与时俱进，奋发前进.我们衷心希望与真挚感谢读者与专家不吝指教，及时批评.当局者迷，兼听则明；“嘤其鸣矣，求其友声.”这就是我们肺腑之言.当然，在这里，还应该深深感谢“研究生教学用书”的作者、审阅者、组织者(华中科技大学研究生院的有关领导和工作人员)与出版者(华中科技大学出版社的编辑、校对及其全体同志)；深深感谢对“研究生教学用书”的一切关心者与支持者，没有他们，就决不会有今天的“研究生教学用书”.

我们真挚祝愿，在我们举国上下，万众一心，在“三个代表”重要思想的指引下，努力全面建设小康社会，加速推进社会主义现代化，为实现中华民族伟大复兴，“芙蓉国里尽朝晖”这一壮丽事业中，让我们共同努力，为培养数以千万计高级专门人才、特别是一大批拔尖创新人才，完成历史赋予研究生教育的重大任务而做出应有的贡献.

谨为之序.

中国科学院院士
华中科技大学学术委员会主任
杨叔子
2003年7月于喻园

第二版前言

本书的第二版是在第一版的基础上，根据教学实践和工科硕士研究生学习和应用中对矩阵理论的需要，从便于研究生阅读自学的角度做了一些扩充和修改而成.

本版全书的内容为7章：线性空间和线性变换、Jordan标准形、矩阵分解、矩阵的广义逆、矩阵分析、矩阵的Kronecker积和Hadamard积、非负矩阵介绍.其中第1、2、3、6章由杨明编写，第4、5、7章由刘先忠编写.

本版的扩充主要是在第1章中增加了从m维线性空间$V_m(F)$到n维线性空间$V_n(F)$的线性变换；在第3章和第5章中分别增加了极分解和数值范围等部分内容；增写了第6章：矩阵的Kronecker积和Hadamard积.在各章节增补了部分内容、例题以介绍矩阵理论在一些特殊矩阵上的研究成果.

本版对矩阵的奇异值分解根据现代应用的发展做了较大的修改。另外，重新修订了原书的部分证明和习题.

本书适用于50学时左右的教学，可以根据学生的线性代数基础做相应的内容取舍。其中部分内容可供研究生自学和应用查阅.

本书第一版在应用过程中，得到了华中科技大学数学系课程教学组教师、研究生院教学顾问组余明书教授和修矩阵论课程的研究生的宝贵意见和建议，在本版中，作者考虑了这些意见和建议，在此对他们表示衷心地感谢.同时作者对华中科技大学出版社编辑们为本书出版所做的工作表示感谢.

本书虽经多次修改和讲授，但不足之处一定不少，尚祈读者不吝指正.

作　者

2004年11月于华中科技大学

前　言

本书是为工学硕士研究生数学基础课“矩阵论”编写的教材.全书由线性空间和线性变换、Jordan 标准形、矩阵分解、矩阵的广义逆、矩阵分析和非负矩阵介绍等 6 章构成,其内容符合教育部工学硕士研究生矩阵论教学基本要求.

在科学技术和工程应用中,矩阵理论的重要性和应用的广泛性是众所周知的.计算机的广泛使用和 MATLAB,MAPLE 等数学计算软件的迅猛普及为矩阵理论提供了更为广阔的发展和应用前景.本书注重将线性空间、线性变换和内积、赋范空间的各种问题对应到数值向量空间 $\mathbf{R}^n$ 上,强调抽象内容的矩阵处理技巧,使问题的描述形式和处理方法简洁,可有效地利用矩阵这一数学工具,同时为将功能强大的矩阵计算数学软件有效地使用到各类问题上奠定了基础,便于提高教学效率.本书的内容取舍力求理论体系简明清晰,适合工学硕士后续学习和研究应用的需要,深浅适度.本书的推荐教学学时为 50 学时.

本书是在华中科技大学(原华中理工大学)数学系为硕士研究生开设矩阵论课程的长期教学实践中发展形成的.第 1、2、3 章由杨明编写,第 4,5,6 章由刘先忠编写.本书的编写得到了华中科技大学研究生院的教改项目支持,得到了华中科技大学数学系和课程教学组老师们的关心和协助,在此表示衷心的感谢.作者对华中科技大学出版社和本书编辑为本书出版所做的工作表示感谢.

本书内容虽经多次讲授,随着科学技术的发展仍然需要不断的完善,其问题和不足,敬请同行和读者不吝指正.

作　者

2003 年 9 月于华中科技大学

本书使用符号一览表

$V_n(F)$	数域 F 上的 n 维线性空间
F^n	以数域 F 中的数为分量的 n 维列向量集合
$F^{m\times n}$	以数域 F 中的数为元素的 $m\times n$ 阶矩阵集合
$P_n[x]$	次数不超过 $n-1$ 次的实系数多项式集合
$L\{\boldsymbol{\alpha}_1,\boldsymbol{\alpha}_2,\cdots,\boldsymbol{\alpha}_n\}$	由线性空间中向量 $\boldsymbol{\alpha}_1,\boldsymbol{\alpha}_2,\cdots,\boldsymbol{\alpha}_n$ 生成的子空间
$W^{\perp}$	W 的正交补子空间
$W_1\oplus W_2$	子空间 W_1 与 W_2 的直和
$\|k\|$	复数 k 的模长
$\\|\boldsymbol{\alpha}\\|$	向量 $\boldsymbol{\alpha}$ 的长度(范数)：$\\|\boldsymbol{\alpha}\\|^2=\sum\limits_{i=1}^{n}\|a_i\|^2$
$\boldsymbol{e}_i$	第 i 个分量为 1,其余分量为 0 的基本单位向量
$[\boldsymbol{A}]_{ij}$	矩阵的第 i 行,第 j 列位置上的元素或子块
$\boldsymbol{E}_{ij}$	第 i 行,第 j 列位置上元素为 1,其余元素为 0 的矩阵
$\boldsymbol{A}^{\mathrm{H}}$	矩阵 $\boldsymbol{A}$ 的共轭转置矩阵,$\boldsymbol{A}^{\mathrm{H}}=(\overline{\boldsymbol{A}})^{\mathrm{T}}$
$\det(\boldsymbol{A})$	矩阵 $\boldsymbol{A}$ 的行列式
$\mathrm{rank}(\boldsymbol{A})$	矩阵 $\boldsymbol{A}$ 的秩
$R(\boldsymbol{A})$	矩阵 $\boldsymbol{A}$ 的列空间
$N(\boldsymbol{A})$	矩阵 $\boldsymbol{A}$ 的零空间
$\mathrm{tr}(\boldsymbol{A})$	矩阵 $\boldsymbol{A}$ 的迹　$\mathrm{tr}(\boldsymbol{A})=\sum\limits_{i=1}^{n}a_{ii}$
V_λ	特征值 λ 对应的特征子空间
$m_{\boldsymbol{A}}(\lambda)$	矩阵 $\boldsymbol{A}$ 的最小多项式
$\boldsymbol{A}_{\mathrm{R}}^{-1}$	矩阵 $\boldsymbol{A}$ 的右逆
$\boldsymbol{A}_{\mathrm{L}}^{-1}$	矩阵 $\boldsymbol{A}$ 的左逆
$\boldsymbol{A}\{1\}$	矩阵 $\boldsymbol{A}$ 的减号逆或$\{1\}$逆
$\boldsymbol{A}^{+}$	矩阵 $\boldsymbol{A}$ 的 Moore-Penrose 广义逆
$\rho(\boldsymbol{A})$	矩阵 $\boldsymbol{A}$ 的谱半径
$\\|\boldsymbol{X}\\|_p$	向量 $\boldsymbol{X}$ 的 p 范数　$\\|\boldsymbol{X}\\|_p=\left(\sum\limits_{i}\|x_i\|^p\right)^{\frac{1}{p}}$
$\\|\boldsymbol{A}\\|_F$	矩阵 $\boldsymbol{A}$ 的 Frobenius 范数：

$$\| \boldsymbol{A} \|_F = \left[\sum_{i=1}^{n} \sum_{j=1}^{n} | a_{ij} |^2 \right]^{\frac{1}{2}} = [\mathrm{tr}(\boldsymbol{A}^H \boldsymbol{A})]^{\frac{1}{2}}$$

$\mathrm{diag}(\boldsymbol{J}_1, \boldsymbol{J}_2, \cdots, \boldsymbol{J}_m)$	以 $\boldsymbol{J}_1, \boldsymbol{J}_2, \cdots, \boldsymbol{J}_m$ 为对角线上子块的对角阵
$\boldsymbol{A} \otimes \boldsymbol{B}$	矩阵 $\boldsymbol{A}$ 与 $\boldsymbol{B}$ 的 Kronecker 积
$\boldsymbol{A} \circ \boldsymbol{B}$	矩阵 $\boldsymbol{A}$ 与 $\boldsymbol{B}$ 的 Hadamard 积
Vec	向量化算子
$\boldsymbol{A} > 0$	$\boldsymbol{A}$ 为正矩阵
$\boldsymbol{A} \geqslant 0$	$\boldsymbol{A}$ 为非负矩阵

目　　录

第 1 章　线性空间与线性变换

矩阵是处理有限维空间形式和数量关系的重要工具，线性空间与线性变换是其中的基本研究对象．这一章在线性代数的基础上，推广向量空间 $\mathbf{R}^n$，一般地建立线性空间的概念，进而定义线性变换，介绍其中的基本理论及其矩阵方法．

1.1　线性空间

我们从线性代数中了解的向量空间 $\mathbf{R}^n$，从数学的角度看，它涉及一个集合和一个数域，定义有集合中元素的加法运算和数域中数与集合中元素的数乘运算，我们由此出发来推广建立线性空间的概念．

一、线性空间的概念

定义 1.1　设 V 是一个以 $\boldsymbol{\alpha},\boldsymbol{\beta},\boldsymbol{\gamma},\cdots$ 为元素的非空集合，F 是一个数域．在其中定义两种运算，一种叫加法：$\forall \boldsymbol{\alpha},\boldsymbol{\beta}\in V,\boldsymbol{\alpha}+\boldsymbol{\beta}\in V$；另一种叫数量乘法：$\forall k\in F,\boldsymbol{\alpha}\in V,k\boldsymbol{\alpha}\in V$，并且满足下面八条运算法则：

(1) 加法交换律：$\boldsymbol{\alpha}+\boldsymbol{\beta}=\boldsymbol{\beta}+\boldsymbol{\alpha}$；

(2) 加法结合律：$(\boldsymbol{\alpha}+\boldsymbol{\beta})+\boldsymbol{\gamma}=\boldsymbol{\alpha}+(\boldsymbol{\beta}+\boldsymbol{\gamma})$；

(3) V 中存在零元素：$\exists \boldsymbol{\alpha}_0\in V,\forall \boldsymbol{\alpha}\in V,\boldsymbol{\alpha}+\boldsymbol{\alpha}_0=\boldsymbol{\alpha}$，记 $\boldsymbol{\alpha}_0=\mathbf{0}$；

(4) 负元素存在：$\forall \boldsymbol{\alpha}\in V,\exists \boldsymbol{\beta}\in V$，使 $\boldsymbol{\alpha}+\boldsymbol{\beta}=\mathbf{0}$，记 $\boldsymbol{\beta}=-\boldsymbol{\alpha}$；

(5) 数乘结合律 $(kl)\boldsymbol{\alpha}=k(l\boldsymbol{\alpha})$；

(6) 存在 $1\in F,1\cdot\boldsymbol{\alpha}=\boldsymbol{\alpha}$；

(7) 分配律：$(k+l)\boldsymbol{\alpha}=k\boldsymbol{\alpha}+l\boldsymbol{\alpha}$；

(8) 分配律：$k(\boldsymbol{\alpha}+\boldsymbol{\beta})=k\boldsymbol{\alpha}+k\boldsymbol{\beta}$，

则称 V 为数域 F 上的**线性空间**．V 中元素称为**向量**．F 为**实(复)数域**时，称 V 是**实(复)线性空间**．

例 1　对给定的数域 F，集合 $F^n=\{(x_1\quad x_2\quad \cdots\quad x_n)^{\mathrm{T}}\mid x_i\in F\}$，对通常的向量的加法和数乘运算，$F^n$ 为域 F 上的线性空间．当 F 为实数域 $\mathbf{R}$ 和复数域 $\mathbf{C}$ 时，$\mathbf{R}^n$ 和 $\mathbf{C}^n$ 是它的两种具体形式．

例 2　$V=F^{m\times n}=\{\boldsymbol{A}=(a_{ij})_{m\times n}\mid a_{ij}\in F\}$，它在矩阵的加法与数乘运算下构成数域 F 上的线性空间，称为矩阵空间，其中 $\mathbf{R}^{m\times n}$ 为由一切 $m\times n$ 实矩阵构成的实矩阵空间．

例 3　实数域 $\mathbf{R}$ 上次数不超过 $n-1$ 次的关于文字 x 的一切多项式和零多项式所

构成的集合

$$P_n[x]=\{\sum_{i=0}^{n-1}a_ix^i \mid a_i\in\mathbf{R}\},$$

在通常多项式加法与数乘多项式运算下构成线性空间，称为多项式空间 $P_n[x]$.

值得指出的是次数等于 $n-1$ 的多项式集合 $V=\left\{\sum_{i=0}^{n-1}a_ix^i \middle| a_i\in\mathbf{R},a_{n-1}\neq 0\right\}$ 不是线性空间，因为两个次数为 $n-1$ 的多项式相加后所得多项式次数不一定为 $n-1$，从而有可能不在 V 中，这也称为 V 对加法不封闭. 定义 1 要求线性空间对加法和数量乘法这两种运算均是封闭的.

例 4　$V=C[a,b]=\{f(x)\mid f(x)$是区间$[a,b]$上实连续函数$\}$，对于函数的加法与数乘运算构成实数域上的线性空间.

从上述线性空间例子中可以看到，许多常见的研究对象都可以在线性空间中作为向量来研究. 另外应理解加法和数乘分别是 V 中的一个二元运算和数域 F 和 V 中元素间的运算，要求运算满足定义 1 中的八条性质，它们已不再局限在数的加法、乘法的概念中.

例如取集合为正数集合 $\mathbf{R}^+$，F 为实数域 $\mathbf{R}$，加法$\oplus$和数乘$\circ$如下定义

$$\oplus:\forall a,b\in\mathbf{R}^+\qquad a\oplus b=ab,$$

$$\circ:\forall k\in\mathbf{R},a\in\mathbf{R}^+,k\circ a=a^k.$$

在此运算下，$\mathbf{R}^+$ 是 $\mathbf{R}$ 上的一个线性空间. 其中加法零元素是 $\mathbf{R}^+$ 中的数 1，$\mathbf{R}^+$ 中元素 a 的负元素是 a^{-1}.

定理 1.1　线性空间 V 有如下性质：

(1) V 中的零元素惟一；

(2) V 中任一元素的负元素惟一；

(3) 设 0 为数零，$\mathbf{0}$ 为 V 中零向量，则

(i) $0\cdot\boldsymbol{\alpha}=\mathbf{0}$.

(ii) $k\cdot\mathbf{0}=\mathbf{0},k\in F$.

(iii) 若 $k\cdot\boldsymbol{\alpha}=\mathbf{0}$，则一定有 $k=0$ 或 $\boldsymbol{\alpha}=\mathbf{0}$.

(iv) $(-1)\boldsymbol{\alpha}=-\boldsymbol{\alpha}$.

证明留给读者.

二、线性空间的基与维数

线性空间中的基与维数是依赖于向量的线性相关与线性无关的概念来定义的. 线性空间 V 作为一个向量集合，其中向量的线性相关与线性无关的定义与线性代数中给出的定义完全类似，因而在线性空间中，极大线性无关组、等价等概念在形式上与向量空间 $\mathbf{R}^n$ 中的定义一样，与上述概念相关的性质与结果也可平移到线性空间中，在此不

再叙述.

定义 1.2　设 V 是线性空间,若存在一组线性无关的向量 $\boldsymbol{\alpha}_1,\boldsymbol{\alpha}_2,\cdots,\boldsymbol{\alpha}_n$,使空间中任一向量可由它们线性表示,则称向量组$\{\boldsymbol{\alpha}_1,\boldsymbol{\alpha}_2,\cdots,\boldsymbol{\alpha}_n\}$为 V 的一组**基**.基所含向量个数为 V 的**维数**,记为 $\dim V=n,n<+\infty$或者 $n=+\infty$.

例 5　向量组$\{\boldsymbol{e}_1=(1\quad 0\quad 0\quad \cdots\quad 0)^{\mathrm{T}},\boldsymbol{e}_2=(0\quad 1\quad 0\quad \cdots\quad 0)^{\mathrm{T}},\cdots,\boldsymbol{e}_n=(0\quad 0\quad \cdots\quad 0\quad 1)^{\mathrm{T}}\}$是 F^n 的一组基,所以 $\dim F^n=n$.

例 6　求矩阵空间 $\mathbf{R}^{2\times 2}$的维数与一组基.

解　任取矩阵 $\boldsymbol{A}=\begin{pmatrix}a_{11} & a_{12}\\ a_{21} & a_{22}\end{pmatrix}$,有

$$\boldsymbol{A}=a_{11}\begin{pmatrix}1 & 0\\ 0 & 0\end{pmatrix}+a_{12}\begin{pmatrix}0 & 1\\ 0 & 0\end{pmatrix}+a_{21}\begin{pmatrix}0 & 0\\ 1 & 0\end{pmatrix}+a_{22}\begin{pmatrix}0 & 0\\ 0 & 1\end{pmatrix},$$

因此 $\mathbf{R}^{2\times 2}$中任何一个向量都可写成向量组

$$\boldsymbol{E}_{11}=\begin{pmatrix}1 & 0\\ 0 & 0\end{pmatrix},\quad \boldsymbol{E}_{12}=\begin{pmatrix}0 & 1\\ 0 & 0\end{pmatrix},\quad \boldsymbol{E}_{21}=\begin{pmatrix}0 & 0\\ 1 & 0\end{pmatrix},\quad \boldsymbol{E}_{22}=\begin{pmatrix}0 & 0\\ 0 & 1\end{pmatrix}$$

的线性组合.又任取数 k_i,由

$$k_1\boldsymbol{E}_{11}+k_2\boldsymbol{E}_{12}+k_3\boldsymbol{E}_{21}+k_4\boldsymbol{E}_{22}=\begin{pmatrix}k_1 & k_2\\ k_3 & k_4\end{pmatrix}=\boldsymbol{0},$$

得 $k_i=0,i=1,2,3,4$,故 $\boldsymbol{E}_{11},\boldsymbol{E}_{12},\boldsymbol{E}_{21},\boldsymbol{E}_{22}$线性无关.由定义 2 知$\{\boldsymbol{E}_{11},\boldsymbol{E}_{12},\boldsymbol{E}_{21},\boldsymbol{E}_{22}\}$是 $\mathbf{R}^{2\times 2}$的一组基,$\dim\mathbf{R}^{2\times 2}=4$.

类似地,$\{\boldsymbol{E}_{ij},i=1,2,\cdots,m;j=1,2,\cdots,n\}$是矩阵空间 $\mathbf{R}^{m\times n}$的一组基,

$$\dim\mathbf{R}^{m\times n}=m\times n.$$

例 7　向量组$\{1,x,x^2,\cdots,x^{n-1}\}$是线性空间 $P_n[x]$的一组基,$\dim P_n[x]=n$.

以上例子中,空间维数 $\dim V$ 都为有限数,这样的空间称为有限维线性空间.若 $\dim V$ 不是有限数,则称 V 为无限维线性空间.由于有限维空间与无限维空间在研究方法上的较大差异,这里我们只讨论有限维空间.约定记号 $V_n(F)$表示 V 是数域 F 上的 n 维线性空间.

由于基就是向量集合 V 的极大线性无关组,从而线性空间的基也不是惟一的.

定理 1.2　n 维线性空间中任意 n 个线性无关的向量构成的向量组都是空间的基.

三、坐标

在线性空间 $V_n(F)$中,设$\{\boldsymbol{\alpha}_1,\boldsymbol{\alpha}_2,\cdots,\boldsymbol{\alpha}_n\}$是一组基,则$\{\boldsymbol{\alpha}_1\quad \boldsymbol{\alpha}_2\quad \cdots\quad \boldsymbol{\alpha}_n\}$线性无关,$\forall\boldsymbol{\beta}\in V_n(F)$,$\{\boldsymbol{\alpha}_1,\boldsymbol{\alpha}_2,\cdots,\boldsymbol{\alpha}_n,\boldsymbol{\beta}\}$线性相关,故 $\boldsymbol{\beta}$ 可由 $\boldsymbol{\alpha}_1,\boldsymbol{\alpha}_2,\cdots,\boldsymbol{\alpha}_n$ 惟一地线性表示.因此有

定义 1.3　设 $\boldsymbol{\alpha}_1,\boldsymbol{\alpha}_2,\cdots,\boldsymbol{\alpha}_n$ 是线性空间 $V_n(F)$的一组基,$\forall\boldsymbol{\beta}\in V$,

$$\boldsymbol{\beta}=\sum_{i=1}^{n}x_i\boldsymbol{\alpha}_i=(\boldsymbol{\alpha}_1\quad\boldsymbol{\alpha}_2\quad\cdots\quad\boldsymbol{\alpha}_n)\begin{pmatrix}x_1\\x_2\\\vdots\\x_n\end{pmatrix},\tag{1.1}$$

则称数 $x_1,x_2,\cdots,x_n$ 是 $\boldsymbol{\beta}$ 在基$\{\boldsymbol{\alpha}_1,\boldsymbol{\alpha}_2,\cdots,\boldsymbol{\alpha}_n\}$下的坐标,(1.1)式中向量$(x_1\quad x_2\quad\cdots\quad x_n)^{\mathrm{T}}$ 为 $\boldsymbol{\beta}$ 的坐标向量,也简称为坐标.

(1.1)式中第二个等式是借助于矩阵的形式运算来表示的,显然$(\boldsymbol{\alpha}_1\quad\boldsymbol{\alpha}_2\quad\cdots\quad\boldsymbol{\alpha}_n)$在一般的向量意义下不一定为矩阵,但这种表示会给今后矩阵处理带来很多便利.

例 8 求 $\mathbf{R}^{2\times2}$ 中向量$\begin{pmatrix}3&1\\4&5\end{pmatrix}$在基$\{\boldsymbol{E}_{11},\boldsymbol{E}_{12},\boldsymbol{E}_{21},\boldsymbol{E}_{22}\}$下的坐标.

解 $\begin{pmatrix}3&1\\4&5\end{pmatrix}=3\boldsymbol{E}_{11}+\boldsymbol{E}_{12}+4\boldsymbol{E}_{21}+5\boldsymbol{E}_{22}=(\boldsymbol{E}_{11}\ \boldsymbol{E}_{12}\ \boldsymbol{E}_{21}\ \boldsymbol{E}_{22})\begin{pmatrix}3\\1\\4\\5\end{pmatrix}$,故该向量在所给基下坐标为$(3\ 1\ 4\ 5)^{\mathrm{T}}$. 一般地 $\mathbf{R}^{2\times2}$ 中向量$\begin{pmatrix}a_{11}&a_{12}\\a_{21}&a_{22}\end{pmatrix}$在所给基$\{\boldsymbol{E}_{ij}\}$下坐标为$(a_{11}\quad a_{12}\quad a_{21}\quad a_{22})^{\mathrm{T}}$.

例 9 已知$\{1,x,x^2,x^3\}$和$\{1,(x-1),(x-1)^2,(x-1)^3\}$是线性空间 $P_4[x]$的两组基,求 $P_4[x]$中向量 $f(x)=a_0+a_1x+a_2x^2+a_3x^3$ 在这两组基下的坐标.

解 因为 $f(x)=(1\quad x\quad x^2\quad x^3)\begin{pmatrix}a_0\\a_1\\a_2\\a_3\end{pmatrix}$,

所以 $f(x)$在基$\{1,x,x^2,x^3\}$下坐标为$(a_0\quad a_1\quad a_2\quad a_3)^{\mathrm{T}}$.

又由 Taylor 公式

$$\begin{aligned}f(x)&=f(1)+f'(1)(x-1)+\frac{f''(1)}{2}(x-1)^2+\frac{f'''(1)}{3!}(x-1)^3\\&=(1\ (x-1)\ (x-1)^2\,(x-1)^3)\begin{pmatrix}f(1)\\f'(1)\\\frac{1}{2}f''(1)\\\frac{1}{3!}f'''(1)\end{pmatrix},\end{aligned}$$

故 $f(x)$在基$\{1,(x-1),(x-1)^2,(x-1)^3\}$下的坐标为$\left(f(1)\quad f'(1)\quad \frac{f''(1)}{2!}\quad \frac{f'''(1)}{3!}\right)^{\mathrm{T}}$.

从以上例子和(1.1)式可以看到，不论 $V_n(F)$ 为何种具体的线性空间，当在 $V_n(F)$ 中取定一组基时，$V_n(F)$ 中向量在该基下的坐标都是线性空间 F^n 中的向量．正是这一特点，奠定了可以用数量矩阵和 $\mathbf{R}^n$ 中向量来研究一般的线性空间中有关问题的基础．一般同一个向量在不同基下的坐标是不同的．

在线性空间 $V_n(F)$ 中取定一组基 $\{\boldsymbol{\alpha}_1,\boldsymbol{\alpha}_2,\cdots,\boldsymbol{\alpha}_n\}$，$\forall\boldsymbol{\beta}\in V_n(F)$，取坐标作为对应关系，$\boldsymbol{\beta}$ 惟一地对应于 F^n 中一个向量 $\boldsymbol{X}$（$\boldsymbol{\beta}$ 的坐标）．反之，$\forall\boldsymbol{X}\in F^n$，$(\boldsymbol{\alpha}_1\quad\boldsymbol{\alpha}_2\quad\cdots\quad\boldsymbol{\alpha}_n)\boldsymbol{X}$ 就是 $\boldsymbol{X}$ 所对应的 $V_n(F)$ 中的向量．因此，坐标关系建立了线性空间 $V_n(F)$ 和 F^n 的一一对应关系 σ，显然 σ 满足

$$\sigma(\boldsymbol{\alpha}+\boldsymbol{\beta})=\sigma(\boldsymbol{\alpha})+\sigma(\boldsymbol{\beta}),$$
$$\sigma(k\boldsymbol{\alpha})=k\sigma(\boldsymbol{\alpha}).$$

在对应关系 σ 下，数域 F 上任何一个 n 维线性空间 $V_n(F)$ 都和 n 维线性空间 F^n 同构．

设 $V_n(F)$ 中向量 $\boldsymbol{\beta}_i$ 的坐标为 $\boldsymbol{X}_i$，$i=1,2,\cdots,m$，则 $\boldsymbol{\beta}_i$ 的线性组合 $\sum\limits_{i=1}^{m}k_i\boldsymbol{\beta}_i$ 的坐标是 $\sum\limits_{i=1}^{m}k_i\boldsymbol{X}_i$，又零向量坐标为 $\mathbf{0}$，所以

$$\sum_{i=1}^{m}k_i\boldsymbol{\beta}_i=\mathbf{0}\Leftrightarrow\sum_{i=1}^{m}k_i\boldsymbol{X}_i=\mathbf{0}.$$

该结果可叙述为下述定理．

定理 1.3　设 $\{\boldsymbol{\alpha}_1,\boldsymbol{\alpha}_2,\cdots,\boldsymbol{\alpha}_n\}$ 是 n 维线性空间 $V_n(F)$ 的一组基，$V_n(F)$ 中向量 $\boldsymbol{\beta}_i$ 在该基下坐标为 $\boldsymbol{X}_i$，$i=1,2,3,\cdots,m$，则 $V_n(F)$ 中向量组 $\{\boldsymbol{\beta}_1,\boldsymbol{\beta}_2,\cdots,\boldsymbol{\beta}_m\}$ 线性相关的充分必要条件是其坐标向量组 $\{\boldsymbol{X}_1,\boldsymbol{X}_2,\cdots,\boldsymbol{X}_m\}$ 是 F^n 中的线性相关组．

定理 1.3 说明由坐标建立的 $V_n(F)$ 和 F^n 之间的一一对应关系保持线性关系不变．若不计较向量的具体形式，仅就线性关系而言，$V_n(F)$ 中有关问题都可归结为我们所熟悉的线性空间 F^n 中的相应问题，可应用熟悉的方法和已建立的理论来解决．

例 10　讨论 $P_4[x]$ 中向量：$f_1=1+2x+4x^3$，$f_2=x+x^2+4x^3$，$f_3=1+x-3x^2$，$f_4=-2x^2+x^3$ 的线性相关性．

解　在 $P_4[x]$ 中取基 $\{1,x,x^2,x^3\}$，则向量组对应的坐标 $\boldsymbol{X}_1=(1\quad 2\quad 0\quad 4)^{\mathrm{T}}$，$\boldsymbol{X}_2=(0\quad 1\quad 1\quad 4)^{\mathrm{T}}$，$\boldsymbol{X}_3=(1\quad 1\quad -3\quad 0)^{\mathrm{T}}$，$\boldsymbol{X}_4=(0\quad 0\quad -2\quad 1)^{\mathrm{T}}$，

$$\boldsymbol{A}=(\boldsymbol{X}_1\ \boldsymbol{X}_2\ \boldsymbol{X}_3\ \boldsymbol{X}_4)=\begin{pmatrix}1&0&1&0\\2&1&1&0\\0&1&-3&-2\\4&4&0&1\end{pmatrix}\rightarrow\begin{pmatrix}1&0&1&0\\0&1&-1&0\\0&0&-2&-2\\0&0&0&1\end{pmatrix},$$

$\mathrm{rank}(\boldsymbol{A})=4$，因而 $\boldsymbol{X}_1,\boldsymbol{X}_2,\boldsymbol{X}_3,\boldsymbol{X}_4$ 线性无关，即 $\{f_1,f_2,f_3,f_4\}$ 线性无关．

四、基变换与坐标变换

从定理 1.2 可以知道，线性空间 $V_n(F)$ 的基不是惟一的，同一向量在不同基下的坐

标一般也不相同，这里讨论 $V_n(F)$ 中不同基之间的关系和同一向量在不同基下坐标的关系.

设 $\{\boldsymbol{\alpha}_1,\boldsymbol{\alpha}_2,\cdots,\boldsymbol{\alpha}_n\}$ 和 $\{\boldsymbol{\beta}_1,\boldsymbol{\beta}_2,\cdots,\boldsymbol{\beta}_n\}$ 是 $V_n(F)$ 中的两组基，则由基的定义

$$\boldsymbol{\beta}_i = (\boldsymbol{\alpha}_1 \quad \boldsymbol{\alpha}_2 \quad \cdots \quad \boldsymbol{\alpha}_n)\begin{pmatrix} c_{1i} \\ c_{2i} \\ \vdots \\ c_{ni} \end{pmatrix} \xlongequal{\text{记为}} \{\boldsymbol{\alpha}_1,\boldsymbol{\alpha}_2,\cdots,\boldsymbol{\alpha}_n\}\boldsymbol{C}_i, \tag{1.2}$$

$$i = 1,2,\cdots,n.$$

由矩阵分块运算，(1.2)式中 n 个式子可表示为

$$(\boldsymbol{\beta}_1 \quad \boldsymbol{\beta}_2 \quad \cdots \quad \boldsymbol{\beta}_n) = (\boldsymbol{\alpha}_1 \quad \boldsymbol{\alpha}_2 \quad \cdots \quad \boldsymbol{\alpha}_n)\boldsymbol{C}, \tag{1.3}$$

其中 $\boldsymbol{C}=(\boldsymbol{C}_1 \quad \boldsymbol{C}_2 \quad \cdots \quad \boldsymbol{C}_n)\in F^{n\times n}$.

定义 1.4　设 $\{\boldsymbol{\alpha}_1,\boldsymbol{\alpha}_2,\cdots,\boldsymbol{\alpha}_n\}$，$\{\boldsymbol{\beta}_1,\boldsymbol{\beta}_2,\cdots,\boldsymbol{\beta}_n\}$ 是 n 维线性空间 $V_n(F)$ 的两组基，若有矩阵 $\boldsymbol{C}\in F^{n\times n}$，使

$$(\boldsymbol{\beta}_1 \quad \boldsymbol{\beta}_2 \quad \cdots \quad \boldsymbol{\beta}_n) = (\boldsymbol{\alpha}_1 \quad \boldsymbol{\alpha}_2 \quad \cdots \quad \boldsymbol{\alpha}_n)\boldsymbol{C},$$

则称矩阵 $\boldsymbol{C}$ 是从基 $\{\boldsymbol{\alpha}_1,\boldsymbol{\alpha}_2,\cdots,\boldsymbol{\alpha}_n\}$ 到基 $\{\boldsymbol{\beta}_1,\boldsymbol{\beta}_2,\cdots,\boldsymbol{\beta}_n\}$ 的**过渡矩阵（基变换矩阵）**.

$\boldsymbol{C}$ 作为过渡矩阵，它一定是可逆矩阵，它的逆 $\boldsymbol{C}^{-1}$ 是从 $\{\boldsymbol{\beta}_1,\boldsymbol{\beta}_2,\cdots,\boldsymbol{\beta}_n\}$ 到 $\{\boldsymbol{\alpha}_1,\boldsymbol{\alpha}_2,\cdots,\boldsymbol{\alpha}_n\}$ 的过渡矩阵. 从(1.2)式可知，在构成上，矩阵 $\boldsymbol{C}$ 的第 i 列是 $\boldsymbol{\beta}_i$ 在基 $\{\boldsymbol{\alpha}_1,\boldsymbol{\alpha}_2,\cdots,\boldsymbol{\alpha}_n\}$ 下的坐标 $\boldsymbol{C}_i$.

设向量 $\boldsymbol{\alpha}\in V_n(F)$，$\boldsymbol{\alpha}$ 在两组基下坐标分别为 $\boldsymbol{X}$ 和 $\boldsymbol{Y}$，则有

$$\boldsymbol{\alpha} = (\boldsymbol{\alpha}_1 \quad \boldsymbol{\alpha}_2 \quad \cdots \quad \boldsymbol{\alpha}_n)\boldsymbol{X}, \tag{1.4}$$

$$\boldsymbol{\alpha} = (\boldsymbol{\beta}_1 \quad \boldsymbol{\beta}_2 \quad \cdots \quad \boldsymbol{\beta}_n)\boldsymbol{Y}. \tag{1.5}$$

因此

$$\boldsymbol{\alpha}=(\boldsymbol{\beta}_1 \quad \boldsymbol{\beta}_2 \quad \cdots \quad \boldsymbol{\beta}_n)\boldsymbol{Y}=(\boldsymbol{\alpha}_1 \quad \boldsymbol{\alpha}_2 \quad \cdots \quad \boldsymbol{\alpha}_n)\boldsymbol{C}\boldsymbol{Y}. \tag{1.6}$$

比较(1.4)式与(1.6)式，有

$$\boldsymbol{X} = \boldsymbol{C}\boldsymbol{Y}.$$

定理 1.4　设线性空间 $V_n(F)$ 的一组基 $\{\boldsymbol{\alpha}_1,\boldsymbol{\alpha}_2,\cdots,\boldsymbol{\alpha}_n\}$ 到另一组基 $\{\boldsymbol{\beta}_1,\boldsymbol{\beta}_2,\cdots,\boldsymbol{\beta}_n\}$ 的过渡矩阵为 $\boldsymbol{C}$，$V_n(F)$ 中向量 $\boldsymbol{\alpha}$ 在两组基下坐标分别为 $\boldsymbol{X},\boldsymbol{Y}$，则有

$$\boldsymbol{X} = \boldsymbol{C}\boldsymbol{Y}. \tag{1.7}$$

例 11　设 $\mathbf{R}^3$ 的两组基为 $\boldsymbol{\alpha}_1=(1 \quad 0 \quad -1)^{\mathrm{T}}$，$\boldsymbol{\alpha}_2=(2 \quad 1 \quad 1)^{\mathrm{T}}$，$\boldsymbol{\alpha}_3=(1 \quad 1 \quad 1)^{\mathrm{T}}$ 和 $\boldsymbol{\beta}_1=(0 \quad 1 \quad 1)^{\mathrm{T}}$，$\boldsymbol{\beta}_2=(-1 \quad 1 \quad 0)^{\mathrm{T}}$，$\boldsymbol{\beta}_3=(1 \quad 2 \quad 1)^{\mathrm{T}}$.

(1) 求从基 $\{\boldsymbol{\alpha}_1,\boldsymbol{\alpha}_2,\boldsymbol{\alpha}_3\}$ 到基 $\{\boldsymbol{\beta}_1,\boldsymbol{\beta}_2,\boldsymbol{\beta}_3\}$ 的过渡矩阵 $\boldsymbol{C}$.

(2) 求向量 $\boldsymbol{\alpha}=\boldsymbol{\alpha}_1+2\boldsymbol{\alpha}_2-3\boldsymbol{\alpha}_3$ 在基 $\boldsymbol{\beta}_1,\boldsymbol{\beta}_2,\boldsymbol{\beta}_3$ 下的坐标.

解　(1)由定义 1.4，过渡矩阵 $\boldsymbol{C}$ 是使等式：$(\boldsymbol{\beta}_1 \quad \boldsymbol{\beta}_2 \quad \boldsymbol{\beta}_3)=(\boldsymbol{\alpha}_1 \quad \boldsymbol{\alpha}_2 \quad \boldsymbol{\alpha}_3)\boldsymbol{C}$ 成立的矩阵，对线性空间 $\mathbf{R}^3$ 而言，这是矩阵等式：

$$\begin{pmatrix} 0 & -1 & 1 \\ 1 & 1 & 2 \\ 1 & 0 & 1 \end{pmatrix} = \begin{pmatrix} 1 & 2 & 1 \\ 0 & 1 & 1 \\ -1 & 1 & 1 \end{pmatrix} \boldsymbol{C},$$

从中可求得

$$\boldsymbol{C} = \begin{pmatrix} 1 & 2 & 1 \\ 0 & 1 & 1 \\ -1 & 1 & 1 \end{pmatrix}^{-1} \begin{pmatrix} 0 & -1 & 1 \\ 1 & 1 & 2 \\ 1 & 0 & 1 \end{pmatrix} = \begin{pmatrix} 0 & 1 & 1 \\ -1 & -3 & -2 \\ 2 & 4 & 4 \end{pmatrix}.$$

(2)由 $\boldsymbol{\alpha}=\boldsymbol{\alpha}_1+2\boldsymbol{\alpha}_2-3\boldsymbol{\alpha}_3$，得 $\boldsymbol{\alpha}$ 在基 $\boldsymbol{\alpha}_1,\boldsymbol{\alpha}_2,\boldsymbol{\alpha}_3$ 下坐标 $\boldsymbol{X}=(1\quad 2\quad -3)^{\mathrm{T}}$，由 $\boldsymbol{X}=\boldsymbol{CY}$，得

$$\boldsymbol{Y} = \boldsymbol{C}^{-1}\boldsymbol{X} = \begin{pmatrix} 0 & 1 & 1 \\ -1 & -3 & -2 \\ 2 & 4 & 4 \end{pmatrix}^{-1} \begin{pmatrix} 1 \\ 2 \\ -3 \end{pmatrix} = \frac{1}{2}\begin{pmatrix} -7 \\ -1 \\ 3 \end{pmatrix}.$$

例 12　从例10可知 $f_1=1+2x+4x^3$，$f_2=x+x^2+4x^3$，$f_3=1+x-3x^2$，$f_4=-2x^2+x^3$ 也是线性空间 $P_4[x]$的一组基，求空间的基$\{1,x,x^2,x^3\}$到基$\{f_1,f_2,f_3,f_4\}$的过渡矩阵 $\boldsymbol{C}$，并求向量 $f=1+x+x^2+x^3$ 在基$\{f_1,f_2,f_3,f_4\}$下的坐标 $\boldsymbol{Y}$.

解　因为易求得 f_i 在基$\{1,x,x^2,x^3\}$下的坐标 $\boldsymbol{C}_i$，从而易得从基$\{1,x,x^2,x^3\}$到基$\{f_1,f_2,f_3,f_4\}$的过渡矩阵 $\boldsymbol{C}$，

$$\boldsymbol{C} = (\boldsymbol{C}_1\quad \boldsymbol{C}_2\quad \boldsymbol{C}_3\quad \boldsymbol{C}_4) = \begin{pmatrix} 1 & 0 & 1 & 0 \\ 2 & 1 & 1 & 0 \\ 0 & 1 & -3 & -2 \\ 4 & 4 & 0 & 1 \end{pmatrix},$$

所以

$$\boldsymbol{C}^{-1} = \begin{pmatrix} 6 & -\frac{9}{2} & \frac{1}{2} & 1 \\ -7 & \frac{11}{2} & -\frac{1}{2} & -1 \\ -5 & \frac{9}{2} & -\frac{1}{2} & -1 \\ 4 & -4 & 0 & 1 \end{pmatrix}.$$

又

$$f = 1+x+x^2+x^3 = (1\quad x\quad x^2\quad x^3)\begin{pmatrix} 1 \\ 1 \\ 1 \\ 1 \end{pmatrix}$$

$$=(f_1\quad f_2\quad f_3\quad f_4)\boldsymbol{C}^{-1}\begin{pmatrix} 1 \\ 1 \\ 1 \\ 1 \end{pmatrix},$$

所以
$$Y=C^{-1}\begin{pmatrix}1\\1\\1\\1\end{pmatrix}=\begin{pmatrix}3\\-3\\-2\\1\end{pmatrix}.$$

五、子空间

线性空间 $V_n(F)$中 V 作为集合，对于集合中子集，会涉及交与并等运算关系，这里讨论对于这些关系的有关性质，我们首先给出子空间的概念.

定义 1.5 设 $V_n(F)$为线性空间，W 是 V 的非空子集合. 若 W 的元素关于 V 中加法与数乘向量法运算也构成线性空间，则称 W 是 V 的一个子空间.

例 13 任何线性空间有两个平凡子空间：一个是它自身 $V\subseteq V$，另一个是 $W=\{\mathbf{0}\}$，称为零元素空间，显然 $\dim\{0\}=0$.

子集的包含关系使得 $V_n(F)$的一个子集合是否为子空间的判别比较方便.

定理 1.5 设 W 是线性空间 $V_n(F)$的非空子集合，则 W 是 $V_n(F)$的子空间的充分必要条件是

(1) 若 $\boldsymbol{\alpha},\boldsymbol{\beta}\in W$，则 $\boldsymbol{\alpha}+\boldsymbol{\beta}\in W$；

(2) 若 $\boldsymbol{\alpha}\in W,k\in F$，则 $k\boldsymbol{\alpha}\in W$.

证明 必要性是显然的，只证充分性.

设 W 满足(1)与(2)，则只需验证定义 1.1 中八条运算法则也满足.

因为 $k\boldsymbol{\alpha}\in W$，取 $k=0$，则 $0\boldsymbol{\alpha}=\mathbf{0}\in W$. 又取 $k=-1$，$-\boldsymbol{\alpha}=(-1)\boldsymbol{\alpha}\in W$，即 W 中存在零元素和一个元素的负元素. 又因为 $W\subseteq V$，对 V 中加法与数乘，定义 1.1 其余 6 条法则对 W 中元素进行运算时必须满足，故由定义 1.1，W 是线性空间，从而是 $V_n(F)$的子空间. □

例 14 在线性空间 $\mathbf{R}^{n\times n}$中取集合.

$$W_1=\{\boldsymbol{A}\mid \boldsymbol{A}\in\mathbf{R}^{n\times n},\boldsymbol{A}^{\mathrm{T}}=\boldsymbol{A}\};$$
$$W_2=\{\boldsymbol{B}\mid \boldsymbol{B}\in\mathbf{R}^{n\times n},\ |\boldsymbol{B}|\neq \mathbf{0}\}.$$

讨论 W_1 与 W_2 是否为 $\mathbf{R}^{n\times n}$的子空间.

解 由于 $\forall \boldsymbol{A}_1,\boldsymbol{A}_2\in W_1$，有

$$(\boldsymbol{A}_1+\boldsymbol{A}_2)^{\mathrm{T}}=\boldsymbol{A}_1^{\mathrm{T}}+\boldsymbol{A}_2^{\mathrm{T}}=\boldsymbol{A}_1+\boldsymbol{A}_2,$$
$$(k\boldsymbol{A}_1)^{\mathrm{T}}=k\boldsymbol{A}_1^{\mathrm{T}}=k\boldsymbol{A}_1,$$

因此 $\boldsymbol{A}_1+\boldsymbol{A}_2,k\boldsymbol{A}_1\in W_1$，由定理 1.5，$W_1$ 是 $\mathbf{R}^{n\times n}$的子空间.

因为 $\mathbf{0}\notin W_2$，所以 W_2 不是 $\mathbf{R}^{n\times n}$的子空间.

例 15 设 $V(F)$是线性空间，$\boldsymbol{\alpha}_1,\boldsymbol{\alpha}_2,\cdots,\boldsymbol{\alpha}_m$ 是 V 中一组向量，则由它们一切线性组合构成的集合：

$$L\{\boldsymbol{\alpha}_1,\boldsymbol{\alpha}_2,\cdots,\boldsymbol{\alpha}_m\}=\{\boldsymbol{\alpha}\mid\boldsymbol{\alpha}=\sum_{i=1}^{m}k_i\boldsymbol{\alpha}_i,k_i\in F\}$$

是 V 的一个子空间，称为由 $\boldsymbol{\alpha}_1,\boldsymbol{\alpha}_2,\cdots,\boldsymbol{\alpha}_m$ 生成的子空间.

证明　$\forall\boldsymbol{\alpha},\boldsymbol{\beta}\in L\{\boldsymbol{\alpha}_1,\boldsymbol{\alpha}_2,\cdots,\boldsymbol{\alpha}_m\}$，即

$$\boldsymbol{\alpha}=\sum_{i=1}^{m}k_i\boldsymbol{\alpha}_i,\quad\boldsymbol{\beta}=\sum_{i=1}^{m}l_i\boldsymbol{\alpha}_i.$$

则
$$\boldsymbol{\alpha}+\boldsymbol{\beta}=\sum_{i=1}^{m}(k_i+l_i)\boldsymbol{\alpha}_i\in L\{\boldsymbol{\alpha}_1,\boldsymbol{\alpha}_2,\cdots,\boldsymbol{\alpha}_m\},$$

$$k\boldsymbol{\alpha}=\sum_{i=1}^{m}(kk_i)\boldsymbol{\alpha}_i\in L\{\boldsymbol{\alpha}_1,\boldsymbol{\alpha}_2,\cdots,\boldsymbol{\alpha}_m\},$$

故 $L\{\boldsymbol{\alpha}_1,\boldsymbol{\alpha}_2,\cdots,\boldsymbol{\alpha}_m\}$ 为 V 的子空间.

值得指出的是，任何一个线性空间 $V_n(F)$，若 $\boldsymbol{\alpha}_1,\boldsymbol{\alpha}_2,\cdots,\boldsymbol{\alpha}_n$ 是它的一组基，则 $V_n(F)$ 可表示为

$$V_n(F)=L\{\boldsymbol{\alpha}_1,\boldsymbol{\alpha}_2,\cdots,\boldsymbol{\alpha}_n\}.$$

例 16　对一个矩阵 $\boldsymbol{A}\in F^{m\times n}$，可得到两个与 $\boldsymbol{A}$ 相关的子空间：

$$N(\boldsymbol{A})=\{\boldsymbol{X}\mid\boldsymbol{AX}=\boldsymbol{0}\}\subseteq F^n,$$

$$R(\boldsymbol{A})=L\{\boldsymbol{A}_1,\boldsymbol{A}_2,\cdots,\boldsymbol{A}_n\}\subseteq F^m,\tag{1.8}$$

其中 $\boldsymbol{A}_i,i=1,2,\cdots,n$ 是矩阵 $\boldsymbol{A}$ 的 n 个列向量. 子空间 $N(\boldsymbol{A})$ 称为矩阵 $\boldsymbol{A}$ 的**零空间**；$R(\boldsymbol{A})$ 称为矩阵 $\boldsymbol{A}$ 的**列空间**.

以子空间作为子集，有子集的交：$W_1\cap W_2$，并：$W_1\cup W_2$ 等运算，对它们有如下定理.

定理 1.6　设 W_1,W_2 是线性空间 V 的子空间，则有

(1) W_1 与 W_2 的交集 $W_1\cap W_2=\{\boldsymbol{\alpha}\mid\boldsymbol{\alpha}\in W_1$ 且 $\boldsymbol{\alpha}\in W_2\}$ 是 V 的子空间，称为 W_1 与 W_2 的**交空间**.

(2) W_1 与 W_2 的和

$$W_1+W_2=\{\boldsymbol{\alpha}\mid\boldsymbol{\alpha}=\boldsymbol{\alpha}_1+\boldsymbol{\alpha}_2,\boldsymbol{\alpha}_1\in W_1,\boldsymbol{\alpha}_2\in W_2\}\tag{1.9}$$

是 V 的子空间，称为 W_1 与 W_2 的**和空间**.

证明　读者易验证(1)，在此只证明(2). 由定义 $W_1+W_2\subseteq V$，而且非空. $\forall\boldsymbol{\alpha},\boldsymbol{\beta}\in W_1+W_2$，则有 $\boldsymbol{\alpha}_i,\boldsymbol{\beta}_i\in W_i,i=1,2$. 由

$$\boldsymbol{\alpha}=\boldsymbol{\alpha}_1+\boldsymbol{\alpha}_2,\ \boldsymbol{\beta}=\boldsymbol{\beta}_1+\boldsymbol{\beta}_2,$$

$$\boldsymbol{\alpha}+\boldsymbol{\beta}=\boldsymbol{\alpha}_1+\boldsymbol{\alpha}_2+\boldsymbol{\beta}_1+\boldsymbol{\beta}_2=(\boldsymbol{\alpha}_1+\boldsymbol{\beta}_1)+(\boldsymbol{\alpha}_2+\boldsymbol{\beta}_2),$$

$$k\boldsymbol{\alpha}=k\boldsymbol{\alpha}_1+k\boldsymbol{\alpha}_2,$$

因 W_i 为子空间，则 $\boldsymbol{\alpha}_1+\boldsymbol{\beta}_1\in W_1,\boldsymbol{\alpha}_2+\boldsymbol{\beta}_2\in W_2,k\boldsymbol{\alpha}_1\in W_1,k\boldsymbol{\alpha}_2\in W_2$，所以 $\boldsymbol{\alpha}+\boldsymbol{\beta},k\boldsymbol{\alpha}\in W_1+W_2$，即 W_1+W_2 为 V 的子空间. □

例 17　设有 $\mathbf{R}^3$ 的子空间 $W_1=L\{e_1\},W_2=L\{e_2\}$，求 W_1+W_2. 其中 $e_1=(1\quad 0$

$0)^{\mathrm{T}}, \boldsymbol{e}_2=(0\quad 1\quad 0)^{\mathrm{T}}$.

解 取 $\boldsymbol{\alpha}\in W_1+W_2$，则存在 $\boldsymbol{\alpha}_i\in W_i, i=1,2$，

$$\boldsymbol{\alpha}=\boldsymbol{\alpha}_1+\boldsymbol{\alpha}_2,$$

又 $\boldsymbol{\alpha}_1\in W_1$，故 $\boldsymbol{\alpha}_1=k_1\boldsymbol{e}_1$. 同理，$\boldsymbol{\alpha}_2\in W_2, \boldsymbol{\alpha}_2=k_2\boldsymbol{e}_2$，

因此 $$\boldsymbol{\alpha}=\boldsymbol{\alpha}_1+\boldsymbol{\alpha}_2=k_1\boldsymbol{e}_1+k_2\boldsymbol{e}_2, \text{即}\quad W_1+W_2\subseteq L\{\boldsymbol{e}_1,\boldsymbol{e}_2\}.$$

又容易证明 $$L\{\boldsymbol{e}_1,\boldsymbol{e}_2\}\subseteq W_1+W_2,$$

故有 $$W_1+W_2=L\{e_1,e_2\}.$$

在几何上，W_1 是 $\mathbf{R}^3$ 中的 OX 轴，W_2 是 $\mathbf{R}^3$ 中的 OY 轴，W_1+W_2 是 $\mathbf{R}^3$ 的 XOY 平面.

W_1 与 W_2 的并集 $W_1\cup W_2\subseteq W_1+W_2$，但本例中 $W_1\cup W_2$ 不是子空间，这是由于 $\boldsymbol{e}_1\in W_1\cup W_2, \boldsymbol{e}_2\in W_1\cup W_2, \boldsymbol{e}_1+\boldsymbol{e}_2=(1\quad 1\quad 0)^{\mathrm{T}}\notin W_1\cup W_2$ 的缘故.

一般的，若 $W_1=L\{\boldsymbol{\alpha}_1,\boldsymbol{\alpha}_2,\cdots,\boldsymbol{\alpha}_s\}, W_2=L\{\boldsymbol{\beta}_1,\boldsymbol{\beta}_2,\cdots,\boldsymbol{\beta}_r\}$，则有

$$W_1+W_2=L\{\boldsymbol{\alpha}_1,\boldsymbol{\alpha}_2,\cdots,\boldsymbol{\alpha}_s,\boldsymbol{\beta}_1,\boldsymbol{\beta}_2,\cdots,\boldsymbol{\beta}_r\}. \tag{1.10}$$

对 V 的子空间 $W_1, W_2, W_1\cap W_2, W_1+W_2$，成立的包含关系是

$$W_1\cap W_2\subseteq \begin{matrix}W_1\\ W_2\end{matrix}\subseteq W_1+W_2\subseteq V, \tag{1.11}$$

这自然有 $\dim(W_1\cap W_2)\leqslant \dim W_i\leqslant \dim(W_1+W_2)\leqslant \dim V$，它们的维数成立如下关系.

定理 1.7 设 W_1 和 W_2 是线性空间 V 的子空间，则有如下维数公式：

$$\dim W_1+\dim W_2=\dim(W_1+W_2)+\dim(W_1\cap W_2). \tag{1.12}$$

证明 设 $\dim(W_1\cap W_2)=r, \dim W_1=s_1, \dim W_2=s_2$，$W_1\cap W_2$ 基为 $\{\boldsymbol{\alpha}_1,\boldsymbol{\alpha}_2,\cdots,\boldsymbol{\alpha}_r\}$，由(1.11)式，它们可分别扩充为：

$$W_1 \text{ 的基}\{\boldsymbol{\alpha}_1,\boldsymbol{\alpha}_2,\cdots,\boldsymbol{\alpha}_r,\boldsymbol{\beta}_{r+1},\cdots,\boldsymbol{\beta}_{s_1}\},$$

$$W_2 \text{ 的基}\{\boldsymbol{\alpha}_1,\boldsymbol{\alpha}_2,\cdots,\boldsymbol{\alpha}_r,\boldsymbol{\gamma}_{r+1},\cdots,\boldsymbol{\gamma}_{s_2}\},$$

则
$$W_1=L\{\boldsymbol{\alpha}_1,\boldsymbol{\alpha}_2,\cdots,\boldsymbol{\alpha}_r,\boldsymbol{\beta}_{r+1},\cdots,\boldsymbol{\beta}_{s_1}\},$$
$$W_2=L\{\boldsymbol{\alpha}_1,\boldsymbol{\alpha}_2,\cdots,\boldsymbol{\alpha}_r,\boldsymbol{\gamma}_{r+1},\cdots,\boldsymbol{\gamma}_{s_2}\},$$
$$W_1+W_2=L\{\boldsymbol{\alpha}_1,\boldsymbol{\alpha}_2,\cdots,\boldsymbol{\alpha}_r,\boldsymbol{\beta}_{r+1},\cdots,\boldsymbol{\beta}_{s_1},\boldsymbol{\gamma}_{r+1},\cdots,\boldsymbol{\gamma}_{s_2}\}.$$

下面证明 $\{\boldsymbol{\alpha}_1,\cdots,\boldsymbol{\alpha}_r,\boldsymbol{\beta}_{r+1},\cdots,\boldsymbol{\beta}_{s_1},\boldsymbol{\gamma}_{r+1},\cdots,\boldsymbol{\gamma}_{s_2}\}$ 为线性无关组.

任取数 k_i, q_i, p_i，使

$$\sum_{i=1}^{r}k_i\boldsymbol{\alpha}_i+\sum_{i=r+1}^{s_1}q_i\boldsymbol{\beta}_i+\sum_{i=r+1}^{s_2}p_i\boldsymbol{\gamma}_i=\mathbf{0}. \tag{1.13}$$

将上式改写为 $$-\sum_{i=r+1}^{s_1}q_i\boldsymbol{\beta}_i=\sum_{i=1}^{r}k_i\boldsymbol{\alpha}_i+\sum_{i=r+1}^{s_2}p_i\boldsymbol{\gamma}_i,$$

等式左边是 W_1 中的向量 $\{\boldsymbol{\beta}_1,\boldsymbol{\beta}_2,\cdots,\boldsymbol{\beta}_{s_1}\}$ 的线性组合，从等式右边看，它是 W_2 中向量的线性组合，属于空间 W_2，所以有

$$-\sum_{i=r+1}^{s_1}q_i\boldsymbol{\beta}_i\in W_1\cap W_2.$$

借助于 $W_1\cap W_2$ 的基,该向量可以表示为

$$-\sum_{i=r+1}^{s_1} q_i\boldsymbol{\beta}_i=\sum_{i=1}^{r} n_i\boldsymbol{\alpha}_i,$$

将它写为线性组合
$$\sum_{i=1}^{r} n_i\boldsymbol{\alpha}_i+\sum_{i=r+1}^{s_1} q_i\boldsymbol{\beta}_i=\mathbf{0}.$$

由$\{\boldsymbol{\alpha}_1,\cdots,\boldsymbol{\alpha}_r,\boldsymbol{\beta}_{r+1},\cdots,\boldsymbol{\beta}_{s_1}\}$线性无关,有 $q_i=0,i=r+1,\cdots,s_1$. 代入(1.13)式后得

$$\sum_{i=1}^{r} k_i\boldsymbol{\alpha}_i+\sum_{i=r+1}^{s_2} p_i\boldsymbol{\gamma}_i=\mathbf{0},$$

注意其中 $\boldsymbol{\alpha}_1,\cdots,\boldsymbol{\alpha}_r,\boldsymbol{\gamma}_{r+1},\cdots,\boldsymbol{\gamma}_{s_2}$ 为 W_2 的基,于是 $k_i=0(i=1,2,\cdots,r)$, $p_i=0(i=r+1,\cdots,s_2)$,故$\{\boldsymbol{\alpha}_1,\cdots,\boldsymbol{\alpha}_r,\boldsymbol{\beta}_{r+1},\cdots,\boldsymbol{\beta}_{s_1},\boldsymbol{\gamma}_{r+1},\cdots,\boldsymbol{\gamma}_{s_2}\}$线性无关,从而有 $\dim(W_1+W_2)=r+(s_1-r)+(s_2-r)=s_1+s_2-r$,即(1.12)式得证. □

从(1.12)式知,若 $W_1\cap W_2\neq\{\mathbf{0}\}$,则有 $\dim(W_1+W_2)<\dim W_1+\dim W_2$,这时 $\forall\boldsymbol{\alpha}\in W_1+W_2$, $\boldsymbol{\alpha}=x_1+x_2$, $x_i\in W_i$, $i=1,2$,往往产生其表达式中 x_1 与 x_2 不是惟一的问题.

例如,$W_1=L\left\{\begin{pmatrix}1\\0\\0\end{pmatrix},\begin{pmatrix}2\\1\\0\end{pmatrix}\right\}$,$W_2=\left\{\begin{pmatrix}0\\0\\1\end{pmatrix},\begin{pmatrix}2\\1\\0\end{pmatrix}\right\}$,有 $\begin{pmatrix}2\\1\\0\end{pmatrix}\in W_1\cap W_2$,即 $W_1\cap W_2\neq\{\mathbf{0}\}$.
这时 $\mathbf{0}\in W_1+W_2$ 可有两种表达式 $\mathbf{0}=\mathbf{0}+\mathbf{0}$ 和 $\mathbf{0}=(2\quad 1\quad 0)^{\mathrm{T}}-(2\quad 1\quad 0)^{\mathrm{T}}$.

定义 1.6　设 W_1 和 W_2 是线性空间 V 的子空间,$W=W_1+W_2$,如果 $W_1\cap W_2=\{\mathbf{0}\}$,则称 W 是 W_1 与 W_2 的**直和子空间**.记为

$$W=W_1\oplus W_2.$$

对直和子空间,读者易证有如下等价条件.

定理 1.8　设 W_1 与 W_2 是 V 的子空间,$W=W_1+W_2$,则成立以下等价条件

(1) $W=W_1\oplus W_2$;

(2) $\forall\boldsymbol{X}\in W$,$\boldsymbol{X}$ 有惟一的表示式:$\boldsymbol{X}=\boldsymbol{X}_1+\boldsymbol{X}_2$,其中 $\boldsymbol{X}_1\in W_1$,$\boldsymbol{X}_2\in W_2$;

(3) W 中零向量表达式是惟一的,即只要 $\mathbf{0}=\boldsymbol{X}_1+\boldsymbol{X}_2$,$\boldsymbol{X}_1\in W_1$,$\boldsymbol{X}_2\in W_2$,就有 $\boldsymbol{X}_1=\mathbf{0}$,$\boldsymbol{X}_2=\mathbf{0}$;

(4)维数公式 $\dim W=\dim W_1+\dim W_2$.

证明　证(1)⇒(2)⇒(3)⇒(4)⇒(1)即可证明等价性.

(1)⇒(2)　设 $W=W_1\oplus W_2$,由直和的定义,$W_1\cap W_2=\{\mathbf{0}\}$.如果 $\boldsymbol{X}\in W$,$\boldsymbol{X}$ 有两种表示式,

$$\boldsymbol{X}=\boldsymbol{X}_1+\boldsymbol{X}_2,\quad X_i\in W_i,\quad i=1,2,$$
$$\boldsymbol{X}=\boldsymbol{Y}_1+\boldsymbol{Y}_2,\quad Y_i\in W_i,\quad i=1,2,$$

则两式相减,有 $\mathbf{0}=(\boldsymbol{X}_1-\boldsymbol{Y}_1)+(\boldsymbol{X}_2-\boldsymbol{Y}_2)$,即

$$\boldsymbol{X}_1-\boldsymbol{Y}_1=-(\boldsymbol{X}_2-\boldsymbol{Y}_2).$$

又因为$(\boldsymbol{X}_1-\boldsymbol{Y}_1)\in W_1$,$(\boldsymbol{X}_2-\boldsymbol{Y}_2)\in W_2$,从而有

$$(\boldsymbol{X}_1-\boldsymbol{Y}_1),(\boldsymbol{X}_2-\boldsymbol{Y}_2)\in W_1\cap W_2,$$

由已知 $\boldsymbol{X}_1=\boldsymbol{Y}_1$,$\boldsymbol{X}_2=\boldsymbol{Y}_2$,即 $\forall \boldsymbol{X}\in W$,即形如 $\boldsymbol{X}=\boldsymbol{X}_1+\boldsymbol{X}_2$ 的表示式惟一.

(2)⇒(3) 设 $\forall \boldsymbol{X}\in W$,$\boldsymbol{X}=\boldsymbol{X}_1+\boldsymbol{X}_2$,$X_i\in W_i$,$i=1,2$ 的表示式是惟一的.

又因为 $\boldsymbol{0}\in W$,且已知有 $\boldsymbol{0}=\boldsymbol{0}+\boldsymbol{0}$,$\boldsymbol{0}\in W_i$,$i=1,2$,故当 $\boldsymbol{0}=\boldsymbol{X}_1+\boldsymbol{X}_2$ 时,由表示的惟一性,有

$$\boldsymbol{X}_1=\boldsymbol{0},\quad \boldsymbol{X}_2=\boldsymbol{0}.$$

(3)⇒(4) 已知 W 中零向量有(3)中的表示惟一性.

任取 $\boldsymbol{X}\in W_1\cap W_2$,则 $\boldsymbol{X}$ 可表示为

$$\boldsymbol{X}=\boldsymbol{X}+\boldsymbol{0},\quad \boldsymbol{X}\in W_1,\quad \boldsymbol{0}\in W_2,$$
$$\boldsymbol{X}=\boldsymbol{0}+\boldsymbol{X},\quad \boldsymbol{0}\in W_1,\quad \boldsymbol{X}\in W_2,$$

两式相减,即有 $\boldsymbol{0}=\boldsymbol{X}-\boldsymbol{X}$. 由 $\boldsymbol{0}$ 的惟一表示知 $\boldsymbol{X}=\boldsymbol{0}$,即 $W_1\cap W_2=\{\boldsymbol{0}\}$. 从而 $\dim(W_1\cap W_2)=0$. 由维数公式有,

$$\dim W=\dim W_1+\dim W_2.$$

(4)⇒(1) 当 $\dim W=\dim W_1+\dim W_2$ 时,由维数公式可推出

$$\dim(W_1\cap W_2)=\dim W-(\dim W_1+\dim W_2)=0.$$

又注意到 $\dim(W_1\cap W_2)=0$ 当且仅当 $W_1\cap W_2=\{\boldsymbol{0}\}$. 故 $W_1\cap W_2=\{\boldsymbol{0}\}$,由定义:

$$W=W_1+W_2=W_1\oplus W_2.$$

□

例 18 设 $\boldsymbol{I}_r$ 表示 r 阶单位矩阵,对 n 阶方阵 $\boldsymbol{A}=\begin{pmatrix}\boldsymbol{I}_r & \boldsymbol{0}\\ \boldsymbol{0} & \boldsymbol{0}\end{pmatrix}$,$\boldsymbol{B}=\begin{pmatrix}\boldsymbol{0} & \boldsymbol{0}\\ \boldsymbol{0} & \boldsymbol{I}_{n-r}\end{pmatrix}$. 它们的列空间为 $R(\boldsymbol{A})$、$R(\boldsymbol{B})$,证明:$\mathbf{R}^n=R(\boldsymbol{A})\oplus R(\boldsymbol{B})$.

证明 $\forall \boldsymbol{x}=(a_1\quad a_2\quad \cdots\quad a_n)^{\mathrm{T}}\in\mathbf{R}^n$,有 $\boldsymbol{x}=(a_1\quad a_2\quad \cdots\quad a_r\quad 0\quad \cdots\quad 0)^{\mathrm{T}}+(0\quad \cdots\quad 0\quad a_{r+1}\quad \cdots\quad a_n)^{\mathrm{T}}$,由于

$$(a_1\quad \cdots\quad a_r\quad 0\quad \cdots\quad 0)^{\mathrm{T}}\in R(\boldsymbol{A}),$$
$$(0\quad \cdots\quad 0\quad a_{r+1}\quad \cdots\quad a_n)^{\mathrm{T}}\in R(\boldsymbol{B}),$$

所以 $\mathbf{R}^n\subseteq R(\boldsymbol{A})+R(\boldsymbol{B})$,又显然 $\mathbf{R}^n\supseteq R(\boldsymbol{A})+R(\boldsymbol{B})$,从而

$$\mathbf{R}^n=R(\boldsymbol{A})+R(\boldsymbol{B}).$$

又

$$\dim R(\boldsymbol{A})+\dim R(\boldsymbol{B})=r+(n-r)=n=\dim\mathbf{R}^n,$$

由定理 1.8

$$\mathbf{R}^n=R(\boldsymbol{A})\oplus R(\boldsymbol{B}).$$

□

对 n 维空间 V 的任何子空间 W,设 $\boldsymbol{\alpha}_1,\cdots,\boldsymbol{\alpha}_r$ 为 W 的基,$r<n$,把它们扩充为 V 的基

$$\{\boldsymbol{\alpha}_1,\boldsymbol{\alpha}_2,\cdots,\boldsymbol{\alpha}_r,\boldsymbol{\beta}_{r+1},\cdots,\boldsymbol{\beta}_n\},$$

设

$$U=L\{\boldsymbol{\beta}_{r+1},\cdots,\boldsymbol{\beta}_n\},$$

则成立

$$V=W\oplus U.$$

我们称 U 是 W 的**直和补子空间**. 对 V 的任何子空间 W,$\dim W=r<n$,都存在直和

补子空间 $U\neq\{\mathbf{0}\}$.

上述定义的子空间的交、和、直和等概念可推广到 k 个子空间的情形

$$\bigcap_{i=1}^{k} W_i = W_1 \cap W_2 \cap \cdots \cap W_k = \{\boldsymbol{x} \mid \boldsymbol{x} \in W_i, i=1,2,\cdots,k\},$$

$$\sum_{i=1}^{k} W_i = W_1 + W_2 + \cdots + W_k = \{\boldsymbol{x}_1 + \boldsymbol{x}_2 + \cdots + \boldsymbol{x}_k \mid \boldsymbol{x}_i \in W_i, i=1,2,\cdots,k\}.$$

1.2 内积空间

在实际应用中，线性空间 $V_n(F)$ 中的许多问题会涉及诸如向量的长度、向量之间的夹角、正交等与度量有关的问题. 这一节，我们将把几何空间 $\mathbf{R}^3$ 中的数量积推广到线性空间 $V_n(F)$ 中，定义内积的概念，并由此建立有关的度量关系.

一、欧氏空间与酉空间

定义 1.7　对数域 F 上的 n 维线性空间 $V_n(F)$，定义一个从 $V_n(F)$ 中向量到数域 F 的二元运算，记为 $(\boldsymbol{\alpha},\boldsymbol{\beta})$，即 $(\boldsymbol{\alpha},\boldsymbol{\beta}): V_n(F)\to F$，如果满足

(1) 对称性：$(\boldsymbol{\alpha},\boldsymbol{\beta})=(\overline{\boldsymbol{\beta},\boldsymbol{\alpha}})$，其中 $(\overline{\boldsymbol{\beta},\boldsymbol{\alpha}})$ 表示复数 $(\boldsymbol{\beta},\boldsymbol{\alpha})$ 的共轭；

(2) 线性性：$(k\boldsymbol{\alpha},\boldsymbol{\beta})=k(\boldsymbol{\alpha},\boldsymbol{\beta})$,

$$(\boldsymbol{\alpha}_1+\boldsymbol{\alpha}_2,\boldsymbol{\beta})=(\boldsymbol{\alpha}_1,\boldsymbol{\beta})+(\boldsymbol{\alpha}_2,\boldsymbol{\beta});$$

(3) 正定性：$(\boldsymbol{\alpha},\boldsymbol{\alpha})\geqslant 0$，$(\boldsymbol{\alpha},\boldsymbol{\alpha})=0$ 的充要条件是 $\boldsymbol{\alpha}=\mathbf{0}$，

则称 $(\boldsymbol{\alpha},\boldsymbol{\beta})$ 是 $V_n(F)$ 的一个**内积**，并称其中定义了内积的线性空间 $[V_n(F);(\boldsymbol{\alpha},\boldsymbol{\beta})]$ 为**内积空间**.

如果 $V_n(F)$ 是实数域 $\mathbf{R}$ 上的线性空间 $V_n(\mathbf{R})$，则 $(\boldsymbol{\alpha},\boldsymbol{\beta})\in\mathbf{R}$ 为实内积，对称性相应为 $(\boldsymbol{\alpha},\boldsymbol{\beta})=(\boldsymbol{\beta},\boldsymbol{\alpha})$，$[V_n(\mathbf{R});(\boldsymbol{\alpha},\boldsymbol{\beta})]$ 为**欧氏空间**(Euclidean Space).

同理 $V_n(F)$ 是复数域 $\mathbf{C}$ 上的线性空间 $V_n(\mathbf{C})$ 时，$(\boldsymbol{\alpha},\boldsymbol{\beta})\in\mathbf{C}$ 为复内积，称 $[V_n(\mathbf{C});(\boldsymbol{\alpha},\boldsymbol{\beta})]$ 为**酉空间**(Unitary Space).

例 19　下列线性空间对所定义的内积为欧氏空间：

(1) $[\mathbf{R}^n;(\boldsymbol{\alpha},\boldsymbol{\beta})=\boldsymbol{\alpha}^{\mathrm{T}}\boldsymbol{\beta}]$，其中 $\boldsymbol{\alpha}=(x_1\ \ x_2\ \ \cdots\ \ x_n)^{\mathrm{T}}$，$\boldsymbol{\beta}=(y_1\ \ y_2\ \ \cdots\ \ y_n)^{\mathrm{T}}$，$(\boldsymbol{\alpha},\boldsymbol{\beta})=\sum_{i=1}^{n}x_iy_i$. 它是几何空间 $\mathbf{R}^3$ 中数量积的自然推广，习惯上仍用 $\mathbf{R}^n$ 表示欧氏空间 $[\mathbf{R}^n;(\boldsymbol{\alpha},\boldsymbol{\beta})=\boldsymbol{\alpha}^{\mathrm{T}}\boldsymbol{\beta}]$.

(2) $[\mathbf{R}^{m\times n};(\boldsymbol{A},\boldsymbol{B})=\mathrm{tr}(\boldsymbol{A}\boldsymbol{B}^{\mathrm{T}})]$.

对此定义的内积 $\mathrm{tr}(\boldsymbol{A}\boldsymbol{B}^{\mathrm{T}})$，易证对称性与线性性.

$\forall \boldsymbol{A}\neq\mathbf{0}$，$(\boldsymbol{A}\boldsymbol{A}^{\mathrm{T}})$ 为正定或半正定矩阵，所以 $\mathrm{tr}(\boldsymbol{A}\boldsymbol{A}^{\mathrm{T}})\geqslant 0$，且 $\mathrm{tr}(\boldsymbol{A}\boldsymbol{A}^{\mathrm{T}})=0\Leftrightarrow\boldsymbol{A}=\mathbf{0}$，所以正定性满足.

(3) $[P_n[x];(f(x),g(x))=\int_0^1 f(x)\cdot g(x)\mathrm{d}x]$.

读者易证 $\int_0^1 f\cdot g\mathrm{d}x$ 为实内积.

对我们讨论过的线性空间 $C[a,b]$,也可类似地定义内积$(f(x),g(x))=\int_a^b f(x)\cdot g(x)\mathrm{d}x$,但 $C[a,b]$ 是无穷维线性空间,在此不考虑.

值得注意的是,在同一个线性空间上,可以定义不同的内积,例如对 $\mathbf{R}^n$,取一个给定的正定矩阵 $\boldsymbol{A}_{n\times n}$,可以定义内积$(\boldsymbol{\alpha},\boldsymbol{\beta})=\boldsymbol{\alpha}^{\mathrm{T}}\boldsymbol{A}\boldsymbol{\beta}$. 这是一个双线性型,其中$(\boldsymbol{\alpha},\boldsymbol{\alpha})=\boldsymbol{\alpha}^{\mathrm{T}}\boldsymbol{A}\boldsymbol{\alpha}$ 就是大家熟悉的二次型. $[\mathbf{R}^n,(\boldsymbol{\alpha},\boldsymbol{\beta})=\boldsymbol{\alpha}^{\mathrm{T}}\boldsymbol{\beta}]$与$[\mathbf{R}^n,(\boldsymbol{\alpha},\boldsymbol{\beta})=\boldsymbol{\alpha}^{\mathrm{T}}\boldsymbol{A}\boldsymbol{\beta}]$就是不一样的欧氏空间. 当然,$\boldsymbol{\alpha}^{\mathrm{T}}\boldsymbol{\beta}$ 可看做是 $\boldsymbol{\alpha}^{\mathrm{T}}\boldsymbol{A}\boldsymbol{\beta}$ 中 $\boldsymbol{A}=\boldsymbol{I}$ 的特例.

在复数空间中,经常会用到一个矩阵共轭的概念. 矩阵 $\boldsymbol{A}=(a_{ij})\in\mathbf{C}^{m\times n}$,$\boldsymbol{A}$ 的共轭是在 $\boldsymbol{A}$ 中对每一个元素取其共轭复数后得到的矩阵. 用 $\overline{\boldsymbol{A}}$ 记 $\boldsymbol{A}$ 的共轭矩阵,则 $\overline{\boldsymbol{A}}=(\overline{a}_{ij})\in\mathbf{C}^{m\times n}$. $\boldsymbol{A}$ 的共轭转置矩阵记为 $\boldsymbol{A}^{\mathrm{H}}$,$\boldsymbol{A}^{\mathrm{H}}=(\overline{\boldsymbol{A}})^{\mathrm{T}}$.

例 20 常见的酉空间:

(1) $[\mathbf{C}^n;(\boldsymbol{\alpha},\boldsymbol{\beta})=\boldsymbol{\beta}^{\mathrm{H}}\boldsymbol{\alpha}]$,其中 $\boldsymbol{\beta}^{\mathrm{H}}$ 表示对向量 $\boldsymbol{\beta}$ 取共轭转置.

设 $\boldsymbol{\alpha}=(x_1\quad\cdots\quad x_n)^{\mathrm{T}}$,$\boldsymbol{\beta}=(y_1\quad\cdots\quad y_n)^{\mathrm{T}}$,则

$$(\boldsymbol{\alpha},\boldsymbol{\beta})=\boldsymbol{\beta}^{\mathrm{H}}\boldsymbol{\alpha}=x_1\overline{y}_1+x_2\overline{y}_2+\cdots+x_n\overline{y}_n,$$

其中 $\boldsymbol{\beta}^{\mathrm{H}}=(\overline{\boldsymbol{\beta}})^{\mathrm{T}}$.

(2) $[\mathbf{C}^{n\times n};(\boldsymbol{A},\boldsymbol{B})=\mathrm{tr}(\boldsymbol{B}^{\mathrm{H}}\boldsymbol{A})]$.

设 $\boldsymbol{A}=(a_{ij})_{n\times n}$, $\boldsymbol{B}=(b_{ij})_{n\times n}$,则

$$(\boldsymbol{A},\boldsymbol{B})=\mathrm{tr}(\boldsymbol{B}^{\mathrm{H}}\boldsymbol{A})=\sum_{i=1}^{n}\sum_{j=1}^{n}a_{ji}\overline{b}_{ji}.$$

在内积空间$[V_n(F);(\boldsymbol{\alpha},\boldsymbol{\beta})]$中,可类似于几何空间引入向量长度、夹角等概念.

定义 1.8 设$[V_n(F);(\boldsymbol{\alpha},\boldsymbol{\beta})]$为内积空间,称

$$\|\boldsymbol{\alpha}\|=\sqrt{(\boldsymbol{\alpha},\boldsymbol{\alpha})}\tag{1.14}$$

为向量 $\boldsymbol{\alpha}$ 的长度,若 $\|\boldsymbol{\alpha}\|=1$,则称 $\boldsymbol{\alpha}$ 为**单位向量**.

在欧氏空间中,我们也称由内积定义的向量长度 $\|\boldsymbol{\alpha}\|$ 为 $\boldsymbol{\alpha}$ 的**欧几里得范数**.

定理 1.9(Cauchy 不等式) 设$[V_n(F);(\boldsymbol{\alpha},\boldsymbol{\beta})]$是内积空间,则对空间中任意向量 $\boldsymbol{\alpha},\boldsymbol{\beta}\in V_n(F)$,都有

$$|(\boldsymbol{\alpha},\boldsymbol{\beta})|^2\leqslant(\boldsymbol{\alpha},\boldsymbol{\alpha})(\boldsymbol{\beta},\boldsymbol{\beta}),$$

其中等式成立的充要条件是 $\boldsymbol{\alpha}$ 与 $\boldsymbol{\beta}$ 线性相关.

证明 只证明实数域的情形. 若 $\boldsymbol{\alpha}=\mathbf{0}$ 或 $\boldsymbol{\beta}=\mathbf{0}$,则结论显然成立. 设 $\boldsymbol{\beta}\neq\mathbf{0}$,对任意数 k,取向量 $\boldsymbol{\alpha}-k\boldsymbol{\beta}$,则有

$$(\boldsymbol{\alpha}-k\boldsymbol{\beta},\boldsymbol{\alpha}-k\boldsymbol{\beta})\geqslant\mathbf{0},$$

即
$$(\boldsymbol{\alpha},\boldsymbol{\alpha})+|k|^2(\boldsymbol{\beta},\boldsymbol{\beta})-2k(\boldsymbol{\alpha},\boldsymbol{\beta})\geqslant\mathbf{0}.$$
由 $\boldsymbol{\beta}\neq\mathbf{0}$,可取到数
$$k=\frac{(\boldsymbol{\alpha},\boldsymbol{\beta})}{(\boldsymbol{\beta},\boldsymbol{\beta})},$$
代入上式,即得
$$(\boldsymbol{\alpha},\boldsymbol{\beta})^2\leqslant(\boldsymbol{\alpha},\boldsymbol{\alpha})\cdot(\boldsymbol{\beta},\boldsymbol{\beta}),$$
从而有
$$|(\boldsymbol{\alpha},\boldsymbol{\beta})|^2\leqslant(\boldsymbol{\alpha},\boldsymbol{\alpha})\cdot(\boldsymbol{\beta},\boldsymbol{\beta}).$$
等式成立的充要条件是
$$\boldsymbol{\alpha}-k\boldsymbol{\beta}=\mathbf{0},$$
即 $\boldsymbol{\alpha}$ 与 $\boldsymbol{\beta}$ 线性相关.

内积空间中的Cauchy-Schwarz不等式是数学中非常重要的不等式之一.当内积取具体的形式时,它可得出相应具体的不等式.例如
$$\mathbf{C}^n,(\boldsymbol{\alpha},\boldsymbol{\beta})=\boldsymbol{\beta}^{\mathrm{H}}\boldsymbol{\alpha}\Rightarrow\left|\sum_{i=1}^n x_i\bar{y}_i\right|^2\leqslant\sum_{i=1}^n|x_i|^2\cdot\sum_{i=1}^n|y_i|^2.$$
$$\mathbf{C}^{n\times n},(\boldsymbol{A},\boldsymbol{B})=\mathrm{tr}(\boldsymbol{B}^{\mathrm{H}}\boldsymbol{A})\Rightarrow|\mathrm{tr}(\boldsymbol{B}^{\mathrm{H}}\boldsymbol{A})|^2\leqslant\mathrm{tr}(\boldsymbol{A}^{\mathrm{H}}\boldsymbol{A})\cdot\mathrm{tr}(\boldsymbol{B}^{\mathrm{H}}\boldsymbol{B})$$
用向量长度 $\|\boldsymbol{\alpha}\|=\sqrt{(\boldsymbol{\alpha},\boldsymbol{\alpha})}$. $\|\boldsymbol{\beta}\|=\sqrt{(\boldsymbol{\beta},\boldsymbol{\beta})}$,Cauchy-Schwarz不等式可写为
$$|(\boldsymbol{\alpha},\boldsymbol{\beta})|\leqslant\|\boldsymbol{\alpha}\|\cdot\|\boldsymbol{\beta}\|.$$
□

例 21　证明内积空间 $[V_n(F);(\boldsymbol{\alpha},\boldsymbol{\beta})]$ 中,$\forall\boldsymbol{\alpha},\boldsymbol{\beta}\in V_n(F)$,成立三角不等式
$$\|\boldsymbol{\alpha}+\boldsymbol{\beta}\|\leqslant\|\boldsymbol{\alpha}\|+\|\boldsymbol{\beta}\|.$$

证明　因为,由Cauchy不等式
$$\begin{aligned}\|\boldsymbol{\alpha}+\boldsymbol{\beta}\|^2=(\boldsymbol{\alpha}+\boldsymbol{\beta},\boldsymbol{\alpha}+\boldsymbol{\beta})&=(\boldsymbol{\alpha},\boldsymbol{\alpha})+(\boldsymbol{\beta},\boldsymbol{\beta})+(\boldsymbol{\alpha},\boldsymbol{\beta})+(\boldsymbol{\beta},\boldsymbol{\alpha})\\&\leqslant\|\boldsymbol{\alpha}\|^2+\|\boldsymbol{\beta}\|^2+2\|\boldsymbol{\alpha}\|\,\|\boldsymbol{\beta}\|\\&=(\|\boldsymbol{\alpha}\|+\|\boldsymbol{\beta}\|)^2,\end{aligned}$$
所以
$$\|\boldsymbol{\alpha}+\boldsymbol{\beta}\|\leqslant\|\boldsymbol{\alpha}\|+\|\boldsymbol{\beta}\|.$$

由此可得出向量长度 $\boldsymbol{\alpha}$ 的一些简单性质:

(1) $\|k\boldsymbol{\alpha}\|=|k|\,\|\boldsymbol{\alpha}\|$;

(2) $\|\boldsymbol{\alpha}+\boldsymbol{\beta}\|\leqslant\|\boldsymbol{\alpha}\|+\|\boldsymbol{\beta}\|$;

(3) $\forall\boldsymbol{\alpha}\neq\mathbf{0},\boldsymbol{\alpha}^0=\dfrac{\boldsymbol{\alpha}}{\|\boldsymbol{\alpha}\|}$, $\|\boldsymbol{\alpha}^0\|=1$,取 $\boldsymbol{\alpha}^0=\dfrac{\boldsymbol{\alpha}}{\|\boldsymbol{\alpha}\|}$ 的过程称为向量 $\boldsymbol{\alpha}$ 的标准化.

从Cauchy不等式,可得出
$$\left|\frac{(\boldsymbol{\alpha},\boldsymbol{\beta})}{\|\boldsymbol{\alpha}\|\,\|\boldsymbol{\beta}\|}\right|\leqslant1,$$
从而可在欧氏空间中定义向量 $\boldsymbol{\alpha}$ 与 $\boldsymbol{\beta}$ 之间的夹角.
□

在欧氏空间中,非零向量 $\boldsymbol{\alpha}$ 与 $\boldsymbol{\beta}$ 的夹角定义为
$$\theta=\arccos\frac{(\boldsymbol{\alpha},\boldsymbol{\beta})}{\|\boldsymbol{\alpha}\|\,\|\boldsymbol{\beta}\|}.$$

若$(\boldsymbol{\alpha},\boldsymbol{\beta})=0$,则$\boldsymbol{\alpha}$与$\boldsymbol{\beta}$是正交的(垂直的).

定义 1.9 在内积空间中,若向量$\boldsymbol{\alpha},\boldsymbol{\beta}$满足

$$(\boldsymbol{\alpha},\boldsymbol{\beta})=0,$$

则称向量$\boldsymbol{\alpha}$与$\boldsymbol{\beta}$是**正交的**.

对内积空间中的一个向量组$\{\boldsymbol{\alpha}_1,\boldsymbol{\alpha}_2,\cdots,\boldsymbol{\alpha}_m\}$,若$(\boldsymbol{\alpha}_i,\boldsymbol{\alpha}_j)=0,i\neq j$,则称$\{\boldsymbol{\alpha}_1,\boldsymbol{\alpha}_2,\cdots,\boldsymbol{\alpha}_m\}$为正交向量组. 进一步,若满足

$$(\boldsymbol{\alpha}_i,\boldsymbol{\alpha}_j)=\begin{cases}1, & i=j,\\ 0, & i\neq j,\end{cases}$$

则称向量组$\{\boldsymbol{\alpha}_1,\boldsymbol{\alpha}_2,\cdots,\boldsymbol{\alpha}_m\}$为标准正交的向量组.

定理 1.10 不含零向量的正交向量组是线性无关的.

证明 设$\{\boldsymbol{\alpha}_1,\cdots,\boldsymbol{\alpha}_m\}$是内积空间$V_n(F)$中的正交向量组,$\boldsymbol{\alpha}_i\neq\mathbf{0},i=1,2,\cdots,m$. 设有数$k_i,i=1,2,\cdots,m$,使

$$k_1\boldsymbol{\alpha}_1+k_2\boldsymbol{\alpha}_2+\cdots+k_m\boldsymbol{\alpha}_m=\mathbf{0}.$$

取$\boldsymbol{\alpha}_j$,则有

$$\Big(\sum_{i=1}^{m}k_i\boldsymbol{\alpha}_i,\boldsymbol{\alpha}_j\Big)=k_j(\boldsymbol{\alpha}_j,\boldsymbol{\alpha}_j)=0.$$

因$(\boldsymbol{\alpha}_j,\boldsymbol{\alpha}_j)\neq 0$,故必有$k_j=0,j=1,2,\cdots,m$,即$\{\boldsymbol{\alpha}_1,\boldsymbol{\alpha}_2,\cdots,\boldsymbol{\alpha}_m\}$线性无关. □

定理 1.10 说明,$V_n(F)$中不含零向量的正交向量组至多含n个向量,而且由n个非零向量构成的正交组就是$V_n(F)$的基.

二、标准正交基

在内积空间$V_n(F)$中,取一组基$\{\boldsymbol{\alpha}_1,\boldsymbol{\alpha}_2,\cdots,\boldsymbol{\alpha}_n\}$,则$\forall\,\boldsymbol{\alpha},\boldsymbol{\beta}\in V_n(F)$,分别有坐标$\boldsymbol{X},\boldsymbol{Y}\in F^n$:

$$\boldsymbol{\alpha}=(\boldsymbol{\alpha}_1\quad\boldsymbol{\alpha}_2\quad\cdots\quad\boldsymbol{\alpha}_n)\boldsymbol{X}=\sum_{i=1}^{n}x_i\boldsymbol{\alpha}_i,$$

$$\boldsymbol{\beta}=(\boldsymbol{\alpha}_1\quad\boldsymbol{\alpha}_2\quad\cdots\quad\boldsymbol{\alpha}_n)\boldsymbol{Y}=\sum_{j=1}^{n}y_j\boldsymbol{\alpha}_j,$$

则

$$(\boldsymbol{\alpha},\boldsymbol{\beta})=\sum_{i=1}^{n}\sum_{j=1}^{n}x_i\overline{y}_j(\boldsymbol{\alpha}_i,\boldsymbol{\alpha}_j).\tag{1.15}$$

设矩阵 $\boldsymbol{A}=((\boldsymbol{\alpha}_i,\boldsymbol{\alpha}_j))_{n\times n}$,即矩阵$\boldsymbol{A}$的元素$a_{ij}=(\boldsymbol{\alpha}_i,\boldsymbol{\alpha}_j)$,则(1.15)式可用矩阵运算表示为

$$(\boldsymbol{\alpha},\boldsymbol{\beta})=\boldsymbol{Y}^{\mathrm{H}}\boldsymbol{A}^{\mathrm{H}}\boldsymbol{X}\tag{1.16}$$

因此,给定$\boldsymbol{A}$,$V_n(F)$中向量的内积就可转化为矩阵的运算. 由$\boldsymbol{A}$中元素构成可知,$\boldsymbol{A}^{\mathrm{H}}=\boldsymbol{A}$,即$\boldsymbol{A}$为 Hermite 矩阵,又$\boldsymbol{\alpha}\neq\mathbf{0}$时,其坐标$\boldsymbol{X}\neq\mathbf{0}$,有$(\boldsymbol{\alpha},\boldsymbol{\alpha})=\boldsymbol{X}^{\mathrm{H}}\boldsymbol{A}\boldsymbol{X}>0$,即$\boldsymbol{A}$为正定的 Hermite 阵. 我们称$\boldsymbol{A}$为内积空间$[V_n(F);(\boldsymbol{\alpha},\boldsymbol{\beta})]$的度量矩阵(或 Gram 矩阵).

如果$\boldsymbol{A}=\boldsymbol{I}$,则$(\boldsymbol{\alpha},\boldsymbol{\beta})=\boldsymbol{Y}^{\mathrm{H}}\boldsymbol{X}$. $\boldsymbol{A}=\boldsymbol{I}$相当于

$$(\boldsymbol{\alpha}_i,\boldsymbol{\alpha}_j)=\begin{cases}1, & i=j,\\ 0, & i\neq j.\end{cases}$$

定义 1.10　在内积空间$[V_n(F);(\boldsymbol{\alpha},\boldsymbol{\beta})]$中,若一组基$\{\boldsymbol{\varepsilon}_1,\boldsymbol{\varepsilon}_2,\cdots,\boldsymbol{\varepsilon}_n\}$满足条件

$$(\boldsymbol{\varepsilon}_i,\boldsymbol{\varepsilon}_j)=\begin{cases}1, & i=j,\\ 0, & i\neq j,\end{cases}$$

则称$\{\boldsymbol{\varepsilon}_1,\boldsymbol{\varepsilon}_2,\cdots,\boldsymbol{\varepsilon}_n\}$为$V_n(F)$的**标准正交基**.

为讨论标准正交基的求法,我们先给出如下定理:

定理 1.11(Gram-Schmidt 正交化方法)　设$\{\boldsymbol{\alpha}_1,\boldsymbol{\alpha}_2,\cdots,\boldsymbol{\alpha}_m\}$是内积空间$[V_n(F);(\boldsymbol{\alpha},\boldsymbol{\beta})]$中线性无关的向量组,则由如下方法:

$$\boldsymbol{\beta}_1=\boldsymbol{\alpha}_1,$$

$$\boldsymbol{\beta}_k=\boldsymbol{\alpha}_k-\sum_{i=1}^{k-1}\frac{(\boldsymbol{\alpha}_k,\boldsymbol{\beta}_i)}{(\boldsymbol{\beta}_i,\boldsymbol{\beta}_i)}\boldsymbol{\beta}_i,\quad k=2,3,\cdots,m, \tag{1.17}$$

所得向量组$\{\boldsymbol{\beta}_1,\boldsymbol{\beta}_2,\cdots,\boldsymbol{\beta}_m\}$是正交向量组.

证明　对向量组的个数进行归纳证明.

$n=2$时,由(1.17)式

$$\begin{aligned}(\boldsymbol{\beta}_1,\boldsymbol{\beta}_2)&=(\boldsymbol{\beta}_1,\boldsymbol{\alpha}_2)-\overline{\frac{(\boldsymbol{\alpha}_2,\boldsymbol{\beta}_1)}{(\boldsymbol{\beta}_1,\boldsymbol{\beta}_1)}}(\boldsymbol{\beta}_1,\boldsymbol{\beta}_1)\\&=(\boldsymbol{\beta}_1,\boldsymbol{\alpha}_2)-\overline{(\boldsymbol{\alpha}_2,\boldsymbol{\beta}_1)}=(\boldsymbol{\beta}_1,\boldsymbol{\alpha}_2)-(\boldsymbol{\beta}_1,\boldsymbol{\alpha}_2)=0,\end{aligned}$$

即$\boldsymbol{\beta}_1$与$\boldsymbol{\beta}_2$正交.

设$n=m-1$时,由(1.17)式所得向量组$\{\boldsymbol{\beta}_1,\boldsymbol{\beta}_2,\cdots,\boldsymbol{\beta}_{m-1}\}$正交.

$n=m$时,　$\boldsymbol{\beta}_m=\boldsymbol{\alpha}_m-\sum\limits_{i=1}^{m-1}\dfrac{(\boldsymbol{\alpha}_m,\boldsymbol{\beta}_i)}{(\boldsymbol{\beta}_i,\boldsymbol{\beta}_i)}\boldsymbol{\beta}_i,\ \forall\,\boldsymbol{\beta}_j,\ j<m,$

$$(\boldsymbol{\beta}_m,\boldsymbol{\beta}_j)=(\boldsymbol{\alpha}_m,\boldsymbol{\beta}_j)-\sum_{i=1}^{m-1}\frac{(\boldsymbol{\alpha}_m,\boldsymbol{\beta}_i)}{(\boldsymbol{\beta}_i,\boldsymbol{\beta}_i)}(\boldsymbol{\beta}_i,\boldsymbol{\beta}_j).$$

由归纳假设$(\boldsymbol{\beta}_i,\boldsymbol{\beta}_j)=0,i\neq j,i,j<m$,

则有
$$(\boldsymbol{\beta}_m,\boldsymbol{\beta}_j)=(\boldsymbol{\alpha}_m,\boldsymbol{\beta}_j)-\frac{(\boldsymbol{\alpha}_m,\boldsymbol{\beta}_j)}{(\boldsymbol{\beta}_j,\boldsymbol{\beta}_j)}(\boldsymbol{\beta}_j,\boldsymbol{\beta}_j)=0.$$

所以由归纳法,$\{\boldsymbol{\beta}_1,\boldsymbol{\beta}_2,\cdots,\boldsymbol{\beta}_m\}$为正交向量组.　□

从 Schmidt 过程可以看到,向量组之间有关系:

$$L\{\boldsymbol{\alpha}_1,\boldsymbol{\alpha}_2,\cdots,\boldsymbol{\alpha}_m\}=L\{\boldsymbol{\beta}_1,\boldsymbol{\beta}_2,\cdots,\boldsymbol{\beta}_m\}. \tag{1.18}$$

当$\{\boldsymbol{\alpha}_1,\boldsymbol{\alpha}_2,\cdots,\boldsymbol{\alpha}_n\}$是一组基时,用 Schmidt 过程便可得到正交的基$\{\boldsymbol{\beta}_1,\boldsymbol{\beta}_2,\cdots,\boldsymbol{\beta}_n\}$,然后再标准化为

$$\boldsymbol{\varepsilon}_i=\frac{\boldsymbol{\beta}_i}{\|\boldsymbol{\beta}_i\|},\quad i=1,2,\cdots,n,$$

就可得$V_n(F)$中的标准正交基$\{\boldsymbol{\varepsilon}_1,\boldsymbol{\varepsilon}_2,\cdots,\boldsymbol{\varepsilon}_n\}$.因此,内积空间$[V_n(F);(\boldsymbol{\alpha},\boldsymbol{\beta})]$中的标准正交基是存在的.

把正交化方法和标准化方法结合在一起,可得从一组基$\{\boldsymbol{\alpha}_1,\boldsymbol{\alpha}_2,\cdots,\boldsymbol{\alpha}_n\}$得到标准正交基的方法

$$\begin{cases}\boldsymbol{\beta}_1=\boldsymbol{\alpha}_1,\ \boldsymbol{\varepsilon}_1=\dfrac{\boldsymbol{\beta}_1}{\|\boldsymbol{\beta}_1\|},\\ \boldsymbol{\beta}_2=\boldsymbol{\alpha}_2-(\boldsymbol{\alpha}_2,\boldsymbol{\varepsilon}_1)\boldsymbol{\varepsilon}_1,\ \boldsymbol{\varepsilon}_2=\dfrac{\boldsymbol{\beta}_2}{\|\boldsymbol{\beta}_2\|},\\ \cdots\\ \boldsymbol{\beta}_n=\boldsymbol{\alpha}_n-\displaystyle\sum_{i=1}^{n-1}(\boldsymbol{\alpha}_n,\boldsymbol{\varepsilon}_i)\boldsymbol{\varepsilon}_i,\boldsymbol{\varepsilon}_n=\dfrac{\boldsymbol{\beta}_n}{\|\boldsymbol{\beta}_n\|}.\end{cases}$$

用矩阵运算可表示为

$$(\boldsymbol{\alpha}_1\quad\boldsymbol{\alpha}_2\quad\cdots\quad\boldsymbol{\alpha}_n)=(\boldsymbol{\varepsilon}_1\quad\boldsymbol{\varepsilon}_2\quad\cdots\quad\boldsymbol{\varepsilon}_n)\begin{pmatrix}\|\boldsymbol{\beta}_1\| & (\boldsymbol{\alpha}_2,\boldsymbol{\varepsilon}_1) & \cdots & (\boldsymbol{\alpha}_n,\boldsymbol{\varepsilon}_1)\\ & \|\boldsymbol{\beta}_2\| & \cdots & (\boldsymbol{\alpha}_n,\boldsymbol{\varepsilon}_2)\\ & & \ddots & \vdots\\ & & & \|\boldsymbol{\beta}_n\|\end{pmatrix}. \tag{1.19}$$

标准正交基是内积空间中十分方便的基. $\forall\boldsymbol{\alpha},\boldsymbol{\beta}\in V_n(F)$,$\boldsymbol{\alpha}=(\boldsymbol{\varepsilon}_1\quad\cdots\quad\boldsymbol{\varepsilon}_n)\boldsymbol{X}$,$\boldsymbol{\beta}=(\boldsymbol{\varepsilon}_1\quad\cdots\quad\boldsymbol{\varepsilon}_n)\boldsymbol{Y}$,则由前面讨论可知:

当$V_n(F)$为欧氏空间$V_n(\mathbf{R})$时,$(\boldsymbol{\alpha},\boldsymbol{\beta})=\boldsymbol{X}^{\mathrm{T}}\boldsymbol{Y}=\boldsymbol{Y}^{\mathrm{T}}\boldsymbol{X}$,

当$V_n(F)$为酉空间$V_n(\mathbf{C})$时,$(\boldsymbol{\alpha},\boldsymbol{\beta})=\boldsymbol{Y}^{\mathrm{H}}\boldsymbol{X}$,

它们分别转换为了$\mathbf{R}^n$和$\mathbf{C}^n$空间中最常见的内积计算. 而且当坐标$\boldsymbol{X}=(x_1\quad x_2\quad\cdots\quad x_n)^{\mathrm{T}}$时,

$$x_i=(\boldsymbol{\alpha},\boldsymbol{\varepsilon}_i),\ i=1,2,\cdots,n.$$

例 22 内积空间$[\mathbf{R}^n;(\boldsymbol{\alpha},\boldsymbol{\beta})=\boldsymbol{\alpha}^{\mathrm{T}}\boldsymbol{\beta}]$中,基$e_1=(1\quad 0\quad 0\quad\cdots\quad 0)^{\mathrm{T}}$,$e_2=(0\quad 1\quad 0\quad\cdots\quad 0)^{\mathrm{T}}$,$\cdots$,$\boldsymbol{e}_n=(0\quad 0\quad\cdots\quad 0\quad 1)^{\mathrm{T}}$是标准正交基. $\{e_1,e_2,\cdots,e_n\}$也是$[\mathbf{C}^n;(\boldsymbol{\alpha},\boldsymbol{\beta})=\boldsymbol{\beta}^{\mathrm{H}}\boldsymbol{\alpha}]$的标准正交基.

$\{\boldsymbol{E}_{ij},i=1,2,\cdots,n;j=1,2,\cdots,n\}$是内积空间$[\mathbf{R}^{n\times n};(\boldsymbol{A},\boldsymbol{B})=\mathrm{tr}(\boldsymbol{B}^{\mathrm{T}}\boldsymbol{A})]$和$[\mathbf{C}^{n\times n};(\boldsymbol{A},\boldsymbol{B})=\mathrm{tr}(\boldsymbol{B}^{\mathrm{H}}\boldsymbol{A})]$的标准正交基.

例 23 设U为内积空间$[V_n(F);(\boldsymbol{\alpha},\boldsymbol{\beta})]$的一个子空间,定义$V_n(F)$的一个子集

$$U^{\perp}=\{\boldsymbol{\alpha}\mid\boldsymbol{\alpha}\in V_n(F),\forall\boldsymbol{\beta}\in U,(\boldsymbol{\alpha},\boldsymbol{\beta})=0\}, \tag{1.20}$$

证明(1) $U^{\perp}$是$V_n(F)$的子空间;

(2) $V_n(F)=U\oplus U^{\perp}$.

证明 (1) 显然$\mathbf{0}\in U^{\perp}$,所以$U^{\perp}\neq\varnothing$.

又 $\forall\boldsymbol{\alpha}_1,\boldsymbol{\alpha}_2\in U^{\perp}$,对 $k_1\boldsymbol{\alpha}_1+k_2\boldsymbol{\alpha}_2$ 和$\forall\boldsymbol{\beta}\in U$,

$$(k_1\boldsymbol{\alpha}_1+k_2\boldsymbol{\alpha}_2,\boldsymbol{\beta})=k_1(\boldsymbol{\alpha}_1,\boldsymbol{\beta})+k_2(\boldsymbol{\alpha}_2,\boldsymbol{\beta})=0,$$

因此

$$k_1\boldsymbol{\alpha}_1+k_2\boldsymbol{\alpha}_2\in U^{\perp}.$$

由定理 1.5，$U^{\perp}$ 是 $V_n(F)$ 的子空间.

(2) 设 $\{\boldsymbol{\varepsilon}_1,\boldsymbol{\varepsilon}_2,\cdots,\boldsymbol{\varepsilon}_r\}$ 是 U 的标准正交基，把它扩充为 $V_n(F)$ 的标准正交基 $\{\boldsymbol{\varepsilon}_1,\boldsymbol{\varepsilon}_2,\cdots,\boldsymbol{\varepsilon}_r,\boldsymbol{\eta}_{r+1},\cdots,\boldsymbol{\eta}_n\}$ 则

$$V_n = L\{\boldsymbol{\varepsilon}_1,\boldsymbol{\varepsilon}_2,\cdots,\boldsymbol{\varepsilon}_r,\boldsymbol{\eta}_{r+1},\cdots,\boldsymbol{\eta}_n\},$$
$$U = L\{\boldsymbol{\varepsilon}_1,\boldsymbol{\varepsilon}_2,\cdots,\boldsymbol{\varepsilon}_r\},$$
$$U^{\perp} = L\{\boldsymbol{\eta}_{r+1},\cdots,\boldsymbol{\eta}_n\}.$$

所以
$$V_n = U + U^{\perp}.$$

又 $\forall\,\boldsymbol{\xi}\in U\cap U^{\perp}$，有 $\boldsymbol{\xi}\in U$，而且 $\boldsymbol{\xi}\in U^{\perp}$，从而 $(\boldsymbol{\xi},\boldsymbol{\xi})=0$，即　$\boldsymbol{\xi}=\mathbf{0}$，即　$V_n=U\oplus U^{\perp}$.

我们称由(1.21)式所定义的子空间 $U^{\perp}$ 为 U 的**正交补子空间**.

1.3　线性变换

线性变换讨论的是线性空间上的一类对应关系，它也是数学及工程技术中研究问题的重要工具. 这一节建立线性变换的概念，重点是借助于矩阵来刻画线性变换的性质.

一、线性变换

定义 1.11　设 $V_n(F)$ 是一个线性空间，若有 $V_n(F)$ 上的对应关系 T，使 $\forall\,\boldsymbol{\alpha}\in V_n(F)$，都有确定的向量 $\boldsymbol{\alpha}'=T(\boldsymbol{\alpha})\in V_n(F)$ 与之对应，则称 T 为 $V_n(F)$ 上一个**变换**. 又若 T 对线性空间中的线性运算，满足

(1) $\forall\,\boldsymbol{\alpha},\boldsymbol{\beta}\in V_n(F)$，$T(\boldsymbol{\alpha}+\boldsymbol{\beta})=T(\boldsymbol{\alpha})+T(\boldsymbol{\beta})$；

(2) $\forall\,k\in F$，$\forall\,\boldsymbol{\alpha}\in V_n(F)$，$T(k\boldsymbol{\alpha})=kT(\boldsymbol{\alpha})$，

则称 T 是线性空间 $V_n(F)$ 上的一个**线性变换**.

为了表示方便，(1)与(2)可合写为

$$T(k_1\boldsymbol{\alpha}_1 + k_2\boldsymbol{\alpha}_2) = k_1T(\boldsymbol{\alpha}_1) + k_2T(\boldsymbol{\alpha}_2). \tag{1.21}$$

若 $\boldsymbol{\alpha}'=T(\boldsymbol{\alpha})$，则称 $\boldsymbol{\alpha}'$ 为 $\boldsymbol{\alpha}$ 在 T 下的**像**，$\boldsymbol{\alpha}$ 为 $\boldsymbol{\alpha}'$ 的**原像**.

例 24　线性空间 $V_n(F)$ 上的相似变换 T：$\forall\,\boldsymbol{\alpha}\in V_n(F)$，$T(\boldsymbol{\alpha})=\lambda\boldsymbol{\alpha}$ 是线性变换，其中 λ 为给定的数，$\lambda\in F$.

当 $\lambda=0$ 时，$\forall\,\boldsymbol{\alpha}\in V_n(F)$，$T(\boldsymbol{\alpha})=\mathbf{0}$，称 T 为**零变换**；

当 $\lambda=1$ 时，$\forall\,\boldsymbol{\alpha}\in V_n(F)$，$T(\boldsymbol{\alpha})=\boldsymbol{\alpha}$，称 T 为**恒等变换**.

例 25　微分变换 $\dfrac{\mathrm{d}}{\mathrm{d}x}$ 是线性空间 $P_n[x]$ 上的线性变换.

应注意积分变换 J_x：$J_x(p(x))=\int_a^x p(t)\,\mathrm{d}t$　不是 $P_n[x]$ 上的线性变换. 尽管积分运算具有线性性，但对 x^{n-1}，$J_x(x^{n-1})=\dfrac{1}{n}(x^n-a^n)\notin P_n[x]$. J_x 是线性空间 $C[a,b]$ 上

的线性变换.

例 26　在线性空间 F^n 中,定义变换 T_A 如下:

$$\forall \boldsymbol{X} \in F^n, \quad T_A(\boldsymbol{X}) = \boldsymbol{AX},$$

其中 $\boldsymbol{A}=(a_{ij})\in F^{n\times n}$ 是一个给定的方阵.证明 T_A 是 F^n 上的线性变换.

证明　因为 $\forall \boldsymbol{X}\in F^n$, $\boldsymbol{AX}\in F^n$,所以 T_A 是 F^n 上的变换.

又 $\forall X_1,X_2\in F^n$ 及数 $k_1,k_2\in F$,

$$\begin{aligned} T_A(k_1X_1+k_2X_2) &= A(k_1X_1+k_2X_2) = k_1AX_1+k_2AX_2 \\ &= k_1T_A(X_1)+k_2T_A(X_2), \end{aligned}$$

故 T_A 是 F^n 上的线性变换.

由定义读者可自己验证 V_n 上线性变换 T 具有如下简单性质:

(1) $T(\boldsymbol{0})=\boldsymbol{0}$;

(2) $T(-\boldsymbol{\alpha})=-T(\boldsymbol{\alpha})$;

(3) $T\sum\limits_{i=1}^{r}k_i\boldsymbol{\alpha}_i=\sum\limits_{i=1}^{r}k_iT(\boldsymbol{\alpha}_i)$;

(4) 若 $\{\boldsymbol{\alpha}_1,\boldsymbol{\alpha}_2,\cdots,\boldsymbol{\alpha}_s\}$ 是线性相关的向量组,则 $\{T(\boldsymbol{\alpha}_1),T(\boldsymbol{\alpha}_2),\cdots,T(\boldsymbol{\alpha}_s)\}$ 也是线性相关的向量组.

性质(4)说明线性变换把线性相关组仍变为线性相关组,但一般线性变换不能保持线性无关性不变,如零变换就把线性无关组变成线性相关组.

定理 1.12　设 T 是线性空间 $V_n(F)$ 上的线性变换,则有:

(1) $R(T)=\{\boldsymbol{\beta}\mid \exists\,\boldsymbol{\alpha}\in V_n(F)$,使 $\boldsymbol{\beta}=T(\boldsymbol{\alpha})\}$ 是 $V_n(F)$ 的子空间,称为 T 的**像空间**.

(2) $N(T)=\{\boldsymbol{\alpha}\mid T(\boldsymbol{\alpha})=\boldsymbol{0}\}$ 是 $V_n(F)$ 的子空间,称为 T 的**零空间**.

证明　(1) $\forall k_1,k_2\in F,\boldsymbol{\beta}_1,\boldsymbol{\beta}_2\in R(T)$,有

$$k_1\boldsymbol{\beta}_1+k_2\boldsymbol{\beta}_2=k_1T(\boldsymbol{\alpha}_1)+k_2T(\boldsymbol{\alpha}_2)=T(k_1\boldsymbol{\alpha}_1+k_2\boldsymbol{\alpha}_2),$$

所以,$k_1\boldsymbol{\beta}_1+k_2\boldsymbol{\beta}_2\in R(T)$;又 $R(T)\subseteq V$,且非空,所以 $R(T)$ 为 $V_n(F)$ 的子空间.　□

同理可证 $N(T)$ 也是 $V_n(F)$ 的非空子集,对线性运算也封闭,从而为子空间.

我们称子空间 $R(T)$ 的维数 $\dim R(T)$ 为线性变换 T **的秩**,$\dim N(T)$ 为 T **的零度**.

例 27　求例 26 中给出线性变换 T_A 的像空间与零空间.

解　由 T_A 的定义

$$R(T_A)=\{\boldsymbol{Y}\mid \boldsymbol{Y}=\boldsymbol{AX},\boldsymbol{X}\in F^n\},$$

设 $\boldsymbol{A}$ 可按列分块为 $(\boldsymbol{A}_1\quad \boldsymbol{A}_2\quad \cdots\quad \boldsymbol{A}_n)$, $\boldsymbol{X}=(x_1\quad x_2\quad \cdots\quad x_n)^{\mathrm{T}}$,对 $\forall \boldsymbol{Y}\in R(T_A)$,则

$$\boldsymbol{Y}=\boldsymbol{AX}=\sum_{i=1}^{n}x_i\boldsymbol{A}_i.$$

所以　$R(T_A)\subseteq L\{\boldsymbol{A}_1,\boldsymbol{A}_2,\cdots,\boldsymbol{A}_n\}$.又显然 $R(T_A)\supseteq L\{\boldsymbol{A}_1,\boldsymbol{A}_2,\cdots,\boldsymbol{A}_n\}$,

所以

$$R(T_A)=L\{\boldsymbol{A}_1,\boldsymbol{A}_2,\cdots,\boldsymbol{A}_n\}=R(\boldsymbol{A}),$$

即 T_A 的像空间 $R(T_A)$ 就是前面讨论过的矩阵 $\boldsymbol{A}$ 的列空间.

同理可得 $N(T_A)=N(\boldsymbol{A})$，即 $N(T_A)$ 为矩阵 $\boldsymbol{A}$ 的零空间.

另外，设 T 是线性空间 $V_n(F)$ 上的线性变换，$\{\boldsymbol{\alpha}_1,\boldsymbol{\alpha}_2,\cdots,\boldsymbol{\alpha}_n\}$ 是 $V_n(F)$ 的基，即 $V_n(F)=L\{\boldsymbol{\alpha}_1,\boldsymbol{\alpha}_2,\cdots,\boldsymbol{\alpha}_n\}$，则有 $R(T)=L\{T(\boldsymbol{\alpha}_1),T(\boldsymbol{\alpha}_2),\cdots,T(\boldsymbol{\alpha}_n)\}$.（证明留作习题）

当线性空间 $V_n(F)$ 上定义有多个线性变换时，实际应用中常常会用它们构成新的变换.

定义 1.12　设 T_1 与 T_2 都是线性空间 $V_n(F)$ 上的线性变换，定义如下运算：

(1) 变换的乘积 T_1T_2：

$$\forall \boldsymbol{\alpha}\in V_n(F),\quad (T_1T_2)(\boldsymbol{\alpha})=T_1(T_2(\boldsymbol{\alpha}));$$

(2) 变换的加法 T_1+T_2：

$$\forall \boldsymbol{\alpha}\in V_n(F),\quad (T_1+T_2)(\boldsymbol{\alpha})=T_1(\boldsymbol{\alpha})+T_2(\boldsymbol{\alpha});$$

(3) 数乘变换 kT：

$$\forall \boldsymbol{\alpha}\in V_n(F),\quad k\in F,\quad (kT)(\boldsymbol{\alpha})=kT(\boldsymbol{\alpha});$$

(4) 可逆变换：对变换 T_1，如果存在变换 T_2，使

$$T_1\cdot T_2=T_2\cdot T_1=I(\text{恒等变换}),$$

则称 T_1 为可逆变换，T_2 是 T_1 的逆变换，记为 $T_2=T_1^{-1}$.

可以证明，上述线性变换运算的结果仍然是 $V_n(F)$ 上的线性变换.

对线性变换 T，当 n 个 T 相乘时，我们用 T 的 n 次幂来表示，即

$$T^n=\overbrace{T\cdot T\cdot T\cdots T}^{n\text{个}}.$$

二、线性变换的矩阵

设 T 为线性空间 $V_n(F)$ 上的线性变换，取 $V_n(F)$ 的一组基为 $\{\boldsymbol{\alpha}_1,\boldsymbol{\alpha}_2,\cdots,\boldsymbol{\alpha}_n\}$，$\forall\boldsymbol{\alpha}\in V_n(F)$，

$$\boldsymbol{\alpha}=x_1\boldsymbol{\alpha}_1+x_2\boldsymbol{\alpha}_2+\cdots+x_n\boldsymbol{\alpha}_n,$$

所以

$$T(\boldsymbol{\alpha})=x_1T(\boldsymbol{\alpha}_1)+x_2T(\boldsymbol{\alpha}_2)+\cdots+x_nT(\boldsymbol{\alpha}_n)$$

这表明 $T(\boldsymbol{\alpha})$ 是由基 $\{\boldsymbol{\alpha}_i\}$ 的像 $\{T(\boldsymbol{\alpha}_i)\}$ 决定的. 进一步 $T(\boldsymbol{\alpha}_i)\in V_n(F)$，它可由基 $\{\boldsymbol{\alpha}_1,\boldsymbol{\alpha}_2,\cdots,\boldsymbol{\alpha}_n\}$ 表示为

$$\begin{aligned}
T(\boldsymbol{\alpha}_1)&=a_{11}\boldsymbol{\alpha}_1+a_{21}\boldsymbol{\alpha}_2+\cdots+a_{n1}\boldsymbol{\alpha}_n,\\
T(\boldsymbol{\alpha}_2)&=a_{12}\boldsymbol{\alpha}_1+a_{22}\boldsymbol{\alpha}_2+\cdots+a_{n2}\boldsymbol{\alpha}_n,\\
&\vdots\\
T(\boldsymbol{\alpha}_n)&=a_{1n}\boldsymbol{\alpha}_1+a_{2n}\boldsymbol{\alpha}_2+\cdots+a_{nn}\boldsymbol{\alpha}_n,
\end{aligned}\tag{1.22}$$

可用矩阵表示为

$$(T(\boldsymbol{\alpha}_1)\quad T(\boldsymbol{\alpha}_2)\quad\cdots\quad T(\boldsymbol{\alpha}_n))=(\boldsymbol{\alpha}_1\quad\boldsymbol{\alpha}_2\quad\cdots\quad\boldsymbol{\alpha}_n)A,$$

其中 $\boldsymbol{A}=(a_{ij})_{n\times n}$. 我们记

$$(T(\boldsymbol{\alpha}_1) \quad T(\boldsymbol{\alpha}_2) \quad \cdots \quad T(\boldsymbol{\alpha}_n)) = T(\boldsymbol{\alpha}_1 \quad \boldsymbol{\alpha}_2 \quad \cdots \quad \boldsymbol{\alpha}_n).$$

定义 1.13　设 T 为 $V_n(F)$ 上线性变换，$\{\boldsymbol{\alpha}_1,\boldsymbol{\alpha}_2,\cdots,\boldsymbol{\alpha}_n\}$ 为 $V_n(F)$ 的基，若存在 n 阶方阵 $\boldsymbol{A}\in F^{n\times n}$，使

$$T(\boldsymbol{\alpha}_1 \quad \boldsymbol{\alpha}_2 \quad \cdots \quad \boldsymbol{\alpha}_n) = (\boldsymbol{\alpha}_1 \quad \boldsymbol{\alpha}_2 \quad \cdots \quad \boldsymbol{\alpha}_n)\boldsymbol{A}, \tag{1.23}$$

则称 $\boldsymbol{A}$ 为 T 在基 $\{\boldsymbol{\alpha}_1,\boldsymbol{\alpha}_2,\cdots,\boldsymbol{\alpha}_n\}$ 下的**矩阵**.

从(1.22)式可知，变换矩阵 $\boldsymbol{A}$ 的第 i 列是 $\boldsymbol{\alpha}_i$ 的像 $T(\boldsymbol{\alpha}_i)$ 在基 $\{\boldsymbol{\alpha}_1,\boldsymbol{\alpha}_2,\cdots,\boldsymbol{\alpha}_n\}$ 下的坐标，坐标的唯一性决定了 $\boldsymbol{A}$ 的唯一性. 反之给定一个 $\boldsymbol{A}$，由(1.23)式可完全确定基中向量 $\boldsymbol{\alpha}_i$ 的像 $T(\boldsymbol{\alpha}_i)$. 从而也就完全确定了一个线性变换 T. 因此在选定的基下，线性变换 T 与 n 阶方阵 $\boldsymbol{A}$ 之间是一一对应的，

$$T \xleftrightarrow{\{\boldsymbol{\alpha}_1,\boldsymbol{\alpha}_2,\cdots,\boldsymbol{\alpha}_n\}} \boldsymbol{A}.$$

又 $\forall \boldsymbol{\alpha}\in V_n$，设 $\boldsymbol{\alpha}$ 与 $T(\boldsymbol{\alpha})$ 在基 $\{\boldsymbol{\alpha}_1,\boldsymbol{\alpha}_2,\cdots,\boldsymbol{\alpha}_n\}$ 下坐标分别是 $\boldsymbol{X}$ 与 $\boldsymbol{Y}$，即

$$\boldsymbol{\alpha} = (\boldsymbol{\alpha}_1 \quad \boldsymbol{\alpha}_2 \quad \cdots \quad \boldsymbol{\alpha}_n)\boldsymbol{X}, \quad T(\boldsymbol{\alpha}) = (\boldsymbol{\alpha}_1 \quad \boldsymbol{\alpha}_2 \quad \cdots \quad \boldsymbol{\alpha}_n)\boldsymbol{Y}.$$

由

$$\begin{aligned} T(\boldsymbol{\alpha}) &= T[(\boldsymbol{\alpha}_1 \quad \boldsymbol{\alpha}_2 \quad \cdots \quad \boldsymbol{\alpha}_n)\boldsymbol{X}] = T(\boldsymbol{\alpha}_1 \quad \boldsymbol{\alpha}_2 \quad \cdots \quad \boldsymbol{\alpha}_n)\boldsymbol{X} \\ &= (\boldsymbol{\alpha}_1 \quad \boldsymbol{\alpha}_2 \quad \cdots \quad \boldsymbol{\alpha}_n)\boldsymbol{A}\boldsymbol{X}, \end{aligned}$$

得

$$\boldsymbol{Y} = \boldsymbol{A}\boldsymbol{X}. \tag{1.24}$$

这就是变换在给定基下的坐标式. 在给定基 $\{\boldsymbol{\alpha}_1,\boldsymbol{\alpha}_2,\cdots,\boldsymbol{\alpha}_n\}$ 下，确定向量 $\boldsymbol{\alpha}$ 的像 $T(\boldsymbol{\alpha})$，只需确定它的坐标 $\boldsymbol{Y}$. 式(1.24)说明不论 T 为何种线性变换，在给定基下求得变换矩阵 $\boldsymbol{A}$ 后，从原像的坐标 $\boldsymbol{X}$，求像的坐标 $\boldsymbol{Y}$，总是归结为线性变换 $T_A: F^n \to F^n$ 的像 $\boldsymbol{Y} = T_A(\boldsymbol{X})$. 这就是用矩阵处理线性变换的方便之处. 下面将看到，线性变换的运算与它们的矩阵的相应运算相对应.

定理 1.13　设 T_1, T_2 是线性空间 $V_n(F)$ 上的两个线性变换，对基 $\{\boldsymbol{\alpha}_1,\boldsymbol{\alpha}_2,\cdots,\boldsymbol{\alpha}_n\}$，它们的矩阵分别是 $\boldsymbol{A}_1$ 和 $\boldsymbol{A}_2$，则在基 $\{\boldsymbol{\alpha}_1,\boldsymbol{\alpha}_2,\cdots,\boldsymbol{\alpha}_n\}$ 下，

(1) $T_1 + T_2$ 的矩阵为 $(\boldsymbol{A}_1 + \boldsymbol{A}_2)$；

(2) T_1T_2 的矩阵为 $\boldsymbol{A}_1\boldsymbol{A}_2$；

(3) kT_1 的矩阵为 $k\boldsymbol{A}_1$；

(4) T_1 为可逆变换的充分必要条件是 $\boldsymbol{A}_1$ 为可逆矩阵，且 T_1^{-1} 的矩阵为 $\boldsymbol{A}_1^{-1}$.

证明　只选证(2)与(4)，其余留作练习.

(2) 由已知条件，有

$$T_1(\boldsymbol{\alpha}_1 \quad \boldsymbol{\alpha}_2 \quad \cdots \quad \boldsymbol{\alpha}_n) = (\boldsymbol{\alpha}_1 \quad \boldsymbol{\alpha}_2 \quad \cdots \quad \boldsymbol{\alpha}_n)\boldsymbol{A}_1,$$
$$T_2(\boldsymbol{\alpha}_1 \quad \boldsymbol{\alpha}_2 \quad \cdots \quad \boldsymbol{\alpha}_n) = (\boldsymbol{\alpha}_1 \quad \boldsymbol{\alpha}_2 \quad \cdots \quad \boldsymbol{\alpha}_n)\boldsymbol{A}_2.$$

由此

$$\begin{aligned} T_1T_2(\boldsymbol{\alpha}_1 \quad \boldsymbol{\alpha}_2 \quad \cdots \quad \boldsymbol{\alpha}_n) &= T_1(T_2(\boldsymbol{\alpha}_1 \quad \cdots \quad \boldsymbol{\alpha}_n)) \\ &= T_1(\boldsymbol{\alpha}_1 \quad \boldsymbol{\alpha}_2 \quad \cdots \quad \boldsymbol{\alpha}_n)\boldsymbol{A}_2 = (\boldsymbol{\alpha}_1 \quad \boldsymbol{\alpha}_2 \quad \cdots \quad \boldsymbol{\alpha}_n)\boldsymbol{A}_1\boldsymbol{A}_2. \end{aligned}$$

因此，在基 $\{\boldsymbol{\alpha}_1,\boldsymbol{\alpha}_2,\cdots,\boldsymbol{\alpha}_n\}$ 下线性变换 T_1T_2 的矩阵是 $\boldsymbol{A}_1\boldsymbol{A}_2$.

(4) T_1 可逆当且仅当 $\exists T_2$，使 $T_1T_2 = I$，又恒等变换 I 在任何基下的矩阵为单位

矩阵 $\boldsymbol{I}$，由(2)有等式 $\boldsymbol{A}_1\boldsymbol{A}_2=\boldsymbol{I}$，从而 T_1 可逆当且仅当 $\boldsymbol{A}_1$ 可逆，T_1^{-1} 的矩阵是 $\boldsymbol{A}_1^{-1}$. □

线性变换的矩阵是与空间中选定的基相联系的，一般基改变，同一个线性变换就会有不同的矩阵. 下面讨论不同基下矩阵之间的关系.

设 $\{\boldsymbol{\alpha}_1,\boldsymbol{\alpha}_2,\cdots,\boldsymbol{\alpha}_n\}$ 和 $\{\boldsymbol{\beta}_1,\boldsymbol{\beta}_2,\cdots,\boldsymbol{\beta}_n\}$ 是 V_n 的两组基，它们之间的关系为

$$(\boldsymbol{\beta}_1 \quad \boldsymbol{\beta}_2 \quad \cdots \quad \boldsymbol{\beta}_n)=(\boldsymbol{\alpha}_1 \quad \boldsymbol{\alpha}_2 \quad \cdots \quad \boldsymbol{\alpha}_n)\boldsymbol{C},$$

这里 $\boldsymbol{C}$ 称过渡矩阵.

设 T 在两组基下变换矩阵分别是 $\boldsymbol{A}$ 和 $\boldsymbol{B}$，即

$$T(\boldsymbol{\alpha}_1 \quad \boldsymbol{\alpha}_2 \quad \cdots \quad \boldsymbol{\alpha}_n)=(\boldsymbol{\alpha}_1 \quad \boldsymbol{\alpha}_2 \quad \cdots \quad \boldsymbol{\alpha}_n)\boldsymbol{A},$$
$$T(\boldsymbol{\beta}_1 \quad \boldsymbol{\beta}_2 \quad \cdots \quad \boldsymbol{\beta}_n)=(\boldsymbol{\beta}_1 \quad \boldsymbol{\beta}_2 \quad \cdots \quad \boldsymbol{\beta}_n)\boldsymbol{B},$$

则
$$T(\boldsymbol{\beta}_1 \quad \boldsymbol{\beta}_2 \quad \cdots \quad \boldsymbol{\beta}_n)=T[(\boldsymbol{\alpha}_1 \quad \boldsymbol{\alpha}_2 \quad \cdots \quad \boldsymbol{\alpha}_n)\boldsymbol{C}]=(\boldsymbol{\alpha}_1 \quad \boldsymbol{\alpha}_2 \quad \cdots \quad \boldsymbol{\alpha}_n)\boldsymbol{AC}$$
$$=(\boldsymbol{\beta}_1 \quad \boldsymbol{\beta}_2 \quad \cdots \quad \boldsymbol{\beta}_n)\boldsymbol{C}^{-1}\boldsymbol{AC}.$$

与前面比较，有
$$\boldsymbol{B}=\boldsymbol{C}^{-1}\boldsymbol{AC}.$$

定理 1.14 设线性空间 $V_n(F)$ 的基 $\{\boldsymbol{\alpha}_1,\boldsymbol{\alpha}_2,\cdots,\boldsymbol{\alpha}_n\}$ 到基 $\{\boldsymbol{\beta}_1,\boldsymbol{\beta}_2,\cdots,\boldsymbol{\beta}_n\}$ 的过渡矩阵为 $\boldsymbol{C}$. 又 $V_n(F)$ 上线性变换 T 在上述两组基下矩阵分别为 $\boldsymbol{A}$ 和 $\boldsymbol{B}$，则有

$$\boldsymbol{B}=\boldsymbol{C}^{-1}\boldsymbol{AC}. \tag{1.25}$$

定理 1.14 说明线性空间上同一线性变换在不同基下的矩阵是相似的. 反之，如果两个矩阵相似：$\boldsymbol{B}=\boldsymbol{C}^{-1}\boldsymbol{AC}$，又已知 $\boldsymbol{A}$ 是 $\boldsymbol{T}$ 在某一组基下的矩阵，则一定可找到另一组基，使 T 在该基下矩阵为 $\boldsymbol{B}$，$\boldsymbol{C}$ 正是两组基之间的过渡矩阵.

例 28 设 $\mathbf{R}^3$ 上线性变换 T 为

$$T((x_1 \quad x_2 \quad x_3)^{\mathrm{T}})=(x_1+2x_2+x_3 \quad x_2-x_3 \quad x_1+x_3)^{\mathrm{T}},$$

求 T 在基

$$\boldsymbol{\alpha}_1=(1 \quad 0 \quad 1)^{\mathrm{T}},\quad \boldsymbol{\alpha}_2=(0 \quad 1 \quad 1)^{\mathrm{T}},\quad \boldsymbol{\alpha}_3=(1 \quad -1 \quad 1)^{\mathrm{T}}$$

下的矩阵 $\boldsymbol{B}$.

解 在自然基 $\boldsymbol{e}_1,\boldsymbol{e}_2,\boldsymbol{e}_3$ 下，线性变换 T 的坐标关系式为：

$$\boldsymbol{Y}=\begin{pmatrix} x_1+2x_2+x_3 \\ x_2-x_3 \\ x_1 \qquad\quad +x_3 \end{pmatrix}=\begin{pmatrix} 1 & 2 & 1 \\ 0 & 1 & -1 \\ 1 & 0 & 1 \end{pmatrix}\begin{pmatrix} x_1 \\ x_2 \\ x_3 \end{pmatrix},$$

根据变换的坐标式 $\boldsymbol{Y}=\boldsymbol{AX}$ 得 T 在自然基下矩阵

$$\begin{pmatrix} 1 & 2 & 1 \\ 0 & 1 & -1 \\ 1 & 0 & 1 \end{pmatrix},$$

又从 $(\boldsymbol{\alpha}_1 \quad \boldsymbol{\alpha}_2 \quad \boldsymbol{\alpha}_3)=(\boldsymbol{e}_1 \quad \boldsymbol{e}_2 \quad \boldsymbol{e}_3)\boldsymbol{C}$ 得过渡矩阵

$$\boldsymbol{C}=\begin{pmatrix} 1 & 0 & 1 \\ 0 & 1 & -1 \\ 1 & 1 & 1 \end{pmatrix},\quad \boldsymbol{C}^{-1}=\begin{pmatrix} 2 & 1 & -1 \\ -1 & 0 & 1 \\ -1 & -1 & 1 \end{pmatrix},$$

所以
$$B=C^{-1}AC=\begin{pmatrix}1&5&4\\0&-2&2\\1&-2&4\end{pmatrix}.$$

例 29 设单位向量$u=\left(\frac{2}{3}\quad -\frac{2}{3}\quad -\frac{1}{3}\right)^{T}$,定义$\mathbf{R}^3$上正交投影变换$P$为
$$P(x)=x-(x,u)u,$$
求P在自然基e_1,e_2,e_3下的矩阵$\mathbf{A}$.

解 由(1.23)式,$\mathbf{A}$的第i列是e_i的像$P(e_i)$在自然基e_1,e_2,e_3下坐标,即为$P(e_i)$,又
$$P(e_1)=e_1-(e_1,u)u=\begin{pmatrix}1\\0\\0\end{pmatrix}-\frac{2}{9}\begin{pmatrix}2\\-2\\-1\end{pmatrix}=\frac{1}{9}\begin{pmatrix}5\\4\\2\end{pmatrix},$$
$$P(e_2)=e_2-(e_2,u)u=\frac{1}{9}\begin{pmatrix}4\\5\\-2\end{pmatrix},\quad P(e_3)=\frac{1}{9}\begin{pmatrix}2\\-2\\8\end{pmatrix}.$$
所以
$$\mathbf{A}=(P(e_1)\ P(e_2)\ P(e_3))=\frac{1}{9}\begin{pmatrix}5&4&2\\4&5&-2\\2&-2&8\end{pmatrix}.$$

三、不变子空间

为了分析线性变换的矩阵化简与空间分解之间的联系,我们借助于不变子空间的概念为基础来展开讨论.

定义 1.14 设T是线性空间$V_n(F)$上的线性变换,W是$V_n(F)$的子空间,如果$\forall \boldsymbol{\alpha}\in W$,有$T(\boldsymbol{\alpha})\in W$,即值域$T(W)\subseteq W$,则称$W$是$T$的不变子空间.

例 30 对$\mathbf{R}^3$上正交投影$P(x)=x-(x,u)u$,u为单位向量,$\mathbf{R}^3$的子空间$W=L\{u\}$和$W^{\perp}=\{x\mid(x,u)=0\}$都是$P$的不变子空间.

证明 $\forall X\in L\{u\}$,则
$$X=ku,\quad P(X)=ku-(ku,u)u=ku-ku=\mathbf{0}\quad\in L\{u\},$$
所以,$L\{u\}$是P的不变子空间.

又 $\forall X\in W^{\perp}$,
$$P(X)=X-(X,u)u=X\in W^{\perp},$$
所以$W^{\perp}$也是P的不变子空间.

由单位向量u定义的正交投影P在$L\{W\}$上是零变换,在$W^{\perp}$上为恒等变换.

一般,如果W是$V_n(F)$的子空间,由于$T(W)\subseteq W$,因此T可看做是线性空间W上的线性变换.

设$W=L\{\boldsymbol{\alpha}_1,\boldsymbol{\alpha}_2,\cdots,\boldsymbol{\alpha}_r\}$，则$T(W)=L\{T(\boldsymbol{\alpha}_1),T(\boldsymbol{\alpha}_2),\cdots,T(\boldsymbol{\alpha}_r)\}$，$T(W)\subseteq W$的充分必要条件是$T(\boldsymbol{\alpha}_i)\in W$，即$W$是$T$的不变子空间的充分必要条件是$T(\boldsymbol{\alpha}_i)\in W,i=1,2,\cdots,r$.

设$\boldsymbol{\alpha}_1,\boldsymbol{\alpha}_2,\cdots,\boldsymbol{\alpha}_r$是$W$的基，$U$为$W$的直和补子空间，且$U=L\{\boldsymbol{\beta}_{r+1},\boldsymbol{\beta}_{r+2},\cdots,\boldsymbol{\beta}_n\}$，则有等式

$$V_n(F)=W\oplus U.$$

$\{\boldsymbol{\alpha}_1,\boldsymbol{\alpha}_2,\cdots,\boldsymbol{\alpha}_r,\boldsymbol{\beta}_{r+1},\cdots,\boldsymbol{\beta}_n\}$为$V_n(F)$的一组基，当$W$是$T$的不变子空间时，有

$$T(\boldsymbol{\alpha}_1\quad\boldsymbol{\alpha}_2\quad\cdots\quad\boldsymbol{\alpha}_r\quad\boldsymbol{\beta}_{r+1}\quad\cdots\quad\boldsymbol{\beta}_n)=(\boldsymbol{\alpha}_1\quad\cdots\quad\boldsymbol{\alpha}_r\quad\boldsymbol{\beta}_{r+1}\quad\cdots\quad\boldsymbol{\beta}_n)\begin{pmatrix}\boldsymbol{A}_1 & \boldsymbol{A}_2\\ \boldsymbol{0} & \boldsymbol{A}_3\end{pmatrix},$$

其中$\boldsymbol{A}_1$是T作为W上线性变换时，在基$\{\boldsymbol{\alpha}_1,\boldsymbol{\alpha}_2,\cdots,\boldsymbol{\alpha}_r\}$下的矩阵. 进一步，如果$U$也是$T$的不变子空间，则

$$T(\boldsymbol{\alpha}_1\quad\cdots\quad\boldsymbol{\alpha}_r\quad\boldsymbol{\beta}_{r+1}\quad\cdots\quad\boldsymbol{\beta}_n)=(\boldsymbol{\alpha}_1\quad\cdots\quad\boldsymbol{\alpha}_r\quad\boldsymbol{\beta}_{r+1}\quad\cdots\quad\boldsymbol{\beta}_n)\begin{pmatrix}\boldsymbol{A}_1 & \boldsymbol{0}\\ \boldsymbol{0} & \boldsymbol{A}_3\end{pmatrix}.$$

如果　$V_n(F)=W_1\oplus W_2\oplus\cdots\oplus W_n,\quad W_i=L\{\boldsymbol{\xi}_i\}$，

且W_i均为T的不变子空间，就有

$$T(\boldsymbol{\xi}_1\quad\boldsymbol{\xi}_2\quad\cdots\quad\boldsymbol{\xi}_n)=(\boldsymbol{\xi}_1\quad\boldsymbol{\xi}_2\quad\cdots\quad\boldsymbol{\xi}_n)\begin{pmatrix}\lambda_1 & & & \\ & \lambda_2 & & \\ & & \ddots & \\ & & & \lambda_n\end{pmatrix}.\tag{1.26}$$

线性变换的矩阵分解为准对角形是与空间分解为不变子空间的直和相应的问题.

一方面，如果$V=W_1\oplus W_2\oplus\cdots\oplus W_s$，$W_i$为$T$的不变子空间，取$W_i$的基

$$\boldsymbol{\alpha}_{i1},\boldsymbol{\alpha}_{i2},\cdots,\boldsymbol{\alpha}_{in_i},\quad i=1,2,\cdots,s,$$

用它们构成空间的基，T在这组基下的矩阵为准对角矩阵

$$\boldsymbol{A}=\begin{pmatrix}A_1 & & & \\ & A_2 & & \\ & & \ddots & \\ & & & A_s\end{pmatrix}.$$

其中$\boldsymbol{A}_i$是T在不变子空间W_i上的矩阵，即

$$T(\boldsymbol{\alpha}_{i1}\quad\boldsymbol{\alpha}_{i2}\quad\cdots\quad\boldsymbol{\alpha}_{in_i})=(\boldsymbol{\alpha}_{i1}\quad\boldsymbol{\alpha}_{i2}\quad\cdots\quad\boldsymbol{\alpha}_{in_i})\boldsymbol{A}_i,i=1,2,\cdots,s.$$

另一方面，如在基$\{\boldsymbol{\alpha}_1,\boldsymbol{\alpha}_2,\cdots,\boldsymbol{\alpha}_n\}$下矩阵为上述准对角形，$\boldsymbol{A}_i$为$n_i$阶矩阵. 按$n_i$依次把基分成$s$组：

$$\{\boldsymbol{\alpha}_{11},\boldsymbol{\alpha}_{12},\cdots,\boldsymbol{\alpha}_{1n_1};\boldsymbol{\alpha}_{21},\boldsymbol{\alpha}_{22},\cdots,\boldsymbol{\alpha}_{2n_2};\cdots;\boldsymbol{\alpha}_{s1},\boldsymbol{\alpha}_{s2},\cdots,\boldsymbol{\alpha}_{sn_s}\},$$

则　$W_i=L\{\boldsymbol{\alpha}_{i1},\boldsymbol{\alpha}_{i2},\cdots,\boldsymbol{\alpha}_{in_i}\}$就是$T$的不变子空间，$i=1,2,\cdots,s$.

四、正交变换与酉变换

正交变换与酉变换是内积空间$[V_n(F);(\boldsymbol{\alpha},\boldsymbol{\beta})]$中应用广泛的重要变换，这里我们

定义正交变换,并给出它们的主要性质.

定义 1.15 设 T 为内积空间$[V_n(F);(\boldsymbol{\alpha},\boldsymbol{\beta})]$上的线性变换,如果 T 不改变向量的内积,即$\forall \boldsymbol{\alpha},\boldsymbol{\beta}\in[V_n(F);(\boldsymbol{\alpha},\boldsymbol{\beta})]$,都有

$$(T(\boldsymbol{\alpha}),T(\boldsymbol{\beta}))=(\boldsymbol{\alpha},\boldsymbol{\beta}),$$

则称 T 为**内积空间上的正交变换**. 当空间为欧氏空间时称 T 为**正交变换**;若空间为酉空间,则称 T 为**酉变换**. 正交(酉)变换在标准正交基下的矩阵称为正交(酉)矩阵.

正交(酉)变换的定义有几种等价的形式,我们把它们归纳在下面的定理中.

定理 1.15 设 T 是内积空间上的线性变换,则下列命题等价:

(1) T 是正交(酉)变换;

(2) T 保持向量长度不变;

(3) T 把空间 $V_n(F)$的标准正交基变换为标准正交基;

(4) 正交变换 T 关于任一标准正交基的矩阵 $\boldsymbol{C}$ 满足 $\boldsymbol{C}^{\mathrm{T}}\boldsymbol{C}=\boldsymbol{C}\boldsymbol{C}^{\mathrm{T}}=\boldsymbol{I}$;酉变换关于任一标准正交基的矩阵 $\boldsymbol{U}$ 满足 $\boldsymbol{U}^{\mathrm{H}}\boldsymbol{U}=\boldsymbol{U}\boldsymbol{U}^{\mathrm{H}}=\boldsymbol{I}$.

证明 采用循环证明方法完成等价性证明.

(1)⇒(2) 由(1)$\forall \boldsymbol{\alpha},\boldsymbol{\beta}\in V_n(F)$,$(T(\boldsymbol{\alpha}),T(\boldsymbol{\beta}))=(\boldsymbol{\alpha},\boldsymbol{\beta})$,

则有

$$(T(\boldsymbol{\alpha}),T(\boldsymbol{\alpha}))=(\boldsymbol{\alpha},\boldsymbol{\alpha}),$$

即 $\forall \boldsymbol{\alpha}\in V_n(F)$,$\|\boldsymbol{\alpha}\|=\|T(\boldsymbol{\alpha})\|$,命题(2)得证.

(2)⇒(3) 由(2)$\forall \boldsymbol{\alpha},\boldsymbol{\beta}\in V_n(F)$有

$$(T(\boldsymbol{\alpha}+\boldsymbol{\beta}),T(\boldsymbol{\alpha}+\boldsymbol{\beta}))=(\boldsymbol{\alpha}+\boldsymbol{\beta},\boldsymbol{\alpha}+\boldsymbol{\beta}),$$

由内积定义,再利用$(T(\boldsymbol{\alpha}),T(\boldsymbol{\alpha}))=(\boldsymbol{\alpha},\boldsymbol{\alpha})$,$(T(\boldsymbol{\beta}),T(\boldsymbol{\beta}))=(\boldsymbol{\beta},\boldsymbol{\beta})$消去等式两边相同的项,得

$$(T(\boldsymbol{\alpha}),T(\boldsymbol{\beta}))+(T(\boldsymbol{\beta}),T(\boldsymbol{\alpha}))=(\boldsymbol{\alpha},\boldsymbol{\beta})+(\boldsymbol{\beta},\boldsymbol{\alpha}),\tag{1.27}$$

从而

$$(T(\boldsymbol{\alpha}),T(\boldsymbol{\beta}))+\overline{(T(\boldsymbol{\alpha}),T(\boldsymbol{\beta}))}=(\boldsymbol{\alpha},\boldsymbol{\beta})+\overline{(\boldsymbol{\alpha},\boldsymbol{\beta})},$$

即

$$\mathrm{Re}(T(\boldsymbol{\alpha}),T(\boldsymbol{\beta}))=\mathrm{Re}(\boldsymbol{\alpha},\boldsymbol{\beta}).$$

又对复数 $\mathrm{i}=\sqrt{-1}$,

$$\|T(\mathrm{i}\boldsymbol{\alpha}+\boldsymbol{\beta})\|=\|\mathrm{i}\boldsymbol{\alpha}+\boldsymbol{\beta}\|,$$

得到

$$(\mathrm{i}T(\boldsymbol{\alpha}),T(\boldsymbol{\beta}))+\overline{(\mathrm{i}T(\boldsymbol{\alpha}),T(\boldsymbol{\beta}))}=(\mathrm{i}\boldsymbol{\alpha},\boldsymbol{\beta})+\overline{(\mathrm{i}\boldsymbol{\alpha},\boldsymbol{\beta})},$$

由已知结果

$$\mathrm{Re}[\mathrm{i}(T(\boldsymbol{\alpha}),T(\boldsymbol{\beta}))]=\mathrm{Re}[\mathrm{i}(\boldsymbol{\alpha},\boldsymbol{\beta})],$$

利用已得结果,就有

$$\mathrm{Im}(T(\boldsymbol{\alpha}),T(\boldsymbol{\beta}))=\mathrm{Im}(\boldsymbol{\alpha},\boldsymbol{\beta}).$$

从而,从式(1.27)得到 $\forall \boldsymbol{\alpha},\boldsymbol{\beta}\in V_n(F)$;$(T(\boldsymbol{\alpha}),T(\boldsymbol{\beta}))=(\boldsymbol{\alpha},\boldsymbol{\beta})$.

再取 $V_n(F)$的标准正交基$\{\boldsymbol{\varepsilon}_1,\boldsymbol{\varepsilon}_2,\cdots,\boldsymbol{\varepsilon}_n\}$,在 T 下它们的像为$\{T(\boldsymbol{\varepsilon}_1),T(\boldsymbol{\varepsilon}_2),\cdots,T(\boldsymbol{\varepsilon}_n)\}$

$$(T(\boldsymbol{\varepsilon}_i),T(\boldsymbol{\varepsilon}_j))=(\boldsymbol{\varepsilon}_i,\boldsymbol{\varepsilon}_j)=\begin{cases}1, & i=j,\\ 0, & i\neq j,\end{cases}$$

所以$\{T(\boldsymbol{\varepsilon}_1),T(\boldsymbol{\varepsilon}_2),\cdots,T(\boldsymbol{\varepsilon}_n)\}$也是$V_n(F)$的标准正交基，即(3)得证.

(3)⇒(4)　设$\{\boldsymbol{\varepsilon}_1,\boldsymbol{\varepsilon}_2,\cdots,\boldsymbol{\varepsilon}_n\}$为欧氏空间$V_n(\mathbf{R})$的标准正交基，

$$T(\boldsymbol{\varepsilon}_1\quad\boldsymbol{\varepsilon}_2\quad\cdots\quad\boldsymbol{\varepsilon}_n)=(\boldsymbol{\varepsilon}_1\quad\boldsymbol{\varepsilon}_2\quad\cdots\quad\boldsymbol{\varepsilon}_n)\boldsymbol{C}$$

把矩阵$\boldsymbol{C}$按列分块为$(\boldsymbol{C}_1\quad\boldsymbol{C}_2\quad\cdots\quad\boldsymbol{C}_n)$，则

$$T(\boldsymbol{\varepsilon}_i)=(\boldsymbol{\varepsilon}_1\quad\boldsymbol{\varepsilon}_2\quad\cdots\quad\boldsymbol{\varepsilon}_n)\boldsymbol{C}_i,$$

从而
$$(T(\boldsymbol{\varepsilon}_i),T(\boldsymbol{\varepsilon}_j))=\boldsymbol{C}_i^{\mathrm{T}}\boldsymbol{C}_j=\begin{cases}1, & i=j,\\0, & i\neq j,\end{cases}$$

所以
$$\boldsymbol{C}^{\mathrm{T}}\boldsymbol{C}=\boldsymbol{I}_n.$$

当$V_n(F)$为酉空间时，注意到内积的共轭对称，即可证　$\boldsymbol{U}^{\mathrm{H}}\boldsymbol{U}=\boldsymbol{I}_n$.

(4)⇒(1)　取欧氏空间标准正交基$\{\boldsymbol{\varepsilon}_1,\boldsymbol{\varepsilon}_2,\cdots,\boldsymbol{\varepsilon}_n\}$，由(4)

$$T(\boldsymbol{\varepsilon}_1\quad\boldsymbol{\varepsilon}_2\quad\cdots\quad\boldsymbol{\varepsilon}_n)=(\boldsymbol{\varepsilon}_1\quad\boldsymbol{\varepsilon}_2\quad\cdots\quad\boldsymbol{\varepsilon}_n)\boldsymbol{C};\quad \boldsymbol{C}^{\mathrm{T}}\boldsymbol{C}=\boldsymbol{I}_n,$$

$$\forall\boldsymbol{\alpha},\boldsymbol{\beta}\in V_n(R),\boldsymbol{\alpha}=(\boldsymbol{\varepsilon}_1\quad\boldsymbol{\varepsilon}_2\quad\cdots\quad\boldsymbol{\varepsilon}_n)\boldsymbol{X},\boldsymbol{\beta}=(\boldsymbol{\varepsilon}_1\quad\boldsymbol{\varepsilon}_2\quad\cdots\quad\boldsymbol{\varepsilon}_n)\boldsymbol{Y},$$

就有
$$T(\boldsymbol{\alpha})=T[(\boldsymbol{\varepsilon}_1\quad\boldsymbol{\varepsilon}_2\quad\cdots\quad\boldsymbol{\varepsilon}_n)\boldsymbol{X}]=(\boldsymbol{\varepsilon}_1\quad\boldsymbol{\varepsilon}_2\quad\cdots\quad\boldsymbol{\varepsilon}_n)\boldsymbol{CX},$$

$$T(\boldsymbol{\beta})=(\boldsymbol{\varepsilon}_1\quad\boldsymbol{\varepsilon}_2\quad\cdots\quad\boldsymbol{\varepsilon}_n)\boldsymbol{CY},$$

$$(T(\boldsymbol{\alpha}),T(\boldsymbol{\beta}))=(\boldsymbol{CX})^{\mathrm{T}}\boldsymbol{CY}=\boldsymbol{X}^{\mathrm{T}}\boldsymbol{Y}=(\boldsymbol{\alpha},\boldsymbol{\beta}),$$

即T为正交变换.　□

同理可证酉变换情形.

在标准正交基下，正交(酉)变换是与正交(酉)矩阵$\boldsymbol{C}(\boldsymbol{U})$联系在一起的，正交矩阵是在线性代数中介绍过的矩阵，为了应用方便，我们把它们的性质一并列出，证明留做练习.

定理 1.16　正交矩阵$\boldsymbol{C}$和酉矩阵$\boldsymbol{U}$有如下性质：

(1) 正交矩阵的行列式为±1；酉矩阵的行列式的模长为1.

(2) $\boldsymbol{C}^{-1}=\boldsymbol{C}^{\mathrm{T}}$；$\boldsymbol{U}^{-1}=\boldsymbol{U}^{\mathrm{H}}$.

(3) 正交(酉)矩阵的逆矩阵与乘积仍然是正交(酉)矩阵.

(4) n阶正交(酉)矩阵的列和行向量组是欧氏(酉)空间$\mathbf{R}^n(\mathbf{C}^n)$中的标准正交基.

作为例子，我们给出常见的正交变换.

例 31　$\mathbf{R}^2$上绕原点逆时针旋转θ角的线性变换T_θ为正交变换.

解　由解析几何知，$T_\theta\boldsymbol{e}_1=\begin{pmatrix}\cos\theta\\ \sin\theta\end{pmatrix}$，　$T_\theta\boldsymbol{e}_2=\begin{pmatrix}-\sin\theta\\ \cos\theta\end{pmatrix}$，

所以
$$T_\theta(\boldsymbol{e}_1,\boldsymbol{e}_2)=(\boldsymbol{e}_1,\boldsymbol{e}_2)\begin{pmatrix}\cos\theta & -\sin\theta\\ \sin\theta & \cos\theta\end{pmatrix}.$$

矩阵$\begin{pmatrix}\cos\theta & -\sin\theta\\ \sin\theta & \cos\theta\end{pmatrix}$是正交矩阵，所以$T_\theta$为正交变换.

例 32　如图1.1所示，空间$\mathbf{R}^3$上绕过原点的直线l旋转θ角的变换$T_{L\theta}$为正交变换.

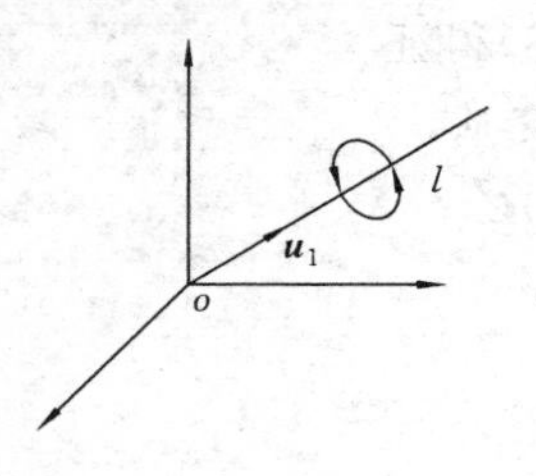

图 1.1

解 设 $\boldsymbol{u}_1$ 为直线 l 的方向矢量，$\boldsymbol{u}_1$ 为单位矢量. 令 $W=L\{\boldsymbol{u}_1\}$，W 的正交补子空间记为 $W^{\perp}=L\{\boldsymbol{u}_2,\boldsymbol{u}_3\}$，$\{\boldsymbol{u}_2,\boldsymbol{u}_3\}$ 为 $W^{\perp}$ 的标准正交基. 所以，$\{\boldsymbol{u}_1,\boldsymbol{u}_2,\boldsymbol{u}_3\}$ 为 $\mathbf{R}^3$ 的一组标准正交基.

$$\mathbf{R}^3=W\oplus W^{\perp},$$

由 $T_{L\theta}$ 的定义，W 与 $W^{\perp}$ 均为 $T_{L\theta}$ 的不变子空间.

在 W 上，$T_{L\theta}$ 为恒等变换，在 $\{\boldsymbol{u}_1\}$ 下矩阵为(1). 在 $W^{\perp}$ 上，$T_{L\theta}$ 为平面 $L\{\boldsymbol{u}_2,\boldsymbol{u}_3\}$ 上的逆时针旋转. 在 $\{\boldsymbol{u}_2,\boldsymbol{u}_3\}$ 下矩阵为

$$\begin{pmatrix}\cos\theta & -\sin\theta\\ \sin\theta & \cos\theta\end{pmatrix}.$$

由空间分解可知 $T_{L\theta}$ 在基 $\{\boldsymbol{u}_1,\boldsymbol{u}_2,\boldsymbol{u}_3\}$ 下矩阵为

$$\boldsymbol{C}=\left(\begin{array}{c|cc}1 & & \\ \hline & \cos\theta & -\sin\theta\\ & \sin\theta & \cos\theta\end{array}\right),$$

$\boldsymbol{C}$ 为正交矩阵. 由定理 1.15，$T_{L\theta}$ 为正交变换.

例 33 设 $\boldsymbol{u}_1$ 为 $\mathbf{R}^n$ 的单位矢量，线性变换

$$S:\mathbf{R}^n\to\mathbf{R}^n,\quad \forall \boldsymbol{X}\in\mathbf{R}^n,$$
$$S(\boldsymbol{X})=\boldsymbol{X}-2(\boldsymbol{X},\boldsymbol{u}_1)\boldsymbol{u}_1,$$

称 S 为 $\mathbf{R}^n$ 上的镜像变换，证明 S 为正交变换.

证明 由 $S(\boldsymbol{X})$ 的定义，设 $W=L\{\boldsymbol{u}_1\}$，则 $W^{\perp}=L\{\boldsymbol{u}_2,\boldsymbol{u}_3,\cdots,\boldsymbol{u}_n\}$，其中 $\{\boldsymbol{u}_1,\boldsymbol{u}_2,\cdots,\boldsymbol{u}_n\}$ 为 $\mathbf{R}^n$ 的标准正交基，则 $\mathbf{R}^n=W\oplus W^{\perp}$，

$$S(\boldsymbol{u}_1)=-\boldsymbol{u}_1,\quad S(\boldsymbol{u}_i)=\boldsymbol{u}_i,\quad i=2,3,\cdots,n.$$

所以 W 和 $W^{\perp}$ 都是 S 的不变子空间.

$$\forall \boldsymbol{\alpha}\in W,\quad S(\boldsymbol{\alpha})=-\boldsymbol{\alpha};\quad \forall \boldsymbol{\alpha}\in W^{\perp},\quad S(\boldsymbol{\alpha})=\boldsymbol{\alpha},$$

所以，在标准正交基 $\{\boldsymbol{u}_1,\boldsymbol{u}_2,\cdots,\boldsymbol{u}_n\}$ 下，S 的矩阵为 $\left(\begin{array}{c|c}-1 & \\ \hline & \boldsymbol{I}_{n-1}\end{array}\right)$ 是正交矩阵，即 S 为正交变换.

我们称 S 为对子空间 $W^{\perp}$ 的镜像变换. 当 $n=3$ 时，$\mathbf{R}^3$ 中 S 是相对于以 $\boldsymbol{u}_1$ 为法矢量的平面的镜像变换，它在 $L\{\boldsymbol{u}_1\}$ 上是 $\lambda=-1$ 的相似变换，在 ${W_1}^{\perp}$ 上为恒等变换.

五、线性空间 $V_n(F)$ 到线性空间 $V_m(F)$ 的线性变换

前面讨论的线性变换是建立在同一个线性空间上的线性变换. 在实际应用中，许多问题会涉及从一个线性空间到另一个线性空间的线性变换. 这一部分将把线性变换推广到同一数域上的任意两个空间上，建立相应概念及矩阵处理方法.

定义 1.16 设 $V_n(F)$ 和 $V_m(F)$ 是同一个数域 F 上的两个线性空间，变换 T：

$V_n(F) \to V_m(F)$，即 $\forall \boldsymbol{\alpha} \in V_n(F)$，$T(\boldsymbol{\alpha}) \in V_m(F)$. 如果变换 T 满足条件：

$\forall \boldsymbol{\alpha}, \boldsymbol{\beta} \in V_n(F)$，数 $k \in F$，有

$$T(\boldsymbol{\alpha}+\boldsymbol{\beta}) = T(\boldsymbol{\alpha}) + T(\boldsymbol{\beta}),$$
$$T(k\boldsymbol{\alpha}) = kT(\boldsymbol{\alpha}),$$

则称 T 是从 $V_n(F)$ 到 $V_m(F)$ 的一个线性变换.

例 34　设 $\boldsymbol{A}_{m\times n}$ 是空间 $F^{m\times n}$ 中任意一个给定的矩阵，定义 $T_A: F^n \to F^m$ 如下：

$$\forall \boldsymbol{X} \in F^n, \quad T_A(\boldsymbol{X}) = \boldsymbol{AX},$$

则 T_A 是从 F^n 到 F^m 的一个线性变换.

例 35　定义 $T: \mathbf{R}^{n\times n} \to \mathbf{R}$，使 $\forall \boldsymbol{A} \in \mathbf{R}^{n\times n}$. $T(\boldsymbol{A}) = \det(\boldsymbol{A})$　($\boldsymbol{A}$ 的行列式)，证明 T 不是一个线性变换.

证明　因为 $\forall \boldsymbol{A}, \boldsymbol{B} \in \mathbf{R}^{n\times n}$，一般有：

$$\det(\boldsymbol{A}+\boldsymbol{B}) \neq \det(\boldsymbol{A}) + \det(\boldsymbol{B}),$$

从而

$$T(\boldsymbol{A}+\boldsymbol{B}) \neq T(\boldsymbol{A}) + T(\boldsymbol{B}),$$

故 T 不是从 $\mathbf{R}^{n\times n}$ 到 $\mathbf{R}$ 的线性变换.

可类似于 $V_n(F)$ 上的线性变换的讨论来建立 $V_n(F)$ 到 $V_m(F)$ 的线性变换的变换矩阵.

设 $\{\boldsymbol{\alpha}_1, \boldsymbol{\alpha}_2, \cdots, \boldsymbol{\alpha}_n\}$ 是 $V_n(F)$ 的一组基，$\{\boldsymbol{\xi}_1, \boldsymbol{\xi}_2, \cdots, \boldsymbol{\xi}_m\}$ 是 $V_m(F)$ 的一组基，则由 $\forall \boldsymbol{\alpha}_i \in V_n(F)$，　$T(\boldsymbol{\alpha}_i) \in V_m(F)$，可得到表示式

$$\begin{cases} T(\boldsymbol{\alpha}_1) = a_{11}\boldsymbol{\xi}_1 + a_{21}\boldsymbol{\xi}_2 + \cdots + a_{m1}\boldsymbol{\xi}_m, \\ T(\boldsymbol{\alpha}_2) = a_{12}\boldsymbol{\xi}_1 + a_{22}\boldsymbol{\xi}_2 + \cdots + a_{m2}\boldsymbol{\xi}_m, \\ \qquad\qquad\vdots \\ T(\boldsymbol{\alpha}_n) = a_{1n}\boldsymbol{\xi}_1 + a_{2n}\boldsymbol{\xi}_2 + \cdots + a_{mn}\boldsymbol{\xi}_m. \end{cases} \tag{1.28}$$

取矩阵

$$\boldsymbol{A} = \begin{pmatrix} a_{11} & a_{12} & \cdots & a_{1n} \\ a_{21} & a_{22} & \cdots & a_{2n} \\ \vdots & \vdots & & \vdots \\ a_{m1} & a_{m2} & \cdots & a_{mn} \end{pmatrix} \in F^{m\times n},$$

式(1.28)可写为

$$T(\boldsymbol{\alpha}_1 \quad \boldsymbol{\alpha}_2 \quad \cdots \quad \boldsymbol{\alpha}_n) = (\boldsymbol{\xi}_1 \quad \boldsymbol{\xi}_2 \quad \cdots \quad \boldsymbol{\xi}_m)\boldsymbol{A}.$$

定义 $\boldsymbol{A}$ 为 T 的变换矩阵. 当 T 是 $V_n(F)$ 到 $V_m(F)$ 的线性变换时，$\boldsymbol{A}$ 是数域 F 上的一个 $m\times n$ 阶矩阵.

设 $T: V_n(F) \to V_m(F)$ 是线性变换，同样可定义两个子空间，像空间 $R(T)$ 和零空间 $N(T)$ 如下：

$$R(T) = \{T(\boldsymbol{\alpha}) \mid \boldsymbol{\alpha} \in V_n(F)\} \subseteq V_m(F),$$
$$N(T) = \{\boldsymbol{\alpha} \in V_n(F) \mid T(\boldsymbol{\alpha}) = \boldsymbol{0}\} \subseteq V_n(F).$$

它们的维数具有如下关系.

定理 1.17 设 T 是 n 维线性空间 $V_n(F)$ 到 m 维线性空间 $V_m(F)$ 的线性变换，则

$$\dim R(T)+\dim N(T)=n.$$

证明 设 $\dim N(T)=t$.

取 $N(T)$ 的基 $\{\boldsymbol{\alpha}_1,\boldsymbol{\alpha}_2,\cdots,\boldsymbol{\alpha}_t\}\subseteq V_n(F)$，将它们扩充为空间 $V_n(F)$ 的基：$\{\boldsymbol{\alpha}_1,\boldsymbol{\alpha}_2,\cdots,\boldsymbol{\alpha}_t,\boldsymbol{\beta}_{t+1},\cdots,\boldsymbol{\beta}_n\}$，它们在变换 T 下的像集合为

$$\{T(\boldsymbol{\alpha}_1),T(\boldsymbol{\alpha}_2),\cdots,T(\boldsymbol{\alpha}_t),T(\boldsymbol{\beta}_{t+1}),\cdots,T(\boldsymbol{\beta}_n)\}$$
$$=\{0,0,\cdots T(\boldsymbol{\beta}_{t+1}),T(\boldsymbol{\beta}_{t+2}),\cdots,T(\boldsymbol{\beta}_n)\}\subseteq V_m(F).$$

$\forall\,\eta\in R(T)$，$\exists\,\boldsymbol{\alpha}\in V_n(F)$，$\eta=T(\alpha)$，用基表示为

$$\boldsymbol{\alpha}=\sum_{i=1}^{t}k_i\boldsymbol{\alpha}_i+\sum_{j=t+1}^{n}k_j\boldsymbol{\beta}_j,$$

从而
$$\eta=T(\boldsymbol{\alpha})=\sum_{i=1}^{t}k_iT(\boldsymbol{\alpha}_i)+\sum_{j=t+1}^{n}k_jT(\boldsymbol{\beta}_j)=\sum_{j=t+1}^{n}k_jT(\boldsymbol{\beta}_j),$$

即
$$R(T)=L\{T(\boldsymbol{\beta}_{t+1}),T(\boldsymbol{\beta}_{t+2}),\cdots,T(\boldsymbol{\beta}_n)\}.$$

又任取数 l_j，使
$$\sum_{j=t+1}^{n}l_jT(\boldsymbol{\beta}_j)=\mathbf{0}.$$

由线性变换的定义，上式即为 $T\left(\sum\limits_{j=t+1}^{n}l_j\boldsymbol{\beta}_j\right)=\mathbf{0}$，即 $\sum\limits_{j=t+1}^{n}l_j\boldsymbol{\beta}_j\in N(A)$，又由 $N(A)$ 的基得

$$\sum_{j=i+1}^{n}l_j\boldsymbol{\beta}_j=\sum_{i=1}^{t}q_i\boldsymbol{\alpha}_i,\quad 即\quad \sum_{j=t+1}^{n}l_j\boldsymbol{\beta}_j-\sum_{i=1}^{t}q_i\boldsymbol{\alpha}_i=\mathbf{0}.$$

而 $\{\boldsymbol{\alpha}_i,\boldsymbol{\beta}_j\}_{i,j}$ 线性无关. 从而 $l_j=0$，$j=t+1,\cdots,n$，故 $\{T(\boldsymbol{\beta}_{t+1}),\cdots,T(\boldsymbol{\beta}_n)\}$ 线性无关. 它们就是空间 $R(T)$ 的基. 因此，$\dim R(T)=n-t$，

即
$$\dim R(T)+\dim N(T)=n.$$
□

类似于 $V_n(F)$ 上线性变换的讨论，可以建立 $T:V_n(F)\to V_m(F)$，在不同基下变换矩阵的关系式.

设在两个线性空间中，不同的基分别是

$$V_n(F):\begin{matrix}\{\boldsymbol{\alpha}_1,\boldsymbol{\alpha}_2,\cdots,\boldsymbol{\alpha}_n\}\\\{\boldsymbol{\beta}_1,\boldsymbol{\beta}_2,\cdots,\boldsymbol{\beta}_n\}\end{matrix};\quad V_m(F):\begin{matrix}\{\boldsymbol{\xi}_1,\boldsymbol{\xi}_2,\cdots,\boldsymbol{\xi}_m\}\\\{\boldsymbol{\eta}_1,\boldsymbol{\eta}_2,\cdots,\boldsymbol{\eta}_m\}\end{matrix}.$$

过渡矩阵分别为 $\boldsymbol{P}_{n\times n}$ 和 $Q_{m\times m}$ 即

$$(\boldsymbol{\beta}_1\quad\boldsymbol{\beta}_2\quad\cdots\quad\boldsymbol{\beta}_n)=(\boldsymbol{\alpha}_1\quad\boldsymbol{\alpha}_2\quad\cdots\quad\boldsymbol{\alpha}_n)\boldsymbol{P},$$
$$(\boldsymbol{\eta}_1\quad\boldsymbol{\eta}_2\quad\cdots\quad\boldsymbol{\eta}_m)Q=(\boldsymbol{\xi}_1\quad\boldsymbol{\xi}_2\quad\cdots\quad\boldsymbol{\xi}_m).$$

又
$$T(\boldsymbol{\alpha}_1\quad\boldsymbol{\alpha}_2\quad\cdots\quad\boldsymbol{\alpha}_n)=(\boldsymbol{\xi}_1\quad\boldsymbol{\xi}_2\quad\cdots\quad\boldsymbol{\xi}_m)\boldsymbol{A}_{m\times n},$$
$$T(\boldsymbol{\beta}_1\quad\boldsymbol{\beta}_2\quad\cdots\quad\boldsymbol{\beta}_n)=(\boldsymbol{\eta}_1\quad\boldsymbol{\eta}_2\quad\cdots\quad\boldsymbol{\eta}_m)\boldsymbol{B}_{m\times n},$$

则因为

$$T(\boldsymbol{\beta}_1\quad\boldsymbol{\beta}_2\quad\cdots\quad\boldsymbol{\beta}_n)=T[(\boldsymbol{\alpha}_1\quad\boldsymbol{\alpha}_2\quad\cdots\quad\boldsymbol{\alpha}_n)\boldsymbol{P}]=T(\boldsymbol{\alpha}_1\quad\boldsymbol{\alpha}_2\quad\cdots\quad\boldsymbol{\alpha}_n)\boldsymbol{P}$$

$$=(\boldsymbol{\xi}_1 \quad \boldsymbol{\xi}_2 \quad \cdots \quad \boldsymbol{\xi}_m)\boldsymbol{AP}=(\boldsymbol{\eta}_1 \quad \boldsymbol{\eta}_2 \quad \cdots \quad \boldsymbol{\eta}_m)\boldsymbol{QAP}.$$

因此，

$$\boldsymbol{B}=\boldsymbol{QAP}.$$

从以上结果可以看到，空间 $V_n(F)$ 到 $V_m(F)$ 的线性变换在不同基下的矩阵是等价的.

习　题　一

1. 判断下列集合对指定的运算是否构成 $\mathbf{R}$ 上线性空间.

(1) $V_1=\{\boldsymbol{A}=(a_{ij})_{n\times n} \mid \sum_{i=1}^{n} a_{ii}=0\}$；对矩阵加法和数乘运算.

(2) $V_2=\{\boldsymbol{A} \mid \boldsymbol{A}\in\mathbf{R}^{n\times n},\boldsymbol{A}^{\mathrm{T}}=-\boldsymbol{A}\}$；对矩阵加法和数乘运算.

(3) $V_3=\mathbf{R}^3$；对 $\mathbf{R}^3$ 中向量加法和如下定义的数乘向量：$\forall \boldsymbol{\alpha}\in\mathbf{R}^3, k\in\mathbf{R}, k\boldsymbol{\alpha}=\mathbf{0}$.

(4) $V_4=\{f(x) \mid f(x)\geqslant 0\}$，通常的函数加法与数乘函数运算.

2. 求线性空间 $W=\{\boldsymbol{A}\in\mathbf{R}^{n\times n} \mid \boldsymbol{A}^{\mathrm{T}}=\boldsymbol{A}\}$ 的维数和一组基.

3. 判断下列子集哪些是 $\mathbf{R}^3$ 的子空间.

(1) $W_1=\{(x_1 \quad x_2 \quad x_3)^{\mathrm{T}} \mid x_1+x_2=0\}$；

(2) $W_2=\{(x_1 \quad x_2 \quad x_3)^{\mathrm{T}} \mid x_1+x_2+x_3=1\}$；

(3) $W_3=\{(2x_1+x_2 \quad x_1-x_3 \quad 2x_1+3x_2)^{\mathrm{T}} \mid x_i\in\mathbf{R}\}$；

(4) $W_4=\{(x_1 \quad x_2 \quad x_3)^{\mathrm{T}} \mid \int_0^{\mathrm{T}}(x_1S^2+x_2S+x_3)\mathrm{d}S=0\}$.

4. 如果 U_1,U_2 都是线性空间 V 的子空间，若 $\dim U_1=\dim U_2$，而且 $U_1\subseteq U_2$，证明：$U_1=U_2$.

5. 设 $\boldsymbol{A}\in\mathbf{R}^{m\times n}$，证明 $\dim R(\boldsymbol{A})+\dim N(\boldsymbol{A})=n$.

6. 设 $\boldsymbol{A}=\begin{pmatrix}1&1&1\\2&1&3\\3&1&5\end{pmatrix}$，讨论向量 $\boldsymbol{\alpha}=(2 \quad 3 \quad 4)^{\mathrm{T}}$ 是否在 $R(\boldsymbol{A})$ 中.

7. 设 $\boldsymbol{A}\in\mathbf{R}^{n\times n}$，证明下列各条件等价：

(1) $\boldsymbol{A}$ 是可逆矩阵；

(2) $N(\boldsymbol{A})=\{\mathbf{0}\}$；

(3) $R(\boldsymbol{A})=\mathbf{R}^n$.

8. 讨论线性空间 $\boldsymbol{P}_4[x]$ 中向量 $\boldsymbol{p}_1=x^3+x^2+x+1$，$\boldsymbol{p}_2=2x^3-x^2+3x$，$\boldsymbol{p}_3=4x^3+x^2+5x+2$ 的线性相关性.

9. 设 $\boldsymbol{A}=\begin{pmatrix}1&-1&3&0\\-2&1&-2&1\\-1&-1&5&2\end{pmatrix}$，求矩阵 $\boldsymbol{A}$ 的列空间 $R(\boldsymbol{A})$ 和零空间 $N(\boldsymbol{A})$.

10. 设 $\boldsymbol{\alpha}_1=(1\quad 2\quad 1\quad 0)^{\mathrm{T}}$，$\boldsymbol{\alpha}_2=(-1\quad 1\quad 1\quad 1)^{\mathrm{T}}$，$\boldsymbol{\beta}_1=(2\quad -1\quad 0\quad 1)^{\mathrm{T}}$，$\boldsymbol{\beta}_2=(1\quad -1\quad 3\quad 7)^{\mathrm{T}}$，$W_1=L\{\boldsymbol{\alpha}_1,\boldsymbol{\alpha}_2\}$，$W_2=L\{\boldsymbol{\beta}_1,\boldsymbol{\beta}_2\}$，求 $W_1\cap W_2$ 和 W_1+W_2.

11. 在 $\mathbf{R}^{2\times 2}$ 中，已知两组基为

$$\boldsymbol{E}_1=\begin{pmatrix}1&0\\0&0\end{pmatrix},\quad \boldsymbol{E}_2=\begin{pmatrix}0&1\\0&0\end{pmatrix},\quad \boldsymbol{E}_3=\begin{pmatrix}0&0\\1&0\end{pmatrix},\quad \boldsymbol{E}_4=\begin{pmatrix}0&0\\0&1\end{pmatrix},$$

$$\boldsymbol{G}_1=\begin{pmatrix}0&1\\1&1\end{pmatrix},\quad \boldsymbol{G}_2=\begin{pmatrix}1&0\\1&1\end{pmatrix},\quad \boldsymbol{G}_3=\begin{pmatrix}1&1\\0&1\end{pmatrix},\quad \boldsymbol{G}_4=\begin{pmatrix}1&1\\1&0\end{pmatrix},$$

求基 $\{\boldsymbol{E}_i\}$ 到基 $\{\boldsymbol{G}_i\}$ 的过渡矩阵 $\boldsymbol{C}$，并求矩阵 $\begin{pmatrix}0&1\\2&-3\end{pmatrix}$ 在基 $\{G_i\}$ 下的坐标 $\boldsymbol{X}$.

12. 设 $V_3(F)$ 中两组基 $\{\boldsymbol{\alpha}_1,\boldsymbol{\alpha}_2,\boldsymbol{\alpha}_3\}$ 和 $\{\boldsymbol{\beta}_1,\boldsymbol{\beta}_2,\boldsymbol{\beta}_3\}$. 已知 $\boldsymbol{\beta}_1=\boldsymbol{\alpha}_1-\boldsymbol{\alpha}_2$，$\boldsymbol{\beta}_2=2\boldsymbol{\alpha}_1+3\boldsymbol{\alpha}_2+2\boldsymbol{\alpha}_3$，$\boldsymbol{\beta}_3=\boldsymbol{\alpha}_1+3\boldsymbol{\alpha}_2+2\boldsymbol{\alpha}_3$.

(1) 求从基 $\{\boldsymbol{\alpha}_i\}$ 到基 $\{\boldsymbol{\beta}_i\}$ 的过渡矩阵 $\boldsymbol{C}$；

(2) 求 $\boldsymbol{\alpha}=2\boldsymbol{\beta}_1-\boldsymbol{\beta}_2+3\boldsymbol{\beta}_3$ 在基 $\boldsymbol{\alpha}_1,\boldsymbol{\alpha}_2,\boldsymbol{\alpha}_3$ 下的坐标 $\boldsymbol{X}$.

13. 设 $\boldsymbol{A}_{m\times n}$ 和 $\boldsymbol{B}_{n\times m}$ 满足 $\boldsymbol{AB}=\boldsymbol{0}$，证明

(1) $R(\boldsymbol{B})\subseteq N(\boldsymbol{A})$，

(2) $R(\boldsymbol{A}^{\mathrm{T}})\subseteq N(\boldsymbol{B}^{\mathrm{T}})$.

14. 在内积空间 $[V_n(F);(\boldsymbol{\alpha},\boldsymbol{\beta})]$ 中. 设 $\boldsymbol{\alpha},\boldsymbol{\beta},\boldsymbol{\gamma}\in V_n(F)$，$k\in F$，证明

$$(\boldsymbol{\alpha},k\boldsymbol{\beta})=\bar{k}(\boldsymbol{\alpha},\boldsymbol{\beta});\quad (\boldsymbol{\alpha},\boldsymbol{\beta}+\boldsymbol{\gamma})=(\boldsymbol{\alpha},\boldsymbol{\beta})+(\boldsymbol{\alpha},\boldsymbol{\gamma}).$$

15. 设 $\{\boldsymbol{\alpha}_1,\boldsymbol{\alpha}_2,\cdots,\boldsymbol{\alpha}_n\}$ 是 n 维线性空间 $V_n(\mathbf{R})$ 中的基，$\forall\,\boldsymbol{\alpha}=\sum\limits_{i=1}^{n}x_i\boldsymbol{\alpha}_i$，$\boldsymbol{\beta}=\sum\limits_{i=1}^{n}y_i\boldsymbol{\alpha}_i\in V_n(\mathbf{R})$，定义从 $V_n(\mathbf{R})$ 到实数集 $\mathbf{R}$ 的二元运算：

$$\mu(\boldsymbol{\alpha},\boldsymbol{\beta})=x_1y_1+2x_2y_2+\cdots+nx_ny_n,$$

证明　$\mu(\boldsymbol{\alpha},\boldsymbol{\beta})$ 是 $V_n(\mathbf{R})$ 上的内积.

16. 在线性空间 $\mathbf{R}^n$ 中，$\forall\,\boldsymbol{X},\boldsymbol{Y}\in\mathbf{R}^n$，定义内积

$$(\boldsymbol{X},\boldsymbol{Y})=\boldsymbol{Y}^{\mathrm{T}}\boldsymbol{AX},$$

其中 $\boldsymbol{A}$ 为一个给定的实对称的正定矩阵，$\boldsymbol{A}\in\mathbf{R}^{n\times n}$，试给出 Cauchy 不等式关于这种内积的具体形式.

17. 在欧氏空间 $V_n(\mathbf{R})$ 中，证明向量组 $\{\boldsymbol{\alpha}_1,\boldsymbol{\alpha}_2,\cdots,\boldsymbol{\alpha}_n\}$ 线性无关的充要条件是

$$\begin{vmatrix}(\boldsymbol{\alpha}_1,\boldsymbol{\alpha}_1)&(\boldsymbol{\alpha}_1,\boldsymbol{\alpha}_2)&\cdots&(\boldsymbol{\alpha}_1,\boldsymbol{\alpha}_n)\\(\boldsymbol{\alpha}_2,\boldsymbol{\alpha}_1)&(\boldsymbol{\alpha}_2,\boldsymbol{\alpha}_2)&\cdots&(\boldsymbol{\alpha}_2,\boldsymbol{\alpha}_n)\\\vdots&\vdots&&\vdots\\(\boldsymbol{\alpha}_n,\boldsymbol{\alpha}_1)&(\boldsymbol{\alpha}_n,\boldsymbol{\alpha}_2)&\cdots&(\boldsymbol{\alpha}_n,\boldsymbol{\alpha}_n)\end{vmatrix}\neq 0.$$

18. 设 $\{\boldsymbol{\varepsilon}_1,\boldsymbol{\varepsilon}_2,\cdots,\boldsymbol{\varepsilon}_5\}$ 是 $V_5(F)$ 的标准正交基，又 $\boldsymbol{\alpha}_1=\boldsymbol{\varepsilon}_1+\boldsymbol{\varepsilon}_5$，$\boldsymbol{\alpha}_2=\boldsymbol{\varepsilon}_1-\boldsymbol{\varepsilon}_3+\boldsymbol{\varepsilon}_4$，$\boldsymbol{\alpha}_3=2\boldsymbol{\varepsilon}_1+\boldsymbol{\varepsilon}_2+\boldsymbol{\varepsilon}_3$，求 $W=L\{\boldsymbol{\alpha}_1,\boldsymbol{\alpha}_2,\boldsymbol{\alpha}_3\}$ 的标准正交基 $\{\boldsymbol{\beta}_1,\boldsymbol{\beta}_2,\boldsymbol{\beta}_3\}$.

19. 设 $\boldsymbol{\alpha},\boldsymbol{\beta}$ 是内积空间 $[V_n(F),(\boldsymbol{\alpha},\boldsymbol{\beta})]$ 中彼此正交的向量，证明

$$|\boldsymbol{\alpha}+\boldsymbol{\beta}|^2=|\boldsymbol{\alpha}|^2+|\boldsymbol{\beta}|^2.$$

20. 在欧氏空间 $\mathbf{R}^4$ 中，求子空间

$W=L\{(1\quad 1\quad -1\quad 1)^{\mathrm{T}},(1\quad -1\quad -1\quad 1)^{\mathrm{T}}\}$的正交补子空间 $W^{\perp}$.

21. 设 W_1 与 W_2 是欧氏空间的两个子空间，证明

$$(W_1+W_2)^{\perp}=W_1^{\perp}\cap W_2^{\perp},$$
$$(W_1\cap W_2)^{\perp}=W_1^{\perp}+W_2^{\perp}.$$

22. 设 W_1 与 W_2 是内积空间$[V_n(F);(\boldsymbol{\alpha},\boldsymbol{\beta})]$的两个子空间.

证明
$$W_1\subseteq W_2\Rightarrow W_2^{\perp}\subseteq W_1^{\perp}.$$

23. 设矩阵 $\boldsymbol{A},\boldsymbol{B}\in\mathbf{C}^{m\times n}$，证明子空间 $R(\boldsymbol{A})$与 $R(\boldsymbol{B})$是正交子空间，当且仅当 $\boldsymbol{A}^{\mathrm{H}}\boldsymbol{B}=\mathbf{0}$.

24. 判断下列变换哪些是线性变换

(1) $\mathbf{R}^2$ 中：$T(x_1\quad x_2)^{\mathrm{T}}=(x_1+1\quad x_2^2)^{\mathrm{T}}$；

(2) $\mathbf{R}^3$ 中：$T(x_1\quad x_2\quad x_3)^{\mathrm{T}}=(x_1+x_2\quad x_1-x_2\quad 2x_3)^{\mathrm{T}}$；

(3) $\mathbf{R}^{n\times n}$中：$\boldsymbol{A}$ 为给定的 n 阶方阵，$\forall\,\boldsymbol{X}\in\mathbf{R}^{n\times n}$，$T(\boldsymbol{X})=\boldsymbol{AX}+\boldsymbol{A}$；

(4) $\mathbf{R}^{2\times 2}$中：$\boldsymbol{T}(\boldsymbol{A})=\boldsymbol{A}^*$，$\boldsymbol{A}^*$ 为 $\boldsymbol{A}$ 的伴随矩阵.

25. 在 $\mathbf{R}^3$ 中，定义线性变换 $T:\mathbf{R}^3\to\mathbf{R}^3$，$\forall\,\boldsymbol{\alpha}=(x_1\quad x_2\quad x_3)^{\mathrm{T}}$，$T(\boldsymbol{\alpha})=(2x_1-x_2\quad 3x_2-2x_3\quad 2x_1-x_2+x_3)^{\mathrm{T}}$，求 T 在基 $\boldsymbol{e}_1=(1\quad 0\quad 0)^{\mathrm{T}}$，$\boldsymbol{e}_2=(0\quad 1\quad 0)^{\mathrm{T}}$，$\boldsymbol{e}_3=(0\quad 0\quad 1)^{\mathrm{T}}$下的矩阵 $\boldsymbol{A}$.

26. 在 $\mathbf{R}^{2\times 2}$中定义线性变换，$\forall\,\boldsymbol{A}\in\mathbf{R}^{2\times 2}$，

$$T_1(\boldsymbol{A})=\begin{pmatrix}a & b\\ c & d\end{pmatrix}\boldsymbol{A},\quad T_2(\boldsymbol{A})=\boldsymbol{A}\begin{pmatrix}a & b\\ c & d\end{pmatrix},\quad T_3(\boldsymbol{A})=\begin{pmatrix}a & b\\ c & d\end{pmatrix}\boldsymbol{A}\begin{pmatrix}a & b\\ c & d\end{pmatrix},$$

其中$\begin{pmatrix}a & b\\ c & d\end{pmatrix}$是 $\mathbf{R}^{2\times 2}$中给定的矩阵，求

(1) 求 T_i 在基$\{\boldsymbol{E}_{11},\boldsymbol{E}_{12},\boldsymbol{E}_{21},\boldsymbol{E}_{22}\}$下的矩阵 $\boldsymbol{X}_i$，$i=1,2,3$.

(2) 求 T_1+T_2 和 $T_1\cdot T_2$ 在基$\{\boldsymbol{E}_{11},\boldsymbol{E}_{12},\boldsymbol{E}_{21},\boldsymbol{E}_{22}\}$下的矩阵.

27. 设线性变换 $T:V_n(F)\to V_n(F)$，证明 T 是可逆变换的充要条件是 $N(T)=\{\mathbf{0}\}$.

28. 设 $\mathbf{R}^3$ 中线性变换 T 为：$\forall\,\boldsymbol{X}=(x_1\quad x_2\quad x_3)^{\mathrm{T}}$，$T(\boldsymbol{X})=(0\quad x_1\quad x_2)^{\mathrm{T}}$，

(1) 求 T 的像子空间 $R(T)$和零空间 $N(T)$.

(2) 求 $R(T)$和 $N(T)$的维数与基.

29. 设$\{\boldsymbol{\alpha}_1,\boldsymbol{\alpha}_2,\cdots,\boldsymbol{\alpha}_k\}$和$\{\boldsymbol{\beta}_1,\boldsymbol{\beta}_2,\cdots,\boldsymbol{\beta}_k\}$是 n 维线性空间 $V_n(F)$的两个线性无关组. 证明一定存在 $V_n(F)$上可逆线性变换 T，使

$$T(\boldsymbol{\alpha}_i)=\boldsymbol{\beta}_i,\quad i=1,2,\cdots,k.$$

30. 设 T 为 $\mathbf{R}^2$ 上线性变换，$\forall\begin{pmatrix}x\\ y\end{pmatrix}\in\mathbf{R}^2$，$T\begin{pmatrix}x\\ y\end{pmatrix}=\begin{pmatrix}y\\ x\end{pmatrix}$，

求 T 的两个不变子空间 V_1 和 V_2，使 $\mathbf{R}^2=V_1\oplus V_2$.

31. 设 T 是欧氏空间 $\mathbf{R}^3$ 上线性变换，对 $\mathbf{R}^3$ 中单位矢量 $\boldsymbol{u}$，$\forall\, \boldsymbol{x}\in\mathbf{R}^3$，

$$T(\boldsymbol{x})=\boldsymbol{x}-(1-k)(\boldsymbol{x},\boldsymbol{u})\boldsymbol{u},$$

(1) 求 T 的不变子空间；

(2) 把 $\mathbf{R}^3$ 分解为不变子空间的直和，并求相应的矩阵分解.

32. 设欧氏空间 $\mathbf{R}^2$ 上压缩变换 T 定义为：

$$T(\boldsymbol{X})=\boldsymbol{X}-\frac{1}{2}(\boldsymbol{X},e_2)e_2,\quad \forall\,\boldsymbol{X}\in\mathbf{R}^2,\quad e_2=(0\quad 1)^{\mathrm{T}},$$

求 $\mathbf{R}^2$ 上单位圆：$x_1^2+x_2^2=1$，经过 T 变换后的图形.

33. 设欧氏空间上向量 $u=\left(\dfrac{2}{3}\quad -\dfrac{2}{3}\quad -\dfrac{1}{3}\right)^{\mathrm{T}}$，$\mathbf{R}^3$ 上正交投影 P 如下定义

$$P(\boldsymbol{X})=\boldsymbol{X}-(\boldsymbol{X},\boldsymbol{u})\boldsymbol{u},$$

求 P 的不变子空间，把 $\mathbf{R}^3$ 分解成不变子空间的直和，并求相应矩阵分解.

34. 设 $\{\boldsymbol{\varepsilon}_1,\boldsymbol{\varepsilon}_2,\boldsymbol{\varepsilon}_3\}$ 是欧氏空间 $\mathbf{R}^3$ 中一个标准正交基，试求一个正交变换 $T:\mathbf{R}^3\to\mathbf{R}^3$，使

$$T(\boldsymbol{\varepsilon}_1)=\frac{2}{3}\boldsymbol{\varepsilon}_1+\frac{2}{3}\boldsymbol{\varepsilon}_2-\frac{1}{3}\boldsymbol{\varepsilon}_3,$$

$$T(\boldsymbol{\varepsilon}_2)=\frac{2}{3}\boldsymbol{\varepsilon}_1-\frac{1}{3}\boldsymbol{\varepsilon}_2+\frac{2}{3}\boldsymbol{\varepsilon}_3.$$

第 2 章　Jordan 标准形介绍

这一章的讨论源于如何选择线性空间的基，使线性变换在该基下矩阵具有尽可能简单的形式这一问题. 该问题在矩阵讨论上相应于矩阵相似变换化简. 这一章将介绍矩阵相似的相关理论及其应用，并简要介绍 Jordan 标准形求法，介绍一些特殊矩阵的特征值和相似问题.

2.1　线性变换的对角矩阵表示

1.3 小节的讨论已为这里将要讨论的求一组基，使线性变换的矩阵形式最简奠定了基础. 首先考虑线性变换矩阵为对角矩阵所需要的条件.

一、线性变换的特征值与特征向量

设 T 为线性空间 $V_n(F)$ 上的线性变换，由式(1.26)可知，T 在某组基 $\{\boldsymbol{\xi}_1,\boldsymbol{\xi}_2,\cdots,\boldsymbol{\xi}_n\}$ 下矩阵为对角矩阵 $\begin{pmatrix}\lambda_1 & & & \\ & \lambda_2 & & \\ & & \ddots & \\ & & & \lambda_n\end{pmatrix}$ 的充分必要条件是：基中向量 $\boldsymbol{\xi}_i$ 满足，

$$T(\boldsymbol{\xi}_i)=\lambda_i\boldsymbol{\xi}_i,\quad i=1,2,\cdots,n.$$

定义 2.1　设 T 为线性空间 V_n 上的线性变换，如果存在 $\boldsymbol{\xi}\in V_n(F)$ 和数 $\lambda\in F$，$\boldsymbol{\xi}\neq\mathbf{0}$，使得 $T(\boldsymbol{\xi})=\lambda\boldsymbol{\xi}$，则称数 λ 为 T 的**特征值**，向量 $\boldsymbol{\xi}$ 为线性变换 T 的对应于特征值 λ 的**特征向量**.

为分析 λ 和 $\boldsymbol{\xi}$ 的求法，设对线性变换 T，已知 T 在某一组基 $\{\boldsymbol{\alpha}_1,\boldsymbol{\alpha}_2,\cdots,\boldsymbol{\alpha}_n\}$ 下的矩阵为 $\boldsymbol{A}$($\boldsymbol{A}$ 不一定为对角矩阵)，设 $\boldsymbol{\xi}$ 是 T 的关于 λ 的特征向量，则有

$$\boldsymbol{\xi}=(\boldsymbol{\alpha}_1\quad\boldsymbol{\alpha}_2\quad\cdots\quad\boldsymbol{\alpha}_n)\boldsymbol{X},$$

$$T(\boldsymbol{\xi})=(\boldsymbol{\alpha}_1\quad\boldsymbol{\alpha}_2\quad\cdots\quad\boldsymbol{\alpha}_n)\boldsymbol{A}\boldsymbol{X},$$

因此

$$T(\boldsymbol{\xi})=\lambda\boldsymbol{\xi}\Leftrightarrow\boldsymbol{A}\boldsymbol{X}=\lambda\boldsymbol{X}.\tag{2.1}$$

这说明 λ 是矩阵 $\boldsymbol{A}$ 的特征值，$\boldsymbol{X}$ 是矩阵 $\boldsymbol{A}$ 关于 λ 的特征向量.

定理 2.1　设 $V_n(F)$ 上线性变换 T 在基 $\{\boldsymbol{\alpha}_1,\boldsymbol{\alpha}_2,\cdots,\boldsymbol{\alpha}_n\}$ 下矩阵为 $\boldsymbol{A}$，则 $\boldsymbol{A}$ 的特征值 λ 就是变换 T 的特征值；若 $\boldsymbol{X}$ 是 $\boldsymbol{A}$ 的特征向量，则 $\boldsymbol{\xi}=(\boldsymbol{\alpha}_1\quad\boldsymbol{\alpha}_2\quad\cdots\quad\boldsymbol{\alpha}_n)\boldsymbol{X}$ 就是 T 的特征向量.

式(2.1)及其分析过程已基本上给出了定理 2.1 的证明，还应指出的是，矩阵 $\boldsymbol{A}$ 是

和基相关的，若 T 在另一组基下矩阵为 $\boldsymbol{B}$，从 1.3 小节知道 $\boldsymbol{B}$ 相似于 $\boldsymbol{A}$，即 $\boldsymbol{B}=\boldsymbol{P}^{-1}\boldsymbol{A}\boldsymbol{P}$ 或 $\boldsymbol{P}\boldsymbol{B}=\boldsymbol{A}\boldsymbol{P}$.

$$\boldsymbol{A}\boldsymbol{X}=\lambda\boldsymbol{X}\Leftrightarrow\boldsymbol{B}(\boldsymbol{P}^{-1}\boldsymbol{X})=\lambda(\boldsymbol{P}^{-1}\boldsymbol{X}),$$

因此 $\boldsymbol{B}$ 与 $\boldsymbol{A}$ 的特征值是一样的，特征向量不一样. 这说明 T 的特征值是由 T 决定的，和基与变换矩阵的选择无关.

应用定理 2.1，我们可以从 T 的一个变换矩阵 $\boldsymbol{A}$ 求得 T 的特征值与特征向量. 计算步骤可归纳如下：

(1) 选择 $V_n(F)$ 的基 $\{\boldsymbol{\alpha}_1,\boldsymbol{\alpha}_2,\cdots,\boldsymbol{\alpha}_n\}$，求线性变换 T 关于该基的矩阵 $\boldsymbol{A}$.

(2) 求 $\boldsymbol{A}$ 的特征值. 先求 $\boldsymbol{A}$ 的特征多项式：$f(\lambda)=|\lambda\boldsymbol{I}-\boldsymbol{A}|$，$f(\lambda)=0$ 的根 $\lambda_1,\lambda_2,\cdots,\lambda_n$ 即为 $\boldsymbol{A}$ 的全部特征值.

(3) 求矩阵 $\boldsymbol{A}$ 关于 λ_i 的特征向量 $\boldsymbol{X}_i$，即 $(\lambda_i\boldsymbol{I}-\boldsymbol{A})\boldsymbol{X}=\boldsymbol{0}$ 的非零解，它们给出 T 的特征值 λ_i 对应的特征向量关于基 $\{\boldsymbol{\alpha}_1,\boldsymbol{\alpha}_2,\cdots,\boldsymbol{\alpha}_n\}$ 的坐标.

从线性代数的学习中，大家是熟悉一个矩阵 $\boldsymbol{A}$ 的特征值与特征向量的求法与性质的. 一般我们也称 $\boldsymbol{A}$ 的特征多项式 $f(\lambda)=|\lambda\boldsymbol{I}-\boldsymbol{A}|$ 为线性变换 T 的特征多项式. 同样，在复数域上，$f(\lambda)=0$ 有 n 个根，导出 n 维线性空间上的线性变换 T 有 n 个特征值.

下面，我们从空间的角度讨论线性变换 T 的特征向量的性质.

定义 2.2 设 λ 为线性变换 T 的特征值，$\xi_1,\xi_2,\cdots,\xi_t$ 是 T 对应于 λ 的特征向量的极大线性无关组，则称子空间 $V_\lambda=L\{\boldsymbol{\xi}_1,\boldsymbol{\xi}_2,\cdots,\boldsymbol{\xi}_t\}$ 为 T 关于 λ 的**特征子空间**.

应该注意到 $V_\lambda-\{\boldsymbol{0}\}$ 才给出线性变换 T 的全部特征向量. 即 $\forall\boldsymbol{\alpha}\in V_\lambda,\boldsymbol{\alpha}\neq\boldsymbol{0}$ 时，$\boldsymbol{\alpha}$ 就是 T 关于 λ 的特征向量，$V_\lambda=N(T-\lambda I)$. 如果线性变换 T 有 s 个互异的特征值：$\lambda_1,\lambda_2,\cdots,\lambda_s$，它们就会对应 s 个特征子空间，$V_{\lambda_1},V_{\lambda_2},\cdots,V_{\lambda_s}$. 特征子空间具有如下性质：

定理 2.2 设 $\lambda_1,\lambda_2,\cdots,\lambda_s$ 是 $V_n(F)$ 上线性变换 T 的 s 个互异的特征值. V_{λ_i} 是 λ_i 的特征子空间，$i=1,2,\cdots,s$，则有

(1) V_{λ_i} 是 T 的不变子空间；

(2) $\lambda_i\neq\lambda_j$ 时，$V_{\lambda_i}\cap V_{\lambda_j}=\{\boldsymbol{0}\}$；

(3) 若 λ_i 是 T 的 k_i 重特征值，则 $\dim V_{\lambda_i}\leqslant k_i,i=1,2,\cdots,s$.

证明 (1) 由 V_{λ_i} 的定义，$\forall\boldsymbol{\alpha}\in V_{\lambda_i}$，$T(\boldsymbol{\alpha})=\lambda_i\boldsymbol{\alpha}\in V_{\lambda_i}$，所以 $T(V_{\lambda_i})\subseteq V_{\lambda_i}$，即 V_{λ_i} 是 T 的不变子空间.

(2) $\forall\boldsymbol{\alpha}\in V_{\lambda_i}\cap V_{\lambda_j}$，则有 $\boldsymbol{\alpha}\in V_{\lambda_i}$ 且 $\boldsymbol{\alpha}\in V_{\lambda_j}$. 因此有，$T(\boldsymbol{\alpha})=\lambda_i\boldsymbol{\alpha}$ 而且 $T(\boldsymbol{\alpha})=\lambda_j\boldsymbol{\alpha}$. 两式相减得 $(\lambda_i-\lambda_j)\boldsymbol{\alpha}=\boldsymbol{0}$，又 $\lambda_i\neq\lambda_j$，所以 $\boldsymbol{\alpha}=\boldsymbol{0}$，即

$$V_{\lambda_i}\cap V_{\lambda_j}=\{\boldsymbol{0}\},\quad \lambda_i\neq\lambda_j.$$

(3) 设 T 的矩阵为 $\boldsymbol{A}$，则 T 的特征多项式

$$f(\lambda)=|\lambda\boldsymbol{I}-\boldsymbol{A}|=(\lambda-\lambda_1)^{k_1}(\lambda-\lambda_2)^{k_2}\cdots(\lambda-\lambda_s)^{k_s},$$

$\lambda_i\neq\lambda_j,i\neq j$，即 λ_i 为 T 的 k_i 重特征值. 反设 $\dim V_{\lambda_i}=t_i>k_i$，则可取 V_{λ_i} 的基 $\{\boldsymbol{\xi}_{i1},\boldsymbol{\xi}_{i2},\cdots,\boldsymbol{\xi}_{it_i}\}$，并把它扩充为 $V_n(F)$ 的基 $\{\boldsymbol{\xi}_{i1},\boldsymbol{\xi}_{i2},\cdots,\boldsymbol{\xi}_{it_i},\boldsymbol{\eta}_1,\boldsymbol{\eta}_2,\cdots,\boldsymbol{\eta}_{n-t_i}\}$. $V_n=V_{\lambda_i}\oplus U$，其中

$U=L\{\boldsymbol{\eta}_1,\boldsymbol{\eta}_2,\cdots,\boldsymbol{\eta}_{n-t_i}\}$. 由(1)　V_{λ_i}为T的不变子空间，且$T(\xi_{ij})=\lambda_i\xi_{ij},j=1,2,\cdots,t_j$，可得$T$在基$\{\boldsymbol{\xi}_{i1},\boldsymbol{\xi}_{i2},\cdots,\boldsymbol{\xi}_{it_i},\boldsymbol{\eta}_1,\boldsymbol{\eta}_2,\cdots,\boldsymbol{\eta}_{n-t_i}\}$下矩阵

$$\boldsymbol{B}=\begin{pmatrix}\lambda_i\boldsymbol{I}_{t_i} & \boldsymbol{C}\\ \boldsymbol{0} & \boldsymbol{D}\end{pmatrix},$$

其中$\boldsymbol{I}_{t_i}$为t_i阶单位矩阵，$\lambda_i\boldsymbol{I}_{t_i}$是$T$作为$V_{\lambda_i}$上线性变换在基$\{\xi_{i1},\xi_{i2},\cdots,\xi_{it_i}\}$下的变换矩阵.

由1.3小节的讨论，$\boldsymbol{B}$和$\boldsymbol{A}$相似，$\boldsymbol{B}$应与$\boldsymbol{A}$有相同的特征多项式，即

$$f(\lambda)=|\lambda\boldsymbol{I}-\boldsymbol{A}|=|\lambda\boldsymbol{I}-\boldsymbol{B}|.$$

又　$|\lambda\boldsymbol{I}-\boldsymbol{B}|=(\lambda-\lambda_i)^{t_i}q(\lambda)$，这说明$\lambda_i$至少是$\boldsymbol{B}$的$t_i$重根，而$t_i>k_i$，与所设$f(\lambda)$式矛盾. 因此反设不成立，即$\dim V_{\lambda_i}\leqslant k_i$.

定理2.2说明$\{V_{\lambda_1},\cdots,V_{\lambda_s}\}$与满足$V_{\lambda_1}+V_{\lambda_2}+\cdots+V_{\lambda_s}=V_{\lambda_1}\oplus V_{\lambda_2}\oplus\cdots\oplus V_{\lambda_s}\subseteq V_n(F)$，$\sum_{i=1}^{s}\dim V_{\lambda_i}\leqslant\dim V_n(F)=n$. 如果$\sum_{i=1}^{s}\dim V_{\lambda_i}=n$，则有

$$V_{\lambda_1}\oplus V_{\lambda_2}\oplus\cdots\oplus V_{\lambda_s}=V_n(F).$$

例1　求$P_4[x]$上微分变换$\frac{\mathrm{d}}{\mathrm{d}x}$的特征值与特征向量.

解　取$P_4[x]$中基$\{1,x,x^2,x^3\}$，则$\frac{\mathrm{d}}{\mathrm{d}x}$在该基下矩阵

$$\boldsymbol{A}=\begin{pmatrix}0&1&0&0\\0&0&2&0\\0&0&0&3\\0&0&0&0\end{pmatrix},$$

$|\lambda\boldsymbol{I}-\boldsymbol{A}|=\lambda^4$，所以线性变换$\frac{\mathrm{d}}{\mathrm{d}x}$的特征值

$$\lambda_1=\lambda_2=\lambda_3=\lambda_4=0.$$

又从$(\boldsymbol{0}\cdot\boldsymbol{I}-\boldsymbol{A})\boldsymbol{X}=\boldsymbol{0}$　求得$\boldsymbol{A}$关于$\lambda=0$的特征向量　$\boldsymbol{X}=k\begin{pmatrix}1\\0\\0\\0\end{pmatrix}$，$k\neq0$，所以$\frac{\mathrm{d}}{\mathrm{d}x}$的特征向量$\boldsymbol{\xi}=k\in P_4[x]$. $(k\neq0)$.

例2　设矩阵$\boldsymbol{A}\in\mathbf{C}^{m\times n}$，$\boldsymbol{B}\in\mathbf{C}^{n\times m}$，证明$\boldsymbol{AB}$和$\boldsymbol{BA}$有相同的非零特征值.

证明　若$m=n$，且$\boldsymbol{A}$为非奇异矩阵，由于

$$\boldsymbol{A}^{-1}(\boldsymbol{AB})\boldsymbol{A}=\boldsymbol{BA},$$

因此，$\boldsymbol{AB}$与$\boldsymbol{BA}$相似，有相同的特征值.

对一般的情形，$\boldsymbol{AB}\in\mathbf{C}^{m\times m}$，$\boldsymbol{BA}\in\mathbf{C}^{n\times n}$. 取非奇异矩阵：

$$\begin{pmatrix} I_m & A \\ 0 & I_n \end{pmatrix}, \quad 则 \quad \begin{pmatrix} I_m & A \\ 0 & I_n \end{pmatrix}^{-1} = \begin{pmatrix} I_m & -A \\ 0 & I_n \end{pmatrix},$$

又
$$\begin{pmatrix} I_m & A \\ 0 & I_n \end{pmatrix}^{-1} \begin{pmatrix} AB & 0 \\ B & 0 \end{pmatrix} \begin{pmatrix} I_m & A \\ 0 & I_n \end{pmatrix} = \begin{pmatrix} 0 & 0 \\ B & BA \end{pmatrix},$$

所以
$$\left| \lambda I_{(m+n)} - \begin{pmatrix} AB & 0 \\ B & 0 \end{pmatrix} \right| = \left| \lambda I_{(m+n)} - \begin{pmatrix} 0 & 0 \\ B & BA \end{pmatrix} \right|,$$

从而
$$\lambda^n \mid \lambda I - AB \mid = \lambda^m \mid \lambda I - BA \mid.$$

对 $\lambda \neq 0$,有
$$\mid \lambda I - AB \mid = 0 \Leftrightarrow \mid \lambda I - BA \mid = 0,$$

即 AB 与 BA 有一样的非零特征值,且代数重数也相同.

二、线性变换矩阵的对角化

一个线性变换在空间不同基下的矩阵构成一个相似类.设 $V_n(F)$上线性变换 T 在某组基$\{\alpha_1,\alpha_2,\cdots,\alpha_n\}$下矩阵为 A,则对 T 能否有基使它在其下矩阵为对角矩阵的问题,等价于矩阵 A 能否相似于对角矩阵的问题.方阵相似于对角矩阵的条件是大家已知的问题,我们不再重复.这里主要从变换 T 和空间分解的角度给出线性变换 T 有对角矩阵表示的充分必要条件.

定理 2.3 线性变换 T 有对角矩阵表示的充分必要条件是 T 有 n 个线性无关的特征向量.

证明 必要性:设有基$\{\xi_1,\xi_2,\cdots,\xi_n\}$,使 T 的矩阵为对角阵,则有

$$T(\xi_1 \quad \xi_2 \quad \cdots \quad \xi_n) = (\xi_1 \quad \xi_2 \quad \cdots \quad \xi_n)\begin{pmatrix} \lambda_1 & & & \\ & \lambda_2 & & \\ & & \ddots & \\ & & & \lambda_n \end{pmatrix}.$$

它等价于
$$T(\xi_i) = \lambda_i \xi_i, \quad i=1,2,\cdots,n,$$

所以 λ_i 为 T 的特征值,$\{\xi_1,\xi_2,\cdots,\xi_n\}$为 T 的 n 个线性无关的特征向量.

充分性:若 T 有 n 个线性无关的特征向量 $\xi_1,\xi_2,\cdots,\xi_n$,则可取$\{\xi_1,\xi_2,\cdots,\xi_n\}$为线性空间$V_n(F)$的基,$T$ 在该基下的矩阵即为对角矩阵

$$\begin{pmatrix} \lambda_1 & & & \\ & \lambda_2 & & \\ & & \ddots & \\ & & & \lambda_n \end{pmatrix},$$

其中 λ_i 为 ξ_i 所对应的特征值.

从前面的讨论还可知,特征子空间 V_{λ_i} 是 T 的不变子空间,特别地,线性变换 T 在不变子空间 V_{λ_i} 上矩阵为对角矩阵 $\lambda_i I_{t_i}$.从空间分解角度,我们有下列定理.

定理 2.4 线性变换 T 有对角矩阵表示的充分必要条件是：

$$V_{\lambda_1} \oplus V_{\lambda_2} \oplus \cdots \oplus V_{\lambda_s} = V_n(F). \tag{2.2}$$

从定理 2.3 可以推出，(2.2)式成立的充分必要条件是若 λ_i 是 T 的 k_i 重特征值，则必有 $\dim V_{\lambda_i}=k_i, i=1,2,\cdots,s$. 特别地，若 λ_i 为 T 的单特征值，则必有 $\dim V_{\lambda_i}=1$.

推论 若线性变换 T 有 n 个互异的特征值 $\lambda_1,\lambda_2,\cdots,\lambda_n$，则必有

$$V_{\lambda_1} \oplus V_{\lambda_2} \oplus \cdots \oplus V_{\lambda_n} = V_n(F),$$

从而 T 有对角线上元素互异的对角矩阵表示.

更进一步，若 V_i 为 T 的一维不变子空间，则 $\forall \boldsymbol{\alpha}\in V_i, T(\boldsymbol{\alpha})\in V_i$，所以 $T(\boldsymbol{\alpha})=\lambda\boldsymbol{\alpha}$，即 T 在 V_i 上的矩阵是一阶对角矩阵，因此有：

推论 $V_n(F)$上线性变换有对角矩阵表示的充分必要条件是 $V_n(F)$可分解成 T 的一维不变子空间的直和.

例 3 证明 $P_4[x]$上的微分变换$\frac{\mathrm{d}}{\mathrm{d}x}$没有对角矩阵表示.

证明 从例题 1 可知 $\lambda=0$ 是$\frac{\mathrm{d}}{\mathrm{d}x}$的四重特征值. 而 $\dim V_{\lambda=0}=1<4$，所以 T 没有对角矩阵表示.

当线性变换$\frac{\mathrm{d}}{\mathrm{d}x}$有对角矩阵表示时，我们也常简称为线性变换$\frac{\mathrm{d}}{\mathrm{d}x}$可对角化.

例 4 n 阶方阵 $\boldsymbol{A}$，若满足条件 $\boldsymbol{A}^2=\boldsymbol{A}$，则称 $\boldsymbol{A}$ 为幂等矩阵；若满足 $\boldsymbol{A}^2=\boldsymbol{I}$，则称 $\boldsymbol{A}$ 为乘方矩阵. 证明

(1) $\boldsymbol{A}$ 为幂等矩阵的充要条件是 $\boldsymbol{A}$ 相似于对角矩阵$\begin{pmatrix}\boldsymbol{I}_r & \\ & \boldsymbol{0}\end{pmatrix}$，其中 r 为矩阵 $\boldsymbol{A}$ 的秩.

(2) $\boldsymbol{A}$ 为乘方矩阵的充要条件是 $\boldsymbol{A}$ 相似于对角矩阵$\begin{pmatrix}\boldsymbol{I}_s & \\ & -\boldsymbol{I}_t\end{pmatrix}$，其中 $s+t=n$.

证明 题目的充分性是显然的，下证必要性.

(1) 设 λ 是幂等矩阵 $\boldsymbol{A}$ 的特征值，则从 $\boldsymbol{A}^2=\boldsymbol{A}$ 可导出 λ 满足条件 $\lambda^2=\lambda$，因此 $\lambda=1$ 或 0.

又 $$\dim V_{\lambda=1}=n-\operatorname{rank}(\boldsymbol{I}-\boldsymbol{A}), \quad \dim V_{\lambda=0}=n-\operatorname{rank}(\boldsymbol{A}).$$

从 $$\boldsymbol{A}^2=\boldsymbol{A}\Rightarrow \boldsymbol{A}(\boldsymbol{I}-\boldsymbol{A})=\boldsymbol{0}\Rightarrow \operatorname{rank}(\boldsymbol{A})+\operatorname{rank}(\boldsymbol{I}-\boldsymbol{A})\leqslant n,$$

又 $$\boldsymbol{A}+(\boldsymbol{I}-\boldsymbol{A})=\boldsymbol{I}\Rightarrow \operatorname{rank}(\boldsymbol{A})+\operatorname{rank}(\boldsymbol{I}-\boldsymbol{A})\geqslant \operatorname{rank}(\boldsymbol{I})=\boldsymbol{n}.$$

上两个不等式导出结论

$$\operatorname{rank}(\boldsymbol{A})+\operatorname{rank}(\boldsymbol{I}-\boldsymbol{A})=n.$$

从而 $$\dim V_{\lambda=1}+\dim V_{\lambda=0}=n-[\operatorname{rank}(\boldsymbol{I}-\boldsymbol{A})+\operatorname{rank}(\boldsymbol{A})]=n,$$

亦即 $\boldsymbol{A}$ 有 n 个线性无关的特征向量. 从而 $\boldsymbol{A}$ 相似于对角矩阵 $\begin{pmatrix}\lambda_1 & & & \\ & \lambda_2 & & \\ & & \ddots & \\ & & & \lambda_n\end{pmatrix}$，$\lambda_i=1$ 或 0. 从 $\operatorname{rank}(\boldsymbol{A})=\operatorname{rank}\begin{pmatrix}\lambda_1 & & & \\ & \lambda_2 & & \\ & & \ddots & \\ & & & \lambda_n\end{pmatrix}$ 得，当 $\operatorname{rank}(\boldsymbol{A})=r$ 时，$\boldsymbol{A}$ 相似于对角矩阵 $\begin{pmatrix}\boldsymbol{I}_r & \\ & \boldsymbol{0}\end{pmatrix}$.

(2) 从 $\boldsymbol{A}^2=\boldsymbol{I}$ 可得出 $\boldsymbol{A}$ 的特征值 λ 满足等式：$\lambda^2=1$，从而 $\lambda=1$ 或 -1.

又 $\boldsymbol{A}^2=\boldsymbol{I}$ 时，$\boldsymbol{A}$ 为可逆矩阵，$\operatorname{rank}(\boldsymbol{A})=n$.

又
$$\boldsymbol{A}^2=\boldsymbol{I}\Rightarrow(\boldsymbol{I}-\boldsymbol{A})(-\boldsymbol{I}-\boldsymbol{A})=\boldsymbol{0}\Rightarrow\operatorname{rank}(\boldsymbol{I}-\boldsymbol{A})+\operatorname{rank}(-\boldsymbol{I}-\boldsymbol{A})\leqslant n,$$
$$(\boldsymbol{I}-\boldsymbol{A})+(-\boldsymbol{I}-\boldsymbol{A})=-2\boldsymbol{A}\Rightarrow\operatorname{rank}(\boldsymbol{I}-\boldsymbol{A})+\operatorname{rank}(-\boldsymbol{I}-\boldsymbol{A})\geqslant n,$$
从而
$$\operatorname{rank}(\boldsymbol{I}-\boldsymbol{A})+\operatorname{rank}(-\boldsymbol{I}-\boldsymbol{A})=n.$$
因此，$\dim V_{\lambda=1}+\dim V_{\lambda=-1}=n-\operatorname{rank}(\boldsymbol{I}-\boldsymbol{A})+n-\operatorname{rank}(-\boldsymbol{I}-\boldsymbol{A})=n$，
故 $\boldsymbol{A}$ 可相似于对角矩阵
$$\begin{pmatrix}\boldsymbol{I}_s & \\ & -\boldsymbol{I}_t\end{pmatrix},$$
其中
$$s+t=\dim V_{\lambda=1}+\dim V_{\lambda=-1}=n.$$

2.2 Jordan 矩阵介绍

从上节讨论我们已看到不是所有的线性变换都有对角矩阵表示. 因此，对角矩阵不能像人们最初所希望的那样，用以作为矩阵相似标准形. 当矩阵不能相似于对角矩阵时，我们希望能找到形式尽可能简单一些的矩阵，使任何方阵都能相似于这种矩阵，这就是这里将要介绍的 Jordan 矩阵.

一、Jordan 矩阵

定义 2.3 形如

$$\boldsymbol{J}(\lambda)=\begin{pmatrix}\lambda & 1 & & \\ & \lambda & 1 & \\ & & \ddots & 1 \\ & & & \lambda\end{pmatrix} \tag{2.3}$$

的 r 阶方阵称为一个 r 阶 **Jordan 块**. 由若干个 Jordan 块 $\boldsymbol{J}_i(\lambda_i)$ 构成的准对角矩阵

$$J=\begin{pmatrix} J_1(\lambda_1) & & & \\ & J_2(\lambda_2) & & \\ & & \ddots & \\ & & & J_m(\lambda_m) \end{pmatrix}, \tag{2.4}$$

称为 **Jordan 矩阵.**

例如

$$J=\left(\begin{array}{cc:c:cc} 5 & 1 & 0 & 0 & 0 \\ 0 & 5 & 0 & 0 & 0 \\ \hdashline 0 & 0 & 2 & 0 & 0 \\ \hdashline 0 & 0 & 0 & 2 & 1 \\ 0 & 0 & 0 & 0 & 2 \end{array}\right)=\begin{pmatrix} J_1(5) & & \\ & J_2(2) & \\ & & J_3(2) \end{pmatrix}$$

就是一个 5 阶 Jordan 矩阵，它的三个 Jordan 块分别是

$$J_1(5)=\begin{pmatrix} 5 & 1 \\ & 5 \end{pmatrix};\quad J_2(2)=(2);\quad J_3(2)=\begin{pmatrix} 2 & 1 \\ & 2 \end{pmatrix}.$$

下面两个矩阵也是 Jordan 矩阵

$$J=\begin{pmatrix} 0 & 1 & \\ & 0 & 1 \\ & & 0 \end{pmatrix};\quad J=\begin{pmatrix} 3 & & \\ & 4 & \\ & & 5 \end{pmatrix}.$$

前一个是含一个 Jordan 块的 Jordan 矩阵，后一个矩阵由三个一阶 Jordan 块构成，其中 $J_1(3)=(3)$，$J_2(4)=(4)$，$J_3(5)=(5)$.

Jordan 矩阵是准对角矩阵，呈上三角阵形，主对角线上是它的全部特征值. Jordan 块的特点是主对角线上元素相等，紧邻上方元素 $a_{i\,i+1}=1$，其余元素为 0. Jordan 矩阵中的非零元素只位于主对角线及其上方紧邻元素中，$a_{i\,i+1}=1$ 或 0. Jordan 块都是一阶的 Jordan 矩阵就是对角矩阵.

事实上，Jordan 矩阵就是相似标准形，也就是说若在复有限维空间中考虑. 每个线性变换 T 都有一个 Jordan 矩阵表示，每个复方阵都相似于一个 Jordan 矩阵. 讲清 Jordan 标准形的理论是需要相当多的篇幅的，而与我们应用相关的常常是 Jordan 标准形的具体形式. 因此，我们避开理论上的证明，只给出下面的基本定理.

定理 2.5　在复数域上，每个 n 阶方阵 $\boldsymbol{A}$ 都相似于一个 Jordan 矩阵，即存在可逆矩阵 $\boldsymbol{P}$，使得

$$P^{-1}AP=J_A=\begin{pmatrix} J_1(\lambda_1) & & & \\ & J_2(\lambda_2) & & \\ & & \ddots & \\ & & & J_s(\lambda_s) \end{pmatrix},$$

其中
$$J_i(\lambda_i)=\begin{pmatrix}J_{i1}(\lambda_i)&&&\\&J_{i2}(\lambda_i)&&\\&&\ddots&\\&&&J_{it_i}(\lambda_i)\end{pmatrix}\in C^{k_i\times k_i},$$

$J_{ij}(\lambda_i)$为 n_j 阶 Jordan 块，$\sum_{j=1}^{t_i}n_j=k_i$. $J_i(\lambda_i)$ 是 $k_i\times k_i$ 阶 Jordan 矩阵，$\sum_{i=1}^{s}k_i=n$. 若不计较 Jordan 块的排列次序，则每个方阵的 **Jordan 标准形** J_A 是唯一的.

定理 2.5 是 Jordan 标准形的存在定理，它说明 n 维复线性空间上的线性变换 T，都存在一组基，使 T 在该基下矩阵为 Jordan 矩阵，从而 Jordan 矩阵就是线性变换矩阵的最简形式.

二、Jordan 标准形的求法

对方阵 A，我们需要确定它的 Jordan 矩阵 J_A 中 Jordan 块的结构和求出可逆矩阵 P，使 $P^{-1}AP=J_A$. 求 J_A 和 P 的方法有多种，这里介绍以存在定理为前提的分析确定法.

设 A 为 n 阶方阵，由 A 相似于 J_A 可知，J_A 主对角线上元素就是 A 的全部特征值.

设 A 的特征多项式为
$$|\lambda I-A|=(\lambda-\lambda_1)^{k_1}(\lambda-\lambda_2)^{k_2}\cdots(\lambda-\lambda_s)^{k_s},$$
其中 λ_i 是 A 的 k_i 重特征值. $\sum_{i=1}^{s}k_i=n$，$\lambda_1,\lambda_2,\cdots,\lambda_s$ 互异，所以
$$J_A=\begin{pmatrix}J_1(\lambda_1)&&&\\&J_2(\lambda_2)&&\\&&\ddots&\\&&&J_s(\lambda_s)\end{pmatrix}.\tag{2.5}$$

$J_i(\lambda_i)$是主对角元素为 λ_i 的 k_i 阶 Jordan 矩阵. 它是同一特征值 λ_i 对应的 Jordan 块放在一起得到的 Jordan 矩阵.

把相似变换的可逆矩阵 P 依(2.5)式所示 J_A 的结构，相应取 k_1 列，k_2 列，…，k_s 列分块为 $P=(p_1\quad p_2\quad\cdots\quad p_s)$，$p_i\in C^{n\times k_i}$，$i=1,2,\cdots,s$，$AP=PJ_A$ 可具体表示为：
$$A(p_1\quad p_2\quad\cdots\quad p_s)=(p_1\quad p_2\quad\cdots\quad p_s)\begin{pmatrix}J_1(\lambda_1)&&&\\&J_2(\lambda_2)&&\\&&\ddots&\\&&&J_s(\lambda_s)\end{pmatrix},$$
即
$$(Ap_1\quad Ap_2\quad\cdots\quad Ap_s)=(p_1J_1(\lambda_1)\quad p_2J_2(\lambda_2)\quad\cdots\quad p_sJ_s(\lambda_s)),$$
从而有
$$Ap_i=p_iJ_i(\lambda_i),\quad i=1,2,\cdots,s.\tag{2.6}$$

为表述简便，不妨取 $Ap_1=p_1J_1(\lambda_1)$为代表来分析. 设

$$J_1(\lambda_1)=\begin{pmatrix} J_{11}(\lambda_1) & & & \\ & J_{12}(\lambda_1) & & \\ & & \ddots & \\ & & & J_{1t}(\lambda_1) \end{pmatrix},$$

其中 J_{1i} 为 n_i 阶 Jordan 块，$\sum_{i=1}^{t} n_i = k_1$，由此可知

$$J_{1i}(\lambda_1)=\begin{pmatrix} \lambda_1 & 1 & & & \\ & \lambda_1 & 1 & & \\ & & \ddots & \ddots & \\ & & & \ddots & 1 \\ & & & & \lambda_1 \end{pmatrix}_{n_i\times n_i}. \tag{2.7}$$

再把 p_1 依 n_1 列，n_2 列，…，n_t 列分块，

$$p_1=(p_1^{(1)}\quad p_2^{(1)}\quad \cdots \quad p_t^{(1)}),$$

从(2.6)式有

$$Ap_j^{(1)}=p_j^{(1)}J_{1j}(\lambda_1),\quad j=1,2,\cdots,t. \tag{2.8}$$

设 $p_j^{(1)}=(\alpha_1\quad \beta_2\quad \cdots\quad \beta_{n_j})$，结合(2.7)式，(2.8)式化为

$$A(\alpha_1\quad \beta_2\quad \cdots\quad \beta_{n_j})=(\alpha_1\quad \beta_2\quad \cdots\quad \beta_{n_j})\begin{pmatrix} \lambda_1 & 1 & & & \\ & \lambda_1 & 1 & & \\ & & \ddots & \ddots & \\ & & & \ddots & 1 \\ & & & & \lambda_1 \end{pmatrix}_{n_j\times n_j}.$$

该矩阵等式等价于由 n_j 个方程组成的方程组

$$\begin{cases} (A-\lambda_1 I)\alpha_1=0, \\ (A-\lambda_1 I)\beta_2=\alpha_1, \\ (A-\lambda_1 I)\beta_3=\beta_2, \\ \quad\vdots \\ (A-\lambda_1 I)\beta_{n_j}=\beta_{n_j-1}. \end{cases} \tag{2.9}$$

从(2.9)式可以求得一组向量 $\{\alpha_1,\beta_2,\cdots,\beta_{n_j}\}$，我们称它为 Jordan **链**. 链中第一个向量 α_1 是 A 关于 λ_1 的特征向量，$\beta_2,\cdots,\beta_{n_j}$ 称为**广义特征向量**. 它的长度 n_j 就是 $J_{1j}(\lambda_1)$ 的阶数.(2.9)式给出的是一个递归的过程. 从 α_1 求 β_2，从 β_2 求 β_3 等等. 该过程到线性方程组 $(A-\lambda_1 I)\beta_{n_j+1}=\beta_{n_j}$ 无解(不相容)时终止，便得到了 Jordan 链和 $J_{1j}(\lambda_1)$ 的阶数 n_j.

由(2.8)式，$J_1(\lambda_1)$ 有多少个 Jordan 块 $J_{1j}(\lambda_1)$，就有多少条 Jordan 链，也就会有多少个线性无关的特征向量 α_i，$i=1,2,\cdots,t$. 事实上是，矩阵 A 关于 λ_1 的线性无关的特征向量的个数决定 $J_1(\lambda_1)$ 中 Jordan 块的个数.

分析过程逆回去,便可确定 $\boldsymbol{P}$ 的所有列向量和 $\boldsymbol{J}_A$ 的构造了.我们把计算步骤归纳如下:

(1) 求 $\boldsymbol{A}$ 的特征多项式

$$|\lambda\boldsymbol{I}-\boldsymbol{A}|=(\lambda-\lambda_1)^{k_1}(\lambda-\lambda_2)^{k_2}\cdots(\lambda-\lambda_s)^{k_s},$$

$\lambda_1,\lambda_2,\cdots,\lambda_s$ 互异,从而 λ_i 为 $\boldsymbol{A}$ 的 k_i 重特征值,其代数重数 k_i 决定 Jordan 矩阵 $\boldsymbol{J}_i(\lambda_i)$ 的阶数为 k_i.

(2) 对 λ_i,由 $(\boldsymbol{A}-\lambda_i\boldsymbol{I})\boldsymbol{X}=\boldsymbol{0}$,求 $\boldsymbol{A}$ 的线性无关的特征向量 $\boldsymbol{\alpha}_1,\boldsymbol{\alpha}_2,\cdots,\boldsymbol{\alpha}_{t_i}$. λ_i 的几何重数 $\dim V_{\lambda_i}=t_i$ 决定 $\boldsymbol{J}_i(\lambda_i)$ 中有 t_i 个 Jordan 块.

(3) 若 λ_i 的代数重数等于几何重数:$k_i=\dim V_{\lambda_i}$,λ_i 对应的 Jordan 矩阵为 k_i 阶对角矩阵.

若 $\dim V_{\lambda_i}=t_i<k_i$,则在 V_{λ_i} 中选择适当特征向量 $\boldsymbol{\alpha}_i$. 由(2.9)式求 Jordan 链 $\boldsymbol{\alpha}_i,\boldsymbol{\beta}_2,\cdots,\boldsymbol{\beta}_{n_i}$,确定 $\boldsymbol{J}_i(\lambda_i)$ 中 Jordan 块 $\boldsymbol{J}_{ij}(\lambda_i)$ 的阶数 n_i,从而得到了 $\boldsymbol{J}_A$ 的结构.

(4) 所有 Jordan 链构成矩阵 $\boldsymbol{P}$,必有

$$\boldsymbol{P}^{-1}\boldsymbol{A}\boldsymbol{P}=\boldsymbol{J}_A.$$

例 5 设

$$\boldsymbol{A}=\begin{pmatrix}-3 & 3 & -2\\ -7 & 6 & -3\\ 1 & -1 & 2\end{pmatrix},$$

求可逆矩阵 $\boldsymbol{P}$ 和 Jordan 矩阵 $\boldsymbol{J}_A$,使 $\boldsymbol{P}^{-1}\boldsymbol{A}\boldsymbol{P}=\boldsymbol{J}_A$.

解 由 $|\lambda\boldsymbol{I}-\boldsymbol{A}|=(\lambda-1)(\lambda-2)^2=0$ 得 $\lambda_1=1,\lambda_2=\lambda_3=2$,所以

$$\boldsymbol{J}_A=\begin{pmatrix}\boldsymbol{J}_1(1) & \\ & \boldsymbol{J}_2(2)\end{pmatrix},$$

其中 $\boldsymbol{J}_1(1)=(1)$ 已被确定,$\boldsymbol{J}_2(2)=\begin{pmatrix}2 & 1\\ 0 & 2\end{pmatrix}$ 或 $\begin{pmatrix}2 & 0\\ 0 & 2\end{pmatrix}$.

从 $(\boldsymbol{A}-\boldsymbol{I})\boldsymbol{X}=\boldsymbol{0}$,求得 $\lambda_1=1$ 对应的特征向量

$$\boldsymbol{\alpha}_1=(1\quad 2\quad 1)^{\mathrm{T}},$$

从 $(\boldsymbol{A}-2\boldsymbol{I})\boldsymbol{X}=\boldsymbol{0}$,求得 $\lambda=2$ 对应线性无关的特征向量,$\boldsymbol{\alpha}_2=(-1\quad -1\quad 1)^{\mathrm{T}}$,只有一个,所以可确定 $\boldsymbol{J}_2(2)$ 只由一个 Jordan 块构成,即

$$\boldsymbol{J}_2(2)=\begin{pmatrix}2 & 1\\ 0 & 2\end{pmatrix}.$$

由(2.9)式求解

$$(\boldsymbol{A}-2\boldsymbol{I})\boldsymbol{\beta}=\boldsymbol{\alpha}_2,$$

取一个解 $\boldsymbol{\beta}=(-1\quad -2\quad 0)^{\mathrm{T}}$,得到所需的一个广义特征向量 $\boldsymbol{\beta}$.

故
$$\boldsymbol{P}=(\boldsymbol{\alpha}_1\quad \boldsymbol{\alpha}_2\quad \boldsymbol{\beta})=\begin{pmatrix}1 & -1 & -1\\ 2 & -1 & -2\\ 1 & 1 & 0\end{pmatrix},$$

$$J_A = \begin{pmatrix} 1 & 0 & 0 \\ 0 & 2 & 1 \\ 0 & 0 & 2 \end{pmatrix}.$$

例 6 设

$$A = \begin{pmatrix} 2 & 1 & 0 & -1 \\ 0 & 2 & 0 & 0 \\ 0 & 0 & 2 & 1 \\ 0 & 0 & 0 & 2 \end{pmatrix},$$

求可逆矩阵 $\boldsymbol{P}$ 和 Jordan 矩阵 $\boldsymbol{J}_A$，使 $\boldsymbol{P}^{-1}\boldsymbol{AP}=\boldsymbol{J}_A$.

解 $|\lambda\boldsymbol{I}-\boldsymbol{A}|=(\lambda-2)^4$，所以 $\lambda=2$ 为 $\boldsymbol{A}$ 的四重特征值，$\lambda=2$ 的代数重数为 4，故 $\boldsymbol{J}_A=\boldsymbol{J}(2)$ 是一个对角线元素为 2 的四阶 Jordan 矩阵.

从 $(\boldsymbol{A}-2\boldsymbol{I})\boldsymbol{X}=\boldsymbol{0}$，即

$$\begin{pmatrix} 0 & 1 & 0 & -1 \\ 0 & 0 & 0 & 0 \\ 0 & 0 & 0 & 1 \\ 0 & 0 & 0 & 0 \end{pmatrix}\boldsymbol{X}=\boldsymbol{0}$$

求得两个线性无关的特征向量：

$$\boldsymbol{\alpha}_1=(1\quad 0\quad 0\quad 0)^{\mathrm{T}},\quad \boldsymbol{\alpha}_2=(0\quad 0\quad 1\quad 0)^{\mathrm{T}},$$

因此 $\lambda=2$ 的几何重数 $\dim V_{\lambda=2}=2$，这决定 $\boldsymbol{J}_A=\boldsymbol{J}(2)$ 含两个 Jordan 块，(不计较块的次序)它只有两种可能：

$$\boldsymbol{J}_A=\left(\begin{array}{c|ccc} 2 & & & \\ \hline & 2 & 1 & \\ & & 2 & 1 \\ & & & 2 \end{array}\right)\quad 或\quad \boldsymbol{J}_A=\left(\begin{array}{cc|cc} 2 & 1 & & \\ & 2 & & \\ \hline & & 2 & 1 \\ & & & 2 \end{array}\right).$$

取 $\boldsymbol{\alpha}_1$，所以 $(\boldsymbol{A}-2\boldsymbol{I})\boldsymbol{\beta}=\boldsymbol{\alpha}_1$ 的增广矩阵为

$$(\boldsymbol{A}-2\boldsymbol{I}\mid\boldsymbol{\alpha}_1)=\left(\begin{array}{cccc|c} 0 & 1 & 0 & -1 & 1 \\ 0 & 0 & 0 & 0 & 0 \\ 0 & 0 & 0 & 1 & 0 \\ 0 & 0 & 0 & 0 & 0 \end{array}\right),$$

对应的方程组是相容的，由此解得 $\boldsymbol{\beta}_2=(0\quad 1\quad 0\quad 0)^{\mathrm{T}}$，但 $(\boldsymbol{A}-2\boldsymbol{I})\boldsymbol{\beta}_3=\boldsymbol{\beta}_2$ 的增广矩阵

$$(\boldsymbol{A}-2\boldsymbol{I}\mid\boldsymbol{\beta}_2)=\left(\begin{array}{cccc|c} 0 & 1 & 0 & -1 & 0 \\ 0 & 0 & 0 & 0 & 1 \\ 0 & 0 & 0 & 1 & 0 \\ 0 & 0 & 0 & 0 & 0 \end{array}\right)$$

所对应的方程组不相容(即无解)，所以 $\{\boldsymbol{\alpha}_1,\boldsymbol{\beta}_2\}$ 为一长为 2 的 Jordan 链，它对应一个二

阶 Jordan 块.

再由$(\boldsymbol{A}-2\boldsymbol{I})\boldsymbol{\eta}=\boldsymbol{\alpha}_2$，即

$$\begin{pmatrix}0&1&0&-1\\0&0&0&0\\0&0&0&1\\0&0&0&0\end{pmatrix}\boldsymbol{\eta}=\begin{pmatrix}0\\0\\1\\0\end{pmatrix},$$

得另一个广义特征向量$\boldsymbol{\eta}_2=(0\quad 1\quad 0\quad 1)^{\mathrm{T}}$，由此第 2 个 Jordan 链为$\{\boldsymbol{\alpha}_2,\boldsymbol{\eta}_2\}$. 因为得到$\boldsymbol{\eta}_2$，故 $\{\boldsymbol{\alpha}_1,\boldsymbol{\beta}_2,\boldsymbol{\alpha}_2,\boldsymbol{\eta}_2\}$已够组成$\boldsymbol{P}$所需的四个列向量. 不再讨论$\boldsymbol{\alpha}_2$ 打头的Jordan链是否断开的问题，事实上，$(\boldsymbol{A}-2\boldsymbol{I})\boldsymbol{\eta}_3=\boldsymbol{\eta}_2$ 也是不相容的，故$\boldsymbol{\alpha}_2$ 打头只有长度为 2 的 Jordan 链. 由此

$$\boldsymbol{P}=\begin{pmatrix}1&0&0&0\\0&1&0&1\\0&0&1&0\\0&0&0&1\end{pmatrix};\quad \boldsymbol{J}_A=\left(\begin{array}{cc:cc}2&1&&\\&2&&\\\hdashline&&2&1\\&&&2\end{array}\right).$$

例 7 设$\boldsymbol{P}_3[x]$上线性变换 T 在基$\{1,x,x^2\}$下的矩阵为$\boldsymbol{A}$，求$\boldsymbol{P}_3[x]$的基$\{\boldsymbol{\xi}_1,\boldsymbol{\xi}_2,\boldsymbol{\xi}_3\}$，使 T 在此基下的矩阵为 Jordan 矩阵. 其中

$$\boldsymbol{A}=\begin{pmatrix}2&-1&-1\\2&-1&-2\\-1&1&2\end{pmatrix}.$$

解 $|\lambda\boldsymbol{I}-\boldsymbol{A}|=(\lambda-1)^3$，因此$\lambda=1$的代数重数为 3. 又$(\boldsymbol{A}-\boldsymbol{I})\boldsymbol{X}=\boldsymbol{0}$ 为

$$\begin{pmatrix}-1&1&1\\-2&2&2\\1&-1&-1\end{pmatrix}\boldsymbol{X}=\boldsymbol{0},$$

得 $\boldsymbol{X}=k_1(1\quad 1\quad 0)^{\mathrm{T}}+k_2(1\quad 0\quad 1)^{\mathrm{T}}$，所以，有两个线性无关的特征向量

$$\boldsymbol{\alpha}_1=(1\quad 1\quad 0)^{\mathrm{T}},\boldsymbol{\alpha}_2=(1\quad 0\quad 1)^{\mathrm{T}}.$$

$\lambda=1$ 的几何重数 $\dim V_{\lambda=1}=2$，$\boldsymbol{J}_A$ 含 2 个 Jordan 块，已可确定$\boldsymbol{J}_A$形如

$$\boldsymbol{J}_A=\begin{pmatrix}1&&\\&1&1\\&&1\end{pmatrix},$$

为求一个广义特征向量，先取$\boldsymbol{\alpha}_1$，方程$(\boldsymbol{A}-\boldsymbol{I})\boldsymbol{\beta}=\boldsymbol{\alpha}_1$ 的增广矩阵为

$$\left(\begin{array}{ccc:c}-1&1&1&1\\-2&2&2&1\\1&-1&-1&0\end{array}\right)\to\left(\begin{array}{ccc:c}1&-1&-1&1\\0&0&0&-1\\0&0&0&1\end{array}\right),$$

所以$(\boldsymbol{A}-\boldsymbol{I})\boldsymbol{\beta}=\boldsymbol{\alpha}_1$ 不相容. 再取$\boldsymbol{\alpha}_2$，方程$(\boldsymbol{A}-\boldsymbol{I})\boldsymbol{\beta}=\boldsymbol{\alpha}_2$ 也不相容，这说明要求的 Jordan 链第一个特征向量选择不当. 为此，在空间 $V_{\lambda=1}$ 中取一般形式的特征向量 $\boldsymbol{\alpha}=$

$k_1(1\quad 1\quad 0)^{\mathrm{T}}+k_2(1\quad 0\quad 1)^{\mathrm{T}}=(k_1+k_2\quad k_1\quad k_2)^{\mathrm{T}}$,

$$(\boldsymbol{A}-\boldsymbol{I}\mid\boldsymbol{\alpha})=\left(\begin{array}{ccc:c}1 & -1 & -1 & k_1+k_2\\ 2 & -2 & -2 & k_1\\ -1 & 1 & 1 & k_2\end{array}\right)\rightarrow\left(\begin{array}{ccc:c}1 & -1 & -1 & k_1+k_2\\ 0 & 0 & 0 & k_1+2k_2\\ 0 & 0 & 0 & 0\end{array}\right).$$

按相容性要求:$k_1+2k=0$,取 $k_1=2,k_2=-1$,得 $\boldsymbol{\alpha}_3=(1\quad 2\quad -1)^{\mathrm{T}}$,$(\boldsymbol{A}-\boldsymbol{I})\boldsymbol{\beta}=\boldsymbol{\alpha}_3$ 必相容,从中求得

$$\boldsymbol{\beta}=(1\quad 0\quad 0)^{\mathrm{T}}.$$

因为 $\boldsymbol{\alpha}_2$ 与 $\boldsymbol{\alpha}_3$ 线性无关,故可取

$$\boldsymbol{P}=(\boldsymbol{\alpha}_2\quad\boldsymbol{\alpha}_3\quad\boldsymbol{\beta})=\begin{pmatrix}1 & 1 & 1\\ 0 & 2 & 0\\ 1 & -1 & 0\end{pmatrix};\text{相应 }\boldsymbol{J}_A=\begin{pmatrix}1 & & \\ & 1 & 1\\ & & 1\end{pmatrix}.$$

该题中 $\boldsymbol{\alpha}_1$ 与 $\boldsymbol{\alpha}_3$ 也线性无关,上述 $\boldsymbol{P}$ 也可取为 $\boldsymbol{P}=(\boldsymbol{\alpha}_1\quad\boldsymbol{\alpha}_3\quad\boldsymbol{\beta})$,所以可逆矩阵 $\boldsymbol{P}$ 不唯一.

应注意 $\boldsymbol{P}$ 的列向量构成应和 $\boldsymbol{J}$ 相应. 这题如取 $\boldsymbol{P}=(\boldsymbol{\alpha}_3\quad\boldsymbol{\beta}\quad\boldsymbol{\alpha}_2)$则相应 $\boldsymbol{J}_A=\begin{pmatrix}1 & 1 & \\ & 1 & \\ & & 1\end{pmatrix}$. 由于 Jordan 矩阵中 Jordan 块次序不计,$\begin{pmatrix}1 & & \\ & 1 & 1\\ & & 1\end{pmatrix}$和$\begin{pmatrix}1 & 1 & \\ & 1 & \\ & & 1\end{pmatrix}$都是 $\boldsymbol{A}$ 的 Jordan 标准形.

由 1.3 节式(1.25)知,所求可逆矩阵 $\boldsymbol{P}$ 是从基$\{1,x,x^2\}$到基$\{\xi_1,\xi_2,\xi_3\}$的过渡矩阵,即

$$(\xi_1\quad\xi_2\quad\xi_3)=(1\quad x\quad x^2)\boldsymbol{P}=(1\quad x\quad x^2)\begin{pmatrix}1 & 1 & 1\\ 0 & 2 & 0\\ 1 & -1 & 0\end{pmatrix},$$

因此
$$\{\xi_1,\xi_2,\xi_3\}=\{1+x^2,1+2x-x^2,1\},$$

T 在$\{\xi_1,\xi_2,\xi_3\}$下矩阵为

$$\begin{pmatrix}1 & & \\ & 1 & 1\\ & & 1\end{pmatrix}.$$

例 8 证明对任意方阵 $\boldsymbol{A}\in\mathbf{C}^{n\times n}$,$\boldsymbol{A}$ 相似于 $\boldsymbol{A}^{\mathrm{T}}$.

证明 设 $\boldsymbol{A}$ 的 Jordan 标准形 $\boldsymbol{J}_A$ 具有形式

$$\boldsymbol{J}_A=\begin{pmatrix}\boldsymbol{J}_1(\lambda_1) & & & \\ & \boldsymbol{J}_2(\lambda_2) & & \\ & & \ddots & \\ & & & \boldsymbol{J}_m(\lambda_m)\end{pmatrix},$$

其中 $\boldsymbol{J}_i(\lambda_i)$为 k_i 阶 Jordan 块,则

$$\boldsymbol{J}_A^{\mathrm{T}} = \begin{pmatrix} J_1^{\mathrm{T}}(\lambda_1) & & & \\ & \boldsymbol{J}_2^{\mathrm{T}}(\lambda_2) & & \\ & & \ddots & \\ & & & \boldsymbol{J}_m^{\mathrm{T}}(\lambda_m) \end{pmatrix}.$$

注意到

$$\boldsymbol{J}_i(\lambda_i) = \begin{pmatrix} \lambda_i & 1 & & & \\ & \lambda_i & 1 & & \\ & & \ddots & \ddots & \\ & & & \lambda_i & 1 \\ & & & & \lambda_i \end{pmatrix} \xlongequal{\text{列}} (\lambda_i\boldsymbol{e}_1, \boldsymbol{e}_1 + \lambda_i\boldsymbol{e}_2, \cdots, \boldsymbol{e}_{k_i-1} + \lambda_i\boldsymbol{e}_{k_i}),$$

$$\boldsymbol{J}_i^{\mathrm{T}}(\lambda_i) = \begin{pmatrix} \lambda_i & & & & \\ 1 & \lambda_i & & & \\ & 1 & \ddots & & \\ & & \ddots & \lambda_i & \\ & & & & 1 \end{pmatrix} \xlongequal{\text{列}} (\lambda_i\boldsymbol{e}_1 + \boldsymbol{e}_2, \lambda_i\boldsymbol{e}_2 + \boldsymbol{e}_3, \cdots, \lambda_i\boldsymbol{e}_{k_i}),$$

取矩阵 $\boldsymbol{S}_i \in \mathbf{C}^{k_i \times k_i}$，

$$\boldsymbol{S}_i = \begin{pmatrix} & & & 1 \\ & & 1 & \\ & \iddots & & \\ 1 & & & \end{pmatrix}_{k_i \times k_i} \xlongequal{\text{列}} (\boldsymbol{e}_{k_i}, \boldsymbol{e}_{k_i-1}, \cdots, \boldsymbol{e}_1),$$

$\boldsymbol{S}_i$ 被称为逆向单位矩阵，$\boldsymbol{S}_i^{-1} = \boldsymbol{S}_i$.

对 Jordan 块 $\boldsymbol{J}_i(\lambda_i)$，用矩阵的分块运算，

$$\begin{aligned} \boldsymbol{S}_i^{-1}\boldsymbol{J}_i(\lambda_i)\boldsymbol{S}_i &= \boldsymbol{S}_i(\boldsymbol{J}_i(\lambda_i)\boldsymbol{e}_{k_i}, \cdots, \boldsymbol{J}_i(\lambda_i)\boldsymbol{e}_2, \boldsymbol{J}_i(\lambda_i)\boldsymbol{e}_1) \\ &= \boldsymbol{S}_i(\boldsymbol{e}_{k_i-1} + \lambda_i\boldsymbol{e}_{k_i}, \boldsymbol{e}_{k_i-2} + \lambda_i\boldsymbol{e}_{k_i-1}, \cdots, \boldsymbol{e}_1 + \lambda_i\boldsymbol{e}_2, \lambda_i\boldsymbol{e}_1) \\ &= (\boldsymbol{S}_i\boldsymbol{e}_{k_i-1} + \lambda_i\boldsymbol{S}_i\boldsymbol{e}_{k_i}, \boldsymbol{S}_i\boldsymbol{e}_{k_i-2} + \lambda_i\boldsymbol{S}_i\boldsymbol{e}_{k_i-1}, \cdots, \boldsymbol{S}_i\boldsymbol{e}_1 + \lambda_i\boldsymbol{S}_i\boldsymbol{e}_2, \lambda_i\boldsymbol{S}_i\boldsymbol{e}_1) \\ &= (\lambda_i\boldsymbol{e}_1 + \boldsymbol{e}_2, \lambda_i\boldsymbol{e}_2 + \boldsymbol{e}_3, \cdots, \lambda_i\boldsymbol{e}_{k_i-1} + \boldsymbol{e}_{k_i}, \lambda_i\boldsymbol{e}_{k_i}) \\ &= \boldsymbol{J}_i^{\mathrm{T}}(\lambda_i). \end{aligned}$$

因此，取可逆矩阵

$$\boldsymbol{S} = \begin{pmatrix} \boldsymbol{S}_1 & & & \\ & \boldsymbol{S}_2 & & \\ & & \ddots & \\ & & & \boldsymbol{S}_m \end{pmatrix},$$

则

$$\boldsymbol{S}^{-1}\boldsymbol{J}_A\boldsymbol{S} = \boldsymbol{J}_A^{\mathrm{T}},$$

即 $\boldsymbol{A}$ 的 Jordan 矩阵 $\boldsymbol{J}_A$ 相似于 $\boldsymbol{J}_A^{\mathrm{T}}$.

又当 $\boldsymbol{A} = \boldsymbol{P}\boldsymbol{J}_A\boldsymbol{P}^{-1}$ 时，$\boldsymbol{A}^{\mathrm{T}} = (\boldsymbol{P}^{\mathrm{T}})^{-1}\boldsymbol{J}_A^{\mathrm{T}}\boldsymbol{P}^{\mathrm{T}}$.

由相似的传递性，可以得到结论：$\boldsymbol{A}$ 相似于 $\boldsymbol{A}^{\mathrm{T}}$.

2.3　最小多项式

一个方阵 $\boldsymbol{A}_{n\times n}$ 的 Jordan 标准形 $\boldsymbol{J}_A$，在和矩阵 $\boldsymbol{A}$ 相似的一切矩阵构成的相似类中，是形式最简单的. $\boldsymbol{A}$ 和 $\boldsymbol{J}_A$ 又都具有相似类的共性（相似不变性），如 $|\boldsymbol{A}|=|\boldsymbol{J}_A|$；$\text{rank}(\boldsymbol{A})=\text{rank}(\boldsymbol{J}_A)$；$|\lambda\boldsymbol{I}-\boldsymbol{A}|=|\lambda\boldsymbol{I}-\boldsymbol{J}_A|$ 等等. 因此，在讨论相关于 $\boldsymbol{A}$ 的一些问题时，常常利用 $\boldsymbol{J}_A$ 的简单形式，先就 $\boldsymbol{J}_A$ 进行讨论，得到 $\boldsymbol{A}$ 的相应结论，这就是 Jordan 化方法. 这一节用 Jordan 化方法先讨论 $\boldsymbol{A}$ 的矩阵多项式的计算问题. 由此证明 Cayley 定理，再给出矩阵 $\boldsymbol{A}$ 的最小多项式及其性质.

一、矩阵多项式

定义 2.4　设 $\boldsymbol{A}\in F^{n\times n}$，$a_i\in F$，$g(\lambda)=a_m\lambda^m+a_{m-1}\lambda^{m-1}+\cdots+a_1\lambda+a_0$ 是一个多项式，则称矩阵 $g(\boldsymbol{A})=a_m\boldsymbol{A}^m+a_{m-1}\boldsymbol{A}^{m-1}+\cdots+a_1\boldsymbol{A}+a_0\boldsymbol{I}$ 为 $\boldsymbol{A}$ 的矩阵多项式.

应注意，$\boldsymbol{A}\in F^{n\times n}$，$a_i\in F$，　$i=0,1,2,\cdots,m$ 时，$g(\boldsymbol{A})\in F^{n\times n}$，即 $g(\boldsymbol{A})$ 也是一个方阵，容易看到 $\boldsymbol{A}$ 和 $g(\boldsymbol{A})$ 有如下关系.

定理 2.6　设 $\boldsymbol{A}\in F^{n\times n}$，$g(\boldsymbol{A})$ 是 $\boldsymbol{A}$ 的矩阵多项式，则有如下结果：

(1) 若 λ_0 是 $\boldsymbol{A}$ 的特征值，则 $g(\lambda_0)$ 是 $g(\boldsymbol{A})$ 的特征值.

(2) 如果 $\boldsymbol{A}$ 相似于 $\boldsymbol{B}$：$\boldsymbol{P}^{-1}\boldsymbol{A}\boldsymbol{P}=\boldsymbol{B}$，则 $g(\boldsymbol{A})$ 相似于 $g(\boldsymbol{B})$：$\boldsymbol{P}^{-1}g(\boldsymbol{A})\boldsymbol{P}=g(\boldsymbol{B})$.

(3) 如果 $\boldsymbol{A}$ 为准对角矩阵，则 $g(\boldsymbol{A})$ 也是准对角矩阵. 而且

若
$$\boldsymbol{A}=\begin{pmatrix}\boldsymbol{A}_1 & & & \\ & \boldsymbol{A}_2 & & \\ & & \ddots & \\ & & & \boldsymbol{A}_k\end{pmatrix},\boldsymbol{A}_i \text{ 为方子块},$$

则
$$g(\boldsymbol{A})=\begin{pmatrix}g(\boldsymbol{A}_1) & & & \\ & g(\boldsymbol{A}_2) & & \\ & & \ddots & \\ & & & g(\boldsymbol{A}_k)\end{pmatrix}.$$

证明　只证(2)，其余留做练习.

已知　$\boldsymbol{P}^{-1}\boldsymbol{A}\boldsymbol{P}=\boldsymbol{B}$，则

$$\begin{aligned}\boldsymbol{P}^{-1}g(\boldsymbol{A})\boldsymbol{P}&=\boldsymbol{P}^{-1}(a_m\boldsymbol{A}^m+a_{m-1}\boldsymbol{A}^{m-1}+\cdots+a_1\boldsymbol{A}+a_0\boldsymbol{I})\boldsymbol{P}\\&=a_m(\boldsymbol{P}^{-1}\boldsymbol{A}\boldsymbol{P})^m+a_{m-1}(\boldsymbol{P}^{-1}\boldsymbol{A}\boldsymbol{P})^{m-1}+\cdots+a_1\boldsymbol{P}^{-1}\boldsymbol{A}\boldsymbol{P}+a_0\boldsymbol{I}\\&=g(\boldsymbol{P}^{-1}\boldsymbol{A}\boldsymbol{P})\\&=g(\boldsymbol{B}).\end{aligned}$$

(2)得证. □

下面,我们讨论 $g(\boldsymbol{A})$ 的计算问题,即已知方阵 $\boldsymbol{A}$ 和多项式 $g(\lambda)$,如何计算方阵 $g(\boldsymbol{A})$ 的问题.设

$$g(\lambda)=a_m\lambda^m+a_{m-1}\lambda^{m-1}+\cdots+a_1\lambda+a_0.$$

为计算 $g(\boldsymbol{A})$,用 Jordan 化方法.设

$$\boldsymbol{A}=\boldsymbol{P}\boldsymbol{J}_A\boldsymbol{P}^{-1};\quad \boldsymbol{J}_A=\begin{pmatrix}\boldsymbol{J}_1(\lambda_1) & & & \\ & \boldsymbol{J}_2(\lambda_2) & & \\ & & \ddots & \\ & & & \boldsymbol{J}_s(\lambda_s)\end{pmatrix},$$

其中 $\boldsymbol{J}_1(\lambda_1),\boldsymbol{J}_2(\lambda_2),\cdots,\boldsymbol{J}_s(\lambda_s)$ 为 $\boldsymbol{J}_A$ 的全部 Jordan 块.

由定理 2.7 知

$$g(\boldsymbol{A})=\boldsymbol{P}g(\boldsymbol{J}_A)\boldsymbol{P}^{-1}=\boldsymbol{P}\begin{pmatrix}g(\boldsymbol{J}_1(\lambda_1)) & & & \\ & g(\boldsymbol{J}_2(\lambda_2)) & & \\ & & \ddots & \\ & & & g(\boldsymbol{J}_s(\lambda_s))\end{pmatrix}\boldsymbol{P}^{-1},$$

因此计算 $g(\boldsymbol{A})$ 的问题转化为对 Jordan 块 $\boldsymbol{J}_i(\lambda_i)$ 计算 $g(\boldsymbol{J}_i(\lambda_i))$ 的问题.

取一个 r 阶 Jordan 块为代表作分析.

设

$$\boldsymbol{J}(\lambda)=\begin{pmatrix}\lambda & 1 & & & \\ & \lambda & 1 & & \\ & & \ddots & \ddots & \\ & & & \ddots & 1 \\ & & & & \lambda\end{pmatrix}_{r\times r}=\lambda\boldsymbol{I}+\boldsymbol{U}_r,$$

首先有

$$\boldsymbol{J}(\lambda)^k=(\lambda\boldsymbol{I}+\boldsymbol{U}_r)^k=\lambda^k\boldsymbol{I}+C_k^1\lambda^{k-1}\boldsymbol{U}_r+C_k^2\lambda^{k-2}\boldsymbol{U}_r^2+\cdots+\boldsymbol{U}_r^k,\tag{2.10}$$

利用

$$\boldsymbol{U}_r^k=\begin{cases}\begin{pmatrix}\overbrace{0 & 0 & \cdots & 0}^{k+1} & 1 & 0\cdots0 \\ & \ddots & & \ddots & \ddots & \\ & 0 & \ddots & & \ddots & 1 \\ & & \ddots & \ddots & & 0 \\ & & & \ddots & & 0 \\ & & & & & 0\end{pmatrix}, & k<r, \\ \boldsymbol{0}, & k\geqslant r,\end{cases}\tag{2.11}$$

其中

$$C_k^j=\frac{k!}{j!(k-j)!}.$$

(2.10)式表示成矩阵形式是

$$
J(\lambda)^k=\begin{cases}\begin{pmatrix}\lambda^k & C_k^1\lambda^{k-1} & \cdots & 1 & 0\\ & \lambda^k & C_k^1\lambda^{k-1} & \ddots & 0\\ & & \ddots & \ddots & 1\\ & & & \ddots & \\ & & & & C_k^1\lambda^{k-1}\\ & & & & \lambda^k\end{pmatrix}, & k<r,\\[2ex] \begin{pmatrix}\lambda^k & C_k^1\lambda^{k-1} & \cdots & C_k^{r-1}\lambda^{k-r+1}\\ & \lambda^k & C_k^1\lambda^{k-1} & \vdots\\ & & \ddots & \\ & & & C_k^1\lambda^{k-1}\\ & & & \lambda^k\end{pmatrix}, & k\geqslant r.\end{cases}
$$

代入 $g(J(\lambda))$,并合并 U_r 的相同幂次项得

在 $m\geqslant r$ 时,

$$
g(J(\lambda))=\sum_{i=0}^{r-1}\Big(\sum_{k=i}^{m}a_kC_k^i\lambda^{k-i}\Big)U_r^i.
$$

又
$$
\sum_{k=i}^{m}a_kC_k^i\lambda^{k-i}=\sum_{k=i}^{m}\frac{a_kk!}{(k-i)!i!}\lambda^{k-i}=\frac{1}{i!}\sum_{k=i}^{m}a_k\frac{\mathrm{d}^i}{\mathrm{d}\lambda^i}(\lambda^k)
=\frac{1}{i!}g^{(i)}(\lambda),
$$

$$
g(J(\lambda))=\sum_{i=0}^{r-1}\frac{g^{(i)}(\lambda)}{i!}U^i=\begin{pmatrix}g(\lambda) & g'(\lambda) & \cdots & \dfrac{g^{(r-1)}(\lambda)}{(r-1)!}\\ & g(\lambda) & \ddots & \vdots\\ & & \ddots & g'(\lambda)\\ & & & g(\lambda)\end{pmatrix};\qquad(2.12)
$$

当 $m<r$ 时,

$$
g(J(\lambda))=\begin{pmatrix}g(\lambda) & g'(\lambda) & \cdots & \dfrac{g^{m}(\lambda)}{m!} & 0 & \cdots & 0\\ & g(\lambda) & & & \ddots & & 0\\ & & \ddots & & & & \dfrac{g^{(m)}(\lambda)}{m!}\\ & & \ddots & & & & \vdots\\ & & & & & & g'(\lambda)\\ & & & & & & g(\lambda)\end{pmatrix}.
$$

二、方阵的化零多项式

对 n 阶方阵 $\mathbf{A}$，若存在多项式 $g(\lambda)$，使矩阵 $g(\mathbf{A})=\mathbf{0}$，则称 $g(\lambda)$ 为矩阵 $\mathbf{A}$ 的**化零多项式**.

我们感兴趣的是方阵 $\mathbf{A}$ 的化零多项式是否存在？Cayley-Hamilton 定理回答这个问题.

定理 2.7 (Cayley-Hamilton)设 $\mathbf{A}\in F^{n\times n}$，则方阵 $\mathbf{A}$ 的特征多项式就是 $\mathbf{A}$ 的化零多项式，即若

$$f(\lambda)=|\lambda\mathbf{I}-\mathbf{A}|=\lambda^n+a_{n-1}\lambda^{n-1}+\cdots+a_1\lambda+a_0,$$

则有 $f(\mathbf{A})=\mathbf{0}$.

证明 用 Jordan 化方法证.

设 $f(\lambda)=(\lambda-\lambda_1)^{r_1}(\lambda-\lambda_2)^{r_2}\cdots(\lambda-\lambda_s)^{r_s}$，其中 $\sum_{i=1}^{s}r_i=n$，$\lambda_1,\lambda_2,\cdots,\lambda_s$ 互不相同.

设
$$\mathbf{A}=\boldsymbol{P}\begin{pmatrix}\boldsymbol{J}_1(\lambda_1)&&&\\&\boldsymbol{J}_2(\lambda_2)&&\\&&\ddots&\\&&&\boldsymbol{J}_m(\lambda_m)\end{pmatrix}\boldsymbol{P}^{-1},$$

$\boldsymbol{J}_i(\lambda_i)$ 是对角线元素为 λ_i 的 t_i 阶 Jordan 块，$i=1,2,\cdots,m$；$\lambda_1,\cdots,\lambda_m$ 不必互异，

则
$$f(\mathbf{A})=\boldsymbol{P}\begin{pmatrix}f(\boldsymbol{J}_1(\lambda_1))&&&\\&f(\boldsymbol{J}_2(\lambda_2))&&\\&&\ddots&\\&&&f(\boldsymbol{J}_m(\lambda_m))\end{pmatrix}\boldsymbol{P}^{-1},$$

$$f(\boldsymbol{J}_i(\lambda_i))=\begin{pmatrix}f(\lambda_i)&f'(\lambda_i)&\frac{1}{2!}f''(\lambda_i)&\cdots&\frac{1}{(t_i-1)!}f^{(t_i-1)}(\lambda_i)\\&f(\lambda_i)&&&\vdots\\&&\ddots&&\\&&&\ddots&\\&&&&f'(\lambda_i)\\&&&&f(\lambda_i)\end{pmatrix}_{t_i\times t_i}.$$

我们只看 $f(\boldsymbol{J}_i(\lambda_i))$ 的第 1 行元素，由于 $f(\lambda)=|\lambda\boldsymbol{I}-\mathbf{A}|=(\lambda-\lambda_i)^{r_i}g(\lambda)$ 中含因子 $(\lambda-\lambda_i)^{r_i}$，$t_i\leqslant r_i$，所以 $t_i-1<r_i$，从而 $f(\lambda),f'(\lambda),\cdots,f^{(t_i-1)}(\lambda)$ 中均含有因子 $(\lambda-\lambda_i)$，因此
$$f(\lambda_i)=f'(\lambda_i)=\cdots=f^{(t_i-1)}(\lambda_i)=0,$$
即 $f(\boldsymbol{J}_i(\lambda_i))$ 第一行元素全为 0，由 $f(J_i(\lambda_i))$ 的结构有
$$f(\boldsymbol{J}_i(\lambda_i))=\mathbf{0},\quad i=1,2,\cdots,m.$$

所以
$$f(\boldsymbol{A})=\boldsymbol{0}.$$
□

$f(\lambda)$为 n 次多项式，$f(\boldsymbol{A})=\boldsymbol{0}$ 使得 $\boldsymbol{A}^n$ 可以表示成$\boldsymbol{A}^k(k<n)$的幂次项的组合：
$$\boldsymbol{A}^n=-(a_{n-1}\boldsymbol{A}^{n-1}+a_{n-2}\boldsymbol{A}^{n-2}+\cdots+a_1\boldsymbol{A}+a_0\boldsymbol{I}).\tag{2.13}$$

例 9 设 $\boldsymbol{A}=\begin{pmatrix}2&1&0&-1\\0&2&0&0\\0&0&2&1\\0&0&0&2\end{pmatrix}$，求 $\boldsymbol{A}^6$.

解 方法 1：

由例 4
$$\boldsymbol{A}=\boldsymbol{P}\begin{pmatrix}2&1&&\\&2&&\\&&2&1\\&&&2\end{pmatrix}\boldsymbol{P}^{-1},\quad 其中\ \boldsymbol{P}=\begin{pmatrix}1&0&0&0\\0&1&0&1\\0&0&1&0\\0&0&0&1\end{pmatrix},$$

所以
$$\boldsymbol{A}^6=\boldsymbol{P}\begin{pmatrix}\begin{pmatrix}2&1\\&2\end{pmatrix}^6&\\&\begin{pmatrix}2&1\\&2\end{pmatrix}^6\end{pmatrix}\boldsymbol{P}^{-1}.$$

令 $g(\lambda)=\lambda^6$，则
$$\begin{pmatrix}2&1\\0&2\end{pmatrix}^6=g\begin{pmatrix}2&1\\0&2\end{pmatrix}=\begin{pmatrix}g(2)&g'(2)\\0&g(2)\end{pmatrix}=\begin{pmatrix}2^6&6\times2^5\\&2^6\end{pmatrix},$$

所以
$$\boldsymbol{A}^6=\boldsymbol{P}\begin{pmatrix}2^6&6\times2^5&0&0\\0&2^6&0&0\\0&0&2^6&6\times2^5\\0&0&0&2^6\end{pmatrix}\boldsymbol{P}^{-1}=\begin{pmatrix}64&192&0&-192\\0&64&0&0\\0&0&64&192\\0&0&0&64\end{pmatrix}.$$

方法 2：
$$f(\lambda)=|\lambda\boldsymbol{I}-\boldsymbol{A}|=(\lambda-2)^4,$$
$$g(\lambda)=\lambda^6=(\lambda^2-8\lambda+40)f(\lambda)+160\lambda^3-720\lambda^2-1152\lambda-640,$$
$$g(\boldsymbol{A})=160\boldsymbol{A}^3-720\boldsymbol{A}^2-1152\boldsymbol{A}-640\boldsymbol{I}=\begin{pmatrix}64&192&0&-192\\0&64&0&0\\0&0&64&192\\0&0&0&64\end{pmatrix}.$$

三、最小多项式

对 $\boldsymbol{A}\in F^{n\times n}$，Cayley 定理指出它有化零多项式 $f(\lambda)=|\lambda\boldsymbol{I}-\boldsymbol{A}|$，事实上，$\boldsymbol{A}$ 有很多化零多项式，任取多项式 $h(\lambda)$. $g(\lambda)=h(\lambda)f(\lambda)$都是 $\boldsymbol{A}$ 的化零多项式. 若 $\boldsymbol{A}$ 是 $V_n(F)$上

线性变换 T 的矩阵，对 $\boldsymbol{A}$ 的化零多项式 $f(\lambda)$，相应地用多项式得到的线性变换 $f(T)$ 就是零变换：$f(T)=0$. 所以线性变换 T 的化零多项式也是存在的，而且

$$\text{线性变换 } f(T)=0 \Leftrightarrow \text{矩阵 } f(\boldsymbol{A})=\boldsymbol{0} \tag{2.14}$$

线性变换 T 的(或者说矩阵 $\boldsymbol{A}$ 的)最小多项式 $m_T(\lambda)$ 是 T 的所有化零多项式中次数最低，首项系数是 1 的多项式. 这里我们讨论最小多项式的性质与结构，并从最小多项式结构讨论线性变换 T 有对角矩阵(T 可对角化)的充分必要条件.

定义 2.5　设 T 是线性空间 $V_n(T)$ 上的线性变换，$m_T(\lambda)$ 是一个关于文字 λ 的多项式，如果 $m_T(\lambda)$ 满足

(1) $m_T(\lambda)$ 最高次项系数为 1；

(2) $m_T(\lambda)$ 是 T 的一个化零多项式，即 $m_T(T)=0$；

(3) $m_T(\lambda)$ 是 T 的化零多项式中次数最低的多项式，

则称 $m_T(\lambda)$ 是 T 的**最小多项式**.

定义 2.5 中条件(3)可以推出 T 的最小多项式 $m_T(\lambda)$ 整除 T 的一切化零多项式，即：

如果多项式 $\varphi(\lambda)$，使 $\varphi(T)=0$，则 $m_T(\lambda)\mid\varphi(\lambda)$. 否则，$m_T(\lambda)\nmid\varphi(\lambda)$，则有次数低于 $m_T(\lambda)$ 的多项式 $h(\lambda)$，使

$$\varphi(\lambda)=m_T(\lambda)g(\lambda)+h(\lambda),\quad \varphi(T)=0\Rightarrow h(T)=0,$$

与 $m_T(\lambda)$ 次数最低矛盾.

又由(2.14)式，若 $m_T(\lambda)$ 是 T 的最小多项式，则 $m_T(\lambda)$ 也是 T 的矩阵 $\boldsymbol{A}$ 的最小多项式，又

$$m_T(\boldsymbol{P}^{-1}\boldsymbol{A}\boldsymbol{P})=\boldsymbol{P}^{-1}m_T(\boldsymbol{A})\boldsymbol{P},$$

所以，T 与它的矩阵 $\boldsymbol{A}$ 有相同的化零多项式和最小多项式. 相似矩阵也有相同的化零多项式与最小多项式. 因而研究 $\boldsymbol{A}$ 和研究 T 的最小多项式有相同的结论.

定理 2.8　T 的特征多项式 $f(\lambda)$ 与最小多项式 $m_T(\lambda)$ 有相同的根(重数不计)，即若

$$f(\lambda)=|\lambda\boldsymbol{I}-\boldsymbol{A}|=(\lambda-\lambda_1)^{r_1}(\lambda-\lambda_2)^{r_2}\cdots(\lambda-\lambda_s)^{r_s},$$

则

$$m_T(\lambda)=(\lambda-\lambda_1)^{t_1}(\lambda-\lambda_2)^{t_2}\cdots(\lambda-\lambda_s)^{t_s}, \tag{2.15}$$

$$1\leqslant t_i\leqslant r_i,\quad i=1,2,\cdots,s.$$

证明　由 $m_T(\lambda)\mid f(\lambda)$，$t_i\leqslant r_i$ 是显然的，所以，证明只证 $t_i\geqslant 1$，$i=1,2,\cdots,s$ 即可.

反设 $t_i=0$，即 λ_i 不是最小多项式 $m_T(\lambda)$ 的根，取 T 的 Jordan 矩阵

$$\boldsymbol{J}=\begin{bmatrix}\boldsymbol{J}_1(\lambda_1) & & & \\ & \boldsymbol{J}_2(\lambda_2) & & \\ & & \ddots & \\ & & & \boldsymbol{J}_m(\lambda_m)\end{bmatrix},$$

其中，$\boldsymbol{J}_i(\lambda_i)$ 为 Jordan 块，$\lambda_1,\lambda_2,\cdots,\lambda_m\in\{\lambda_1,\lambda_2,\cdots,\lambda_s\}$，而 $m_A(\boldsymbol{A})=\boldsymbol{0}\Leftrightarrow m_A(\boldsymbol{J}_i(\lambda_i))=$

0,则由于 $m_T(\lambda_i)\neq 0$,而使

$$m_T(\boldsymbol{J}_i(\lambda_i))=\begin{pmatrix} m_T(\lambda_i) & & & * \\ & m_T(\lambda_i) & & \\ & & \ddots & \\ & & & m_T(\lambda_i)\end{pmatrix}\neq \mathbf{0}.$$

所以,$m_T(\boldsymbol{J})\neq\mathbf{0}$,从而 $m_T(T)\neq 0$.与 $m_T(\lambda)$是 T 的最小多项式矛盾,所以 $t_i\geqslant 1$. □

从证明中可以看到,最小多项式 $m_T(\lambda)$必须满足

$$m_T(\boldsymbol{J})=\begin{pmatrix} m_T(\boldsymbol{J}_1(\lambda_1)) & & & * \\ & m_T(\boldsymbol{J}_2(\lambda_2)) & & \\ & & \ddots & \\ & & & m_T(\boldsymbol{J}_m(\lambda_m))\end{pmatrix}=\mathbf{0}.$$

这启发我们更进一步来根据 Jordan 矩阵 $\boldsymbol{J}$ 的关于 λ_i 的 Jordan 块的阶数来确定式(2.15)给出的 $m_T(\lambda)$结构中的 t_i.

定理 2.9　设变换 T 的特征多项式为

$$f(\lambda)=(\lambda-\lambda_1)^{r_1}(\lambda-\lambda_2)^{r_2}\cdots(\lambda-\lambda_s)^{r_s},$$

又 T 的 Jordan 标准形中关于特征值 λ_i 的 Jordan 块的最高阶数为$\overline{n_i}$,则 T 的最小多项式

$$m_T(\lambda)=(\lambda-\lambda_1)^{\overline{n_1}}(\lambda-\lambda_2)^{\overline{n_2}}\cdots(\lambda-\lambda_s)^{\overline{n_s}}. \tag{2.16}$$

证明　取 $g(\lambda)=(\lambda-\lambda_1)^{\overline{n_1}}(\lambda-\lambda_2)^{\overline{n_2}}\cdots(\lambda-\lambda_s)^{\overline{n_s}}$,设 T 的 Jordan 标准形为

$$\boldsymbol{J}=\begin{pmatrix} \boldsymbol{J}_1(\lambda_1) & & & \\ & \boldsymbol{J}_2(\lambda_2) & & \\ & & \ddots & \\ & & & \boldsymbol{J}_s(\lambda_s)\end{pmatrix},$$

其中
$$\boldsymbol{J}_i(\lambda_i)=\begin{pmatrix} \boldsymbol{J}_{i1}(\lambda_i) & & & \\ & \boldsymbol{J}_{i2}(\lambda_i) & & \\ & & \ddots & \\ & & & \boldsymbol{J}_{it_i}(\lambda_i)\end{pmatrix},$$

$\boldsymbol{J}_{ij}(\lambda_i)$关于 λ_i 的 Jordan 块为 n_{ij} 阶.

$$\overline{n_i}=\max\{n_{i1},n_{i2},\cdots,n_{it_i}\},\quad i=1,2,\cdots,s.$$

不妨设 $\boldsymbol{J}_{i1}(\lambda_i)$是$\overline{n_i}$阶的 Jordan 块,

则
$$g(\boldsymbol{J})=\begin{pmatrix} g(\boldsymbol{J}_1(\lambda_1)) & & & \\ & g(\boldsymbol{J}_2(\lambda_2)) & & \\ & & \ddots & \\ & & & g(\boldsymbol{J}_s(\lambda_s))\end{pmatrix},$$

$$g(\boldsymbol{J}_i(\lambda_i))=\begin{pmatrix} g(\boldsymbol{J}_{i1}(\lambda_i)) & & & \\ & g(\boldsymbol{J}_{i2}(\lambda_i)) & & \\ & & \ddots & \\ & & & g(\boldsymbol{J}_{it_i}(\lambda_i)) \end{pmatrix},$$

$$g(\boldsymbol{J}_{i1}(\lambda_i))=\begin{pmatrix} g(\lambda_i) & g'(\lambda_i) & \cdots & \frac{1}{(\bar{n}_i-1)!}g^{(\bar{n}_i-1)}(\lambda_i) \\ & g(\lambda_i) & \ddots & \vdots \\ & & \ddots & g'(\lambda_i) \\ & & & g(\lambda_i) \end{pmatrix}.$$

由于 $g(\lambda)$含因子$(\lambda-\lambda_i)^{\bar{n}_i}$，

所以
$$g(\lambda_i)=g'(\lambda_i)=\cdots=g^{(\bar{n}_i-1)}(\lambda_i)=0.$$

由此 $g(\boldsymbol{J}_{i1}(\lambda_i))=\boldsymbol{0}$，因而也有 $g(\boldsymbol{J}_{ij}(\lambda_i))=\boldsymbol{0}$，$j=2,3,\cdots,t_i$；$i=1,2,\cdots,s$. 这说明：$g(\boldsymbol{J})=\boldsymbol{0}$，即 $g(\lambda)$是 T 的化零多项式. 设又有多项式

$$h(\lambda)=(\lambda-\lambda_1)^{k_1}(\lambda-\lambda_2)^{k_2}\cdots(\lambda-\lambda_s)^{k_s},$$

其中 $1\leqslant k_i\leqslant\bar{n}_i$，若 $h(\lambda)$的次数低于 $g(\lambda)$，则一定$\exists\, i$，使 $k_i<\bar{n}_i$，对这样的 $h(\lambda)$可以看到，由于

$$h^{(k_i)}(\lambda_i)\neq 0\quad(\bar{n}_i-1\geqslant k_i),$$

从而 $h(\lambda)$不是 T 的化零多项式，因此 $g(\lambda)$是含因子$(\lambda-\lambda_i)$，$i=1,2,\cdots,s$ 的多项式中次数最低的 T 的化零多项式. 由定义知，$g(\lambda)$为最小多项式，即

$$m_T(\lambda)=g(\lambda).$$
□

作为定理 2.9 的推论，若 $m_T(\lambda)$为一次因子之积，即 $\bar{n}_i=1$，$i=1,2,\cdots,s$，则 $\boldsymbol{J}_i(\lambda)$必为对角阵，反之亦然. 因此有

定理 2.10 线性变换 T 可以对角化的充分必要条件是 T 的最小多项式 $m_T(\lambda)$是一次因子的乘积，即

$$m_T(\lambda)=(\lambda-\lambda_1)(\lambda-\lambda_2)\cdots(\lambda-\lambda_s).$$

定理 2.10 在矩阵上相应的叙述为，方阵 $\boldsymbol{A}$ 可对角化的充要条件是 $\boldsymbol{A}$ 的最小多项式 $m_A(\lambda)$为一次因子之积. 这样我们就得到了线性变换 T(矩阵 $\boldsymbol{A}$)可对角化的又一个充分必要条件.

例 10 设 $\mathbf{R}^3$ 上线性变换 T 在基$\{\boldsymbol{e}_1,\boldsymbol{e}_2,\boldsymbol{e}_3\}$下矩阵为 $\boldsymbol{A}$，$\boldsymbol{A}=\begin{pmatrix}-3 & 3 & -2\\ -7 & 6 & -3\\ 1 & -1 & 2\end{pmatrix}$，求 T 的最小多项式 $m_T(\lambda)$.

解
$$|\lambda\boldsymbol{I}-\boldsymbol{A}|=(\lambda-1)(\lambda-2)^2,$$

由定理 2.8
$$m_T(\lambda)=(\lambda-1)(\lambda-2),$$

或者
$$m_T(\lambda)=(\lambda-1)(\lambda-2)^2.$$

由于
$$(\boldsymbol{A}-\boldsymbol{I})(\boldsymbol{A}-2\boldsymbol{I})=\begin{pmatrix}-4 & 3 & -2\\ -7 & 5 & -3\\ 1 & -1 & 1\end{pmatrix}\begin{pmatrix}-5 & 3 & -2\\ -7 & 4 & -3\\ 1 & -1 & 0\end{pmatrix}$$
$$=\begin{pmatrix}-3 & 2 & -1\\ -3 & 2 & -1\\ 3 & -2 & 1\end{pmatrix}\neq\boldsymbol{0},$$
可断定
$$m_T(\lambda)=(\lambda-1)(\lambda-2)^2.$$

例 11 设 $\boldsymbol{A}=\begin{pmatrix}0 & 0 & 0 & 4\\ 1 & 0 & 0 & -4\\ 0 & 1 & 0 & -3\\ 0 & 0 & 1 & 4\end{pmatrix}$，求矩阵 $\boldsymbol{A}$ 的最小多项式 $m_A(\lambda)$.

解
$$|\lambda\boldsymbol{I}-\boldsymbol{A}|=(\lambda-1)(\lambda+1)(\lambda-2)^2.$$

由于 $\lambda_1=1,\lambda_2=-1$ 为 $f(\lambda)$ 的单根，因此相应 $\boldsymbol{A}$ 的 Jordan 标准形中关于 λ_1,λ_2 的 Jordan 块有 $\bar{n}_1=\bar{n}_2=1$.

对 $\lambda_3=\lambda_4=2$，$\text{rank}(\boldsymbol{A}-2\boldsymbol{I})=3$，所以 $\lambda=2$ 对应 $n-\text{rank}(\boldsymbol{A}-2\boldsymbol{I})=4-3=1$ 个 Jordan块，只能为 $\begin{pmatrix}2 & 1\\ 0 & 2\end{pmatrix}$，所以 $\bar{n}_3=2$，即有
$$\boldsymbol{J}_A=\begin{pmatrix}1 & & & \\ & -1 & & \\ & & 2 & 1\\ & & & 2\end{pmatrix}.$$
由定理 2.9，得
$$m_A(\lambda)=(\lambda-1)(\lambda+1)(\lambda-2)^2.$$
本例中矩阵 $\boldsymbol{A}$ 是不可对角化的.

例 12 设 $g(x)$ 是一个多项式，λ 是方阵 $\boldsymbol{A}$ 的特征值. 证明如果 $g(\boldsymbol{A})=\boldsymbol{0}$，则有 $g(\lambda)=0$，即 $\boldsymbol{A}$ 的特征值是 $\boldsymbol{A}$ 的任何一个化零多项式的根.

证明 如果 $g(\boldsymbol{A})=\boldsymbol{0}$，则由最小多项式的定义，有 $m_A(x)\mid g(x)$，从而存在多项式 $h(x)$，使
$$g(x)=m_A(x)\cdot h(x).$$
当 λ 是 $\boldsymbol{A}$ 的特征值时，由定理 2.9，有 $m_A(\lambda)=0$，从而
$$g(\lambda)=m_A(\lambda)\cdot h(\lambda)=0.$$

习 题 二

1. 设 $\boldsymbol{A},\boldsymbol{B}\in\mathbf{C}^{n\times n}$ 是可逆矩阵，但 $\boldsymbol{AB}-\boldsymbol{BA}$ 不可逆，证明 1 是 $\boldsymbol{A}^{-1}\boldsymbol{B}^{-1}\boldsymbol{AB}$ 的特征值.

2. 设 $\boldsymbol{S}$ 是逆向单位矩阵，即 $\boldsymbol{S}=\begin{pmatrix} & & & 1 \\ & & 1 & \\ & \ddots & & \\ 1 & & & \end{pmatrix}$，证明 $\boldsymbol{S}^{-1}=\boldsymbol{S}$，取 $\boldsymbol{A}\in\mathbf{C}^{4\times4}$，$\boldsymbol{S}\in\mathbf{C}^{4\times4}$，计算 $\boldsymbol{S}^{-1}\boldsymbol{AS}$.

3. 设欧氏空间 $\mathbf{R}^4$ 上线性变换 T 在标准正交基$\{\boldsymbol{e}_1,\boldsymbol{e}_2,\boldsymbol{e}_3,\boldsymbol{e}_4\}$下矩阵

$$\boldsymbol{A}=\begin{pmatrix} 5 & -1 & -2 & 0 \\ -1 & 5 & 0 & -2 \\ -2 & 0 & 5 & -1 \\ 0 & -2 & -1 & 5 \end{pmatrix}.$$

(1) 求 T 的特征值与特征向量.

(2) 证明 $\forall\boldsymbol{\alpha},\boldsymbol{\beta}\in\mathbf{R}^4$，$(T(\boldsymbol{\alpha}),\boldsymbol{\beta})=(\boldsymbol{\alpha},T(\boldsymbol{\beta}))$.

(3) 设有正交矩阵　$\boldsymbol{Q}=\dfrac{1}{2}\begin{pmatrix} 1 & -1 & -1 & 1 \\ 1 & 1 & -1 & -1 \\ 1 & -1 & 1 & -1 \\ 1 & 1 & 1 & 1 \end{pmatrix}$，

证明 T 在基$\{\boldsymbol{Qe}_1,\boldsymbol{Qe}_2,\boldsymbol{Qe}_3,\boldsymbol{Qe}_4\}$下的矩阵是对角矩阵.

4. 设矩阵 $\boldsymbol{A}\in\mathbf{R}^{n\times n}$ 是幂等矩阵，$\boldsymbol{A}^2=\boldsymbol{A}$，$\operatorname{rank}(\boldsymbol{A})=r$.

(1) 求 $\boldsymbol{A}$ 的特征值.

(2) 证明 $\mathbf{R}^n$ 可分解为 $\boldsymbol{A}$ 的特征子空间的直和.

5. 设 T 是线性空间 $V_3(\mathbf{C})$上线性变换，T 在 $V_3(\mathbf{C})$的基$\{\boldsymbol{\alpha}_1,\boldsymbol{\alpha}_2,\boldsymbol{\alpha}_3\}$下矩阵 $\boldsymbol{A}=\begin{pmatrix} 3 & 1 & 0 \\ -4 & -1 & 0 \\ 4 & -8 & -2 \end{pmatrix}$，求 T 的特征值与特征子空间.

6. 设矩阵 $\boldsymbol{A},\boldsymbol{B}\in\mathbf{C}^{n\times n}$ 可交换，即 $\boldsymbol{AB}=\boldsymbol{BA}$，证明 $\boldsymbol{A}$ 的特征子空间一定是 $\boldsymbol{B}$ 的不变子空间.

7. 设矩阵 $\boldsymbol{A}\in\mathbf{C}^{n\times n}$，如果 $\boldsymbol{A}$ 满足 $\boldsymbol{A}\neq\boldsymbol{I}$，$\boldsymbol{A}^k=\boldsymbol{I}$($k$ 为大于 1 的正整数)，证明 $\boldsymbol{A}$ 可对角化.

8. 设 $\varepsilon\neq0$，矩阵 $\boldsymbol{A}$、$\boldsymbol{B}$、$\boldsymbol{C}$ 分别为 $\boldsymbol{A}=\begin{pmatrix} a & \varepsilon & 0 \\ 0 & a & \varepsilon \\ 0 & 0 & a \end{pmatrix}$；$\boldsymbol{B}=\begin{pmatrix} a & 1 & 0 \\ 0 & a & 1 \\ \varepsilon & 0 & a \end{pmatrix}$；$\boldsymbol{C}=\begin{pmatrix} a & 1 & 0 \\ 0 & a & 1 \\ 0 & 0 & a \end{pmatrix}$. 讨论 $\boldsymbol{A}$、$\boldsymbol{B}$、$\boldsymbol{C}$ 中哪些矩阵具有相似关系.

9. 设 a、b、c 为参数，矩阵 $\boldsymbol{A}=\begin{pmatrix} 2 & 0 & 0 \\ a & 2 & 0 \\ b & c & -1 \end{pmatrix}$，

(1) 写出 $\boldsymbol{A}$ 的所有可能的 Jordan 矩阵；

(2) 给出 $\boldsymbol{A}$ 可对角化的条件.

10. 设矩阵 $\boldsymbol{A}\in\mathbf{R}^{n\times n}$，$\lambda\in\mathbf{R}$ 是 $\boldsymbol{A}$ 的一个实特征值，则一定存在一个实向量 $\boldsymbol{X}\in\mathbf{R}^n$ 是 $\boldsymbol{A}$ 的对应于 λ 的特征向量.

11. 设方阵 $\boldsymbol{A},\boldsymbol{B}\in\mathbf{C}^{n\times n}$ 可以对角化. 证明 $\boldsymbol{A}$ 与 $\boldsymbol{B}$ 可以同时对角化，即存在同一个可逆阵 $\boldsymbol{S}$，使 $\boldsymbol{S}^{-1}\boldsymbol{A}\boldsymbol{S}$，$\boldsymbol{S}^{-1}\boldsymbol{B}\boldsymbol{S}$ 为对角矩阵的充要条件是 $\boldsymbol{A}$ 与 $\boldsymbol{B}$ 乘法可交换，即 $\boldsymbol{AB}=\boldsymbol{BA}$.

12. 求下列矩阵的 Jordan 标准形 $\boldsymbol{J}_A$ 和矩阵 $\boldsymbol{P}$，使 $\boldsymbol{P}^{-1}\boldsymbol{A}\boldsymbol{P}=\boldsymbol{J}_A$.

(1) $\boldsymbol{A}=\begin{pmatrix}-1&1&0\\-4&3&0\\1&0&2\end{pmatrix}$；　(2) $\boldsymbol{A}=\begin{pmatrix}2&6&-15\\1&1&-5\\1&2&-6\end{pmatrix}$；　(3) $\boldsymbol{A}=\begin{pmatrix}3&1&0&0\\-4&-1&0&0\\6&2&0&-1\\-2&0&1&2\end{pmatrix}$.

13. 设 $V_3(\mathbf{R})$ 上线性变换 T 在基 $\{\boldsymbol{\alpha}_1,\boldsymbol{\alpha}_2,\boldsymbol{\alpha}_3\}$ 下矩阵为 $\boldsymbol{A}$，$\boldsymbol{A}=\begin{pmatrix}3&1&1\\0&4&0\\-1&1&5\end{pmatrix}$，

(1) 求 $V_3(\mathbf{R})$ 的基 $\{\boldsymbol{\beta}_1,\boldsymbol{\beta}_2,\boldsymbol{\beta}_3\}$，使 T 在基 $\{\boldsymbol{\beta}_i\}$ 下矩阵为 Jordan 矩阵；

(2) 求 T 的最小多项式.

14. 分别求习题 8 中矩阵的最小多项式 $m_{\boldsymbol{A}}(\lambda)$.

15. 设 $V_4(\mathbf{R})$ 上线性变换 T 的最小多项式 $m_T(\lambda)=(\lambda-2)(\lambda+3)^2$. 讨论 T 的 Jordan矩阵 $\boldsymbol{J}$ 的可能形式.

16. 设矩阵 $\boldsymbol{A}\in\mathbf{C}^{n\times n}$ 满足等式：$\boldsymbol{A}^3-2\boldsymbol{A}^2-5\boldsymbol{A}+6\boldsymbol{I}=\boldsymbol{0}$，证明 $\boldsymbol{A}$ 可对角化.

17. 设 $g(\lambda)=\lambda^7+2\lambda^5+\lambda^4-3\lambda^2+\lambda-5$，对习题 8(1)中矩阵 $\boldsymbol{A}\in\mathbf{R}^{3\times 3}$，用 Jordan 化方法求 $g(\boldsymbol{A})$.

18. 设 $\boldsymbol{A}$ 是 n 阶可逆矩阵，则存在次数不超过 $n-1$ 的多项式 $q_1(t)$，使 $\boldsymbol{A}^{-1}=q_1(\boldsymbol{A})$.

19. 设矩阵 $\boldsymbol{A}$ 的特征多项式 $|\lambda\boldsymbol{I}-\boldsymbol{A}|=(\lambda-2)^2(\lambda-3)^2$.

(1) 给出 $\boldsymbol{A}$ 的所有可能的最小多项式；

(2) 给出 $\boldsymbol{A}$ 的所有可能的 Jordan 矩阵.

20. 设 T 为 $V_n(F)$ 上线性变换，$W\subseteq V_n(F)$ 是 T 的一个不变子空间，且 $W\neq\{\boldsymbol{0}\}$，证明 W 中至少有一个 T 的特征向量.

第 3 章　矩阵的分解

为了理论分析,计算方法和应用的需要,我们常常要寻求一个矩阵在不同意义下的分解形式:把矩阵分解为几个矩阵的乘积或者是若干矩阵的和.这种分解往往能反映出原矩阵的某些数值特征,又能提供分析问题所需的简化形式.这一章将介绍矩阵的几种基本分解形式.

3.1　常见的矩阵标准形与分解

从分解的角度看,我们已讨论过的矩阵的几种标准形,实际上已给出了相关分解形式.如等价标准形:

$\boldsymbol{A}\in\mathbf{C}^{m\times n}$,存在可逆矩阵 $\boldsymbol{P}\in\mathbf{C}^{m\times m}$,$\boldsymbol{Q}\in\mathbf{C}^{n\times n}$,使

$$\boldsymbol{A}=\boldsymbol{P}\begin{pmatrix}\boldsymbol{I}_r & \boldsymbol{0}\\ \boldsymbol{0} & \boldsymbol{0}\end{pmatrix}\boldsymbol{Q}.$$

相似标准形:

$\boldsymbol{A}\in\mathbf{C}^{n\times n}$,存在可逆矩阵 $\boldsymbol{P}\in\mathbf{C}^{n\times n}$,使

$$\boldsymbol{A}=\boldsymbol{P}\begin{pmatrix}\lambda_1 & & & \\ & \lambda_2 & & \\ & & \ddots & \\ & & & \lambda_n\end{pmatrix}\boldsymbol{P}^{-1}\quad\text{或}\quad\boldsymbol{A}=\boldsymbol{P}\boldsymbol{J}_A\boldsymbol{P}^{-1}.$$

$\boldsymbol{A}\in\mathbf{R}^{n\times n}$,$\boldsymbol{A}$ 为对称矩阵,则存在可逆矩阵 $\boldsymbol{P}$,使

$$\boldsymbol{P}^{\mathrm{T}}\boldsymbol{A}\boldsymbol{P}=\begin{pmatrix}d_1 & & & \\ & d_2 & & \\ & & \ddots & \\ & & & d_n\end{pmatrix}\quad\text{或}\quad\boldsymbol{P}^{\mathrm{T}}\boldsymbol{A}\boldsymbol{P}=\begin{pmatrix}\boldsymbol{I}_p & & \\ & \boldsymbol{I}_q & \\ & & 0\end{pmatrix}.$$

特别地,对 $\boldsymbol{A}$,存在正交矩阵 $\boldsymbol{C}(\boldsymbol{C}^{\mathrm{T}}=\boldsymbol{C}^{-1})$,使

$$\boldsymbol{C}^{\mathrm{T}}\boldsymbol{A}\boldsymbol{C}=\boldsymbol{C}^{-1}\boldsymbol{A}\boldsymbol{C}=\begin{pmatrix}\lambda_1 & & & \\ & \lambda_2 & & \\ & & \ddots & \\ & & & \lambda_n\end{pmatrix}.$$

等价标准形分解能使我们得到与 $\boldsymbol{A}$ 等秩的最简单的矩阵 $\begin{pmatrix}\boldsymbol{I}_r & \boldsymbol{0}\\ \boldsymbol{0} & \boldsymbol{0}\end{pmatrix}$,相似分解则使

我们得到对角线元素和 $\boldsymbol{A}$ 特征值相等的形式简单的对角矩阵或Jordan矩阵，它们在理论分析和实际应用中都起到了重要作用.

根据实际问题的需要，我们还要借助于已有标准形的相关讨论得到不同的分解，这一节我们将讨论三角分解、满秩分解和谱分解.

一、矩阵的三角分解

这里讨论的是把一个方阵 $\boldsymbol{A}$ 分解为三角形矩阵乘积的问题. 介绍 $\boldsymbol{LU}$ 分解和 $\boldsymbol{LDV}$ 分解.

定义 3.1　设 $\boldsymbol{A}\in F^{n\times n}$.

(1) 若 $\boldsymbol{L},\boldsymbol{U}\in F^{n\times n}$ 分别是下三角矩阵和上三角矩阵，$\boldsymbol{A}=\boldsymbol{LU}$，则称 $\boldsymbol{A}$ 可作 $\boldsymbol{LU}$ **分解**.

(2) 若 $\boldsymbol{L},\boldsymbol{V}\in F^{n\times n}$ 分别是对角线元素为1的下三角矩阵和上三角矩阵，$\boldsymbol{D}$ 为对角矩阵. $\boldsymbol{A}=\boldsymbol{LDV}$，则称 $\boldsymbol{A}$ 可作 $\boldsymbol{LDV}$ **分解**.

用Gauss消元法，一个方阵总可以用行初等变换化为上三角形矩阵. 若只用第 i 行乘数 k 加到第 j 行($i<j$)型初等变换能把 $\boldsymbol{A}$ 化为上三角矩阵 $\boldsymbol{U}$，则有下三角形可逆矩阵 $\boldsymbol{P}$，使 $\boldsymbol{PA}=\boldsymbol{U}$，从而有 LU 分解：$\boldsymbol{A}=\boldsymbol{P}^{-1}\boldsymbol{U}$.

例 1　设 $\boldsymbol{A}=\begin{pmatrix}2&2&3\\4&7&7\\-2&4&5\end{pmatrix}$，求 $\boldsymbol{A}$ 的 $\boldsymbol{LU}$ 分解和 $\boldsymbol{LDV}$ 分解.

解　为求 $\boldsymbol{P}$，对下面矩阵作如下行初等变换：

$$(\boldsymbol{A}\mid\boldsymbol{I}_3)=\left(\begin{array}{ccc:ccc}2&2&3&1&0&0\\4&7&7&0&1&0\\-2&4&5&0&0&1\end{array}\right)\to\left(\begin{array}{ccc:ccc}2&2&3&1&0&0\\0&3&1&-2&1&0\\0&6&8&1&0&1\end{array}\right)\to$$

$$\left(\begin{array}{ccc:ccc}2&2&3&1&0&0\\0&3&1&-2&1&0\\0&0&6&5&-2&1\end{array}\right),$$

因此
$$\boldsymbol{P}=\begin{pmatrix}1&0&0\\-2&1&0\\5&-2&1\end{pmatrix},\quad \boldsymbol{PA}=\begin{pmatrix}2&2&3\\0&3&1\\0&0&6\end{pmatrix}.$$

令
$$\boldsymbol{L}=\boldsymbol{P}^{-1}=\begin{pmatrix}1&0&0\\2&1&0\\1&2&1\end{pmatrix},\quad \boldsymbol{U}=\begin{pmatrix}2&2&3\\0&3&1\\0&0&6\end{pmatrix};$$

则
$$\boldsymbol{A}=\boldsymbol{L}\begin{pmatrix}2&2&3\\0&3&1\\0&0&6\end{pmatrix}=\boldsymbol{LU}.$$

再利用初等变换，有

$$A = \begin{pmatrix} 1 & 0 & 0 \\ 2 & 1 & 0 \\ -1 & 2 & 1 \end{pmatrix} \begin{pmatrix} 2 & & \\ & 3 & \\ & & 6 \end{pmatrix} \begin{pmatrix} 1 & 1 & \frac{3}{2} \\ 0 & 1 & \frac{1}{3} \\ 0 & 0 & 1 \end{pmatrix},$$

就得到

$$A = LDV,$$

其中

$$L = \begin{pmatrix} 1 & 0 & 0 \\ 2 & 1 & 0 \\ -1 & 2 & 1 \end{pmatrix}, D = \begin{pmatrix} 2 & & \\ & 3 & \\ & & 6 \end{pmatrix}, V = \begin{pmatrix} 1 & 1 & \frac{3}{2} \\ 0 & 1 & \frac{1}{3} \\ 0 & 0 & 1 \end{pmatrix}.$$

从初等变换,大家知道方阵的 $\boldsymbol{LU}$ 分解、$\boldsymbol{LDV}$ 分解一般不是唯一的.下面讨论方阵的 $\boldsymbol{LU}$ 和 $\boldsymbol{LDV}$ 分解的存在性和唯一性.先讨论 $\boldsymbol{LDV}$ 分解的条件.

定理 3.1 设 $\boldsymbol{A}=(a_{ij})_{n\times n}\in F^{n\times n}$,则 $\boldsymbol{A}$ 有唯一的 LDV 分解 $\boldsymbol{A}=\boldsymbol{LDV}$ 的充分必要条件是 $\boldsymbol{A}$ 的顺序主子式

$$\Delta_k = \begin{vmatrix} a_{11} & \cdots & a_{1k} \\ a_{21} & \cdots & a_{2k} \\ \vdots & & \vdots \\ a_{k1} & \cdots & a_{kk} \end{vmatrix} \neq 0, \quad k = 1,2,\cdots,n-1; \quad \Delta_0 = 1,$$

其中

$$D = \begin{pmatrix} d_1 & & & \\ & d_2 & & \\ & & \ddots & \\ & & & d_n \end{pmatrix}, \quad d_k = \frac{\Delta_k}{\Delta_{k-1}}; \quad k = 1,2,\cdots,n.$$

证明 充分性:对 $\boldsymbol{A}$ 的阶数 n 进行归纳证明

$$n = 1, \qquad A = (a_{11}) = (1)(a_{11})(1) = L_1 D_1 V_1,$$

所以定理对 $n=1$ 成立,设定理对 $n-1$ 成立,即

$$A = (a_{ij})_{(n-1)\times(n-1)} = L_{n-1} D_{n-1} V_{n-1},$$

则对 n,将 $\boldsymbol{A}$ 分块为

$$A = \begin{pmatrix} A_{n-1} & \tau_n \\ u_n^{\mathrm{T}} & a_{nn} \end{pmatrix},$$

其中 $\qquad \boldsymbol{\tau}_n=(a_{1n} \quad a_{2n} \quad \cdots \quad a_{n-1\,n})^{\mathrm{T}}, \quad \boldsymbol{u}_n=(a_{n1} \quad a_{n2} \quad \cdots \quad a_{n\,n-1})^{\mathrm{T}}.$

设

$$\begin{pmatrix} A_{n-1} & \tau_n \\ u_n^{\mathrm{T}} & a_{nn} \end{pmatrix} = \begin{pmatrix} L_{n-1} & 0 \\ l_n^{\mathrm{T}} & 1 \end{pmatrix} \begin{pmatrix} D_{n-1} & \\ & d_n \end{pmatrix} \begin{pmatrix} V_{n-1} & v_n \\ 0 & 1 \end{pmatrix},$$

比较两边,则有

$$A_{n-1} = L_{n-1} D_{n-1} V_{n-1}, \tag{3.1}$$

$$\tau_n = L_{n-1} D_{n-1} v_n, \tag{3.2}$$

$$u_n^{\mathrm{T}} = l_n^{\mathrm{T}} D_{n-1} V_{n-1}, \tag{3.3}$$

$$a_{nn} = l_n^{\mathrm{T}} D_{n-1} v_n + d_n. \tag{3.4}$$

由归纳假设,(3.1)式成立.由 $\Delta_k \neq 0, L_{n-1}D_{n-1}$ 非奇异,$D_{n-1}V_{n-1}$ 非奇异,从而由(3.2)式和(3.3)式可唯一确定 v_n 和 l_n^{T}.又从(3.4)式可唯一求得 d_n,所以 $A=LDV$ 分解是存在而且唯一的.

又由归纳证明过程,A 的 k 阶顺序主子式

$$\Delta_1 = |A_1| = |L_1 D_1 V_1| = |D_1|,$$

$$\Delta_2 = |A_2| = |L_2 D_2 V_2| = |D_2| = d_2 |D_1|,$$

$$\cdots$$

$$\Delta_k = |A_k| = |L_k D_k V_k| = |D_k| = d_k |D_{k-1}|,$$

所以

$$d_k = \frac{\Delta_k}{\Delta_{k-1}}, k=1,2,\cdots,n.$$

必要性:设 A 有唯一的 LDV 分解:

$$A = LDV,$$

把它们写成矩阵分块形

$$\begin{pmatrix} A_{n-1} & \tau \\ u^{\mathrm{T}} & a_{nn} \end{pmatrix} = \begin{pmatrix} L_{n-1} & 0 \\ l^{\mathrm{T}} & 1 \end{pmatrix} \begin{pmatrix} D_{n-1} & \\ & d_n \end{pmatrix} \begin{pmatrix} V_{n-1} & v \\ 0 & 1 \end{pmatrix},$$

则比较两边便有(3.1)式~(3.4)式成立.

如 $\Delta_{n-1} = |A_{n-1}| = 0$,则由(3.1)式有

$$|D_{n-1}| = |A_{n-1}| = 0,$$

于是　$|L_{n-1}D_{n-1}| = |D_{n-1}| = 0$,即 $L_{n-1}D_{n-1}$ 为奇异矩阵,$\mathrm{rank}(L_{n-1}D_{n-1}) < n-1$,则(3.2)式的解 v 不唯一,与 A 的 LDV 分解的唯一性相矛盾,因此 $\Delta_n \neq 0$.

应该注意到的是,定理3.1的证明已给出了计算 A 的 LDV 分解的递归过程:

取 A 的一阶主子式,作 LDV 分解

$$A_1 = (1)(a_{11})(1), L_1 = (1), D_1 = (a_{11}), V_1 = (1),$$

用(3.1)式~(3.4)式确定 v_1, l_1.

从而

$$L_2 = \begin{pmatrix} L_1 & 0 \\ l_1 & 1 \end{pmatrix}, \quad D_2 = \begin{pmatrix} D_1 & \\ & d_2 \end{pmatrix}, V_2 = \begin{pmatrix} V_1 & v_1 \\ 0 & 1 \end{pmatrix},$$

$$A_2 = L_2 D_2 V_2.$$

然后重复使用(3.1)式~(3.4)式得到 A 的顺序主子式的 LDV 分解.

$$A_k = L_k D_k V_k, \quad k = 1,2,\cdots,n.$$

$k=n$ 时,即完成 A 的 LDV 分解.　□

当 A 为非奇异矩阵时,从 $A=LDV$ 分解出发

$$A=LDV=(LD)V=L(DV).$$

由于 LD 仍是下三角矩阵,DV 仍是上三角矩阵,就可以得到 A 的两种 LU 分解.对

一般的 n 阶方阵 $\boldsymbol{A}$，它的 $\boldsymbol{LU}$ 分解有如下定理.

定理 3.2　设 $\boldsymbol{A}=(a_{ij})\in F^{n\times n}$，$\mathrm{rank}(\boldsymbol{A})=k(k\leqslant n)$，如果 $\boldsymbol{A}$ 的顺序主子式

$$\Delta_j \neq 0,\quad j=1,2,\cdots,k,$$

则 $\boldsymbol{A}$ 有 $\boldsymbol{LU}$ 分解.

证明　设 $\boldsymbol{A}_{11}$ 为 $\boldsymbol{A}$ 的 k 阶主子矩阵，将 $\boldsymbol{A}$ 分块为：

$$\boldsymbol{A}=\begin{pmatrix}\boldsymbol{A}_{11} & \boldsymbol{A}_{12}\\ \boldsymbol{A}_{21} & \boldsymbol{A}_{22}\end{pmatrix},$$

则 $\boldsymbol{A}_{11}$ 为可逆矩阵，且各阶主子式非 0. 由定理 3.1，$\boldsymbol{A}_{11}$ 有 $\boldsymbol{LU}$ 分解 $\boldsymbol{A}_{11}=\boldsymbol{L}_{11}\boldsymbol{U}_{11}$，其中 $\boldsymbol{L}_{11}$ 和 $\boldsymbol{U}_{11}$ 均为可逆矩阵.

又因为 $\mathrm{rank}(\boldsymbol{A})=k$，在所设条件下，$\boldsymbol{A}$ 的前 k 行线性无关，后 $(n-k)$ 行是前 k 行的线性组合，即存在矩阵 $\boldsymbol{B}\in F^{(n-k)\times k}$，

$$\boldsymbol{A}_{21}=\boldsymbol{B}\boldsymbol{A}_{11},\quad \boldsymbol{A}_{22}=\boldsymbol{B}\boldsymbol{A}_{12}.$$

取

$$\boldsymbol{L}_{21}=\boldsymbol{A}_{21}\boldsymbol{U}_{11}^{-1},\quad \boldsymbol{U}_{12}=\boldsymbol{L}_{11}^{-1}\boldsymbol{A}_{12},$$

令 $\boldsymbol{L}_{22}$ 与 $\boldsymbol{U}_{22}$ 分别是下三角和上三角阵，满足条件 $\boldsymbol{L}_{22}\boldsymbol{U}_{22}=\boldsymbol{0}$，（例如取 $\boldsymbol{L}_{22}$ 为对角阵，取 $\boldsymbol{U}_{22}=\boldsymbol{0}$）则可以得到下三角矩阵 $\boldsymbol{L}$ 和上三角矩阵 $\boldsymbol{U}$ 如下：

$$\boldsymbol{L}=\begin{pmatrix}\boldsymbol{L}_{11} & \boldsymbol{0}\\ \boldsymbol{L}_{21} & \boldsymbol{L}_{22}\end{pmatrix},\quad \boldsymbol{U}=\begin{pmatrix}\boldsymbol{U}_{11} & \boldsymbol{U}_{12}\\ \boldsymbol{0} & \boldsymbol{U}_{22}\end{pmatrix}.$$

注意：

$$\boldsymbol{L}_{11}\boldsymbol{U}_{12}=\boldsymbol{L}_{11}(\boldsymbol{L}_{11}^{-1}\boldsymbol{A}_{12})=\boldsymbol{A}_{12},\quad \boldsymbol{L}_{21}\boldsymbol{U}_{11}=\boldsymbol{A}_{21}\boldsymbol{U}_{11}^{-1}\boldsymbol{U}_{11}=\boldsymbol{A}_{21},$$

$$\boldsymbol{L}_{21}\boldsymbol{U}_{12}+\boldsymbol{L}_{22}\boldsymbol{U}_{22}=\boldsymbol{A}_{21}\boldsymbol{U}_{11}^{-1}\boldsymbol{L}_{11}^{-1}\boldsymbol{A}_{12}+\boldsymbol{0}=\boldsymbol{B}\boldsymbol{A}_{11}\boldsymbol{A}_{11}^{-1}\boldsymbol{A}_{12}=\boldsymbol{B}\boldsymbol{A}_{12}=\boldsymbol{A}_{22},$$

从而

$$\boldsymbol{LU}=\begin{pmatrix}\boldsymbol{L}_{11}\boldsymbol{U}_{11} & \boldsymbol{L}_{11}\boldsymbol{U}_{12}\\ \boldsymbol{L}_{21}\boldsymbol{U}_{11} & \boldsymbol{L}_{21}\boldsymbol{U}_{12}+\boldsymbol{L}_{22}\boldsymbol{U}_{22}\end{pmatrix}=\begin{pmatrix}\boldsymbol{A}_{11} & \boldsymbol{A}_{12}\\ \boldsymbol{A}_{21} & \boldsymbol{A}_{22}\end{pmatrix},$$

即 $\boldsymbol{A}=\boldsymbol{LU}$，$\boldsymbol{A}$ 有 $\boldsymbol{LU}$ 分解.　□

值得指出的是，不是所有的矩阵都有 $\boldsymbol{LU}$ 分解的. 例如 $\boldsymbol{A}=\begin{pmatrix}0 & 1\\ 1 & 0\end{pmatrix}$，$\boldsymbol{A}$ 是可逆矩阵. 如果 $\boldsymbol{A}$ 有 $\boldsymbol{LU}$ 分解，则应有

$$\boldsymbol{A}=\boldsymbol{LU}=\begin{pmatrix}l_{11} & 0\\ l_{21} & l_{22}\end{pmatrix}\begin{pmatrix}u_{11} & u_{12}\\ 0 & u_{22}\end{pmatrix}.$$

这将导出 $l_{11}u_{11}=0$，即 $l_{11}=0$ 或 $u_{11}=0$. 这说明 $\boldsymbol{L}$ 与 $\boldsymbol{U}$ 中至少有一个是奇异矩阵，与 $\boldsymbol{A}=\boldsymbol{LU}$ 非奇异矛盾，从而 $\boldsymbol{A}$ 没有 $\boldsymbol{LU}$ 分解.

另外，定理 3.2 中 $\Delta j\neq 0$ 是 $\boldsymbol{A}$ 有 $\boldsymbol{LU}$ 分解的充分条件，并不必要. 例如：

$$\boldsymbol{A}=\begin{pmatrix}0 & 0\\ 1 & 2\end{pmatrix}=\begin{pmatrix}0 & 0\\ 1 & 1\end{pmatrix}\begin{pmatrix}1 & 1\\ 0 & 1\end{pmatrix},$$

所以 $\boldsymbol{A}$ 有 $\boldsymbol{LU}$ 分解，但 $\Delta_1=0$.

推论　可逆矩阵 $\boldsymbol{A}\in \mathbf{F}^{n\times n}$，有 $\boldsymbol{LU}$ 分解的充分必要条件是 $\boldsymbol{A}$ 的顺序主子式

$$\Delta_k \neq 0,\quad k=1,2,\cdots,n-1.$$

例 2　设 $\boldsymbol{A}=\begin{pmatrix}1 & 2 & 3 & -1\\ 2 & -1 & 9 & -7\\ -3 & 4 & -3 & 19\\ 4 & -2 & 6 & -21\end{pmatrix}$，求 $\boldsymbol{A}$ 的 $\boldsymbol{LDV}$ 分解.

解　$\boldsymbol{A}_1=(1\quad 1\quad 1)$，由(3.1)式～(3.4)式，得

$$\nu_2=\tau_2=2,\quad l_2=u_2=2,\quad d_2=-5,$$

所以

$$\boldsymbol{A}_2=\begin{pmatrix}1 & 2\\ 2 & -1\end{pmatrix},\quad \boldsymbol{L}_2=\begin{pmatrix}1 & 0\\ 2 & 1\end{pmatrix},\quad \boldsymbol{D}_2=\begin{pmatrix}1 & \\ & -5\end{pmatrix},$$

$$\boldsymbol{V}_2=\begin{pmatrix}1 & 2\\ 0 & 1\end{pmatrix},\quad \boldsymbol{A}_2=\boldsymbol{L}_2\boldsymbol{D}_2\boldsymbol{V}_2,\quad \boldsymbol{A}_3=\begin{pmatrix}1 & 2 & 3\\ 2 & -1 & 9\\ -3 & 4 & -3\end{pmatrix},$$

同理求得

$$\boldsymbol{L}_3=\begin{pmatrix}1 & 0 & 0\\ 2 & 1 & 0\\ -3 & -2 & 1\end{pmatrix},\quad \boldsymbol{D}_3=\begin{pmatrix}1 & & \\ & -5 & \\ & & 12\end{pmatrix},\quad \boldsymbol{V}_3=\begin{pmatrix}1 & 2 & 3\\ 0 & 1 & -\frac{3}{5}\\ 0 & 0 & 1\end{pmatrix},$$

$\boldsymbol{A}_4=\boldsymbol{A}$，从(3.1)式～(3.4)式求得：

$$\boldsymbol{l}_4=(4\quad 2\quad -1\quad 1)^{\mathrm{T}},\quad d_4=1,\quad \boldsymbol{\nu}_4=(-1\quad 1\quad \frac{1}{2}\quad 1)^{\mathrm{T}}.$$

所以

$$\boldsymbol{L}_4=\begin{pmatrix}1 & 0 & 0 & 0\\ 2 & 1 & 0 & 0\\ -3 & -2 & 1 & 0\\ 4 & 2 & -1 & 1\end{pmatrix},\quad \boldsymbol{D}_4=\begin{pmatrix}1 & & & \\ & -5 & & \\ & & 12 & \\ & & & -1\end{pmatrix},$$

$$\boldsymbol{V}_4=\begin{pmatrix}1 & 2 & 3 & -1\\ 0 & 1 & -\frac{3}{5} & 1\\ 0 & 0 & 1 & \frac{1}{2}\\ 0 & 0 & 0 & 1\end{pmatrix},\quad \boldsymbol{A}=\boldsymbol{L}_4\boldsymbol{D}_4\boldsymbol{V}_4.$$

从 Gauss 消元法知，当系数矩阵 $\boldsymbol{A}$ 为三角形矩阵时，线性方程组 $\boldsymbol{AX}=\boldsymbol{b}$ 的求解很容易.因此，对一般的矩阵 $\boldsymbol{A}_{m\times n}$，它的三角分解的一个很自然的应用就是用于求解线性方程组 $\boldsymbol{AX}=\boldsymbol{b}$.

设 $\boldsymbol{A}$ 的 LU 分解为　$\boldsymbol{A}=\boldsymbol{LU}$，则

$$\boldsymbol{AX}=\boldsymbol{b}\Leftrightarrow\boldsymbol{LUX}=\boldsymbol{b}\quad\Leftrightarrow\begin{cases}\boldsymbol{LY}=\boldsymbol{b}, & (3.5)\\ \boldsymbol{UX}=\boldsymbol{Y}. & (3.6)\end{cases}$$

(3.5)式和(3.6)式都是系数矩阵为三角形矩阵，是易于用回代法求解的线性方程组. 先用自上往下的回代法求解(3.5)式得 $\boldsymbol{Y}$. 再代入求解(3.6)式(用自下往上的回代法)，即可得到原方程组 $\boldsymbol{AX}=\boldsymbol{b}$ 的解 $\boldsymbol{X}$.

例 3 设 $\boldsymbol{A}=\begin{pmatrix}1 & -3 & 7\\ 2 & 4 & -3\\ -3 & 7 & 2\end{pmatrix}$，$\boldsymbol{b}=\begin{pmatrix}2\\ -1\\ 3\end{pmatrix}$，用 $\boldsymbol{LU}$ 分解求解线性方程组 $\boldsymbol{AX}=\boldsymbol{b}$.

解 $\boldsymbol{A}$ 为三阶方阵，易求得 $\boldsymbol{A}$ 的 $\boldsymbol{LU}$ 分解为

$$\boldsymbol{A}=\underset{\boldsymbol{L}}{\begin{pmatrix}1 & 0 & 0\\ 2 & 1 & 0\\ -3 & -1/5 & 1\end{pmatrix}}\underset{\boldsymbol{U}}{\begin{pmatrix}1 & -3 & 7\\ 0 & 10 & -17\\ 0 & 0 & 98/5\end{pmatrix}},$$

则 $\boldsymbol{LY}=\boldsymbol{b}$ 的形式为

$$\begin{cases}y_1=2,\\ 2y_1+y_2=-1,\\ -3y_1-\dfrac{1}{5}y_2+y_3=3.\end{cases}$$

自上往下用回代法，可得

$$y_1=2,\quad y_2=-1-2y_1=-5,\quad y_3=3+3y_1+\frac{1}{5}y_2=8.$$

又 $\boldsymbol{UX}=\boldsymbol{Y}$ 的具体形式为

$$\begin{cases}x_1-3x_2+7x_3=2,\\ 10x_2-17x_3=-5,\\ \dfrac{98}{5}x_3=8.\end{cases}$$

自下往上用回代法可得

$$x_3=\frac{20}{49},\quad x_2=\frac{1}{10}(-5+17x_3)=\frac{19}{98},\quad x_1=-\frac{27}{98}.$$

这样就求得线性方程组 $\boldsymbol{AX}=\boldsymbol{b}$ 的解向量为

$$\boldsymbol{X}=\left(-\frac{27}{98}\quad\frac{19}{98}\quad\frac{20}{49}\right).$$

二、矩阵的满秩分解

定义 3.2 设 $\boldsymbol{A}\in F^{m\times n}$，$\mathrm{rank}(\boldsymbol{A})=r$，若存在秩为 r 的矩阵 $\boldsymbol{B}\in F^{m\times r}$，$\boldsymbol{C}\in F^{r\times n}$，使

$$\boldsymbol{A}=\boldsymbol{BC},\tag{3.7}$$

则称(3.7)式为矩阵 $\boldsymbol{A}$ 的**满秩分解**.

在 $\boldsymbol{A}$ 的满秩分解中，$\boldsymbol{B}$ 和 $\boldsymbol{C}$ 分别为列满秩和行满秩的矩阵.

定理 3.3 对任何非零矩阵 $\boldsymbol{A}\in F^{m\times n}$，都存在满秩分解.

证明　设 $\text{rank}(\boldsymbol{A})=r$，由等价标准形知道存在可逆矩阵 $\boldsymbol{P}\in F^{m\times m}$，$\boldsymbol{Q}\in F^{n\times n}$，使得

$$\boldsymbol{PAQ}=\begin{pmatrix}\boldsymbol{I}_r & \boldsymbol{0}\\ \boldsymbol{0} & \boldsymbol{0}\end{pmatrix},$$

即

$$\boldsymbol{A}=\boldsymbol{P}^{-1}\begin{pmatrix}\boldsymbol{I}_r & \boldsymbol{0}\\ \boldsymbol{0} & \boldsymbol{0}\end{pmatrix}\boldsymbol{Q}^{-1}.$$

分块为

$$\boldsymbol{P}^{-1}=(\boldsymbol{B}\mid\boldsymbol{B}_1),\quad \boldsymbol{Q}^{-1}=\begin{bmatrix}\boldsymbol{C}\\ \hline \boldsymbol{C}_1\end{bmatrix}.$$

$\boldsymbol{B}$ 为 $\boldsymbol{P}^{-1}$ 的前 r 列组成的矩阵，$\boldsymbol{C}$ 为 $\boldsymbol{Q}^{-1}$ 的前 r 行组成的矩阵，则 $\boldsymbol{B}\in F^{m\times r}$，$\boldsymbol{C}\in F^{r\times n}$，且 $\text{rank}(\boldsymbol{B})=\text{rank}(\boldsymbol{C})=r$.

$$\boldsymbol{A}=\boldsymbol{P}^{-1}\begin{pmatrix}\boldsymbol{I}_r & \boldsymbol{0}\\ \boldsymbol{0} & \boldsymbol{0}\end{pmatrix}\boldsymbol{Q}^{-1}=(\boldsymbol{B}\mid\boldsymbol{B}_1)\begin{pmatrix}\boldsymbol{I}_r & \boldsymbol{0}\\ \boldsymbol{0} & \boldsymbol{0}\end{pmatrix}\begin{bmatrix}\boldsymbol{C}\\ \hline \boldsymbol{C}_1\end{bmatrix}=\boldsymbol{BC}.$$

矩阵 $\boldsymbol{A}$ 的满秩分解一般不是唯一的. 求 $\boldsymbol{A}$ 的满秩分解有多种方法，下面介绍常用的几种方法.

方法1　它来自于定理3.2的证明，$\boldsymbol{B}$、$\boldsymbol{C}$ 分别为 $\boldsymbol{P}^{-1}$、$\boldsymbol{Q}^{-1}$ 的前 r 列和前 r 行.

从线性代数已知求 $\boldsymbol{P}$ 和 $\boldsymbol{Q}$ 的方法如下：

$$\begin{bmatrix}\boldsymbol{A} & \boldsymbol{I}_m\\ \boldsymbol{I}_n & \boldsymbol{0}\end{bmatrix}\xrightarrow{\text{初等变换}}\left[\begin{array}{cc:c}\boldsymbol{I}_r & \boldsymbol{0} & \boldsymbol{P}\\ \boldsymbol{0} & \boldsymbol{0} & \\ \hdashline \boldsymbol{Q} & & \boldsymbol{0}\end{array}\right].$$

再求 $\boldsymbol{P}^{-1}$、$\boldsymbol{Q}^{-1}$ 即可得到 $\boldsymbol{B}$、$\boldsymbol{C}$. 但该方法计算量太大，一般不使用. 下面介绍简化计算量的一种方法.

方法2　若只对 $\boldsymbol{A}$ 做行初等变换，可得到阶梯形矩阵：$\begin{pmatrix}\boldsymbol{C}\\ \boldsymbol{0}\end{pmatrix}$，其中 $\text{rank}(\boldsymbol{C})=\text{rank}(\boldsymbol{A})=r$，因此有可逆矩阵 $\boldsymbol{P}$，使

$$\boldsymbol{PA}=\begin{bmatrix}\boldsymbol{C}\\ \hline \boldsymbol{0}\end{bmatrix},$$

从而

$$\boldsymbol{A}=\boldsymbol{P}^{-1}\begin{bmatrix}\boldsymbol{C}\\ \hline \boldsymbol{0}\end{bmatrix}=(\boldsymbol{B}\mid\boldsymbol{B}_1)\begin{bmatrix}\boldsymbol{C}\\ \hline \boldsymbol{0}\end{bmatrix}=\boldsymbol{BC}.$$

方法是

$$(\boldsymbol{A}\mid\boldsymbol{I}_m)\xrightarrow{\text{行变换}}\left[\begin{array}{c|c}\boldsymbol{C} & \\ \hline & \boldsymbol{P}\\ \boldsymbol{0} & \end{array}\right],$$

$\boldsymbol{B}$ 为 $\boldsymbol{P}^{-1}$ 的前 r 列，$\boldsymbol{C}$ 是 $\boldsymbol{A}$ 化为阶梯形中的非零行. $\boldsymbol{A}=\boldsymbol{BC}$.

例 4 设 $A=\begin{pmatrix}1&1&2\\0&2&2\\1&0&1\end{pmatrix}$,求 A 的满秩分解.

解 $$(A|I_3)=\left(\begin{array}{ccc:ccc}1&1&2&1&0&0\\0&2&2&0&1&0\\1&0&1&0&0&1\end{array}\right)\to\left(\begin{array}{ccc:ccc}1&1&2&1&0&0\\0&1&1&0&\frac{1}{2}&0\\0&0&0&-1&\frac{1}{2}&1\end{array}\right),$$

解得 $$C=\begin{pmatrix}1&1&2\\0&1&1\end{pmatrix},P=\begin{pmatrix}1&0&0\\0&\frac{1}{2}&0\\-1&\frac{1}{2}&1\end{pmatrix},\quad P^{-1}=\begin{pmatrix}1&0&0\\0&2&0\\1&-1&1\end{pmatrix},$$

所以 $$B=\begin{pmatrix}1&0\\0&2\\1&-1\end{pmatrix},\quad A=BC=\begin{pmatrix}1&0\\0&2\\1&-1\end{pmatrix}\begin{pmatrix}1&1&2\\0&1&1\end{pmatrix}.$$

与方法 2 对称地有一个列初等变换的结果.

$$\left(\frac{A}{I_n}\right)\xrightarrow{\text{列初等变换}}\left(\frac{B\ |\ 0}{Q}\right),$$

C 为 Q^{-1} 的前 r 行,B 为把 A 用列变换化成的阶梯形中的非零列.

如例 4 中

$$\left(\frac{A}{I_3}\right)=\left(\begin{array}{ccc}1&1&2\\0&2&2\\1&0&1\\\hdashline 1&0&0\\0&1&0\\0&0&1\end{array}\right)\xrightarrow{\text{列变换}}\left(\begin{array}{ccc}1&0&0\\0&2&0\\1&-1&0\\\hdashline 1&-1&-1\\0&1&-1\\0&0&1\end{array}\right),$$

因此 $$B=\begin{pmatrix}1&0\\0&2\\1&-1\end{pmatrix},\quad Q=\begin{pmatrix}1&-1&-1\\0&1&-1\\0&0&1\end{pmatrix},\quad Q^{-1}=\begin{pmatrix}1&1&2\\0&1&1\\0&0&1\end{pmatrix}.$$

从而 $$C=\begin{pmatrix}1&1&2\\0&1&1\end{pmatrix},\quad A=BC=\begin{pmatrix}1&0\\0&2\\1&-1\end{pmatrix}\begin{pmatrix}1&1&2\\0&1&1\end{pmatrix}.$$

方法 3 为分析方法 3,我们首先考虑这样的情形:$A\in F^{m\times n}$,设 $\mathrm{rank}(A)=r$,而且 A 的前 r 列线性无关,则它们是 A 的列向量的极大无关组$\{\alpha_1,\alpha_2,\cdots,\alpha_r\}$,设 $A_1=(\alpha_1\ \ \alpha_2\ \ \cdots\ \ \alpha_r)$,则 $\mathrm{rank}(A_1)=r$,$A_1\in F^{m\times r}$. 又 A 的后 $n-r$ 列$\{\alpha_{r+1},\alpha_{r+2},\cdots,\alpha_n\}$可表示

为列向量极大无关组的线性组合，设

$$A_2=(\alpha_{r+1}\quad \alpha_{r+2}\quad \cdots\quad \alpha_n),$$

则

$$A_2=A_1S,$$

其中

$$S_{r\times(n-r)}=(X_{r+1}\quad X_{r+2}\quad \cdots\quad X_n),$$

X_j 满足

$$\alpha_j=(\alpha_1\quad \alpha_2\quad \cdots\quad \alpha_r)X_j,\quad j=r+1,r+2,\cdots,n,$$

因此

$$A=(A_1\mid A_2)=(A_1\mid A_1S),$$

即

$$A=A_1(I_r\mid S),\tag{3.8}$$

则 $B=A_1$，$C=(I_r|S)$即为满秩分解.

方法3的关键是要知道 A 的列向量组的极大线性无关组，用它们构成矩阵 B. 还需要知道其余列向量关于其极大无关组的线性组合. 在线性代数中，用行初等变换把矩阵 A 化为 Hermite 标准形(简化阶梯形)的有关结论已帮助我们解决了这一问题.

Hermite 标准形是阶梯形中每一行第一个非零元素为1，而且该元素所在的列中其他元素为0的特殊的一种.

当 A 的前 r 列是列向量的极大无关组时，$(I_r|S)$即为 A 的简化阶梯形. 如果 A 的秩为 r，但是前 r 列不满足线性无关，则可调动列的位置使前 r 列线性无关，这相当于右乘一个可逆矩阵 P，使前 r 列线性无关，结合(3.8)式，即有

$$AP=A_1(I_r\mid S),$$

所以

$$A=A_1(I_r\mid S)P^{-1},$$

仍有满秩分解：

$$B=A_1,\ C=(I_r|S)P^{-1}.$$

应注意到矩阵 P 是由初等矩阵中调换两列的 C_{ij} 型初等矩阵的乘积构成的，从而 P^{-1} 仍为 C_{ij} 型初等矩阵的乘积. 这意味着 $C=(I_r|S)P^{-1}$ 是矩阵$(I_r|S)$的列向量调整后的结果，其中 I_r 列$\{e_1,e_2,\cdots,e_r\}$所在的位置就是 A 的极大无关组中列向量所在的位置. 我们不再重证线性代数中的已有结论，只归纳方法3的步骤如下：

(1)用行初等变换把 A 化为 Hermite 标准形.

(2)依 Hermite 标准形中向量 e_i 所在的列的位置第 j_i 列，相应取出 A 的第 j_i 列 α_{j_i}，得到 A 的列向量极大无关组$\{\alpha_{j_1},\alpha_{j_2},\cdots,\alpha_{j_r}\}$，$B=(\alpha_{j_1}\quad \alpha_{j_2}\quad \cdots\quad \alpha_{j_r})$.

(3)A 的 Hermite 标准形中非零行构成矩阵 C. 得到 A 的满秩分解：$A=BC$.

例5　用方法3求例4中 A 的满秩分解.

解　用行初等变换化 A 为 Hermite 标准形，

$$A=\begin{pmatrix}1&1&2\\0&2&2\\1&0&1\end{pmatrix}\to\begin{pmatrix}1&1&2\\0&2&2\\0&-1&-1\end{pmatrix}\to\begin{pmatrix}1&1&2\\0&1&1\\0&0&0\end{pmatrix}\to\begin{pmatrix}1&0&1\\0&1&1\\0&0&0\end{pmatrix},$$

则可知：rank$(A)=2$，A 的前两列线性无关，取出 A 的前两列构成 B. 因此

$$B=\begin{pmatrix}1&1\\0&2\\1&0\end{pmatrix},\ C=\begin{pmatrix}1&0&1\\0&1&1\end{pmatrix},\ A=BC.$$

例 6　设 $A=\begin{pmatrix}0&1&0&-1&5&6\\0&2&0&0&0&-14\\2&-1&2&-4&0&1\\-2&1&-2&2&10&25\end{pmatrix}$，求 A 的满秩分解.

解　把 A 用行初等变换化为简化阶梯形

$$A=\begin{pmatrix}0&1&0&-1&5&6\\0&2&0&0&0&-14\\2&-1&2&-4&0&1\\-2&1&-2&2&10&25\end{pmatrix}\xrightarrow{\text{行变换}}\begin{pmatrix}1&0&1&0&-10&-29\\0&1&0&0&0&-7\\0&0&0&1&-5&-13\\0&0&0&0&0&0\end{pmatrix}.$$

由此可知，$\operatorname{rank}(A)=3$；A 的 Hermite 标准形中 $e_1=\begin{pmatrix}1\\0\\0\\0\end{pmatrix}$，$e_2=\begin{pmatrix}0\\1\\0\\0\end{pmatrix}$，$e_3=\begin{pmatrix}0\\0\\1\\0\end{pmatrix}$ 分别在第 1，2，4 列，即 A 的第 1，2，4 列线性无关，把它们取作矩阵 B.

$$B=\begin{pmatrix}0&1&-1\\0&2&0\\2&-1&-4\\-2&1&2\end{pmatrix},$$

C 为简化阶梯形中非零行：

$$C=\begin{pmatrix}1&0&1&0&-10&-29\\0&1&0&0&0&-7\\0&0&0&1&-5&-13\end{pmatrix},\quad A=BC.$$

三、可对角化矩阵的谱分解

对方阵 $A\in F^{n\times n}$，设 $\lambda_1,\lambda_2,\cdots,\lambda_n$ 为矩阵 A 的 n 个特征值. A 互异的特征值集合 $\{\lambda_1,\lambda_2,\cdots,\lambda_s\}$ 称为矩阵 A 的谱. 矩阵的谱分解是讨论矩阵可相似于对角形时，依 A 的谱或特征值把矩阵 A 分解为矩阵和的形式的一种分解, 从分解中我们可得到矩阵可相似于对角矩阵的又一个充分必要条件.

设 A 的谱为 $\{\lambda_1,\lambda_2,\cdots,\lambda_s\}$，其中 λ_i 为 A 的 r_i 重特征值 $(i=1,2,\cdots,s)$，因此

$$\sum_{i=1}^{s}r_i=n.$$

当 A 可相似于对角形时，则有可逆矩阵 P，使

$$A=P\begin{pmatrix}\lambda_1 &&&&&&&& \\ & \ddots &&&&&&& \\ && \lambda_1 &&&&&& \\ &&& \lambda_2 &&&&& \\ &&&& \ddots &&&& \\ &&&&& \lambda_2 &&& \\ &&&&&& \ddots && \\ &&&&&&& \lambda_s & \\ &&&&&&&& \ddots \\ &&&&&&&&& \lambda_s\end{pmatrix}P^{-1}, \tag{3.9}$$

首先分解对角矩阵，

$$\begin{pmatrix}\lambda_1 &&&&&&&& \\ & \ddots &&&&&&& \\ && \lambda_1 &&&&&& \\ &&& \lambda_2 &&&&& \\ &&&& \ddots &&&& \\ &&&&& \lambda_2 &&& \\ &&&&&& \ddots && \\ &&&&&&& \lambda_s & \\ &&&&&&&& \ddots \\ &&&&&&&&& \lambda_s\end{pmatrix}$$

$$=\lambda_1\begin{pmatrix}I_{r_1} &&& \\ & 0 && \\ && \ddots & \\ &&& 0\end{pmatrix}+\lambda_2\begin{pmatrix}0 &&& \\ & I_{r_2} && \\ && \ddots & \\ &&& 0\end{pmatrix}+\cdots+\lambda_s\begin{pmatrix}0 &&& \\ & 0 && \\ && \ddots & \\ &&& I_{r_s}\end{pmatrix}$$

$$=\sum_{i=1}^{s}\lambda_i\begin{pmatrix}0 &&&& \\ & \ddots &&& \\ && I_{r_i} && \\ &&& 0 & \\ &&&& 0\end{pmatrix},$$

令 $Q_1=\begin{pmatrix}I_{r_1} &&& \\ & 0 && \\ && \ddots & \\ &&& 0\end{pmatrix}$，$Q_2=\begin{pmatrix}0 &&& \\ & I_{r_2} && \\ && \ddots & \\ &&& 0\end{pmatrix}$，…，$Q_s=\begin{pmatrix}0 &&& \\ & 0 && \\ && \ddots & \\ &&& I_{r_s}\end{pmatrix}$，

则 Q_i 满足以下性质：

(1) $\sum_{i=1}^{s} Q_i = I_n$；

(2) $Q_i^2 = Q_i, i=1,2,\cdots,s$；

(3) $Q_i \cdot Q_j = 0, i \neq j$.

代入(3.9)式，则有

$$A = P\left(\sum_{i=1}^{s} \lambda_i Q_i\right)P^{-1} = \sum_{i=1}^{s} \lambda_i (PQ_iP^{-1}).$$

令　$P_i = PQ_iP^{-1}$，则 P_i 具有以下性质：

(1) $\sum_{i=1}^{s} P_i = I_n$；

(2) $P_i^2 = P_i, i=1,2,\cdots,s$；　　(3.10)

(3) $P_i \cdot P_j = 0, i \neq j$.

$$A = \sum_{i=1}^{s} \lambda_i P_i. \tag{3.11}$$

(3.11)式就是一个可对角化矩阵 A 的谱分解，即可对角化矩阵可分解为 s 个方阵 P_i 的加权和. 在后面章节，我们将会看到 P_i 是投影矩阵，这里我们只讨论 P_i 的性质.

定理 3.4　方阵 $P \in F^{n \times n}$，若满足 $P^2 = P$，则称 P 为幂等矩阵. 幂等矩阵 P 具有如下性质：

(1) P^H 和 $(I-P)$ 仍为幂等矩阵.

(2) P 的特征值为 1 或者是 0，而且 P 可相似于对角矩阵.

(3) $F^n = N(P) \oplus R(P)$.

证明　只证(2)和(3)，(1)是易于验证的.

(2) 设 λ 为 P 的特征值，则存在向量 $X \neq 0$ 使 $PX = \lambda X$，

两边左乘 P，得　　$P^2X = \lambda^2 X$，

由 $P^2 = P$，可得等式　　$P^2 - P = 0$.

取 $g(\lambda) = \lambda^2 - \lambda = \lambda(\lambda - 1)$，则 $g(\lambda)$ 为 P 的化零多项式，从而 P 的最小多项式 $m_P(\lambda)$ 满足 $m_P(\lambda) \mid g(\lambda)$，从而 $m_P(\lambda)$ 为一次因子之积. 由定理 2.10，P 可相似于对角形.

(3) 首先证明 P 的列空间 $R(P)$ 等于 P 的特征值 $\lambda = 1$ 对应的特征子空间 $V_{\lambda=1}$.

$$\forall X \in R(P)，则\ \exists X'，使\ X = PX'，$$

则　$PX = P(PX') = P^2X' = PX' = X$，所以 $X \in V_{\lambda=1}$，即 $R(P) \subseteq V_{\lambda=1}$.

又 $\forall X \in V_{\lambda=1}, X = PX$，说明 $X \in R(P)$，即 $R(P) \supseteq V_{\lambda=1}$. 因此

$$R(P) = V_{\lambda=1}.$$

同理可证 P 的零空间 $N(P)$ 等于 P 的特征值 $\lambda = 0$ 对应的特征子空间 $V_{\lambda=0}$，即

$$N(\boldsymbol{P}) = V_{\lambda=0},$$

由证明(2)有

$$F^n = N(\boldsymbol{P}) \oplus R(\boldsymbol{P}).$$

定理 3.5(可对角化矩阵的谱分解)　设 $\boldsymbol{A}\in \mathbf{C}^{n\times n}$,$\boldsymbol{A}$ 的谱为$\{\lambda_1,\lambda_2,\cdots,\lambda_s\}$,则 $\boldsymbol{A}$ 可对角化的充分必要条件是 $\boldsymbol{A}$ 有如下分解式

$$\boldsymbol{A} = \sum_{i=1}^{s}\lambda_i\boldsymbol{P}_i,$$

其中方阵 $\boldsymbol{P}_i\in \mathbf{C}^{n\times n}$,满足如下条件:

(1) $\boldsymbol{P}_i{}^2=\boldsymbol{P}_i, i=1,2,\cdots,s$;

(2) $\boldsymbol{P}_i\boldsymbol{P}_j=\boldsymbol{0}, i\neq j$;

(3) $\sum\limits_{i=1}^{s}\boldsymbol{P}_i = \boldsymbol{I}_n$.

证明　前面的分析已给出了必要性的证明,这里只证充分性.

$\forall \boldsymbol{X}\in \mathbf{C}^n$,则由(3)

$$\boldsymbol{X} = \boldsymbol{I}_n\boldsymbol{X} = (\sum_{i=1}^{s}\boldsymbol{P}_i)\boldsymbol{X} = \sum_{i=1}^{s}(\boldsymbol{P}_i\boldsymbol{X}); \tag{3.12}$$

又对 $\boldsymbol{P}_j\boldsymbol{X}$,由(2)和(1),

$$\begin{aligned}\boldsymbol{A}(\boldsymbol{P}_j\boldsymbol{X}) &= (\sum_{i=1}^{s}\lambda_i\boldsymbol{P}_i)\boldsymbol{P}_j\boldsymbol{X} = \sum_{i=1}^{s}\lambda_i(\boldsymbol{P}_i\cdot\boldsymbol{P}_j)\boldsymbol{X}\\ &= \lambda_j\boldsymbol{P}_j{}^2\boldsymbol{X} = \lambda_j(\boldsymbol{P}_i\boldsymbol{X}).\end{aligned}$$

从而 $\boldsymbol{P}_j\boldsymbol{X}\in V_{\lambda_j}$,即 $\boldsymbol{P}_j\boldsymbol{X}\neq\boldsymbol{0}$ 时,它为 $\boldsymbol{A}$ 关于特征值 λ_i 的特征向量.

由(3.12)式说明 $\mathbf{C}^n$ 可分解为特征子空间的直和. 从而

$$\mathbf{C}^n = V_{\lambda_1} + V_{\lambda_2} + \cdots + V_{\lambda_s} = V_{\lambda_1}\oplus V_{\lambda_2}\oplus\cdots\oplus V_{\lambda_s},$$

由定理 2.4,$\boldsymbol{A}$ 可相似于对角形.

当方阵 $\boldsymbol{A}\in F^{n\times n}$,$\boldsymbol{A}^{\mathrm{H}}=\boldsymbol{A}$ 时,$\boldsymbol{A}$ 为 Hermite 矩阵($F=R$ 时,$\boldsymbol{A}^{\mathrm{H}}=\boldsymbol{A}^{\mathrm{T}}$,$\boldsymbol{A}$ 为对称矩阵). Hermite 矩阵是可对角化的矩阵,从而可用上述谱分解将其分解为矩阵的和. 下面的定理将显示当 $\boldsymbol{A}$ 为半正定的 Hermite 矩阵时,$\boldsymbol{A}$ 可分解为半正定矩阵的和.

定理 3.6　设 $\boldsymbol{A}\in F^{n\times n}$是半正定的 Hermite 矩阵. $\mathrm{rank}(\boldsymbol{A})=k$,则 $\boldsymbol{A}$ 可被分解为下列矩阵的和

$$\boldsymbol{A} = \boldsymbol{v}_1\boldsymbol{v}_1{}^{\mathrm{H}} + \boldsymbol{v}_2\boldsymbol{v}_2{}^{\mathrm{H}} + \cdots + \boldsymbol{v}_k\boldsymbol{v}_k^{\mathrm{H}},$$

其中 $\boldsymbol{v}_i\in F^n$,$\{\boldsymbol{v}_1,\boldsymbol{v}_2,\cdots,\boldsymbol{v}_k\}$是空间 F^n 中非零的正交向量组.

证明　由已知 $\mathrm{rank}(\boldsymbol{A})=r$,且 $\boldsymbol{A}$ 为 Hermite 矩阵,可得 $\boldsymbol{A}$ 的特征值,$\lambda_i\geqslant 0$,不妨设 $\lambda_j>0, j=1,2,\cdots,k$;$\lambda_j=0, j=k+1,\cdots,n$. 且有酉矩阵 $\boldsymbol{U}$,使 $\boldsymbol{A}=\boldsymbol{U}\Lambda\boldsymbol{U}^{\mathrm{H}}$.

令 $\boldsymbol{U}=\{\boldsymbol{u}_1\quad \boldsymbol{u}_2\quad \cdots\quad \boldsymbol{u}_n\}$,则可将 $\boldsymbol{A}$ 写为

$$A=(u_1\quad u_2\quad \cdots\quad u_n)\begin{pmatrix}\sqrt{\lambda_1}&&&&&\\&\sqrt{\lambda_2}&&&&\\&&\ddots&&&\\&&&\sqrt{\lambda_k}&&\\&&&&0&\\&&&&&\ddots\\&&&&&&0\end{pmatrix}\begin{pmatrix}\sqrt{\lambda_1}&&&&&\\&\sqrt{\lambda_2}&&&&\\&&\ddots&&&\\&&&\sqrt{\lambda_k}&&\\&&&&0&\\&&&&&\ddots\\&&&&&&0\end{pmatrix}\begin{pmatrix}u_1^{H}\\u_2^{H}\\\vdots\\u_n^{H}\end{pmatrix}$$

$$=v_1v_1^{H}+v_2v_2^{H}+\cdots+v_kv_k^{H}.$$

其中 $v_i=\sqrt{\lambda_i}u_i,i=1,2,\cdots,k$,从而$\{v_1,v_2,\cdots,v_k\}$为正交的向量组. □

3.2 Schur 分解与正规矩阵

在内积空间中,酉相似(正交相似)比一般可逆矩阵下的相似有更多的优点.在欧氏空间中,一个实对称矩阵 $A(A^{T}=A)$一定可正交相似于对角形:即存在正交矩阵 C,使

$$C^{T}AC=C^{-1}AC=\begin{pmatrix}\lambda_1&&&\\&\lambda_2&&\\&&\ddots&\\&&&\lambda_n\end{pmatrix}.$$

相应于酉空间,一个 Hermite 矩阵 $A(A^{H}=A)$一定可酉相似于对角形:即存在酉矩阵 U,使

$$U^{H}AU=\begin{pmatrix}\lambda_1&&&\\&\lambda_2&&\\&&\ddots&\\&&&\lambda_n\end{pmatrix}.$$

一般方阵是可以相似于它的 Jordan 标准形——一个三角矩阵.这一节讨论一个方阵是否能酉相似于上三角形矩阵,以及矩阵满足什么条件可酉相似于对角矩阵的问题.

一、Schur 分解

Schur 分解将给出任何一个方阵都可酉相似于一个三角形矩阵的结果.为建立这个结果,我们先讨论 UR 分解.

定理 3.7 设 $A\in\mathbf{C}^{n\times n}$ 为可逆矩阵,则存在酉矩阵 $U\in\mathbf{C}^{n\times n}$ 和主对角线上元素皆为正的上三角矩阵

$$R=\begin{pmatrix} r_{11} & r_{12} & \cdots & r_{1n} \\ & r_{22} & \cdots & r_{2n} \\ & & \ddots & \\ & & & r_{nn} \end{pmatrix},\quad r_{ii}>0;i=1,2,\cdots,n,$$

使

$$A=UR.$$

证明　因为 A 可逆,则 A 的列向量组$\{\alpha_1,\alpha_2,\cdots,\alpha_n\}$是空间 C^n 的一组基. 可对它施行 Schmidt 正交化过程,得到 C^n 空间中的标准正交基$\{\varepsilon_1,\varepsilon_2,\cdots,\varepsilon_n\}$.

由 1.2 节中的(1.19)式,可有矩阵关系式

$$(\alpha_1\quad\alpha_2\quad\cdots\quad\alpha_n)=(\varepsilon_1\quad\varepsilon_2\quad\cdots\quad\varepsilon_n)\begin{pmatrix} \|\beta_1\| & (\alpha_2,\varepsilon_1) & \cdots & (\alpha_n,\varepsilon_1) \\ & \|\beta_2\| & \cdots & (\alpha_n,\varepsilon_2) \\ & & \ddots & \vdots \\ & & & \|\beta_n\| \end{pmatrix},\tag{3.13}$$

令 $U=(\varepsilon_1\quad\varepsilon_2\quad\cdots\quad\varepsilon_n)$,则 $U\in C^{n\times n}$ 为酉矩阵.

$$R=\begin{pmatrix} \|\beta_1\| & (\alpha_2,\varepsilon_1) & \cdots & (\alpha_n,\varepsilon_1) \\ & \|\beta_2\| & \cdots & (\alpha_n,\varepsilon_2) \\ & & \ddots & \vdots \\ & & & \|\beta_n\| \end{pmatrix},$$

则 R 为上三角矩阵,且主对角线元素 $r_{ii}=\|\beta_i\|>0,i=1,2,\cdots,n$,(3.13)式就是

$$A=UR.$$

□

例 7　设 $A=\begin{pmatrix} 1 & 0 & 0 \\ 1 & 1 & 0 \\ 1 & 1 & 1 \end{pmatrix}$,求 A 的 UR 分解.

解　A 是一个可逆矩阵,A 的列向量为

$$A_1=\begin{pmatrix} 1 \\ 1 \\ 1 \end{pmatrix},\quad A_2=\begin{pmatrix} 0 \\ 1 \\ 1 \end{pmatrix},\quad A_3=\begin{pmatrix} 0 \\ 0 \\ 1 \end{pmatrix}.$$

用 Schmidt 正交化过程,可从 A 的列向量得到 R^3 中标准正交的向量组

$$u_1=\frac{1}{\sqrt{3}}\begin{pmatrix} 1 \\ 1 \\ 1 \end{pmatrix},\quad u_2=\frac{1}{\sqrt{6}}\begin{pmatrix} -2 \\ 1 \\ 1 \end{pmatrix},\quad u_3=\frac{1}{\sqrt{2}}\begin{pmatrix} 0 \\ -1 \\ 1 \end{pmatrix}.$$

因此

$$U=(u_1\ u_2\ u_3)=\begin{pmatrix} \frac{1}{\sqrt{3}} & -\frac{2}{\sqrt{6}} & 0 \\ \frac{1}{\sqrt{3}} & \frac{1}{\sqrt{6}} & -\frac{1}{\sqrt{2}} \\ \frac{1}{\sqrt{3}} & \frac{1}{\sqrt{6}} & \frac{1}{\sqrt{2}} \end{pmatrix}.$$

$\boldsymbol{U}$ 为酉矩阵，由定理 3.7，$\boldsymbol{R}=\boldsymbol{U}^{\mathrm{H}}\boldsymbol{A}$，即

$$\boldsymbol{R}=\boldsymbol{U}^{\mathrm{H}}\boldsymbol{A}=\begin{pmatrix}\sqrt{3} & \frac{2}{\sqrt{3}} & \frac{1}{\sqrt{3}}\\ 0 & \frac{2}{\sqrt{6}} & \frac{1}{\sqrt{6}}\\ 0 & 0 & \frac{1}{\sqrt{2}}\end{pmatrix}.$$

得到 $\boldsymbol{A}$ 的 $\boldsymbol{UR}$ 分解

$$\begin{pmatrix}1 & 0 & 0\\ 1 & 1 & 0\\ 1 & 1 & 1\end{pmatrix}=\begin{pmatrix}\frac{1}{\sqrt{3}} & -\frac{2}{\sqrt{6}} & 0\\ \frac{1}{\sqrt{3}} & \frac{2}{\sqrt{6}} & -\frac{1}{\sqrt{2}}\\ \frac{1}{\sqrt{3}} & \frac{2}{\sqrt{6}} & \frac{1}{\sqrt{2}}\end{pmatrix}\begin{pmatrix}\sqrt{3} & \frac{2}{\sqrt{3}} & \frac{1}{\sqrt{3}}\\ 0 & \frac{2}{\sqrt{6}} & \frac{1}{\sqrt{6}}\\ 0 & 0 & \frac{1}{\sqrt{2}}\end{pmatrix}.$$

定理 3.7 是对可逆方阵给出的 $\boldsymbol{UR}$ 分解，这一结果可以推广到列满秩的矩阵. 定理 3.8 给出列满秩矩阵的 $\boldsymbol{QR}$ 分解.

定理 3.8 设 $\boldsymbol{A}\in\mathbf{C}^{m\times k}$ 是一个列满秩的矩阵，即 $\operatorname{rank}(\boldsymbol{A})=k$，则 $\boldsymbol{A}$ 可被分解为

$$\boldsymbol{A}=\boldsymbol{QR},$$

其中 $\boldsymbol{Q}\in\mathbf{C}^{m\times k}$，$\boldsymbol{Q}$ 的列向量是 $\boldsymbol{A}$ 的列空间的标准正交基. $\boldsymbol{R}\in\mathbf{C}^{k\times k}$ 是一个可逆的上三角矩阵.

证明 当 $\boldsymbol{A}$ 为列满秩时，有 $m\geqslant k$. 将 $\boldsymbol{A}$ 的列向量扩充为空间 $\mathbf{C}^{m}$ 的基，得到可逆矩阵 $(\boldsymbol{A}\ \vdots\ \boldsymbol{A}_1)\in\mathbf{C}^{m\times m}$，由定理 3.7，有 $\boldsymbol{UR}$ 分解

$$(\boldsymbol{A}\ \vdots\ \boldsymbol{A}_1)=\boldsymbol{UR}.$$

将酉矩阵 $\boldsymbol{U}\in\mathbf{C}^{m\times m}$ 分块为 $\boldsymbol{U}=(\boldsymbol{Q}\ \vdots\ \boldsymbol{Q}_1)$，$\boldsymbol{Q}\in\mathbf{C}^{m\times k}$.

将上三角矩阵 $\boldsymbol{R}$ 分块为 $\boldsymbol{R}=\begin{pmatrix}\boldsymbol{R}_1 & \boldsymbol{R}_2\\ \boldsymbol{0} & \boldsymbol{R}_3\end{pmatrix}$，

其中 $\boldsymbol{R}_1\in\mathbf{C}^{k\times k}$ 是上三角矩阵，由于

$$(\boldsymbol{A}\ \vdots\ \boldsymbol{A}_1)=(\boldsymbol{Q}\ \vdots\ \boldsymbol{Q}_1)\begin{pmatrix}\boldsymbol{R}_1 & \boldsymbol{R}_2\\ \boldsymbol{0} & \boldsymbol{R}_3\end{pmatrix}=(\boldsymbol{QR}_1\ \vdots\ \boldsymbol{QR}_2+\boldsymbol{Q}_1\boldsymbol{R}_3),$$

有

$$\boldsymbol{A}=\boldsymbol{QR}_1.$$

$\boldsymbol{A}=\boldsymbol{QR}_1$ 即为满足题意的 $\boldsymbol{QR}$ 分解.

定理 3.9(Schur 分解) 设 $\boldsymbol{A}\in\mathbf{C}^{n\times n}$，则存在酉矩阵 $\boldsymbol{U}$ 和上三角矩阵 $\boldsymbol{T}$，使得

$$\boldsymbol{U}^{\mathrm{H}}\boldsymbol{A}\boldsymbol{U}=\boldsymbol{T}=\begin{pmatrix}\lambda_1 & t_{12} & \cdots & t_{1n}\\ & \lambda_2 & \cdots & t_{2n}\\ & & \ddots & \vdots\\ & & & \lambda_n\end{pmatrix},$$

其中 λ_i 为矩阵 $\boldsymbol{A}$ 的特征值，$i=1,2,\cdots,n$.

证明　因为 $\boldsymbol{A}\in\mathbf{C}^{n\times n}$，故 $\boldsymbol{A}$ 可相似于 Jordan 标准形，

$$\boldsymbol{A}=\boldsymbol{P}\boldsymbol{J}\boldsymbol{P}^{-1}.$$

又　$\boldsymbol{P}\in\mathbf{C}^{n\times n}$ 为可逆矩阵，则由定理 3.7，$\boldsymbol{P}$ 有 $\boldsymbol{UR}$ 分解 $\boldsymbol{P}=\boldsymbol{UR}$，则

$$\boldsymbol{A}=\boldsymbol{P}\boldsymbol{J}\boldsymbol{P}^{-1}=\boldsymbol{U}\boldsymbol{R}\boldsymbol{J}\boldsymbol{R}^{-1}\boldsymbol{U}^{\mathrm{H}}.$$

令 $\boldsymbol{T}=\boldsymbol{R}\boldsymbol{J}\boldsymbol{R}^{-1}$，则 $\boldsymbol{T}$ 是一个上三角形矩阵，即有

$$\boldsymbol{U}^{\mathrm{H}}\boldsymbol{A}\boldsymbol{U}=\boldsymbol{T}.$$

由相似矩阵特征值相等，上三角形矩阵 $\boldsymbol{T}$ 的主对角线元素是 $\boldsymbol{A}$ 的全部特征值：$\lambda_1,\lambda_2,\cdots,\lambda_n$.

Schur 分解一方面指出方阵 $\boldsymbol{A}$ 可酉相似于三角矩阵，另一方面，$\boldsymbol{A}=\boldsymbol{U}\boldsymbol{T}\boldsymbol{U}^{\mathrm{H}}$ 的证明过程，也给出矩阵 $\boldsymbol{A}$ 的 Schur 分解.

Schur 分解有重要的理论意义，可以用于证明许多定理.

例 8　设 $\boldsymbol{A}=(a_{ij})\in F^{n\times n}$，证明 $\forall\varepsilon>0$，存在矩阵 $\boldsymbol{A}(\varepsilon)=(a_{ij}(\varepsilon))\in F^{n\times n}$，$\boldsymbol{A}(\varepsilon)$ 有 n 个互异的特征值，而且使得

$$\sum_{i,j=1}^{n}|a_{ij}-a_{ij}(\varepsilon)|^2<\varepsilon.$$

证明　对方阵 $\boldsymbol{A}$，由 Schur 分解，存在酉矩阵 $\boldsymbol{U}$，使

$$\boldsymbol{U}\boldsymbol{A}\boldsymbol{U}^{\mathrm{H}}=\boldsymbol{T}=\begin{pmatrix}t_{11} & & & \\ & t_{22} & * & \\ & & \ddots & \\ & & & t_{nn}\end{pmatrix}.$$

取

$$\boldsymbol{E}=\begin{pmatrix}l_1 & & & \\ & l_2 & & \\ & & \ddots & \\ & & & l_n\end{pmatrix},$$

其中 l_i 满足性质：

$$|l_i|<\left(\frac{\varepsilon}{n}\right)^{\frac{1}{2}},$$

而且使 $t_{11}+l_1,t_{22}+l_2,\cdots,t_{nn}+l_n$ 是 n 个互不相同的数，从而 $\boldsymbol{T}+\boldsymbol{E}$ 有 n 个互异的特征值 $t_{ii}+l_i,i=1,2,\cdots,n$.

令 $\boldsymbol{A}(\varepsilon)=\boldsymbol{A}+\boldsymbol{U}^{\mathrm{H}}\boldsymbol{E}\boldsymbol{U}=\boldsymbol{U}^{\mathrm{H}}(\boldsymbol{T}+\boldsymbol{E})\boldsymbol{U}$，则 $\boldsymbol{A}(\varepsilon)$ 有 n 个互异的特征值，$\boldsymbol{A}-\boldsymbol{A}(\varepsilon)=-\boldsymbol{U}\boldsymbol{E}\boldsymbol{U}^{\mathrm{H}}$，而且

$$\sum_{i,j}|a_{ij}-a_{ij}(\varepsilon)|^2=\sum_{i=1}^{n}|l_i|^2<n\frac{\varepsilon}{n}=\varepsilon.$$　□

二、正规矩阵

定义 3.3　若矩阵 $\boldsymbol{A}\in\mathbf{C}^{n\times n}$ 满足 $\boldsymbol{A}^{\mathrm{H}}\boldsymbol{A}=\boldsymbol{A}\boldsymbol{A}^{\mathrm{H}}$，则称 $\boldsymbol{A}$ 是一个**正规矩阵**(normal matrix).

正规矩阵是一类常见的矩阵，对实矩阵 $\boldsymbol{A}$，正规条件为：$\boldsymbol{A}^{\mathrm{T}}\boldsymbol{A}=\boldsymbol{A}\boldsymbol{A}^{\mathrm{T}}$.

例 9　下列矩阵都是正规矩阵

(1)对角矩阵；

(2)对称与反对称矩阵：$\boldsymbol{A}^{\mathrm{T}}=\boldsymbol{A},\boldsymbol{A}^{\mathrm{T}}=-\boldsymbol{A}$；

(3)Hermite 与反 Hermite 矩阵：$\boldsymbol{A}^{\mathrm{H}}=\boldsymbol{A},\boldsymbol{A}^{\mathrm{H}}=-\boldsymbol{A}$；

(4)正交矩阵与酉矩阵，$\boldsymbol{A}^{\mathrm{T}}\boldsymbol{A}=\boldsymbol{A}\boldsymbol{A}^{\mathrm{T}}=\boldsymbol{I}_n,\boldsymbol{A}^{\mathrm{H}}\boldsymbol{A}=\boldsymbol{A}\boldsymbol{A}^{\mathrm{H}}=\boldsymbol{I}_n$.

验证留做练习.

例 10　设 $\boldsymbol{A}$ 为正规矩阵，$\boldsymbol{B}$ 酉相似于 $\boldsymbol{A}$，证明 $\boldsymbol{B}$ 也是正规矩阵.

证明　设 $\boldsymbol{U}$ 为酉矩阵，使 $\boldsymbol{B}=\boldsymbol{U}^{\mathrm{H}}\boldsymbol{A}\boldsymbol{U}$，则

$$\boldsymbol{B}^{\mathrm{H}}\boldsymbol{B}=\boldsymbol{U}^{\mathrm{H}}\boldsymbol{A}^{\mathrm{H}}\boldsymbol{U}\boldsymbol{U}^{\mathrm{H}}\boldsymbol{A}\boldsymbol{U}=\boldsymbol{U}^{\mathrm{H}}\boldsymbol{A}^{\mathrm{H}}\boldsymbol{A}\boldsymbol{U}.$$

又
$$\boldsymbol{B}\boldsymbol{B}^{\mathrm{H}}=\boldsymbol{U}^{\mathrm{H}}\boldsymbol{A}\boldsymbol{U}\boldsymbol{U}^{\mathrm{H}}\boldsymbol{A}^{\mathrm{H}}\boldsymbol{U}=\boldsymbol{U}^{\mathrm{H}}\boldsymbol{A}\boldsymbol{A}^{\mathrm{H}}\boldsymbol{U},$$

由 $\boldsymbol{A}$ 为正规矩阵，$\boldsymbol{A}^{\mathrm{H}}\boldsymbol{A}=\boldsymbol{A}\boldsymbol{A}^{\mathrm{H}}$，得

$$\boldsymbol{B}^{\mathrm{H}}\boldsymbol{B}=\boldsymbol{B}\boldsymbol{B}^{\mathrm{H}}.$$

由定义，$\boldsymbol{B}$ 为正规矩阵.

例 9 说明正规矩阵具有酉相似的不变性. 正规矩阵的基本特性如下所述.

定理 3.10　$\boldsymbol{A}\in\mathbf{C}^{n\times n}$ 是正规矩阵的充分必要条件是 $\boldsymbol{A}$ 酉相似于对角矩阵，即存在酉矩阵 $\boldsymbol{U}\in\mathbf{C}^{n\times n}$，

使
$$\boldsymbol{U}^{\mathrm{H}}\boldsymbol{A}\boldsymbol{U}=\begin{bmatrix}\lambda_1 & & & \\ & \lambda_2 & & \\ & & \ddots & \\ & & & \lambda_n\end{bmatrix}. \tag{3.14}$$

证明　必要性：若 $\boldsymbol{A}$ 满足 $\boldsymbol{A}^{\mathrm{H}}\boldsymbol{A}=\boldsymbol{A}\boldsymbol{A}^{\mathrm{H}}$，则有 Schur 分解，存在酉矩阵 $\boldsymbol{U}$，使 $\boldsymbol{A}=\boldsymbol{U}\boldsymbol{T}\boldsymbol{U}^{\mathrm{H}}$，从例 9 推出上三角形矩阵 $\boldsymbol{T}$ 满足：$\boldsymbol{T}^{\mathrm{H}}\boldsymbol{T}=\boldsymbol{T}\boldsymbol{T}^{\mathrm{H}}$，由

$$\boldsymbol{T}=\begin{bmatrix}\lambda_1 & t_{12} & \cdots & t_{1n}\\ & \lambda_2 & \cdots & t_{2n}\\ & & \ddots & \vdots\\ & & & \lambda_n\end{bmatrix},$$

比较 $\boldsymbol{T}\boldsymbol{T}^{\mathrm{H}}$ 与 $\boldsymbol{T}^{\mathrm{H}}\boldsymbol{T}$ 的第 i 行，第 i 列元素：

$$\begin{cases}(\boldsymbol{T}\boldsymbol{T}^{\mathrm{H}})_{ii}=\displaystyle\sum_{j=i+1}^{n}|t_{ij}|^2+|\lambda_i|^2,\\ \qquad\qquad\qquad\qquad\qquad\qquad i=1,2,\cdots,n.\\ (\boldsymbol{T}^{\mathrm{H}}\boldsymbol{T})_{ii}=\displaystyle\sum_{j=1}^{i-1}|t_{ji}|^2+|\lambda_i|^2,\end{cases}$$

由 $(\boldsymbol{T}^{\mathrm{H}}\boldsymbol{T})_{ii}=(\boldsymbol{T}\boldsymbol{T}^{\mathrm{H}})_{ii}$ 得出：$t_{ij}=0(i\neq j)$，因此 $\boldsymbol{T}$ 为对角矩阵：

$$T=\begin{pmatrix}\lambda_1 & & \\ & \ddots & \\ & & \lambda_n\end{pmatrix}.$$

充分性:因为对角矩阵是正规矩阵,又 $\boldsymbol{A}$ 酉相似于正规矩阵,由例 9,$\boldsymbol{A}$ 是正规矩阵.

□

推论　$\boldsymbol{A}\in\mathbf{C}^{n\times n}$ 是正规矩阵的充分必要条件是 $\boldsymbol{A}$ 有 n 个线性无关的特征向量构成空间 $\mathbf{C}^n$ 的标准正交基.

正规矩阵酉相似于对角形,能使很多问题的证明得到简化.

例 11　证明 Hermite 矩阵的特征值是实数,而且属于不同特征值的特征向量是正交的.

证明　设 $\boldsymbol{A}$ 为 Hermite 矩阵,则由于 $\boldsymbol{A}$ 是正规矩阵,所以存在酉矩阵 $\boldsymbol{U}$,使

$$\boldsymbol{U}^{\mathrm{H}}\boldsymbol{A}\boldsymbol{U}=\begin{pmatrix}\lambda_1 & & \\ & \ddots & \\ & & \lambda_n\end{pmatrix},$$

作为 Hermite 矩阵,$\boldsymbol{A}^{\mathrm{H}}=\boldsymbol{A}$,即有

$$\begin{pmatrix}\bar{\lambda}_1 & & & \\ & \bar{\lambda}_2 & & \\ & & \ddots & \\ & & & \bar{\lambda}_n\end{pmatrix}=\begin{pmatrix}\lambda_1 & & & \\ & \lambda_2 & & \\ & & \ddots & \\ & & & \lambda_n\end{pmatrix},$$

即　$\bar{\lambda}_i=\lambda_i,i=1,2,\cdots,n$,因此 λ_i 为实数.

又设 $\boldsymbol{A}$ 的谱为$\{\lambda_1,\lambda_2,\cdots,\lambda_s\}$,由 $\boldsymbol{A}$ 正规,

$$\mathbf{C}^n=V_{\lambda_1}\oplus V_{\lambda_2}\oplus\cdots\oplus V_{\lambda_s},$$

设 $\mathbf{C}^n$ 的标准正交基$\{\boldsymbol{\alpha}_1,\boldsymbol{\alpha}_2,\cdots,\boldsymbol{\alpha}_n\}$是 $\boldsymbol{A}$ 的 n 个特征向量,则 $V_{\lambda_1}=L\{\boldsymbol{\alpha}_1,\boldsymbol{\alpha}_2,\cdots,\boldsymbol{\alpha}_{r_1}\}$,$V_{\lambda_2}=L\{\boldsymbol{\alpha}_{r_1+1},\cdots,\boldsymbol{\alpha}_{r_1+r_2}\},\cdots,V_{\lambda_s}=L\{\boldsymbol{\alpha}_{r_1+r_2+\cdots+r_{s-1}+1},\cdots,\boldsymbol{\alpha}_n\}$,因此当 $\lambda\neq\lambda_i$ 时,V_{λ_i} 与 V_{λ_j} 为彼此正交的子空间,这说明 $\boldsymbol{A}$ 关于不同特征值的特征向量是正交的.

例 12　证明酉矩阵的特征值的模长为 1,即分布在复平面的单位圆上.

证明　设 $\boldsymbol{A}$ 为酉矩阵,则 $\boldsymbol{A}$ 正规,即存在酉矩阵 $\boldsymbol{U}$,使

$$\boldsymbol{A}=\boldsymbol{U}\begin{pmatrix}\lambda_1 & & & \\ & \lambda_2 & & \\ & & \ddots & \\ & & & \lambda_n\end{pmatrix}\boldsymbol{U}^{\mathrm{H}},$$

则

$$\boldsymbol{A}^{\mathrm{H}}\boldsymbol{A}=\boldsymbol{I}_n\Leftrightarrow\boldsymbol{U}\begin{pmatrix}|\lambda_1|^2 & & & \\ & |\lambda_2|^2 & & \\ & & \ddots & \\ & & & |\lambda_n|^2\end{pmatrix}\boldsymbol{U}^{\mathrm{H}}=\boldsymbol{I}_n,$$

即 $$|\lambda_i|^2=1, i=1,2,\cdots,n.$$

下面我们讨论正规矩阵的谱分解,给出一个矩阵是正规矩阵的另一个充分必要条件.

定理 3.11 (正规矩阵的谱分解) 设 $\boldsymbol{A}\in\mathbf{C}^{n\times n}$,$\boldsymbol{A}$ 的谱为$\{\lambda_1,\lambda_2,\cdots,\lambda_s\}$,$s\leqslant n$,则 $\boldsymbol{A}$ 是正规矩阵的充分必要条件是 $\boldsymbol{A}$ 有如下谱分解

$$\boldsymbol{A}=\sum_{i=1}^{s}\lambda_i\boldsymbol{P}_i, \tag{3.15}$$

其中 $\boldsymbol{P}_i\in\mathbf{C}^{n\times n}$,满足如下条件

(1) $\boldsymbol{P}_i^2=\boldsymbol{P}_i, \boldsymbol{P}_i^{\mathrm{H}}=\boldsymbol{P}_i, i=1,2,\cdots,s;$ (3.16)

(2) $\boldsymbol{P}_i\cdot\boldsymbol{P}_j=\boldsymbol{0}, i\neq j;$ (3.17)

(3) $\boldsymbol{I}_n=\sum_{i=1}^{s}\boldsymbol{P}_i.$ (3.18)

证明 充分性:由 $\boldsymbol{P}_i$ 满足的性质

$$\boldsymbol{A}\boldsymbol{A}^{\mathrm{H}}=\left(\sum_{i=1}^{s}\lambda_i\boldsymbol{P}_i\right)\left(\sum_{j=1}^{s}\bar{\lambda}_j\boldsymbol{P}_j^{\mathrm{H}}\right)=\sum_{i=1}^{s}|\lambda_i|^2\boldsymbol{P}_i=\boldsymbol{A}^{\mathrm{H}}\boldsymbol{A},$$

所以 $\boldsymbol{A}$ 为正规矩阵.

必要性:设 λ_i 为 $\boldsymbol{A}$ 的 r_i 重根,$\sum_{i=1}^{s}r_i=n$. 由 $\boldsymbol{A}$ 为正规矩阵,存在酉矩阵 $\boldsymbol{U}$,使得

$$\boldsymbol{A}=\boldsymbol{U}\begin{pmatrix}\left.\begin{matrix}\lambda_1&&\\&\ddots&\\&&\lambda_1\end{matrix}\right\}r_1&&&\\&\left.\begin{matrix}\lambda_2&&\\&\ddots&\\&&\lambda_2\end{matrix}\right\}r_2&&\\&&\ddots&\\&&&\left.\begin{matrix}\lambda_s&&\\&\ddots&\\&&\lambda_s\end{matrix}\right\}r_s\end{pmatrix}\boldsymbol{U}^{\mathrm{H}}$$

$$=\boldsymbol{U}\begin{pmatrix}\lambda_1\boldsymbol{I}_{r_1}&&&\\&\lambda_2\boldsymbol{I}_{r_2}&&\\&&\ddots&\\&&&\lambda_s\boldsymbol{I}_{r_s}\end{pmatrix}\boldsymbol{U}^{\mathrm{H}}=\boldsymbol{U}\sum_{i=1}^{s}\lambda_i\begin{pmatrix}0&&&&\\&\ddots&&&\\&&\boldsymbol{I}_{r_i}&&\\&&&0&\\&&&&\ddots\\&&&&&0\end{pmatrix}\boldsymbol{U}^{\mathrm{H}}$$

$$= \sum_{i=1}^{s} \lambda_i \boldsymbol{U} \begin{pmatrix} 0 & & & & & & \\ & \ddots & & & & & \\ & & 0 & & & & \\ & & & \boldsymbol{I}_{r_i} & & & \\ & & & & 0 & & \\ & & & & & \ddots & \\ & & & & & & 0 \end{pmatrix} \boldsymbol{U}^{\mathrm{H}}.$$

令

$$\boldsymbol{P}_i = \boldsymbol{U} \begin{pmatrix} 0 & & & & & & \\ & \ddots & & & & & \\ & & 0 & & & & \\ & & & \boldsymbol{I}_{r_i} & & & \\ & & & & 0 & & \\ & & & & & \ddots & \\ & & & & & & 0 \end{pmatrix} \boldsymbol{U}^{\mathrm{H}},$$

则 $\boldsymbol{P}_i$ 满足(3.16)式～(3.18)式，而且

$$\boldsymbol{A} = \sum_{i=1}^{s} \lambda_i \boldsymbol{P}_i.$$

在正规矩阵的谱分解中，矩阵 $\boldsymbol{P}_i$ 不仅是幂等矩阵，而且是 Hermite 矩阵，在后面章节，我们将会看到 $\boldsymbol{P}_i$ 不仅是投影，而且是正交投影矩阵.

3.3 矩阵的奇异值分解

从 3.1 节提到的矩阵的等价标准形，已知一个秩为 r 的矩阵 $\boldsymbol{A}_{m\times n}$，存在可逆矩阵 $\boldsymbol{P}_{m\times m}$，$\boldsymbol{Q}_{n\times n}$，使

$$\boldsymbol{A} = \boldsymbol{P}\begin{pmatrix} \boldsymbol{I}_r & \boldsymbol{0} \\ \boldsymbol{0} & \boldsymbol{0} \end{pmatrix} = \boldsymbol{Q}.$$

这一节讨论矩阵"酉等价"的问题. 将证明对一个秩为 r 的矩阵 $\boldsymbol{A}_{m\times n}$，有酉矩阵 $\boldsymbol{U}_{m\times m}$，$\boldsymbol{V}_{n\times n}$，使

$$\boldsymbol{A} = \boldsymbol{U\Sigma V}^{\mathrm{H}},$$

矩阵 $\boldsymbol{\Sigma}_{m\times n} = \begin{pmatrix} \boldsymbol{\Delta} & \boldsymbol{0} \\ \boldsymbol{0} & \boldsymbol{0} \end{pmatrix}$，$\boldsymbol{\Delta}$ 是一个可逆的对角矩阵. 这一重要结果就是矩阵的奇异值分解.

矩阵的奇异值分解是在线性动态系统的辨识，最佳逼近问题，实验数据处理，数字图像存储中应用广泛的一种分解. 这节给出矩阵 $\boldsymbol{A}$ 的奇异值概念和奇异值的分解的有关结果.

一、矩阵的奇异值及其性质

一个矩阵 $\boldsymbol{A}\in\mathbf{C}^{n\times n}$ 的奇异值是与矩阵 $\boldsymbol{A}^{\mathrm{H}}\boldsymbol{A}$ 和 $\boldsymbol{A}\boldsymbol{A}^{\mathrm{H}}$ 相关联的概念，在建立奇异值的概念之前，我们先讨论矩阵 $\boldsymbol{A}^{\mathrm{H}}\boldsymbol{A}$ 和 $\boldsymbol{A}\boldsymbol{A}^{\mathrm{H}}$ 的有关性质.

当 $\boldsymbol{A}\in\mathbf{C}^{m\times n}$ 时，$\boldsymbol{A}^{\mathrm{H}}\boldsymbol{A}\in\mathbf{C}^{n\times n}$，$\boldsymbol{A}\boldsymbol{A}^{\mathrm{H}}\in\mathbf{C}^{m\times m}$ 都是 Hermite 矩阵，从而都是正规矩阵.

定理 3.12　设 $\boldsymbol{A}\in\mathbf{C}^{m\times n}$，则矩阵 $\boldsymbol{A}^{\mathrm{H}}\boldsymbol{A}\in\mathbf{C}^{n\times n}$ 和矩阵 $\boldsymbol{A}\boldsymbol{A}^{\mathrm{H}}\in\mathbf{C}^{m\times m}$ 具有如下性质

(1) $\operatorname{rank}(\boldsymbol{A})=\operatorname{rank}(\boldsymbol{A}^{\mathrm{H}}\boldsymbol{A})=\operatorname{rank}(\boldsymbol{A}\boldsymbol{A}^{\mathrm{H}})$.

(2) $\boldsymbol{A}^{\mathrm{H}}\boldsymbol{A}$ 和 $\boldsymbol{A}\boldsymbol{A}^{\mathrm{H}}$ 的非零特征值相等.

(3) $\boldsymbol{A}^{\mathrm{H}}\boldsymbol{A}$ 与 $\boldsymbol{A}\boldsymbol{A}^{\mathrm{H}}$ 都是半正定矩阵，当 $\operatorname{rank}(\boldsymbol{A})=n$ 时，$\boldsymbol{A}^{\mathrm{H}}\boldsymbol{A}$ 为正定矩阵，当 $\operatorname{rank}(\boldsymbol{A})=m$ 时，$\boldsymbol{A}\boldsymbol{A}^{\mathrm{H}}$ 为正定矩阵.

证明　这些基本上都是线性代数或前面内容中已建立了的结论，我们只证(3)，其余留做练习.

取复二次型 $f=\boldsymbol{X}^{\mathrm{H}}\boldsymbol{A}^{\mathrm{H}}\boldsymbol{A}\boldsymbol{X}$，则 $\forall\,\boldsymbol{X}\neq\boldsymbol{0}$，$f=\boldsymbol{X}^{\mathrm{H}}\boldsymbol{A}^{\mathrm{H}}\boldsymbol{A}\boldsymbol{X}=(\boldsymbol{A}\boldsymbol{X})^{\mathrm{H}}(\boldsymbol{A}\boldsymbol{X})=(\boldsymbol{A}\boldsymbol{X},\boldsymbol{A}\boldsymbol{X})\geqslant 0$，又 $\operatorname{rank}(\boldsymbol{A})=n$ 时，线性方程组 $\boldsymbol{A}\boldsymbol{X}=\boldsymbol{0}$. 只有零解，故 $\forall\,\boldsymbol{X}\neq\boldsymbol{0}$，有 $\boldsymbol{A}\boldsymbol{X}\neq\boldsymbol{0}$，从而

$$f=(\boldsymbol{A}\boldsymbol{X},\boldsymbol{A}\boldsymbol{X})>0,$$

即 f 正定，亦即矩阵$(\boldsymbol{A}^{\mathrm{H}}\boldsymbol{A})$正定.

同理可证　$\boldsymbol{A}\boldsymbol{A}^{\mathrm{H}}$ 的相应结果.

当 $\boldsymbol{A}\boldsymbol{A}^{\mathrm{H}}$ 和 $\boldsymbol{A}^{\mathrm{H}}\boldsymbol{A}$ 半正定时，可推出 $\boldsymbol{A}\boldsymbol{A}^{\mathrm{H}}$ 和 $\boldsymbol{A}^{\mathrm{H}}\boldsymbol{A}$ 的特征值 $\lambda_i\geqslant 0$；当它们正定时，$\lambda_i>0$，$i=1,2,\cdots,n$. 由此我们可定义矩阵 $\boldsymbol{A}$ 的奇异值.　□

定义 3.4　对于 $\boldsymbol{A}\in\mathbf{C}^{m\times n}$，$\operatorname{rank}(\boldsymbol{A})=r$，矩阵 $\boldsymbol{A}^{\mathrm{H}}\boldsymbol{A}$ 的特征值为 $\lambda_1\geqslant\lambda_2\geqslant\cdots\geqslant\lambda_r>0$，$\lambda_{r+1}=\lambda_{r+2}=\cdots=\lambda_n=0$，称正数 $\sigma_i=\sqrt{\lambda_i}\,(i=1,2,\cdots,r)$ 为矩阵 $\boldsymbol{A}$ **的奇异值**，简称 $\boldsymbol{A}$ **的奇值**.

由定义 3.4 知，矩阵 $\boldsymbol{A}\in\mathbf{C}^{m\times n}$ 有 r 个奇异值，它们的个数等于矩阵 $\boldsymbol{A}$ 的秩 r. 值得指出的是，对一般的 $n\times n$ 矩阵 $\boldsymbol{A}$，$\boldsymbol{A}$ 的特征值和 $\boldsymbol{A}$ 的秩则没有这样的结论.

例如

$$\boldsymbol{A}=\begin{pmatrix}0&1&0&0\\0&0&1&0\\0&0&0&1\\0&0&0&0\end{pmatrix},$$

$\boldsymbol{A}$ 秩为 3，但 $\boldsymbol{A}$ 的特征值全部为 0，或者说 $\boldsymbol{A}$ 的非零特征值的个数为零.

定理 3.13　矩阵 $\boldsymbol{A}$ 的奇异值具有如下性质：

(1) $\boldsymbol{A}\in\mathbf{C}^{n\times n}$ 为正规矩阵时，$\boldsymbol{A}$ 的奇异值为 $\boldsymbol{A}$ 的非零特征值的模，$|\lambda_i|$，$i=1,2,\cdots,r$.

(2) $\boldsymbol{A}\in\mathbf{C}^{n\times n}$ 为正定的 Hermite 矩阵时，$\boldsymbol{A}$ 的奇异值等于 $\boldsymbol{A}$ 的特征值.

(3) 若存在酉矩阵 $\boldsymbol{U}\in\mathbf{C}^{m\times m}$，$\boldsymbol{V}\in\mathbf{C}^{n\times n}$，矩阵 $\boldsymbol{B}\in\mathbf{C}^{m\times n}$，使 $\boldsymbol{U}\boldsymbol{A}\boldsymbol{V}=\boldsymbol{B}$，则称 $\boldsymbol{A}$ 和 $\boldsymbol{B}$ 酉

等价,酉等价的矩阵 $\boldsymbol{A}$ 和 $\boldsymbol{B}$ 有相同的奇异值.

证明　(1)$\boldsymbol{A}$ 为正规矩阵,有酉矩阵 $\boldsymbol{U}\in\mathbf{C}^{n\times n}$,使

$$\boldsymbol{A}=\boldsymbol{U}\begin{pmatrix}\lambda_1 & & & \\ & \lambda_2 & & \\ & & \ddots & \\ & & & \lambda_n\end{pmatrix}\boldsymbol{U}^{\mathrm{H}},$$

所以

$$\boldsymbol{A}^{\mathrm{H}}\boldsymbol{A}=\boldsymbol{U}\begin{pmatrix}|\lambda_1|^2 & & & \\ & |\lambda_2|^2 & & \\ & & \ddots & \\ & & & |\lambda_n|^2\end{pmatrix}\boldsymbol{U}^{\mathrm{H}},$$

即 $\boldsymbol{A}^{\mathrm{H}}\boldsymbol{A}$ 的特征值为$|\lambda_i|^2$,从而 $\boldsymbol{A}$ 的奇异值

$$\sigma_i=\sqrt{|\lambda_i|^2}=|\lambda_i|,\quad i=1,2,\cdots,n.$$

(2) $\boldsymbol{A}$ 为正定 Hermite 矩阵时,$\boldsymbol{A}$ 的特征值为实数,而且 $\lambda_i>0,i=1,2,\cdots,n$. 又 $\boldsymbol{A}$ 为正规矩阵. 由(1),$\boldsymbol{A}$ 的奇异值 $\sigma_i=|\lambda_i|=\lambda_i,i=1,2,\cdots,n$.

(3) 设 $\boldsymbol{UAV}=\boldsymbol{B}$,则

$$\boldsymbol{B}^{\mathrm{H}}\boldsymbol{B}=\boldsymbol{V}^{\mathrm{H}}\boldsymbol{A}^{\mathrm{H}}\boldsymbol{U}^{\mathrm{H}}\boldsymbol{UAV}=\boldsymbol{V}^{\mathrm{H}}\boldsymbol{A}^{\mathrm{H}}\boldsymbol{AV}\tag{3.19}$$

(3.19)式说明 $\boldsymbol{A}$ 和 $\boldsymbol{B}$ 酉等价时,$\boldsymbol{A}^{\mathrm{H}}\boldsymbol{A}$ 和 $\boldsymbol{B}^{\mathrm{H}}\boldsymbol{B}$ 酉相似,从而 $\boldsymbol{A}^{\mathrm{H}}\boldsymbol{A}$ 和 $\boldsymbol{B}^{\mathrm{H}}\boldsymbol{B}$ 有相同的特征值,从而 $\boldsymbol{A}$ 和 $\boldsymbol{B}$ 有相同的奇异值. □

二、矩阵的奇异值分解

定理 3.14　设矩阵 $\boldsymbol{A}\in\mathbf{C}^{m\times n}$,$\mathrm{rank}(\boldsymbol{A})=r$. $\sigma_1\geqslant\sigma_2\geqslant\cdots\geqslant\sigma_r>0$ 是矩阵 $\boldsymbol{A}$ 的奇异值,则存在酉矩阵 $\boldsymbol{U}\in\mathbf{C}^{m\times n}$,$\boldsymbol{V}\in\mathbf{C}^{n\times n}$,分块矩阵 $\boldsymbol{\Sigma}=\begin{pmatrix}\boldsymbol{\Delta} & \boldsymbol{0}\\ \boldsymbol{0} & \boldsymbol{0}\end{pmatrix}\in\mathbf{C}^{m\times n}$,使

$$\boldsymbol{A}=\boldsymbol{U}\begin{pmatrix}\boldsymbol{\Delta} & \boldsymbol{0}\\ \boldsymbol{0} & \boldsymbol{0}\end{pmatrix}\boldsymbol{V}^{\mathrm{H}},$$

其中

$$\boldsymbol{\Delta}=\begin{pmatrix}\sigma_1 & & & \\ & \sigma_2 & & \\ & & \ddots & \\ & & & \sigma_r\end{pmatrix}.$$

证明　已知 $\mathrm{rank}(\boldsymbol{A}^{\mathrm{H}}\boldsymbol{A})=\mathrm{rank}(\boldsymbol{A})=r$,设 $\boldsymbol{A}^{\mathrm{H}}\boldsymbol{A}$ 的 n 个特征值按大小排列为

$$\lambda_1\geqslant\lambda_2\geqslant\cdots\geqslant\lambda_r>0,\lambda_{r+1}=\cdots=\lambda_n=0.$$

对正规矩阵 $\boldsymbol{A}^{\mathrm{H}}\boldsymbol{A}$,存在酉矩阵 $\boldsymbol{V}\in\mathbf{C}^{n\times n}$,使

$$V^{H}A^{H}AV=\begin{pmatrix}\lambda_1 & & & & & \\ & \ddots & & & & \\ & & \lambda_r & & & \\ & & & 0 & & \\ & & & & \ddots & \\ & & & & & 0\end{pmatrix}=\begin{pmatrix}\boldsymbol{\Delta}^2 & \mathbf{0}\\ \mathbf{0} & \mathbf{0}\end{pmatrix}_{n\times n},$$

将 V 按列分块为 $V=(v_1,v_2,\cdots,v_n)$，它的 n 个列 $\{v_1,v_2,\cdots,v_n\}$ 是对应于特征值 λ_1，$\lambda_2,\cdots,\lambda_n$ 的标准正交的特征向量.

为了得到酉矩阵 U，首先考查 $\mathbf{C}^m$ 中的向量组 $\{Av_1,Av_2,\cdots,Av_r\}$，

$$\begin{aligned}(Av_i,Av_j)&=(Av_j)^{H}(Av_i)=v_j{}^{H}A^{H}Av_i=v_j{}^{H}\lambda_i v_i\\&=\lambda_i v_i{}^{H}v_j=0,\quad i\neq j,\end{aligned}$$

所以 $\{Av_1,Av_2,\cdots,Av_r\}$ 是 $\mathbf{C}^m$ 中的正交向量组.

又
$$\|Av_i\|^2=v_i{}^{H}A^{H}Av_i=\lambda_i v_i{}^{H}v_i=\sigma_i^2,$$
所以
$$\|Av_i\|=\sigma_i.$$
令
$$u_i=\frac{1}{\sigma_i}Av_i,\quad i=1,2,\cdots,r,$$
则得到 $\mathbf{C}^m$ 中标准正交的向量组 $\{u_1,u_2,\cdots,u_r\}$. 把它扩充为 $\mathbf{C}^m$ 中的标准正交基 $\{u_1,\cdots,u_r,\cdots,u_m\}$，令

$$U=(u_1\quad u_2\quad \cdots\quad u_r\quad \cdots\quad u_m),$$

就得到了酉矩阵 $U\in\mathbf{C}^{m\times m}$.

已知 $Av_i=\sigma_i u_i, i=1,2,\cdots,r, Av_i=\mathbf{0},\ i=r+1,\cdots,n$，

从而
$$\begin{aligned}AV&=A(v_1\quad v_2\quad\cdots\quad v_n)=(Av_1\quad Av_2\quad\cdots\quad Av_r\ \mathbf{0}\cdots\ \mathbf{0})\\&=(\sigma_1u_1\quad \sigma_2u_2\quad\cdots\quad\sigma_ru_r\ \mathbf{0}\quad\cdots\quad\mathbf{0})\\&=(u_1\quad u_2\quad\cdots\quad u_m)\left(\begin{array}{ccc:c}\sigma_1 & \cdots & 0 & \\ \vdots & \ddots & \vdots & \mathbf{0}\\ 0 & \cdots & \sigma_r & \\ \hdashline & \mathbf{0} & & \mathbf{0}\end{array}\right)=U\boldsymbol{\Sigma}.\end{aligned}$$

有
$$AV=U\boldsymbol{\Sigma},\quad 即\quad A=U\boldsymbol{\Sigma}V^{H}.$$
□

例 13　求矩阵 $A=\begin{pmatrix}1&0&1\\0&1&1\\0&0&0\end{pmatrix}$ 和 $B=\begin{pmatrix}1&1&0\\0&0&1\end{pmatrix}$ 的奇异值分解.

解　(1)　$A^{H}A=\begin{pmatrix}1&0&1\\0&1&1\\1&1&2\end{pmatrix}$，$|\lambda I-A^{H}A|=(\lambda-3)(\lambda-1)\lambda$，

所以 $\lambda_1=3,\lambda_2=1,\lambda_3=0$，$\mathrm{rank}(A)=2$. 由此

$$\sigma_1=\sqrt{3},\quad \sigma_2=1,\quad \sigma_3=0,\quad \boldsymbol{\Delta}=\begin{pmatrix}\sqrt{3} & 0\\ 0 & 1\end{pmatrix}.$$

又 $\boldsymbol{A}^{\mathrm{H}}\boldsymbol{A}$ 的特征值 $\lambda_1=3,\lambda_2=1,\lambda_3=0$ 对应的特征向量分别是

$$\boldsymbol{\alpha}_1=\begin{pmatrix}1\\1\\2\end{pmatrix},\quad \boldsymbol{\alpha}_2=\begin{pmatrix}1\\-1\\0\end{pmatrix},\quad \boldsymbol{\alpha}_3=\begin{pmatrix}1\\1\\-1\end{pmatrix}.$$

由于 $\boldsymbol{A}^{\mathrm{H}}\boldsymbol{A}$ 是 Hermite 矩阵，$\boldsymbol{\alpha}_1,\boldsymbol{\alpha}_2,\boldsymbol{\alpha}_3$ 是正交的，只需将其标准化，得正交矩阵

$$\boldsymbol{V}=\begin{pmatrix}\frac{1}{\sqrt{6}} & \frac{1}{\sqrt{2}} & \frac{1}{\sqrt{3}}\\ \frac{1}{\sqrt{6}} & -\frac{1}{\sqrt{2}} & \frac{1}{\sqrt{3}}\\ \frac{2}{\sqrt{6}} & 0 & -\frac{1}{\sqrt{3}}\end{pmatrix}.$$

取
$$\boldsymbol{u}_1=\frac{1}{\sigma_1}\boldsymbol{A}\boldsymbol{v}_1=\frac{1}{\sqrt{3}}\boldsymbol{A}\boldsymbol{v}_1=\begin{pmatrix}\frac{1}{\sqrt{2}}\\ \frac{1}{\sqrt{2}}\\ 0\end{pmatrix},\quad \boldsymbol{u}_2=\frac{1}{\sigma_2}\boldsymbol{A}\boldsymbol{v}_2=\begin{pmatrix}\frac{1}{\sqrt{2}}\\ -\frac{1}{\sqrt{2}}\\ 0\end{pmatrix},$$

则
$$\boldsymbol{U}_1=(\boldsymbol{u}_1\quad \boldsymbol{u}_2)=\begin{pmatrix}\frac{1}{\sqrt{2}} & \frac{1}{\sqrt{2}}\\ \frac{1}{\sqrt{2}} & -\frac{1}{\sqrt{2}}\\ 0 & 0\end{pmatrix},$$

$$\boldsymbol{U}_1^{\perp}=\{\boldsymbol{\beta}\mid \boldsymbol{u}_1^{\mathrm{T}}\boldsymbol{\beta}=\boldsymbol{0},\quad \boldsymbol{u}_2^{\mathrm{T}}\boldsymbol{\beta}=\boldsymbol{0}\}.$$

取子空间 $\boldsymbol{U}_1^{\perp}$ 的基 $\begin{pmatrix}0\\0\\1\end{pmatrix}$，得 $\boldsymbol{U}_2=\begin{pmatrix}0\\0\\1\end{pmatrix}$，

从而
$$\boldsymbol{U}=(\boldsymbol{U}_1\ \vdots\ \boldsymbol{U}_2)=\begin{pmatrix}\frac{1}{\sqrt{2}} & \frac{1}{\sqrt{2}} & 0\\ \frac{1}{\sqrt{2}} & -\frac{1}{\sqrt{2}} & 0\\ 0 & 0 & 1\end{pmatrix}.$$

$\boldsymbol{A}$ 的奇异值分解
$$\boldsymbol{A}=\boldsymbol{U}\begin{pmatrix}\sqrt{3} & & \\ & 1 & \\ & & 0\end{pmatrix}\boldsymbol{V}^{\mathrm{H}}.$$

(2) $\boldsymbol{B}^{\mathrm{H}}\boldsymbol{B}=\begin{pmatrix}1&1&0\\1&1&0\\0&0&1\end{pmatrix}$.

可计算得 $\boldsymbol{B}^{\mathrm{H}}\boldsymbol{B}$ 的特征值 $\lambda_1=2,\lambda_2=1,\lambda_3=0$. 它们相应的标准正交的特征向量

$$\boldsymbol{v}_1=\begin{pmatrix}\frac{1}{\sqrt{2}}\\\frac{1}{\sqrt{2}}\\0\end{pmatrix},\quad \boldsymbol{v}_2=\begin{pmatrix}0\\0\\1\end{pmatrix},\quad \boldsymbol{v}_3=\begin{pmatrix}-\frac{1}{\sqrt{2}}\\\frac{1}{\sqrt{2}}\\0\end{pmatrix}.$$

$\boldsymbol{A}$ 的奇异值 $\sigma_1=\sqrt{2},\sigma_2=1,\sigma_3=0,\operatorname{rank}(\boldsymbol{A})=2$,

由此
$$\boldsymbol{V}=\begin{pmatrix}\frac{1}{\sqrt{2}}&0&-\frac{1}{\sqrt{2}}\\\frac{1}{\sqrt{2}}&0&\frac{1}{\sqrt{2}}\\0&1&0\end{pmatrix},\quad \boldsymbol{\Sigma}=\begin{pmatrix}\sqrt{2}&0&0\\0&1&0\end{pmatrix}.$$

计算求 $\boldsymbol{U}$:

$$\boldsymbol{u}_1=\frac{1}{\sigma_1}\boldsymbol{B}\boldsymbol{v}_1=\frac{1}{\sqrt{2}}\begin{pmatrix}1&1&0\\0&0&1\end{pmatrix}\begin{pmatrix}\frac{1}{\sqrt{2}}\\\frac{1}{\sqrt{2}}\\1\end{pmatrix}=\begin{pmatrix}1\\0\end{pmatrix},$$

$$\boldsymbol{u}_2=\frac{1}{\sigma_2}\boldsymbol{B}\boldsymbol{v}_2=\frac{1}{1}\begin{pmatrix}1&1&0\\0&0&1\end{pmatrix}\begin{pmatrix}0\\0\\1\end{pmatrix}=\begin{pmatrix}0\\1\end{pmatrix},$$

$\boldsymbol{u}_1$ 与 $\boldsymbol{u}_2$ 已是 $\mathbf{R}^2$ 的标准正交基. 因此,有

$$\boldsymbol{U}=\begin{pmatrix}1&0\\0&1\end{pmatrix},$$

$$\boldsymbol{B}=\begin{pmatrix}1&0\\0&1\end{pmatrix}\begin{pmatrix}\sqrt{2}&0&0\\0&1&0\end{pmatrix}\begin{pmatrix}\frac{1}{\sqrt{2}}&\frac{1}{\sqrt{2}}&0\\0&0&1\\-\frac{1}{\sqrt{2}}&\frac{1}{\sqrt{2}}&0\end{pmatrix}=\boldsymbol{U}\boldsymbol{\Sigma}\boldsymbol{V}^{\mathrm{T}}.$$

在 $\boldsymbol{A}$ 的奇异值分解中,矩阵 $\boldsymbol{V}$ 的列被称为 $\boldsymbol{A}$ 的右奇异向量. $\boldsymbol{V}$ 的前 r 列是 $\boldsymbol{A}^{\mathrm{H}}\boldsymbol{A}$ 的 r 个非零特征值所对应的特征向量,将它们取为矩阵 $\boldsymbol{V}_1$,则 $\boldsymbol{V}=(\boldsymbol{V}_1 \;\vdots\; \boldsymbol{V}_2)$. 矩阵 $\boldsymbol{U}$ 的列被称为 $\boldsymbol{A}$ 的左奇异向量. 将 $\boldsymbol{U}$ 从前 r 列处分块为 $\boldsymbol{U}=(\boldsymbol{U}_1 \;\vdots\; \boldsymbol{U}_2)$,由分块运算,有

$$U^{\mathrm{H}}AV = \begin{pmatrix} U_1^{\mathrm{H}} \\ U_2^{\mathrm{H}} \end{pmatrix} A(V_1 \quad V_2) = \begin{pmatrix} U_1^{\mathrm{H}}AV_1 & U_1^{\mathrm{H}}AV_2 \\ U_2^{\mathrm{H}}AV_1 & U_2^{\mathrm{H}}AV_2 \end{pmatrix} = \begin{pmatrix} \Delta & 0 \\ 0 & 0 \end{pmatrix}$$

从而

$$AV_2 = 0, \quad AV_1 = u_1\Delta.$$

因此，有下列结果：

(1) V_2 的列向量是空间 $N(A)$ 的一个标准正交基，

(2) V_1 的列向量是空间 $N^{\perp}(A)$ 的一个标准正交基，

(3) U_1 的列向量是空间 $R(A)$ 的一个标准正交基，

(4) U_2 的列向量是空间 $R^{\perp}(A)$ 的一个标准正交基.

在 A 的奇异值分解中，酉矩阵 U 和 V 不是唯一的. A 的奇异值分解给出矩阵 A 的许多重要信息.

更进一步，$U=(u_1 \quad u_2 \quad \cdots \quad u_n)$，$V=(v_1 \quad v_2 \quad \cdots \quad v_n)$ 可借助于奇异值分解，将 A 表示为：

$$A = U\Sigma V^{\mathrm{H}} = (u_1 \quad u_2 \quad \cdots \quad u_m)\begin{pmatrix} \sigma_1 & & & & \\ & \sigma_2 & & & \\ & & \ddots & & 0 \\ & & & \sigma_r & \\ & & 0 & & 0 \end{pmatrix}\begin{pmatrix} v_1^{\mathrm{H}} \\ v_2^{\mathrm{H}} \\ \vdots \\ v_n^{\mathrm{H}} \end{pmatrix}$$

$$= \sigma_1 u_1 v_1^{\mathrm{H}} + \sigma_2 u_2 v_2^{\mathrm{H}} + \cdots + \sigma_r u_r v_r^{\mathrm{H}}.$$

归纳这一结果，有如下定理.

定理 3.15　设 $A \in \mathbf{C}^{m\times n}$，$A$ 的奇异值为 $\sigma_1 \geqslant \sigma_2 \geqslant \cdots \geqslant \sigma_r > 0$，令 $u_1, u_2, \cdots, u_r$ 是相应于奇异值的左奇异向量，$v_1, v_2, \cdots, v_r$ 是相应于奇异值的右奇异向量，则

$$A = \sigma_1 u_1 v_1^{\mathrm{H}} + \sigma_2 u_2 v_2^{\mathrm{H}} + \cdots + \sigma_r u_r v_r^{\mathrm{H}}. \tag{3.20}$$

□

式(3.20)给出的形式被称为矩阵 A 的奇异值展开式. 对一个数 $k \leqslant r$，略去 A 的一些小的奇异值对应的项，取矩阵 A_k，

$$A_k = \sigma_1 u_1 v_1^{\mathrm{H}} + \sigma_2 u_2 v_2^{\mathrm{H}} + \cdots + \sigma_k u_k v_k^{\mathrm{H}},$$

则 A_k 是一个秩为 k 的 $m \times n$ 阶矩阵. 在第 5 章将会看到，A_k 是在所有的秩为 k 的 $m \times n$ 阶矩阵中，从 Frobenius 范数的意义上，与矩阵 A 距离最近的一个矩阵. 这在实际中应用广泛. 例如，在图像数字化技术中，一幅图片可转换成一个 $m \times n$ 阶像素矩阵来存储，存储量是 $m \times n$ 个数. 如果利用矩阵 A 的奇异值展开式，则只要存储 A 的奇异值 σ_i，奇异向量 u_i, v_i 的分量，总计 $r(m+n+1)$ 个数. 取 $m=n=1\,000$，$r=100$ 作一个比较，

$$m \times n = 10^6,$$

$$r(m+n+1) = 100(1\,000 + 1\,000 + 1) = 200\,100.$$

取 A 的奇异值展开式，存储量较 A 的元素情形减少了 80%. 另外，可取 $k < r$. 用 A_k 来逼近 A，能达到既压缩数据的存储量，又保持图像不失真的目的.

三、矩阵 A 的奇异值分解与线性变换 T_A

设 $\boldsymbol{A}$ 是一个 $m\times n$ 阶复矩阵,即 $\boldsymbol{A}\in\mathbf{C}^{m\times n}$,则由 $\boldsymbol{\beta}=T_A(\boldsymbol{\alpha})=\boldsymbol{A\alpha}$ 可以定义线性变换

$$T_A:\mathbf{C}^n\rightarrow\mathbf{C}^m.$$

设矩阵 $\boldsymbol{A}$ 有奇异值分解,$\boldsymbol{A}=\boldsymbol{U\Sigma V}^{\mathrm{H}}$,则将矩阵 $\boldsymbol{V}(\in\mathbf{C}^{m\times n})$ 的列向量$\{\boldsymbol{v}_1,\boldsymbol{v}_2,\cdots,\boldsymbol{v}_n\}$取作空间 $\mathbf{C}^n$ 的标准正交基;将矩阵 $\boldsymbol{U}(\in\mathbf{C}^{m\times m})$ 的列向量$\{\boldsymbol{u}_1,\boldsymbol{u}_2,\cdots,\boldsymbol{u}_m\}$取作空间 $\mathbf{C}^m$ 的标准正交基,则在所取的基下,线性变换 T_A 对应的变换矩阵就是 $\boldsymbol{\Sigma}$.

设 $\boldsymbol{\alpha}\in\mathbf{C}^n$,$\boldsymbol{\alpha}$ 在基$\{\boldsymbol{v}_1,\boldsymbol{v}_2,\cdots,\boldsymbol{v}_n\}$下坐标向量为 $\boldsymbol{X}=(x_1\quad x_2\quad\cdots\quad x_n)^{\mathrm{T}}$,即 $\boldsymbol{\alpha}=\boldsymbol{VX}$. 那么 $\boldsymbol{\alpha}$ 在线性变换 T_A 下的像 $\boldsymbol{\beta}$ 具有形式:

$$\boldsymbol{\beta}=T_A(\boldsymbol{\alpha})=\boldsymbol{A\alpha}=(\boldsymbol{U\Sigma V}^{\mathrm{H}})(\boldsymbol{VX})=\boldsymbol{U}(\boldsymbol{\Sigma X})=\boldsymbol{U}\begin{pmatrix}\sigma_1\boldsymbol{X}_1\\\sigma_2\boldsymbol{X}_2\\\vdots\\\sigma_r\boldsymbol{X}_r\\0\\\vdots\\0\end{pmatrix}.$$

所以,$\boldsymbol{\alpha}$ 的像 $\boldsymbol{\beta}=T_A(\boldsymbol{\alpha})$在 $\mathbf{C}^m$ 中基$\{\boldsymbol{u}_1,\boldsymbol{u}_2,\cdots,\boldsymbol{u}_m\}$下的坐标是

$$\boldsymbol{Y}=\boldsymbol{\Sigma X}=(\sigma_1x_1\quad\sigma_2x_2\quad\cdots\quad\sigma_rx_r\quad0\quad\cdots\quad0)^{\mathrm{T}}.$$

从中可以看到,当 $\mathrm{rank}(\boldsymbol{A})=r$ 时,在取定的基下,线性变换 $T_A(\boldsymbol{\alpha})$的作用是将原像坐标中的前 r 个分量分别乘以 $\boldsymbol{A}$ 的奇异值 $\sigma_1,\sigma_2,\cdots,\sigma_r$ 后$(n-r)$个分量化为零. 如果原像坐标满足条件:

$$\sum_{i=1}^{n}x_i^2=1,$$

则像坐标满足条件

$$\left(\frac{y_1}{\sigma_1}\right)^2+\left(\frac{y_2}{\sigma_2}\right)^2+\cdots+\left(\frac{y_r}{\sigma_r}\right)^2\leqslant1.$$

在 $\mathrm{rank}(\boldsymbol{A})=r=n$ 时,等式成立. 因此,有如下定理.

定理 3.16 设 $\boldsymbol{A}=\boldsymbol{U\Sigma V}^{\mathrm{H}}$ 是 $m\times n$ 阶实矩阵 $\boldsymbol{A}$ 的奇异值分解,$\mathrm{rank}(\boldsymbol{A})=r$,则 $\mathbf{R}^n$ 中的单位球面在线性变换 T_A 下的像集合是:

(1) 若 $r=n$,则像集合是 $\mathbf{R}^m$ 中的椭球面;

(2) 若 $r<n$,则像集合是 $\mathbf{R}^m$ 中的椭球体.

例 14 设 $\boldsymbol{A}=\begin{pmatrix}1&0&1\\0&1&1\\0&0&0\end{pmatrix}$,求 $\mathbf{R}^3$ 中单位球面在线性变换 $T_A:\boldsymbol{X}\rightarrow\boldsymbol{AX}$ 下像的几何图形.

解 由例13,矩阵 $\boldsymbol{A}$ 有如下奇异值分解

$$\boldsymbol{A}=\begin{pmatrix}\frac{1}{\sqrt{2}} & \frac{1}{\sqrt{2}} & 0\\ \frac{1}{\sqrt{2}} & -\frac{1}{\sqrt{2}} & 0\\ 0 & 0 & 1\end{pmatrix}\begin{pmatrix}\sqrt{3} & & \\ & 1 & \\ & & 0\end{pmatrix}\begin{pmatrix}\frac{1}{\sqrt{6}} & \frac{1}{\sqrt{6}} & \frac{2}{\sqrt{6}}\\ \frac{1}{\sqrt{2}} & -\frac{1}{\sqrt{2}} & 0\\ \frac{1}{\sqrt{3}} & \frac{1}{\sqrt{3}} & -\frac{1}{\sqrt{3}}\end{pmatrix}.$$

$\mathrm{rank}(\boldsymbol{A})=2<3=n$,用定理3.16,单位球面的像满足不等式

$$\left(\frac{y_1}{\sqrt{3}}\right)^2+\left(\frac{y_2}{1}\right)^2\leqslant 1 \quad 或 \quad \frac{y_1^2}{3}+y_2^2\leqslant 1,$$

即单位球的像是实心椭圆

$$\frac{y_1^2}{3}+y_2^2\leqslant 1.$$

四、方阵的极分解

借助于矩阵的奇异值分解,对方阵 $\boldsymbol{A}\in\mathbf{C}^{n\times n}$,可以导出另一种在理论和应用中都很重要的矩阵分解——极分解(polar decomposition).

定理 3.17 设 $\boldsymbol{A}\in\mathbf{C}^{n\times n}$,$\mathrm{rank}(\boldsymbol{A})=r$,则 $\boldsymbol{A}$ 可以被分解为

$$\boldsymbol{A}=\boldsymbol{P}\boldsymbol{Q},$$

其中 $\boldsymbol{P}$ 是秩为 r 的 $n\times n$ 阶半正定矩阵,$\boldsymbol{Q}$ 是 $n\times n$ 阶的酉矩阵. 特别地,若 $r=n$,则 $\boldsymbol{P}$ 为正定矩阵.

证明 $\boldsymbol{A}\in\mathbf{C}^{n\times n}$,有 $\boldsymbol{A}$ 的奇异值分解

$$\boldsymbol{A}=\boldsymbol{U}\boldsymbol{\Sigma}\boldsymbol{V}^{\mathrm{H}}=\boldsymbol{U}\boldsymbol{\Sigma}\boldsymbol{U}^{\mathrm{H}}\boldsymbol{U}\boldsymbol{V}^{\mathrm{H}}=(\boldsymbol{U}\boldsymbol{\Sigma}\boldsymbol{U}^{\mathrm{H}})(\boldsymbol{U}\boldsymbol{V}^{\mathrm{H}}).$$

令 $\boldsymbol{P}=\boldsymbol{U}\boldsymbol{\Sigma}\boldsymbol{U}^{\mathrm{H}}$,则 $\boldsymbol{P}$ 是 $n\times n$ 阶的 Hermite 矩阵. 又 $\boldsymbol{P}$ 酉相似于对角矩阵 $\boldsymbol{\Sigma}$,因此 $\boldsymbol{P}$ 的秩为 r,$\boldsymbol{P}$ 以 $\boldsymbol{A}$ 的奇异值为其非负的特征值,从而 $\boldsymbol{P}$ 是半正定矩阵. 特别当 $r=n$ 时,$\boldsymbol{A}$ 为可逆矩阵,$\boldsymbol{A}$ 的奇异值皆非零,故 $\boldsymbol{P}$ 的 n 个特征值大于零,即 $\boldsymbol{P}$ 为正定矩阵.

令 $\boldsymbol{Q}=\boldsymbol{U}\boldsymbol{V}^{\mathrm{H}}$,则 $\boldsymbol{Q}$ 为酉矩阵的乘积,从而 $\boldsymbol{Q}$ 也是酉矩阵,从而有分解:$\boldsymbol{A}=\boldsymbol{P}\boldsymbol{Q}$. □

$\boldsymbol{A}$ 的形如定理3.17的分解形式 $\boldsymbol{A}=\boldsymbol{P}\boldsymbol{Q}$ 称为极分解,是因为对非零复数 $z=a+b\mathrm{i}\in\mathbf{C}$,可被表示为

$$z=r\mathrm{e}^{\mathrm{i}\theta},(r,\theta)\text{ 是 } z \text{ 的极坐标},$$

其中

$$r=|z|>0,\ |\mathrm{e}^{\mathrm{i}\theta}|=1.$$

由此 z 被分解为一个拉伸因子 r 和一个旋转因子 $\mathrm{e}^{\mathrm{i}\theta}$(将复数绕数轴逆时针转一个 θ 角)的乘积.

在矩阵的极分解 $\boldsymbol{A}=\boldsymbol{P}\boldsymbol{Q}$ 中,$\boldsymbol{P}$ 的正定性相应 z 的非负性,酉矩阵 $\boldsymbol{Q}$,$|\boldsymbol{Q}|=1$ 相应于一个旋转. 从而得名极分解.

例 15 令 $\boldsymbol{A}=\begin{pmatrix}\sqrt{3} & 2\\ 0 & \sqrt{3}\end{pmatrix}$,求矩阵 $\boldsymbol{A}$ 的极分解,讨论 $\mathbf{R}^2$ 上线性变换 $T_A:\boldsymbol{Y}=\boldsymbol{AX}$ 的几何意义.

解 $\boldsymbol{AA}^{\mathrm{T}}=\begin{pmatrix}7 & 2\sqrt{3}\\ 2\sqrt{3} & 3\end{pmatrix}$的特征值为 9 和 1,所以 $\boldsymbol{A}$ 的奇异值$\sigma_1=3,\sigma_2=1$. 易求得 $\boldsymbol{A}$ 的奇异值分解

$$\boldsymbol{A}=\begin{pmatrix}\frac{\sqrt{3}}{2} & -\frac{1}{2}\\ \frac{1}{2} & \frac{\sqrt{3}}{2}\end{pmatrix}\begin{pmatrix}3 & 0\\ 0 & 1\end{pmatrix}\begin{pmatrix}\frac{1}{2} & \frac{\sqrt{3}}{2}\\ -\frac{\sqrt{3}}{2} & \frac{1}{2}\end{pmatrix},$$

$$\boldsymbol{P}=\boldsymbol{U\Sigma U}^{\mathrm{H}}=\begin{pmatrix}\frac{\sqrt{3}}{2} & -\frac{1}{2}\\ \frac{1}{2} & \frac{\sqrt{3}}{2}\end{pmatrix}\begin{pmatrix}3 & \\ & 1\end{pmatrix}\begin{pmatrix}\frac{\sqrt{3}}{2} & \frac{1}{2}\\ -\frac{1}{2} & \frac{\sqrt{3}}{2}\end{pmatrix}=\begin{pmatrix}\frac{5}{2} & \frac{\sqrt{3}}{2}\\ \frac{\sqrt{3}}{2} & \frac{5}{2}\end{pmatrix},$$

$$\boldsymbol{Q}=\boldsymbol{UV}^{\mathrm{T}}=\begin{pmatrix}\frac{\sqrt{3}}{2} & -\frac{1}{2}\\ \frac{1}{2} & \frac{\sqrt{3}}{2}\end{pmatrix}\begin{pmatrix}\frac{1}{2} & \frac{\sqrt{3}}{2}\\ -\frac{\sqrt{3}}{2} & \frac{1}{2}\end{pmatrix}=\begin{pmatrix}\frac{\sqrt{3}}{2} & \frac{1}{2}\\ -\frac{1}{2} & \frac{\sqrt{3}}{2}\end{pmatrix}.$$

$\boldsymbol{A}$ 的极分解为 $\boldsymbol{A}=\boldsymbol{PQ}$.

线性变换 T_A,在 $\boldsymbol{A}$ 的极分解下,

$$\boldsymbol{Y}=\boldsymbol{AX}=\boldsymbol{P}(\boldsymbol{QX}).$$

$\boldsymbol{Q}$ 可表示为

$$\boldsymbol{Q}=\begin{pmatrix}\cos\frac{\pi}{6} & \sin\frac{\pi}{6}\\ -\sin\frac{\pi}{6} & \cos\frac{\pi}{6}\end{pmatrix}.$$

从第一章知线性变换 $\boldsymbol{QX}$ 是一个绕坐标原点,顺时针转动一个$\frac{\pi}{6}$的旋转变换.

而 $\boldsymbol{P}$ 是一个实对称矩阵,特征值 $\lambda_1=3,\lambda_2=1$,相应于它们的标准正交特征向量为

$$\boldsymbol{u}_1=\left(\frac{\sqrt{3}}{2}\quad \frac{1}{2}\right)^{\mathrm{T}},\quad \boldsymbol{u}_2=\left(-\frac{1}{2}\quad \frac{\sqrt{3}}{2}\right)^{\mathrm{T}}.$$

因为$\{\boldsymbol{u}_1,\boldsymbol{u}_2\}$是 $\mathbf{R}^2$ 中的一个基,所以 $\forall\, \boldsymbol{X}\in\mathbf{R}^2$,

$$\boldsymbol{X}=k_1\boldsymbol{u}_1+k_2\boldsymbol{u}_2,$$

$$\begin{aligned}\boldsymbol{PX}&=k_1\boldsymbol{Pu}_1+k_2\boldsymbol{Pu}_2=\lambda_1k_1\boldsymbol{u}_1+\lambda_2k_2\boldsymbol{u}_2\\ &=3k_1\boldsymbol{u}_1+1k_2\boldsymbol{u}_2.\end{aligned}$$

由此可知 $\boldsymbol{PX}$ 是一个拉伸变换,将向量沿 $\boldsymbol{u}_1$ 方向拉伸 3 倍,沿 $\boldsymbol{u}_2$ 方向不变.

归纳其上,可见线性变换 $\boldsymbol{Y}=\boldsymbol{AX}$ 在极分解下,可分解成为对应一个旋转加上一个

拉伸变换的综合作用.

习　题　三

1. 设 $A=\begin{bmatrix}2 & -1 & 2\\4 & -4 & 6\\6 & -7 & 8\end{bmatrix}$,

(1) 求 A 的 LDV 分解.

(2) 设 $b=(1\quad 0\quad 2)^T$,用 LDV 分解求解方程组 $AX=b$.

2. $A=\begin{bmatrix}5 & 2 & -4 & 0\\2 & 1 & -2 & 1\\-4 & -2 & 5 & 0\\0 & 1 & 0 & 2\end{bmatrix}$,求矩阵 A 的 LDV 分解.

3. 设下列矩阵的满秩分解

(1) $\begin{bmatrix}1 & 1 & 1\\1 & 1 & 1\\1 & 1 & 1\end{bmatrix}$; (2) $\begin{bmatrix}1 & 2 & 3 & 0\\0 & 2 & 1 & -1\\1 & 0 & 2 & 1\end{bmatrix}$; (3) $\begin{bmatrix}0 & 0 & 1\\2 & 1 & 1\\2i & i & 0\end{bmatrix}$, $i=\sqrt{-1}$.

4. 设 $A\in C^{m\times n}$, A 可分块表示为 $A=\begin{pmatrix}X & Y\\Z & W\end{pmatrix}$,其中 $X\in C^{r\times r}$, $\mathrm{rank}(A)=\mathrm{rank}(X)=r$, $W=ZX^{-1}Y$,证明 A 有下列形式的满秩分解:

$$A=\begin{pmatrix}X\\Z\end{pmatrix}(I_r\quad X^{-1}Y),\qquad A=\begin{bmatrix}I_r\\ZX^{-1}\end{bmatrix}(X\quad Y).$$

5. 求矩阵 $A=\begin{pmatrix}1 & 1\\4 & 1\end{pmatrix}$ 的谱分解.

6. 求矩阵 $A=\begin{bmatrix}1 & -3 & 3\\3 & -5 & 3\\6 & -6 & 4\end{bmatrix}$ 的谱分解.

7. 证明一个正规矩阵若是三角阵,则一定是对角阵.

8. 设 $A\in C^{n\times n}$ 为正规矩阵,证明

(1) A^H, A^k(k 为正整数)也是正规矩阵.

(2) 对多项式 $f(\lambda)$, $f(A)$ 也是正规矩阵.

9. 判断下列矩阵是否为正规矩阵

(1) $A=\begin{bmatrix}-1 & i & 0\\-i & 0 & -i\\0 & -i & -1\end{bmatrix}$; (2) $A=\begin{bmatrix}0 & i & 1\\-i & 0 & 0\\1 & 0 & 0\end{bmatrix}$.

10. 证明反对称矩阵 $\boldsymbol{A}\in\mathbf{R}^{n\times n}(\boldsymbol{A}^{\mathrm{T}}=-\boldsymbol{A})$ 和反 Hermite 矩阵 $\boldsymbol{B}\in\mathbf{C}^{n\times n}(\boldsymbol{B}^{\mathrm{H}}=-\boldsymbol{B})$ 的特征值是零或纯虚数.

11. 证明如果一个实对称矩阵 $\boldsymbol{A}$ 主对角线元素 $a_{ii}>0, i=1,2,\cdots,n$，则 $\boldsymbol{A}$ 至少有一个正特征值.

12. 设 $\boldsymbol{A},\boldsymbol{B}\in\mathbf{C}^{n\times n}$，$\boldsymbol{A}$ 和 $\boldsymbol{B}$ 的特征值分别是 $\lambda_1,\lambda_2,\cdots,\lambda_n$ 和 $\mu_1,\mu_2,\cdots,\mu_n$，用 Schur 分解证明：

如果 $\boldsymbol{AB}=\boldsymbol{BA}$，则 $\boldsymbol{A}+\boldsymbol{B}$ 的特征值为 $\lambda_1+\mu_1,\lambda_2+\mu_2,\cdots,\lambda_n+\mu_n$.

13. 求下列矩阵的奇异值分解

(1) $\boldsymbol{A}=\begin{pmatrix}1&0\\0&1\\1&1\end{pmatrix}$.　　(2) $\boldsymbol{A}=\begin{pmatrix}0&0&0\\0&0&0\\1&0&0\\0&0&1\end{pmatrix}$.

14. 设 $\boldsymbol{A}\in\mathbf{C}^{n\times n}$ 的奇值是 $\sigma_1,\sigma_2,\cdots,\sigma_n$，证明 $|\boldsymbol{A}|=\pm\prod\limits_{i=1}^{n}\sigma_i$，即 $\boldsymbol{A}$ 的行列式的模为 $\prod\limits_{i=1}^{n}\sigma_i$.

15. 设 $\boldsymbol{A}\in\mathbf{C}^{n\times n}$，$\lambda_i$ 是 $\boldsymbol{A}$ 的特征值，σ_i 是 $\boldsymbol{A}$ 的奇异值. 证明

$$\sum_i|\lambda_i|^2\leqslant\mathrm{tr}(\boldsymbol{A}^{\mathrm{H}}\boldsymbol{A})=\mathrm{tr}(\boldsymbol{A}\boldsymbol{A}^{\mathrm{H}})=\sum_i\sigma_i^2$$

等式成立的充要条件是 $\boldsymbol{A}$ 为正规矩阵.

第 4 章　矩阵的广义逆

逆矩阵的概念只是对非奇异矩阵才有意义.但是在实际问题中,遇到的矩阵不一定是方阵,即便是方阵也不一定是非奇异矩阵,这就产生了推广逆矩阵的概念问题,产生了各种各样的矩阵广义逆.本章就其最重要的 Moore-Penrose 广义逆及其应用做一简单介绍.

4.1　矩阵的左逆与右逆

设 $\boldsymbol{A}$ 是 n 阶矩阵,$\boldsymbol{A}$ 可逆当且仅当存在 n 阶矩阵 $\boldsymbol{B}$,使得

$$\boldsymbol{AB} = \boldsymbol{BA} = \boldsymbol{I},$$

当 $\boldsymbol{A}$ 可逆时,其逆唯一,记为 $\boldsymbol{A}^{-1}$.

现在,我们把方阵的逆矩阵概念推广到 $m\times n$ 矩阵上,定义一种单侧逆.

一、满秩矩阵与单侧逆

定义 4.1　设 $\boldsymbol{A}\in\mathbf{C}^{m\times n}$,若存在矩阵 $\boldsymbol{B}\in\mathbf{C}^{n\times m}$,使得

$$\boldsymbol{BA} = \boldsymbol{I}_n,$$

则称 $\boldsymbol{A}$ 是**左可逆**的,称 $\boldsymbol{B}$ 为 $\boldsymbol{A}$ 的一个**左逆矩阵**,记为 $\boldsymbol{A}_{\mathrm{L}}{}^{-1}$.

若存在矩阵 $\boldsymbol{C}\in\mathbf{C}^{n\times m}$,使得

$$\boldsymbol{AC} = \boldsymbol{I}_m,$$

则称 $\boldsymbol{A}$ 是**右可逆**的,称 $\boldsymbol{C}$ 为 $\boldsymbol{A}$ 的一个**右逆矩阵**,记为 $\boldsymbol{A}_{\mathrm{R}}{}^{-1}$.

下面给出矩阵左可逆与右可逆的几个等价条件.

定理 4.1　设 $\boldsymbol{A}\in\mathbf{C}^{m\times n}$,则下列条件是等价的:

(1) $\boldsymbol{A}$ 是左可逆的;

(2) $\boldsymbol{A}$ 的零空间 $N(\boldsymbol{A})=\{\boldsymbol{0}\}$;

(3) $m\geqslant n$,$\mathrm{rank}(\boldsymbol{A})=n$,即 $\boldsymbol{A}$ 是列满秩的;

(4) $\boldsymbol{A}^{\mathrm{H}}\boldsymbol{A}$ 是可逆的.

我们采用循环证法来证明.

证明　(1)⇒(2),设 $\boldsymbol{A}$ 是左可逆的,则存在 $\boldsymbol{B}\in\mathbf{C}^{n\times m}$,使得 $\boldsymbol{BA}=\boldsymbol{I}_n$. $\forall\,\boldsymbol{x}\in N(\boldsymbol{A})$,$\boldsymbol{Ax}=\boldsymbol{0}$,于是 $\boldsymbol{x}=\boldsymbol{I}_n\boldsymbol{x}=\boldsymbol{BAx}=\boldsymbol{0}$,证得 $N(\boldsymbol{A})=\{\boldsymbol{0}\}$.

(2)⇒(3),设 $N(\boldsymbol{A})=\{\boldsymbol{0}\}$,由维数公式

$$\mathrm{rank}(\boldsymbol{A}) = \dim R(\boldsymbol{A}) = n - \dim N(\boldsymbol{A}) = n$$

知 $\boldsymbol{A}$ 是列满秩的，自然有 $m \geqslant n$.

(3)⇒(4)，设 $\operatorname{rank}(\boldsymbol{A})=n$，由 $\operatorname{rank}(\boldsymbol{A}^{\mathrm{H}}\boldsymbol{A})=\operatorname{rank}(\boldsymbol{A})=n$，知 $\boldsymbol{A}^{\mathrm{H}}\boldsymbol{A}$ 是可逆的.

(4)⇒(1)，设 $\boldsymbol{A}^{\mathrm{H}}\boldsymbol{A}$ 是可逆的，由 $(\boldsymbol{A}^{\mathrm{H}}\boldsymbol{A})^{-1}\boldsymbol{A}^{\mathrm{H}}\boldsymbol{A}=\boldsymbol{I}_n$ 知，$(\boldsymbol{A}^{\mathrm{H}}\boldsymbol{A})^{-1}\boldsymbol{A}^{\mathrm{H}}$ 是 $\boldsymbol{A}$ 的一个左逆矩阵. □

对于右可逆，有类似的结果.

定理 4.2　设 $\boldsymbol{A} \in \mathbf{C}^{m \times n}$，则下列条件是等价的：

(1) $\boldsymbol{A}$ 是右可逆的；

(2) $\boldsymbol{A}$ 的列空间 $R(\boldsymbol{A})=\mathbf{C}^m$；

(3) $m \leqslant n$，$\operatorname{rank}(\boldsymbol{A})=m$，即 $\boldsymbol{A}$ 是行满秩的；

(4) $\boldsymbol{A}\boldsymbol{A}^{\mathrm{H}}$ 是可逆的.

其证明留给读者. 由 $\boldsymbol{A}\boldsymbol{A}^{\mathrm{H}}(\boldsymbol{A}\boldsymbol{A}^{\mathrm{H}})^{-1}=\boldsymbol{I}_m$ 知 $\boldsymbol{A}^{\mathrm{H}}(\boldsymbol{A}\boldsymbol{A}^{\mathrm{H}})^{-1}$ 是 $\boldsymbol{A}$ 的一个右逆矩阵.

例 1　矩阵 $\boldsymbol{A}=\begin{pmatrix}4 & 0 & 0\\ 0 & 5 & 0\end{pmatrix}$ 是右可逆的，不是左可逆的. 由于

$$\begin{pmatrix}4 & 0 & 0\\ 0 & 5 & 0\end{pmatrix}\begin{pmatrix}\frac{1}{4} & 0\\ 0 & \frac{1}{5}\\ C_{31} & C_{32}\end{pmatrix}=\begin{pmatrix}1 & 0\\ 0 & 1\end{pmatrix},$$

注意到右逆最后一行元素是完全任意的，故存在无穷多个右逆矩阵.

一般地，一个矩阵左可逆未必右可逆，而且左逆矩阵和右逆矩阵都不是唯一的.

二、单侧逆与解线性方程组

定理 4.3　设 $\boldsymbol{A} \in \mathbf{C}^{m \times n}$ 是左可逆的，$\boldsymbol{B} \in \mathbf{C}^{n \times m}$ 是 $\boldsymbol{A}$ 的一个左逆矩阵，则线性方程组 $\boldsymbol{A}\boldsymbol{X}=\boldsymbol{b}$ 有形如 $\boldsymbol{X}=\boldsymbol{B}\boldsymbol{b}$ 解的充分必要条件是

$$(\boldsymbol{I}_m-\boldsymbol{A}\boldsymbol{B})\boldsymbol{b}=\mathbf{0}.$$

若上式成立，则方程组有唯一解

$$\boldsymbol{X}=(\boldsymbol{A}^{\mathrm{H}}\boldsymbol{A})^{-1}\boldsymbol{A}^{\mathrm{H}}\boldsymbol{b}.$$

证明　设方程组 $\boldsymbol{A}\boldsymbol{X}=\boldsymbol{b}$ 有解 $\boldsymbol{X}_0$，则

$$\boldsymbol{b}=\boldsymbol{A}\boldsymbol{X}_0=\boldsymbol{A}(\boldsymbol{B}\boldsymbol{A})\boldsymbol{X}_0=\boldsymbol{A}\boldsymbol{B}\boldsymbol{b},$$

从而 $(\boldsymbol{I}_m-\boldsymbol{A}\boldsymbol{B})\boldsymbol{b}=\mathbf{0}$. 反过来，若 $(\boldsymbol{I}_m-\boldsymbol{A}\boldsymbol{B})\boldsymbol{b}=\mathbf{0}$，则 $\boldsymbol{A}\boldsymbol{B}\boldsymbol{b}=\boldsymbol{b}$，从而 $\boldsymbol{X}_0=\boldsymbol{B}\boldsymbol{b}$ 是方程组 $\boldsymbol{A}\boldsymbol{X}=\boldsymbol{b}$ 的解.

当方程组有解时，因为 $\boldsymbol{A}$ 左可逆，所以 $\operatorname{rank}(\boldsymbol{A})=n$，从而方程组 $\boldsymbol{A}\boldsymbol{X}=\boldsymbol{b}$ 有唯一解. 由 $\boldsymbol{A}\boldsymbol{X}=\boldsymbol{b}$，有

$$(\boldsymbol{A}^{\mathrm{H}}\boldsymbol{A})^{-1}\boldsymbol{A}^{\mathrm{H}}\boldsymbol{A}\boldsymbol{X}=(\boldsymbol{A}^{\mathrm{H}}\boldsymbol{A})^{-1}\boldsymbol{A}^{\mathrm{H}}\boldsymbol{b},$$

即 $\boldsymbol{X}=(\boldsymbol{A}^{\mathrm{H}}\boldsymbol{A})^{-1}\boldsymbol{A}^{\mathrm{H}}\boldsymbol{b}$ 为 $\boldsymbol{A}\boldsymbol{X}=\boldsymbol{b}$ 的唯一解. □

定理 4.4　设 $A\in C^{m\times n}$ 是右可逆的，则线性方程组 $AX=b$ 对任何 $b\in C^m$ 都有解，且对 A 的任意一个右逆矩阵 A_R^{-1}，$X=A_R^{-1}b$ 是其解. 特别地，$X=A^H(AA^H)^{-1}b$ 是方程组 $AX=b$ 的一个解.

证明　因 A 右可逆，则 $AA_R^{-1}=I_m$. 对任何 $b\in C^m$，都有

$$AA_R^{-1}b = I_m b = b,$$

即 $X=A_R^{-1}b$ 是方程组 $AX=b$ 的解. □

4.2　广义逆矩阵

有各种各样的矩阵广义逆，本节仅介绍减号广义逆与加号广义逆（或 M-P 广义逆），重点介绍应用广泛的加号广义逆.

一、减号广义逆

定义 4.2　设 $A\in C^{m\times n}$，若存在矩阵 $G\in C^{n\times m}$，使得

$$AGA = A,$$

则称 G 为 A 的一个**减号广义逆**或**{1}-逆**.

A 的全部减号广义逆的集合记为 $A\{1\}$，$A\{1\}$ 的元素用 $A_1^-, A_2^-, \cdots$ 表示.

设 $A=0\in C^{m\times n}$，则 $A\{1\}=C^{n\times m}$.

一般地，对什么样的矩阵 $A\in C^{m\times n}$，它有减号广义逆？怎样求减号广义逆？这是首先需要回答的问题.

定理 4.5　设 $A\in C^{m\times n}$，$\mathrm{rank}(A)=r$，若存在可逆阵 $P\in C^{m\times m}$ 和 $Q\in C^{n\times n}$，使得

$$PAQ = \begin{pmatrix} I_r & 0 \\ 0 & 0 \end{pmatrix},$$

则 $G\in A\{1\}$ 的充分必要条件是

$$G = Q\begin{pmatrix} I_r & U \\ V & W \end{pmatrix}P,$$

其中 $U\in C^{r\times(m-r)}$，$V\in C^{(n-r)\times r}$，$W\in C^{(n-r)\times(m-r)}$ 是任意的.

证明　充分性直接验证便知，下证必要性. 设 G 是 A 的任意一个减号广义逆，则 $AGA=A$. 令

$$G = Q\begin{pmatrix} X & U \\ V & W \end{pmatrix}P,$$

代入 $AGA=A$ 中，比较即得 $X=I_r$，故

$$G = Q\begin{pmatrix} I_r & U \\ V & W \end{pmatrix}P.$$ □

例 2 设

$$A=\begin{pmatrix} 0 & -1 & 3 & 0 \\ 2 & -4 & 1 & 5 \\ -4 & 5 & 7 & -10 \end{pmatrix},$$

求 A 的减号广义逆.

解

$$\begin{pmatrix} A & I_3 \\ I_4 & 0 \end{pmatrix}=\left(\begin{array}{cccc:ccc} 0 & -1 & 3 & 0 & 1 & 0 & 0 \\ 2 & -4 & 1 & 5 & 0 & 1 & 0 \\ -4 & 5 & 7 & -10 & 0 & 0 & 1 \\ \hdashline 1 & 0 & 0 & 0 & 0 & 0 & 0 \\ 0 & 1 & 0 & 0 & 0 & 0 & 0 \\ 0 & 0 & 1 & 0 & 0 & 0 & 0 \\ 0 & 0 & 0 & 1 & 0 & 0 & 0 \end{array}\right)\to\left(\begin{array}{cccc:ccc} 1 & 0 & 0 & 0 & -2 & \frac{1}{2} & 0 \\ 0 & 1 & 0 & 0 & -1 & 0 & 0 \\ 0 & 0 & 0 & 0 & -3 & 2 & 1 \\ \hdashline 1 & 0 & \frac{11}{2} & -\frac{5}{2} & 0 & 0 & 0 \\ 0 & 1 & 3 & 0 & 0 & 0 & 0 \\ 0 & 0 & 1 & 0 & 0 & 0 & 0 \\ 0 & 0 & 0 & 1 & 0 & 0 & 0 \end{array}\right),$$

于是

$$P=\begin{pmatrix} -2 & \frac{1}{2} & 0 \\ -1 & 0 & 0 \\ -3 & 2 & 1 \end{pmatrix},\quad Q=\begin{pmatrix} 1 & 0 & \frac{11}{2} & -\frac{5}{2} \\ 0 & 1 & 3 & 0 \\ 0 & 0 & 1 & 0 \\ 0 & 0 & 0 & 1 \end{pmatrix}.$$

所以 A 的减号广义逆为

$$G=Q\begin{pmatrix} I_2 & U \\ V & W \end{pmatrix}P,$$

其中

$$U\in C^{2\times 1},\quad V\in C^{2\times 2},\quad W\in C^{2\times 1}.$$

由定理 4.5 知道,任意矩阵都有减号广义逆,进一步有下列定理.

定理 4.6 设 $A\in C^{m\times n}$,则 A 的减号广义逆惟一的必要充分条件是 $m=n$,且 A^{-1} 存在.

证明 先证充分性. 当 $m=n$ 且 A^{-1} 存在时,$A^{-1}\in A\{1\}$. $\forall G\in A\{1\}$,因为 $AGA=A$,用 A^{-1} 左右乘等式两边得 $G=A^{-1}$,故减号广义逆唯一.

再证必要性. 设 $\operatorname{rank}(A)=r$,当 $r=0$ 时,$A=0$,此时 $A\{1\}=C^{n\times m}$ 与假设不符,所以 $r>0$.

当 $m\neq n$ 时,由定理 4.5 知 $A\{1\}=\left\{Q\begin{pmatrix} I_r & U \\ V & W \end{pmatrix}P\right\}$ 不是单元素集.

若 A^{-1} 不存在,则 $r<n$. 此时 $A\{1\}=\left\{Q\begin{pmatrix} I_r & U \\ V & W \end{pmatrix}P\right\}$ 也不是单元素集.

综上 A^{-1} 存在. □

定理 4.7 设 $A\in C^{m\times n}$,$\lambda\in C$,则 A^{-} 满足以下性质:

(1) $\mathrm{rank}(\boldsymbol{A})\leqslant\mathrm{rank}(\boldsymbol{A}^-)$；

(2) $\boldsymbol{AA}^-$与$\boldsymbol{A}^-\boldsymbol{A}$都是幂等矩阵，且 $\mathrm{rank}(\boldsymbol{A})=\mathrm{rank}(\boldsymbol{AA}^-)=\mathrm{rank}(\boldsymbol{A}^-\boldsymbol{A})$；

(3) $R(\boldsymbol{AA}^-)=R(\boldsymbol{A}),N(\boldsymbol{A}^-\boldsymbol{A})=N(\boldsymbol{A})$.

证明　(1) $\mathrm{rank}(\boldsymbol{A})=\mathrm{rank}(\boldsymbol{AA}^-\boldsymbol{A})\leqslant\mathrm{rank}(\boldsymbol{A}^-)$.

(2) 因为 $\boldsymbol{AA}^-\boldsymbol{A}=\boldsymbol{A}$，所以$(\boldsymbol{AA}^-)^2=\boldsymbol{AA}^-$，$(\boldsymbol{A}^-\boldsymbol{A})^2=\boldsymbol{A}^-\boldsymbol{A}$，即 $\boldsymbol{AA}^-$ 与 $\boldsymbol{A}^-\boldsymbol{A}$ 都是幂等矩阵.

而 $\mathrm{rank}(\boldsymbol{A})=\mathrm{rank}(\boldsymbol{AA}^-\boldsymbol{A})\leqslant\mathrm{rank}(\boldsymbol{AA}^-)\leqslant\mathrm{rank}\boldsymbol{A}$，所以 $\mathrm{rank}(\boldsymbol{A})=\mathrm{rank}(\boldsymbol{AA}^-)$. 同理可证 $\mathrm{rank}(\boldsymbol{A})=\mathrm{rank}(\boldsymbol{A}^-\boldsymbol{A})$.

(3) 显然 $R(\boldsymbol{AA}^-)\subseteq R(\boldsymbol{A}),N(\boldsymbol{A})\subseteq N(\boldsymbol{A}^-\boldsymbol{A})$. 下证 $R(\boldsymbol{A})\subseteq R(\boldsymbol{AA}^-),N(\boldsymbol{A}^-\boldsymbol{A})\subseteq N(\boldsymbol{A})$.

对任意 $y\in R(\boldsymbol{A})$，存在 $\boldsymbol{x}\in\mathbf{C}^n$，使得 $\boldsymbol{y}=\boldsymbol{Ax}$，于是

$$\boldsymbol{y}=\boldsymbol{Ax}=(\boldsymbol{AA}^-\boldsymbol{A})\boldsymbol{x}=\boldsymbol{AA}^-(\boldsymbol{Ax})\in R(\boldsymbol{AA}^-),$$

故 $R(\boldsymbol{A})\subseteq R(\boldsymbol{AA}^-)$. □

对任意 $\boldsymbol{x}\in N(\boldsymbol{A}^-\boldsymbol{A})$，有 $\boldsymbol{A}^-\boldsymbol{Ax}=\boldsymbol{0}$，于是

$$\boldsymbol{Ax}=(\boldsymbol{AA}^-\boldsymbol{A})\boldsymbol{x}=\boldsymbol{A}(\boldsymbol{A}^-\boldsymbol{Ax})=\boldsymbol{A0}=\boldsymbol{0},$$

故 $N(\boldsymbol{A}^-\boldsymbol{A})\subseteq N(\boldsymbol{A})$. □

定理 4.8　设 $\boldsymbol{A}\in\mathbf{C}^{m\times n}$，$\boldsymbol{A}^-\in\boldsymbol{A}\{1\}$，则当方程组 $\boldsymbol{Ax}=\boldsymbol{b}$ 有解时，其通解可表示为

$$\boldsymbol{x}=\boldsymbol{A}^-\boldsymbol{b}+(\boldsymbol{I}_n-\boldsymbol{A}^-\boldsymbol{A})\boldsymbol{z},$$

这里 $\boldsymbol{z}$ 是任意的 n 维列向量.

*__证明__　先看齐次线性方程组 $\boldsymbol{Ax}=\boldsymbol{0}$，由

$$\boldsymbol{A}=\boldsymbol{AA}^-\boldsymbol{A},$$

对任意 $\boldsymbol{z}\in\mathbf{C}^n$，有

$$\boldsymbol{A}(\boldsymbol{I}_n-\boldsymbol{A}^-\boldsymbol{A})\boldsymbol{z}=\boldsymbol{0},$$

即对任意 $\boldsymbol{z}\in\mathbf{C}^n$，$(\boldsymbol{I}_n-\boldsymbol{A}^-\boldsymbol{A})\boldsymbol{z}$ 一定是 $\boldsymbol{Ax}=\boldsymbol{0}$ 的解.

要证明 $\boldsymbol{Ax}=\boldsymbol{0}$ 的解均可表示成这种形式，只须证明 $\boldsymbol{I}_n-\boldsymbol{A}^-\boldsymbol{A}$ 的秩为 $n-r$，其中 r 是 $\boldsymbol{A}$ 的秩. 由定理 4.5

$$\boldsymbol{A}^-=Q\begin{pmatrix}\boldsymbol{I}_r & \boldsymbol{U}\\ \boldsymbol{V} & \boldsymbol{W}\end{pmatrix}\boldsymbol{P},$$

而

$$\boldsymbol{I}_n-\boldsymbol{A}^-\boldsymbol{A}=\boldsymbol{I}_n-Q\begin{pmatrix}\boldsymbol{I}_r & \boldsymbol{U}\\ \boldsymbol{V} & \boldsymbol{W}\end{pmatrix}\boldsymbol{PA},$$

故

$$\begin{aligned}\mathrm{rank}(\boldsymbol{I}_n-\boldsymbol{A}^-\boldsymbol{A})&=\text{秩}(Q^{-1}(\boldsymbol{I}_n-\boldsymbol{A}^-\boldsymbol{A})Q)\\&=\mathrm{rank}\left(\boldsymbol{I}_n-\begin{pmatrix}\boldsymbol{I}_r & \boldsymbol{U}\\ \boldsymbol{V} & \boldsymbol{W}\end{pmatrix}\begin{pmatrix}\boldsymbol{I}_r & \boldsymbol{0}\\ \boldsymbol{0} & \boldsymbol{0}\end{pmatrix}\right)\\&=\mathrm{rank}\begin{pmatrix}\boldsymbol{0} & \boldsymbol{0}\\ -\boldsymbol{V} & \boldsymbol{I}_{n-r}\end{pmatrix}=n-r.\end{aligned}$$

对非齐次线性方程组 $\boldsymbol{Ax}=\boldsymbol{b}$,若它有解,则由减号广义逆的定义知 $\boldsymbol{A}^{-}\boldsymbol{b}$ 必为解,从而通解为

$$\boldsymbol{x}=\boldsymbol{A}^{-}\boldsymbol{b}+(\boldsymbol{I}_n-\boldsymbol{A}^{-}\boldsymbol{A})\boldsymbol{z},\quad \boldsymbol{z}\in \mathbf{C}^n. \qquad \square$$

二、Moore-Penrose 广义逆(加号广义逆)

定义 4.3 设 $\boldsymbol{A}\in \mathbf{C}^{m\times n}$,若存在矩阵 $\boldsymbol{G}\in \mathbf{C}^{n\times m}$,使得

(1) $\boldsymbol{AGA}=\boldsymbol{A}$;

(2) $\boldsymbol{GAG}=\boldsymbol{G}$;

(3) $(\boldsymbol{AG})^{\mathrm{H}}=\boldsymbol{AG}$;

(4) $(\boldsymbol{GA})^{\mathrm{H}}=\boldsymbol{GA}$,

则称 $\boldsymbol{G}$ 为 $\boldsymbol{A}$ 的 Moore-Penrose **广义逆或加号广义逆**,简称为 $\boldsymbol{A}$ 的 M-P **逆**. $\boldsymbol{A}$ 的任意 M-P逆记为 $\boldsymbol{A}^{+}$.

由定义直接验算

若 $\boldsymbol{A}=\begin{pmatrix}1 & 1\\ 0 & 0\end{pmatrix}$,则 $\begin{pmatrix}\frac{1}{2} & 0\\ \frac{1}{2} & 0\end{pmatrix}$ 是其 M-P 逆.

若 $\boldsymbol{B}=\begin{pmatrix}1\\ 1\end{pmatrix}$,则 $\left(\frac{1}{2},\frac{1}{2}\right)$ 是其 M-P 逆.

若 $\boldsymbol{C}=\begin{pmatrix}\boldsymbol{D} & \boldsymbol{0}\\ \boldsymbol{0} & \boldsymbol{0}\end{pmatrix}$,$\boldsymbol{D}$ 为可逆矩阵,则 $\begin{pmatrix}\boldsymbol{D}^{-1} & \boldsymbol{0}\\ \boldsymbol{0} & \boldsymbol{0}\end{pmatrix}$ 是其 M-P 逆. 特别地,若 $\boldsymbol{C}$ 可逆,则 $\boldsymbol{C}^{-1}=\boldsymbol{C}^{+}$.

对于任意矩阵 $\boldsymbol{A}\in \mathbf{C}^{m\times n}$,是否存在 M-P 逆 $\boldsymbol{A}^{+}$? 若存在,其 M-P 逆是否唯一? 怎样求 M-P 逆 $\boldsymbol{A}^{+}$? 这是需要首先回答的问题.

定理 4.9 若矩阵 $\boldsymbol{A}\in \mathbf{C}^{m\times n}$ 存在 M-P 广义逆,则 $\boldsymbol{A}$ 的 M-P 逆是唯一的.

证明 设 $\boldsymbol{G}_1,\boldsymbol{G}_2$ 都是 $\boldsymbol{A}$ 的 M-P 逆,则 $\boldsymbol{G}_1$ 与 $\boldsymbol{G}_2$ 均满足 M-P 逆的定义中的四个条件,于是

$$\begin{aligned}\boldsymbol{G}_1 &= (\boldsymbol{G}_1\boldsymbol{A})\boldsymbol{G}_1 = (\boldsymbol{G}_1\boldsymbol{A})^{\mathrm{H}}\boldsymbol{G}_1 = \boldsymbol{A}^{\mathrm{H}}\boldsymbol{G}_1{}^{\mathrm{H}}\boldsymbol{G}_1\\ &= (\boldsymbol{A}^{\mathrm{H}}\boldsymbol{G}_2{}^{\mathrm{H}}\boldsymbol{A}^{\mathrm{H}})\boldsymbol{G}_1{}^{\mathrm{H}}\boldsymbol{G}_1 = (\boldsymbol{G}_2\boldsymbol{A})^{\mathrm{H}}(\boldsymbol{G}_1\boldsymbol{A})^{\mathrm{H}}\boldsymbol{G}_1\\ &= \boldsymbol{G}_2\boldsymbol{A}\boldsymbol{G}_1\boldsymbol{A}\boldsymbol{G}_1 = \boldsymbol{G}_2\boldsymbol{A}\boldsymbol{G}_1,\\ \boldsymbol{G}_2 &= \boldsymbol{G}_2(\boldsymbol{A}\boldsymbol{G}_2) = \boldsymbol{G}_2(\boldsymbol{A}\boldsymbol{G}_2)^{\mathrm{H}} = \boldsymbol{G}_2\boldsymbol{G}_2{}^{\mathrm{H}}\boldsymbol{A}^{\mathrm{H}}\\ &= \boldsymbol{G}_2\boldsymbol{G}_2{}^{\mathrm{H}}(\boldsymbol{A}^{\mathrm{H}}\boldsymbol{G}_1{}^{\mathrm{H}}\boldsymbol{A}^{\mathrm{H}}) = \boldsymbol{G}_2(\boldsymbol{A}\boldsymbol{G}_2)^{\mathrm{H}}(\boldsymbol{A}\boldsymbol{G}_1)^{\mathrm{H}}\\ &= \boldsymbol{G}_2\boldsymbol{A}\boldsymbol{G}_2\boldsymbol{A}\boldsymbol{G}_1 = \boldsymbol{G}_2\boldsymbol{A}\boldsymbol{G}_1,\end{aligned}$$

故

$$\boldsymbol{G}_1=\boldsymbol{G}_2. \qquad \square$$

下面证明,对任意 $\boldsymbol{A}\in \mathbf{C}^{m\times n}$,都有 M-P 逆存在,并提供实际计算 $\boldsymbol{A}^{+}$ 的一个有效方

法.

定理 4.10　任意矩阵 $\boldsymbol{A}\in\mathbf{C}^{m\times n}$ 都存在 M-P 广义逆 $\boldsymbol{A}^{+}$. 设 $\operatorname{rank}(\boldsymbol{A})=r$, $\boldsymbol{A}$ 的一个满秩分解为

$$\boldsymbol{A}=\boldsymbol{B}\boldsymbol{C},\boldsymbol{B}\in\mathbf{C}^{m\times r},\boldsymbol{C}\in\mathbf{C}^{r\times n},\quad \operatorname{rank}(\boldsymbol{B})=\operatorname{rank}(\boldsymbol{C})=r,$$

则

$$\boldsymbol{A}^{+}=\boldsymbol{C}^{\mathrm{H}}(\boldsymbol{C}\boldsymbol{C}^{\mathrm{H}})^{-1}(\boldsymbol{B}^{\mathrm{H}}\boldsymbol{B})^{-1}\boldsymbol{B}^{\mathrm{H}}.$$

证明　因 $\operatorname{rank}(\boldsymbol{A})=\operatorname{rank}(\boldsymbol{B})=\operatorname{rank}(\boldsymbol{C})=r$, 由定理 4.1, 定理 4.2 知 $\boldsymbol{B}^{\mathrm{H}}\boldsymbol{B}$ 与 $\boldsymbol{C}\boldsymbol{C}^{\mathrm{H}}$ 都可逆. 令 $\boldsymbol{G}=\boldsymbol{C}^{\mathrm{H}}(\boldsymbol{C}\boldsymbol{C}^{\mathrm{H}})^{-1}(\boldsymbol{B}^{\mathrm{H}}\boldsymbol{B})^{-1}\boldsymbol{B}^{\mathrm{H}}$, 直接验证知 $\boldsymbol{G}$ 满足 M-P 广义逆定义中的四个条件, 故 $\boldsymbol{G}$ 是 $\boldsymbol{A}$ 的 M-P 广义逆. 因 $\boldsymbol{A}$ 的 M-P 广义逆唯一, 故

$$\boldsymbol{A}^{+}=\boldsymbol{G}=\boldsymbol{C}^{\mathrm{H}}(\boldsymbol{C}\boldsymbol{C}^{\mathrm{H}})^{-1}(\boldsymbol{B}^{\mathrm{H}}\boldsymbol{B})^{-1}\boldsymbol{B}^{\mathrm{H}}.$$

□

例 3　求矩阵 $\boldsymbol{A}=\begin{pmatrix}1&0&-1&1\\0&2&2&2\\-1&4&5&3\end{pmatrix}$ 的 M-P 逆 $\boldsymbol{A}^{+}$.

解　首先求得 $\boldsymbol{A}$ 的满秩分解为

$$\boldsymbol{A}=\boldsymbol{B}\boldsymbol{C}=\begin{pmatrix}1&0\\0&2\\-1&4\end{pmatrix}\begin{pmatrix}1&0&-1&1\\0&1&1&1\end{pmatrix},$$

故

$$\begin{aligned}\boldsymbol{A}^{+}&=\boldsymbol{C}^{\mathrm{H}}(\boldsymbol{C}\boldsymbol{C}^{\mathrm{H}})^{-1}(\boldsymbol{B}^{\mathrm{H}}\boldsymbol{B})^{-1}\boldsymbol{B}^{\mathrm{H}}\\&=\begin{pmatrix}1&0\\0&1\\-1&1\\1&1\end{pmatrix}\begin{pmatrix}3&0\\0&3\end{pmatrix}^{-1}\begin{pmatrix}2&-4\\-4&20\end{pmatrix}^{-1}\begin{pmatrix}1&0&-1\\0&2&4\end{pmatrix}\\&=\frac{1}{18}\begin{pmatrix}5&2&-1\\1&1&1\\-4&-1&2\\6&3&0\end{pmatrix}.\end{aligned}$$

除了利用 $\boldsymbol{A}$ 的满秩分解计算 $\boldsymbol{A}^{+}$ 之外, 还可利用 $\boldsymbol{A}$ 的奇异值分解结果, 很方便地计算 $\boldsymbol{A}$ 的 M-P 广义逆 $\boldsymbol{A}^{+}$.

定理 4.11　设矩阵 $\boldsymbol{A}\in\mathbf{C}^{m\times n}$, $\operatorname{rank}(\boldsymbol{A})=r$, $\boldsymbol{A}$ 的奇异值分解为

$$\boldsymbol{A}=\boldsymbol{U}\begin{pmatrix}\boldsymbol{\Delta}&\boldsymbol{0}\\\boldsymbol{0}&\boldsymbol{0}\end{pmatrix}\boldsymbol{V}^{\mathrm{H}},$$

则

$$\boldsymbol{A}^{+}=\boldsymbol{V}\begin{pmatrix}\boldsymbol{\Delta}^{-1}&\boldsymbol{0}\\\boldsymbol{0}&\boldsymbol{0}\end{pmatrix}\boldsymbol{U}^{\mathrm{H}}.$$

其中 $\boldsymbol{\Delta}$ 为对角线由 $\boldsymbol{A}$ 的正奇异值所构成的对角矩阵, $\boldsymbol{\Delta}\in\mathbf{C}^{r\times r}$.

证明　直接验证上式满足 M-P 逆定义中的四个条件.

例 4 求矩阵 $\boldsymbol{A}=\begin{pmatrix}0&0&0\\0&0&0\\1&0&0\\0&1&0\end{pmatrix}$ 的 M-P 逆 $\boldsymbol{A}^+$.

解 首先求得 $\boldsymbol{A}$ 的奇异值分解为

$$\boldsymbol{A}=\begin{pmatrix}0&0&1&0\\0&0&0&1\\1&0&0&0\\0&1&0&0\end{pmatrix}\begin{pmatrix}1&0&0\\0&1&0\\0&0&0\\0&0&0\end{pmatrix}\begin{pmatrix}1&0&0\\0&1&0\\0&0&1\end{pmatrix},$$

故 $$\boldsymbol{A}^+=\begin{pmatrix}1&0&0\\0&1&0\\0&0&1\end{pmatrix}\begin{pmatrix}1&0&0&0\\0&1&0&0\\0&0&0&0\end{pmatrix}\begin{pmatrix}0&0&1&0\\0&0&0&1\\1&0&0&0\\0&1&0&0\end{pmatrix}=\begin{pmatrix}0&0&1&0\\0&0&0&1\\0&0&0&0\end{pmatrix}.$$

下面我们来讨论 M-P 逆的一些性质. 首先 M-P 逆 $\boldsymbol{A}^+$ 与通常的逆矩阵 $\boldsymbol{A}^{-1}$ 有如下区别:

(1) $(\boldsymbol{AB})^+=\boldsymbol{B}^+\boldsymbol{A}^+$ 不成立. 例如取

$$\boldsymbol{A}=(1\quad 1),\quad \boldsymbol{B}=\begin{pmatrix}1\\0\end{pmatrix},$$

则 $$\boldsymbol{A}^+=\frac{1}{2}\begin{pmatrix}1\\1\end{pmatrix},\quad \boldsymbol{B}^+=(1\quad 0),$$

$$(\boldsymbol{AB})^+=(1)^+=(1),\quad \boldsymbol{B}^+\boldsymbol{A}^+=\left(\frac{1}{2}\right).$$

(2) $(\boldsymbol{A}^+)^k=(\boldsymbol{A}^k)^+$ (k 为正整数)不成立. 例如取

$$\boldsymbol{A}=\begin{pmatrix}1&-1\\0&0\end{pmatrix},$$

则 $$\boldsymbol{A}^2=\boldsymbol{A},(\boldsymbol{A}^2)^+=\boldsymbol{A}^+=\frac{1}{2}\begin{pmatrix}1&0\\-1&0\end{pmatrix},(\boldsymbol{A}^+)^2=\frac{1}{4}\begin{pmatrix}1&0\\-1&0\end{pmatrix}.$$

但是, M-P 逆也与通常的逆有一些相同或相似的性质.

定理 4.12 设 $\boldsymbol{A}\in\boldsymbol{C}^{m\times n}$, $\lambda\in\boldsymbol{C}$, 则 $\boldsymbol{A}^+$ 满足以下性质:

(1) $(\boldsymbol{A}^+)^+=\boldsymbol{A}$;

(2) $(\boldsymbol{A}^+)^{\mathrm{H}}=(\boldsymbol{A}^{\mathrm{H}})^+$;

(3) $(\lambda\boldsymbol{A})^+=\lambda^+\boldsymbol{A}^+$, 其中 $\lambda^+=\begin{cases}\dfrac{1}{\lambda}, \lambda\neq 0,\\ 0\ , \lambda=0.\end{cases}$

(4) 若 $\boldsymbol{A}\in\boldsymbol{C}^{m\times n}$ 是列满秩的, 则

$$A^+ = (A^H A)^{-1} A^H;$$

若 A 是行满秩的，则

$$A^+ = A^H (AA^H)^{-1}.$$

(5) 若 A 有满秩分解 $A=BC$，则 $A^+=C^+B^+$.

证明　(1)，(2)，(3)由定义即得.

(4) 若 A 是列满秩的，则 A 的满秩分解为 $A=AI_n$，即取 $B=A, C=I_n$，则

$$A^+ = (A^H A)^{-1} A^H.$$

若 A 是行满秩的，同理可证

$$A^+ = A^H (AA^H)^{-1}.$$

(5) 若 A 有满秩分解 $A=BC$，则 B 列满秩，C 行满秩，由(4)知

$$B^+ = (B^H B)^{-1} B^H, \quad C^+ = C^H (CC^H)^{-1},$$

故

$$A^+ = C^+ B^+.$$

□

例 5　设 $A \in \mathbf{C}^{m\times n}$，证明

(1) $\mathrm{rank}(A)=\mathrm{rank}(A^+)$；

(2) $\mathrm{rank}(A^+A)=\mathrm{rank}(AA^+)=\mathrm{rank}(A)$.

证明　(1) 由 $A=AA^+A$ 知，$\mathrm{rank}(A)=\mathrm{rank}(AA^+A)\leqslant\mathrm{rank}(A^+)$；由 $A^+=A^+AA^+$ 知，$\mathrm{rank}(A^+)=\mathrm{rank}(A^+AA^+)\leqslant\mathrm{rank}(A)$，故

$$\mathrm{rank}(A) = \mathrm{rank}(A^+).$$

(2) 一方面，$\mathrm{rank}(A^+A)\leqslant\mathrm{rank}(A)$；另一方面

$$\mathrm{rank}(A) = \mathrm{rank}(AA^+A) \leqslant \mathrm{rank}(A^+A),$$

故

$$\mathrm{rank}(A^+A) = \mathrm{rank}(A).$$

同理

$$\mathrm{rank}(AA^+) = \mathrm{rank}(A).$$

4.3　投影变换

投影变换是研究广义逆矩阵和最小二乘问题的重要工具，本节将较系统地讨论投影变换和正交投影变换.

一、投影变换与投影矩阵

定义 4.4　设　$\mathbf{C}^n=L\oplus M$，　$x=y+z$，　$y\in L$，　$z\in M$.

如果线性变换 $\sigma:\mathbf{C}^n\to\mathbf{C}^n$ 满足 $\sigma(x)=y$，则称 σ 是从 $\mathbf{C}^n$ 沿子空间 M 到子空间 L 上的**投影变换**，投影变换在 $\mathbf{C}^n$ 空间的一组基下的矩阵称为**投影矩阵**.

投影变换 σ 把 $\mathbf{C}^n$ 映射成子空间 L，故子空间 L 称为投影子空间，显然，它就是 σ 的像空间 $R(\sigma)$，子空间 M 是投影变换的核空间 $N(\sigma)$，这时 $\mathbf{C}^n$ 空间的直和分解为

$$\mathbf{C}^n = R(\sigma) \oplus N(\sigma).$$

定理 4.13 $\mathbf{C}^n$ 空间上的线性变换 σ 是投影变换的充分必要条件是 σ 是幂等变换，即 $\sigma^2=\sigma$.

证明 必要性：设 σ 是 $\mathbf{C}^n$ 空间沿 M 到 L 上的投影变换，则 $\forall \boldsymbol{x}\in\mathbf{C}^n$，存在 $\boldsymbol{y}\in L$，$\boldsymbol{z}\in M$，使得

$$\boldsymbol{x}=\boldsymbol{y}+\boldsymbol{z},\quad \sigma(\boldsymbol{x})=\boldsymbol{y},$$

于是

$$\sigma^2(\boldsymbol{x})=\sigma[\sigma(\boldsymbol{x})]=\sigma(\boldsymbol{y})=\boldsymbol{y}=\sigma(\boldsymbol{x}),$$

故

$$\sigma^2=\sigma.$$

充分性：首先证明

$$\mathbf{C}^n=R(\sigma)+N(\sigma),$$

$\forall \boldsymbol{x}\in\mathbf{C}^n$，有 $\boldsymbol{x}=\sigma(\boldsymbol{x})+[\boldsymbol{x}-\sigma(\boldsymbol{x})]$，注意到 $\sigma^2=\sigma$，有 $\sigma[\boldsymbol{x}-\sigma(\boldsymbol{x})]=\sigma(\boldsymbol{x})-\sigma^2(\boldsymbol{x})=\boldsymbol{0}$，于是 $\sigma(\boldsymbol{x})\in R(\sigma)$，$\boldsymbol{x}-\sigma(\boldsymbol{x})\in N(\sigma)$，故

$$\mathbf{C}^n=R(\sigma)+N(\sigma).$$

其次，$\forall \boldsymbol{x}\in R(\sigma)\cap N(\sigma)$，因 $\boldsymbol{x}\in R(\sigma)$，故存在 $\boldsymbol{y}\in\mathbf{C}^n$，使得 $\boldsymbol{x}=\sigma(\boldsymbol{y})$. 又因 $\boldsymbol{x}\in N(\sigma)$，故 $\sigma(\boldsymbol{x})=\boldsymbol{0}$，于是

$$\boldsymbol{0}=\sigma(\boldsymbol{x})=\sigma^2(\boldsymbol{y})=\sigma(\boldsymbol{y})=\boldsymbol{x},$$

故

$$R(\sigma)\cap N(\sigma)=\{\boldsymbol{0}\}.$$

于是

$$\mathbf{C}^n=R(\sigma)\oplus N(\sigma).$$

此时，$\forall \boldsymbol{x}\in\mathbf{C}^n$，存在 $\boldsymbol{y}\in R(\sigma)$，$\boldsymbol{z}\in N(\sigma)$，使得 $\boldsymbol{x}=\boldsymbol{y}+\boldsymbol{z}$，$\boldsymbol{y}=\sigma(\boldsymbol{x}_1)$，$\sigma(\boldsymbol{z})=\boldsymbol{0}$，故 $\sigma(\boldsymbol{x})=\sigma(\boldsymbol{y})=\sigma^2(\boldsymbol{x}_1)=\sigma(\boldsymbol{x}_1)=\boldsymbol{y}$. 这便证明了 σ 是 $\mathbf{C}^n$ 空间沿 $N(\sigma)$ 到 $R(\sigma)$ 上的投影变换. □

推论 $\mathbf{C}^n$ 空间上的线性变换 σ 是投影变换的充分必要条件是 σ 关于某组基下的矩阵 $\boldsymbol{A}$ 为幂等矩阵，即 $\boldsymbol{A}^2=\boldsymbol{A}$.

因此，投影矩阵亦即幂等矩阵.

投影矩阵 $\boldsymbol{A}$ 可按如下方法求得.

假定 $\dim L=r$，则 $\dim M=n-r$. 在子空间 L 和 M 中分别取定基底

$$\{y_1,y_2,\cdots,y_r\},\quad \{z_1,z_2,\cdots,z_{n-r}\},$$

于是$\{y_1,\cdots,y_r,z_1,\cdots,z_{n-r}\}$便构成 $\mathbf{C}^n$ 的基底. 根据投影矩阵的性质有

$$\boldsymbol{A}y_i=y_i\quad(i=1,2,\cdots,r),$$

$$\boldsymbol{A}z_j=0\quad(j=1,2,\cdots,n-r).$$

作分块矩阵

$$\boldsymbol{B}=(y_1\ y_2\ \cdots\ y_r),\quad \boldsymbol{C}=(z_1\ z_2\ \cdots\ z_{n-r}),$$

于是

$$\boldsymbol{A}(\boldsymbol{B}\mid\boldsymbol{C})=(\boldsymbol{B},\boldsymbol{0}).$$

由于$(\boldsymbol{B}\mid\boldsymbol{C})$是 n 阶可逆阵，因此投影矩阵 $\boldsymbol{A}$ 为

$$\boldsymbol{A}=(\boldsymbol{B}\mid\boldsymbol{0})(\boldsymbol{B}\mid\boldsymbol{C})^{-1}.$$

例 6 设 L 是由向量$(1\quad 0)^{\mathrm{T}}$ 所生成的子空间，M 是由向量$(1\quad -1)^{\mathrm{T}}$所生成的子空间，则 $\mathbf{R}^2$ 沿子空间 M 到子空间 L 上的投影矩阵为

$$A=\begin{pmatrix}1&0\\0&0\end{pmatrix}\begin{pmatrix}1&1\\0&-1\end{pmatrix}^{-1}=\begin{pmatrix}1&0\\0&0\end{pmatrix}\begin{pmatrix}1&1\\0&-1\end{pmatrix}=\begin{pmatrix}1&1\\0&0\end{pmatrix}.$$

二、正交投影变换与正交投影矩阵

投影变换的一个子类——正交投影变换，具有更为良好的性质.

定义 4.5　设 σ 是 $\mathbf{C}^n$ 空间的投影变换，

$$\mathbf{C}^n=R(\sigma)\oplus N(\sigma),$$

如果 $R(\sigma)$ 的正交补子空间 $R(\sigma)^{\perp}=N(\sigma)$，则称 σ 是 $\mathbf{C}^n$ 空间的**正交投影变换**. 正交投影变换在 $\mathbf{C}^n$ 空间的一组基下的矩阵称为**正交投影矩阵**.

定理 4.14　$\mathbf{C}^n$ 空间上的线性变换 σ 是正交投影变换的充分必要条件是 σ 关于某组基下的矩阵 $\boldsymbol{A}$ 为幂等的 Hermite 矩阵，即 $\boldsymbol{A}^2=\boldsymbol{A},\boldsymbol{A}^{\mathrm{H}}=\boldsymbol{A}$.

证明　必要性：设 $\boldsymbol{A}$ 是线性变换 σ 在某组基下的矩阵，由定理 4.13 只需证 $\boldsymbol{A}^{\mathrm{H}}=\boldsymbol{A}$.

由
$$\begin{cases}\mathbf{C}^n=R(\sigma)\oplus N(\sigma),\\R(\sigma)^{\perp}=N(\sigma),\end{cases}$$
有
$$\begin{cases}\mathbf{C}^n=R(\boldsymbol{A})\oplus N(\boldsymbol{A}),\\R(\boldsymbol{A})^{\perp}=N(\boldsymbol{A}),\end{cases}$$
又令 $\boldsymbol{x}\in R(\boldsymbol{A}),\boldsymbol{y}\in N(\boldsymbol{A}^{\mathrm{H}})$，由 $\boldsymbol{A}^2=\boldsymbol{A}$ 有 $\boldsymbol{x}=\boldsymbol{A}\boldsymbol{x}$，于是
$$(\boldsymbol{x},\boldsymbol{y})=(\boldsymbol{A}\boldsymbol{x},\boldsymbol{y})=(\boldsymbol{x},\boldsymbol{A}^{\mathrm{H}}\boldsymbol{y})=(\boldsymbol{x},\boldsymbol{0})=0,$$
所以
$$N(\boldsymbol{A}^{\mathrm{H}})\subseteq R(\boldsymbol{A})^{\perp}.$$

另一方面，对任意 $\boldsymbol{y}\in R(\boldsymbol{A})^{\perp}$，有
$$(\boldsymbol{A}^{\mathrm{H}}\boldsymbol{y},\boldsymbol{A}^{\mathrm{H}}\boldsymbol{y})=(\boldsymbol{y},\boldsymbol{A}\boldsymbol{A}^{\mathrm{H}}\boldsymbol{y})=0.$$
从而 $\boldsymbol{A}^{\mathrm{H}}\boldsymbol{y}=\boldsymbol{0}$，即 $\boldsymbol{y}\in N(\boldsymbol{A}^{\mathrm{H}})$，故 $R(\boldsymbol{A})^{\perp}=N(\boldsymbol{A}^{\mathrm{H}})$. 于是
$$\begin{cases}\mathbf{C}^n=R(\boldsymbol{A})\oplus N(\boldsymbol{A}^{\mathrm{H}}),\\R(\boldsymbol{A})^{\perp}=N(\boldsymbol{A}^{\mathrm{H}}).\end{cases}$$
由正交补的唯一性推得 $N(\boldsymbol{A})=N(\boldsymbol{A}^{\mathrm{H}})$，同理，由 $(\boldsymbol{A}^{\mathrm{H}})^2=\boldsymbol{A}^{\mathrm{H}}$，推得
$$\begin{cases}\mathbf{C}^n=R(\boldsymbol{A}^{\mathrm{H}})\oplus N(\boldsymbol{A}),\\R(\boldsymbol{A}^{\mathrm{H}})^{\perp}=N(\boldsymbol{A}),\end{cases}$$
故
$$R(\boldsymbol{A})=R(\boldsymbol{A}^{\mathrm{H}}).$$

$\forall\boldsymbol{x}\in\mathbf{C}^n,\boldsymbol{x}=\boldsymbol{y}+\boldsymbol{z},\boldsymbol{y}\in R(\boldsymbol{A})=R(\boldsymbol{A}^{\mathrm{H}}),\boldsymbol{z}\in N(\boldsymbol{A})=N(\boldsymbol{A}^{\mathrm{H}})$，由
$$\boldsymbol{A}\boldsymbol{x}=\boldsymbol{A}\boldsymbol{y}+\boldsymbol{A}\boldsymbol{z}=\boldsymbol{A}\boldsymbol{y}=\boldsymbol{y},$$
$$\boldsymbol{A}^{\mathrm{H}}\boldsymbol{x}=\boldsymbol{A}^{\mathrm{H}}\boldsymbol{y}+\boldsymbol{A}^{\mathrm{H}}\boldsymbol{z}=\boldsymbol{A}^{\mathrm{H}}\boldsymbol{y}=\boldsymbol{y},$$
证得
$$\boldsymbol{A}^{\mathrm{H}}=\boldsymbol{A}.$$

充分性：因 $\boldsymbol{A}^2=\boldsymbol{A}$，所以 σ 是 $\mathbf{C}^n$ 空间的投影变换，且
$$\mathbf{C}^n=R(\boldsymbol{A})\oplus N(\boldsymbol{A}),$$
$\forall\boldsymbol{x}\in R(\boldsymbol{A}),\boldsymbol{y}\in N(\boldsymbol{A})$，有

$$(\boldsymbol{x},\boldsymbol{y})=(\boldsymbol{Ax},\boldsymbol{y})=(\boldsymbol{A}^{\mathrm{H}}\boldsymbol{x},\boldsymbol{y})=(\boldsymbol{x},\boldsymbol{Ay})=(\boldsymbol{x},\boldsymbol{0})=0,$$

证得 $N(\boldsymbol{A})\subseteq R(\boldsymbol{A})^{\perp}$. 又 $\forall \boldsymbol{x}\in R(\boldsymbol{A})^{\perp}$,

$$(\boldsymbol{Ax},\boldsymbol{Ax})=(\boldsymbol{x},\boldsymbol{A}^{\mathrm{H}}\boldsymbol{Ax})=(\boldsymbol{x},\boldsymbol{Ax})=0,$$

所以 $\boldsymbol{Ax}=\boldsymbol{0}$,即 $\boldsymbol{x}\in N(\boldsymbol{A})$,故 $R(\boldsymbol{A})^{\perp}=N(\boldsymbol{A})$. □

作为正交投影矩阵的例子,我们考察矩阵 $\boldsymbol{AA}^{+}$ 和 $\boldsymbol{A}^{+}\boldsymbol{A}$.

定理 4.15 设 $\boldsymbol{A}\in\mathbf{C}^{m\times n}$,则

(1) $(\boldsymbol{A}^{+}\boldsymbol{A})^2=\boldsymbol{A}^{+}\boldsymbol{A},(\boldsymbol{A}^{+}\boldsymbol{A})^{\mathrm{H}}=\boldsymbol{A}^{+}\boldsymbol{A}$;

(2) $\begin{cases}\mathbf{C}^n=R(\boldsymbol{A}^{+})\oplus N(\boldsymbol{A}),\\ R(\boldsymbol{A}^{+})^{\perp}=N(\boldsymbol{A});\end{cases}$

(3) $(\boldsymbol{AA}^{+})^2=\boldsymbol{AA}^{+},(\boldsymbol{AA}^{+})^{\mathrm{H}}=\boldsymbol{AA}^{+}$;

(4) $\begin{cases}\mathbf{C}^m=R(\boldsymbol{A})\oplus N(\boldsymbol{A}^{+}),\\ R(\boldsymbol{A})^{\perp}=N(\boldsymbol{A}^{+}).\end{cases}$

证明 由 $\boldsymbol{A}^{+}$ 的定义可直接证明(1)和(3)成立.下面证明(2)成立.

由定理 4.14 及(1)知,$\boldsymbol{A}^{+}\boldsymbol{A}$ 是正交投影矩阵,故

$$\begin{cases}\mathbf{C}^n=R(\boldsymbol{A}^{+}\boldsymbol{A})\oplus N(\boldsymbol{A}^{+}\boldsymbol{A}),\\ R(\boldsymbol{A}^{+}\boldsymbol{A})^{\perp}=N(\boldsymbol{A}^{+}\boldsymbol{A}).\end{cases}$$

下证 $R(\boldsymbol{A}^{+}\boldsymbol{A})=R(\boldsymbol{A}^{+}),N(\boldsymbol{A}^{+}\boldsymbol{A})=N(\boldsymbol{A})$.

显然,$R(\boldsymbol{A}^{+}\boldsymbol{A})\subseteq R(\boldsymbol{A}^{+}),N(\boldsymbol{A})\subseteq N(\boldsymbol{A}^{+}\boldsymbol{A})$,只需证 $R(\boldsymbol{A}^{+})\subseteq R(\boldsymbol{A}^{+}\boldsymbol{A}),N(\boldsymbol{A}^{+}\boldsymbol{A})\subseteq N(\boldsymbol{A})$.

$\forall \boldsymbol{y}\in R(\boldsymbol{A}^{+})$,存在 $\boldsymbol{x}$ 使 $\boldsymbol{y}=\boldsymbol{A}^{+}\boldsymbol{x}=\boldsymbol{A}^{+}\boldsymbol{A}(\boldsymbol{A}^{+}\boldsymbol{x})$,故 $R(\boldsymbol{A}^{+})\subseteq R(\boldsymbol{A}^{+}\boldsymbol{A})$.

$\forall \boldsymbol{x}\in N(\boldsymbol{A}^{+}\boldsymbol{A}),\boldsymbol{A}^{+}\boldsymbol{Ax}=\boldsymbol{0},\boldsymbol{Ax}=\boldsymbol{AA}^{+}\boldsymbol{Ax}=\boldsymbol{0}$,故 $N(\boldsymbol{A}^{+}\boldsymbol{A})\subseteq N(\boldsymbol{A})$.

同理可证(4)成立. □

定理 4.16 设 W 是 $\mathbf{C}^n$ 的子空间,$\boldsymbol{x}_0\in\mathbf{C}^n,\boldsymbol{x}_0\overline{\in}W$. 如果 σ 是 $\mathbf{C}^n$ 空间向 W 的正交投影变换,则 $\sigma(\boldsymbol{x}_0)$是 W 中离 $\boldsymbol{x}_0$ 最近的向量,即对欧几里得范数 $\|\cdot\|$,都有

$$\|\sigma(\boldsymbol{x}_0)-\boldsymbol{x}_0\|\leqslant\|\boldsymbol{y}-\boldsymbol{x}_0\|,\quad\forall \boldsymbol{y}\in W.$$

证明 因 σ 是 $\mathbf{C}^n$ 空间向 W 的正交投影变换,所以

$$\mathbf{C}^n=W\oplus W^{\perp},\quad W=R(\sigma),\quad W^{\perp}=N(\sigma),$$

$\forall \boldsymbol{y}\in W$,由于$[\boldsymbol{y}-\sigma(\boldsymbol{x}_0)]\in W,[\sigma(\boldsymbol{x}_0)-\boldsymbol{x}_0]\in W^{\perp}$,因此

$$\begin{aligned}\|\boldsymbol{y}-\boldsymbol{x}_0\|^2&=\|[\boldsymbol{y}-\sigma(\boldsymbol{x}_0)]+[\sigma(\boldsymbol{x}_0)-\boldsymbol{x}_0]\|^2\\&=\|\boldsymbol{y}-\sigma(\boldsymbol{x}_0)\|^2+\|\sigma(\boldsymbol{x}_0)-\boldsymbol{x}_0\|^2\\&\geqslant\|\sigma(\boldsymbol{x}_0)-\boldsymbol{x}_0\|^2,\end{aligned}$$

故
$$\|\sigma(\boldsymbol{x}_0)-\boldsymbol{x}_0\|\leqslant\|\boldsymbol{y}-\boldsymbol{x}_0\|,\forall \boldsymbol{y}\in W.$$ □

如果把 $\boldsymbol{x}_0$ 视为 $\mathbf{C}^n$ 中的“点”,则 $\sigma(\boldsymbol{x}_0)$可以看作是 $\boldsymbol{x}_0$ 在 W 中由正交投影得到的“垂足”.

正交投影矩阵 $\boldsymbol{A}$ 可按如下方法求得:

假定 $\dim L=r$，则 $\dim L^{\perp}=n-r$. 在子空间 L 和 $L^{\perp}$ 中分别取定基底

$$\{y_1,y_2,\cdots,y_r\},\quad \{z_1,z_2,\cdots,z_{n-r}\},$$

作分块矩阵

$$\boldsymbol{B}=\{y_1\quad y_2\quad \cdots\quad y_r\},\quad \boldsymbol{C}=\{z_1\quad z_2\quad \cdots\quad z_{n-r}\},$$

则 $\boldsymbol{B}^{\mathrm{H}}\boldsymbol{C}=\boldsymbol{0}$. 由投影矩阵的求法有

$$\begin{aligned}\boldsymbol{A}&=(\boldsymbol{B}\mid\boldsymbol{0})(\boldsymbol{B}\mid\boldsymbol{C})^{-1}=(\boldsymbol{B}\mid\boldsymbol{0})((\boldsymbol{B}\mid\boldsymbol{C})^{\mathrm{H}}(\boldsymbol{B}\mid\boldsymbol{C}))^{-1}(\boldsymbol{B}\mid\boldsymbol{C})^{\mathrm{H}}\\&=(\boldsymbol{B}\mid\boldsymbol{0})\begin{pmatrix}\boldsymbol{B}^{\mathrm{H}}\boldsymbol{B}&\boldsymbol{0}\\\boldsymbol{0}&\boldsymbol{C}^{\mathrm{H}}\boldsymbol{C}\end{pmatrix}^{-1}\begin{pmatrix}\boldsymbol{B}^{\mathrm{H}}\\\boldsymbol{C}^{\mathrm{H}}\end{pmatrix}=(\boldsymbol{B}\mid\boldsymbol{0})\begin{pmatrix}(\boldsymbol{B}^{\mathrm{H}}\boldsymbol{B})^{-1}&\boldsymbol{0}\\\boldsymbol{0}&(\boldsymbol{C}^{\mathrm{H}}\boldsymbol{C})^{-1}\end{pmatrix}\begin{pmatrix}\boldsymbol{B}^{\mathrm{H}}\\\boldsymbol{C}^{\mathrm{H}}\end{pmatrix}\\&=\boldsymbol{B}(\boldsymbol{B}^{\mathrm{H}}\boldsymbol{B})^{-1}\boldsymbol{B}.\end{aligned}$$

例 7　考虑 $\mathbf{R}^3$ 中由向量 $\boldsymbol{\alpha}=(1\quad 2\quad 0)^{\mathrm{T}}$ 和 $\boldsymbol{\beta}=(0\quad 1\quad 1)^{\mathrm{T}}$ 所生成的子空间 L，求正交投影矩阵 $\boldsymbol{A}$ 和向量 $\boldsymbol{x}=(1\quad 2\quad 3)^{\mathrm{T}}$ 沿 $L^{\perp}$ 到 L 的投影.

解　因为

$$\boldsymbol{B}=\begin{pmatrix}1&0\\2&1\\0&1\end{pmatrix},\quad \boldsymbol{B}^{\mathrm{H}}\boldsymbol{B}=\begin{pmatrix}5&2\\2&2\end{pmatrix},$$

$$(\boldsymbol{B}^{\mathrm{H}}\boldsymbol{B})^{-1}=\frac{1}{6}\begin{pmatrix}2&-2\\-2&5\end{pmatrix},$$

所以

$$\boldsymbol{A}=\boldsymbol{B}(\boldsymbol{B}^{\mathrm{H}}\boldsymbol{B})^{-1}\boldsymbol{B}^{\mathrm{H}}=\frac{1}{6}\begin{pmatrix}2&2&-2\\2&5&1\\-2&1&5\end{pmatrix}.$$

$\boldsymbol{x}$ 沿 $L^{\perp}$ 到 L 的投影为

$$\boldsymbol{A}\boldsymbol{x}=\begin{pmatrix}0&\frac{5}{2}&\frac{5}{2}\end{pmatrix}^{\mathrm{T}}.$$

4.4　最佳的最小二乘解

设 $A\in\mathbf{C}^{m\times n}$，$\boldsymbol{b}\in\mathbf{C}^m$，线性方程组 $\boldsymbol{A}\boldsymbol{x}=\boldsymbol{b}$ 有解当且仅当 $\boldsymbol{b}\in R(\boldsymbol{A})$. 如果 $\boldsymbol{b}\in R(\boldsymbol{A})$，称方程组 $\boldsymbol{A}\boldsymbol{x}=\boldsymbol{b}$ 是相容的，否则，称其是不相容的. 对不相容的方程组，希望求其近似解 $\boldsymbol{u}$，使得对欧几里得范数 $\|\cdot\|_2$，误差 $\|\boldsymbol{A}\boldsymbol{u}-\boldsymbol{b}\|_2$ 达到极小.

定义 4.6　设 $A\in\mathbf{C}^{m\times n}$，$\boldsymbol{b}\in\mathbf{C}^m$，如果存在 $\boldsymbol{u}\in\mathbf{C}^n$，使得

$$\|\boldsymbol{A}\boldsymbol{u}-\boldsymbol{b}\|_2\leqslant\|\boldsymbol{A}\boldsymbol{x}-\boldsymbol{b}\|_2,\ \forall\,\boldsymbol{x}\in\mathbf{C}^n,$$

则称 $\boldsymbol{u}$ 是方程组 $\boldsymbol{A}\boldsymbol{x}=\boldsymbol{b}$ 的一个**最小二乘解**.

设 $\boldsymbol{x}_0$ 是 $\boldsymbol{A}\boldsymbol{x}=\boldsymbol{b}$ 的最小二乘解，如果对于 $\boldsymbol{A}\boldsymbol{x}=\boldsymbol{b}$ 的每一个最小二乘解 $\boldsymbol{u}$，都有

$$\|\boldsymbol{x}_0\|_2\leqslant\|\boldsymbol{u}\|_2,$$

则称 $\boldsymbol{x}_0$ 是**最佳的最小二乘解**(或称按范数最小的最小二乘解，或称最佳逼近解).

定理 4.17　设 $A\in\mathbf{C}^{m\times n}$，$\boldsymbol{b}\in\mathbf{C}^m$，则 $\boldsymbol{x}_0=\boldsymbol{A}^{+}\boldsymbol{b}$ 是线性方程组 $\boldsymbol{A}\boldsymbol{x}=\boldsymbol{b}$ 的最佳的最小

二乘解.

证明 由定理 4.15 知道,$\boldsymbol{AA}^+$ 是 $\mathbf{C}^m$ 空间向 $R(\boldsymbol{A})$ 上的一个正交投影变换所对应的矩阵,再由定理 4.16,有

$$\|\boldsymbol{A}(\boldsymbol{A}^+\boldsymbol{b})-\boldsymbol{b}\| \leqslant \|\boldsymbol{Ax}-\boldsymbol{b}\|, \boldsymbol{x}\in\mathbf{C}^n,$$

故 $\boldsymbol{x}_0=\boldsymbol{A}^+\boldsymbol{b}$ 是 $\boldsymbol{Ax}=\boldsymbol{b}$ 的最小二乘解.

又由定理 4.15,有

$$\begin{cases}\mathbf{C}^m = R(\boldsymbol{A}) \oplus N(\boldsymbol{A}^+),\\ R(\boldsymbol{A})^{\perp} = N(\boldsymbol{A}^+),\end{cases}$$

每个 $\boldsymbol{b}\in\mathbf{C}^m$ 可唯一地分解为

$$\boldsymbol{b}=\boldsymbol{b}_1+\boldsymbol{b}_2,\quad \boldsymbol{b}_1\in R(\boldsymbol{A}),\quad \boldsymbol{b}_2\in N(\boldsymbol{A}^+),$$

$\forall\, \boldsymbol{x}\in\mathbf{C}^n$,有

$$\begin{aligned}\|\boldsymbol{Ax}-\boldsymbol{b}\|^2 &= \|(\boldsymbol{Ax}-\boldsymbol{b}_1)+(-\boldsymbol{b}_2)\|^2\\ &= \|\boldsymbol{Ax}-\boldsymbol{b}_1\|^2+\|\boldsymbol{b}_2\|^2,\end{aligned}$$

因此,$\boldsymbol{u}$ 是 $\boldsymbol{Ax}=\boldsymbol{b}$ 的最小二乘解当且仅当 $\boldsymbol{u}$ 是 $\boldsymbol{Ax}=\boldsymbol{b}_1$ 的解.

设 $\boldsymbol{u}$ 是 $\boldsymbol{Ax}=\boldsymbol{b}$ 的任一个最小二乘解,因 $\boldsymbol{x}_0$ 也是 $\boldsymbol{Ax}=\boldsymbol{b}$ 的最小二乘解,故 $\boldsymbol{A}(\boldsymbol{x}_0-\boldsymbol{u})=\boldsymbol{Ax}_0-\boldsymbol{Au}=\boldsymbol{b}_1-\boldsymbol{b}_1=\boldsymbol{0}$,从而 $(\boldsymbol{x}_0-\boldsymbol{u})\in N(\boldsymbol{A})$,又因 $\boldsymbol{x}_0=\boldsymbol{A}^+\boldsymbol{b}\in R(\boldsymbol{A}^+)$,$R(\boldsymbol{A}^+)^{\perp}=N(\boldsymbol{A})$,故 $\boldsymbol{x}_0$ 与 $(\boldsymbol{x}_0-\boldsymbol{u})$ 正交. 因而

$$\|\boldsymbol{u}\|^2 = \|\boldsymbol{x}_0+(\boldsymbol{u}-\boldsymbol{x}_0)\|^2 = \|\boldsymbol{x}_0\|^2+\|\boldsymbol{u}-\boldsymbol{x}_0\|^2 \geqslant \|\boldsymbol{x}_0\|^2,$$

证得 $\boldsymbol{x}_0=\boldsymbol{A}^+\boldsymbol{b}$ 是 $\boldsymbol{Ax}=\boldsymbol{b}$ 的最佳的最小二乘解. □

推论 设矩阵方程 $\boldsymbol{AX}=\boldsymbol{B}$,其中 $\boldsymbol{A}\in\mathbf{C}^{m\times n}$,$\boldsymbol{B}\in\mathbf{C}^{m\times k}$,则 $\boldsymbol{X}_0=\boldsymbol{A}^+\boldsymbol{B}$ 是 $\boldsymbol{AX}=\boldsymbol{B}$ 的最佳的最小二乘解.

例 8 求不相容的线性方程组 $\begin{pmatrix}1&0&-1&1\\0&2&2&2\\-1&4&5&3\end{pmatrix}\begin{pmatrix}x_1\\x_2\\x_3\\x_4\end{pmatrix}=\begin{pmatrix}4\\1\\2\end{pmatrix}$ 最佳的最小二乘解.

解 由 4.2 例 3 知系数矩阵 $\boldsymbol{A}$ 的 M-P 逆为

$$\boldsymbol{A}^+=\frac{1}{18}\begin{pmatrix}5&2&-1\\1&1&1\\-4&-1&2\\6&3&0\end{pmatrix},$$

于是方程组的最佳的最小二乘解为

$$\boldsymbol{x}_0=\boldsymbol{A}^+\boldsymbol{b}=\frac{1}{18}(20\quad 7\quad -13\quad 27)^{\mathrm{T}}.$$

应用最佳最小二乘解,可以解决在实际中常常要求寻找经验公式的问题. 设由观察得到关于物理量 x 和 y 的一组数据为

$$(\boldsymbol{x}_1,\boldsymbol{y}_1),(\boldsymbol{x}_2,\boldsymbol{y}_2),\cdots,(\boldsymbol{x}_m,\boldsymbol{y}_m).$$

人们希望通过这些数据，找出函数 $\boldsymbol{y}=f(\boldsymbol{x})$，使得它能最好的反映 x 和 y 之间的依赖关系.

所谓最好的反映，是指以 $\delta_i=f(\boldsymbol{x}_i)-\boldsymbol{y}_i\quad(i=1,2,\cdots,m)$ 作为分量的误差向量 $\boldsymbol{\delta}=(\delta_1\quad\delta_2\quad\cdots\quad\delta_m)^{\mathrm{T}}$ 按欧几里得范数 $\|\boldsymbol{\delta}\|_2$ 最小，称如此得到的函数 $\boldsymbol{y}=f(\boldsymbol{x})$ 的图形是拟合数据 $(\boldsymbol{x}_i,\boldsymbol{y}_i)(i=1,2,\cdots,m)$ 的最佳拟合曲线.

例 9　设有一组实验数据：

$$(1,2),(2,3),(3,5),(4,7).$$

从数据点的走向看接近一条直线，实验者希望使用直线 $y=\beta_0+\beta_1 x$ 拟合数据点，求最佳拟合直线.

解　把实验数据代入 $y=\beta_0+\beta_1 x$，得到

$$\begin{pmatrix}1&1\\1&2\\1&3\\1&4\end{pmatrix}\begin{pmatrix}\beta_0\\\beta_1\end{pmatrix}=\begin{pmatrix}2\\3\\5\\7\end{pmatrix},$$

因系数矩阵 $\boldsymbol{A}$ 是列满秩的，$\boldsymbol{A}^{+}=(\boldsymbol{A}^{\mathrm{H}}\boldsymbol{A})^{-1}\boldsymbol{A}^{\mathrm{H}}$，求得

$$\boldsymbol{A}^{+}=\frac{1}{20}\begin{pmatrix}20&10&0&-10\\-6&-2&2&6\end{pmatrix},$$

$$\boldsymbol{\beta}=\begin{pmatrix}\beta_0\\\beta_1\end{pmatrix}=\boldsymbol{A}^{+}\boldsymbol{b}=\begin{pmatrix}0\\1.7\end{pmatrix}.$$

所以最佳拟合直线为 $\boldsymbol{y}=1.7\boldsymbol{x}$，其误差为

$$\|\boldsymbol{\delta}\|_2=\|\boldsymbol{A\beta}-\boldsymbol{b}\|_2=\sqrt{0.3}.$$

例 10　设一个质点运动的轨道是椭圆，观察到的位置坐标是

$$(1,1),(0,2),(-1,1),(-1,-2),$$

点在同一平面上，求拟合观察点的最佳标准椭圆方程.

解　把观察点的坐标代入椭圆方程 $\beta_1 x^2+\beta_2 y^2=1$，得到

$$\begin{pmatrix}1&1\\0&4\\1&1\\1&4\end{pmatrix}\begin{pmatrix}\beta_1\\\beta_2\end{pmatrix}=\begin{pmatrix}1\\1\\1\\1\end{pmatrix}.$$

因系数矩阵 $\boldsymbol{A}$ 是列满秩的，$\boldsymbol{A}^{+}=(\boldsymbol{A}^{\mathrm{H}}\boldsymbol{A})^{-1}\boldsymbol{A}^{\mathrm{H}}$，求得

$$\boldsymbol{A}^{+}=\frac{1}{66}\begin{pmatrix}28&-24&28&10\\-3&12&-3&6\end{pmatrix},$$

$$\boldsymbol{\beta}=\begin{pmatrix}\beta_1\\\beta_2\end{pmatrix}=\boldsymbol{A}^{+}\boldsymbol{b}=\frac{1}{11}\begin{pmatrix}7\\2\end{pmatrix}.$$

所以拟合观察点的最佳标准椭圆方程为

$$\frac{7}{11}x^2+\frac{2}{11}y^2=1,$$

其误差为
$$\|\boldsymbol{\delta}\|_2=\|\boldsymbol{A\beta}-\boldsymbol{b}\|_2=0.5.$$

习 题 四

1. 求矩阵 $\boldsymbol{A}=\begin{pmatrix}-1&0\\0&1\\2&-1\end{pmatrix}$ 的一个左逆.

2. 求矩阵 $\boldsymbol{A}=\begin{pmatrix}1&1&1\\0&1&0\end{pmatrix}$ 的一个右逆.

3. 设矩阵 $\boldsymbol{A}\in\mathbf{C}^{m\times m}$ 和 $\boldsymbol{C}\in\mathbf{C}^{n\times n}$ 可逆,证明:

(1) 若 $\boldsymbol{B}\in\mathbf{C}^{m\times n}$ 是左可逆的,则 $\boldsymbol{ABC}$ 左可逆;

(2) 若 $\boldsymbol{B}\in\mathbf{C}^{m\times n}$ 是右可逆的,则 $\boldsymbol{ABC}$ 右可逆.

4. 设 $\boldsymbol{A}=\boldsymbol{PBQ}$,其中 $\boldsymbol{P}$ 列满秩,$\boldsymbol{Q}$ 行满秩,证明 $\operatorname{rank}(\boldsymbol{A})=\operatorname{rank}(\boldsymbol{B})$.

5. 求矩阵 $\boldsymbol{A}=\begin{pmatrix}1&-1&2\\2&2&3\end{pmatrix}$ 的减号广义逆.

6. 设 $\boldsymbol{A}\in\mathbf{C}^{m\times n}$,$\boldsymbol{G}\in\mathbf{C}^{n\times m}$,子空间 T 满足 $\mathbf{C}^n=N(\boldsymbol{A})\oplus T$,且 $\forall\,\boldsymbol{x}\in T$,$\boldsymbol{GAx}=\boldsymbol{x}$,证明 $\boldsymbol{G}\in\boldsymbol{A}\{1\}$.

7. 求矩阵 $\boldsymbol{A}=\begin{pmatrix}1&1&-1\\2&0&-2\\-1&1&1\\1&-1&-1\end{pmatrix}$ 的 M-P 逆 $\boldsymbol{A}^+$.

8. 设 $\boldsymbol{A}$ 是幂等 Hermite 矩阵,证明 $\boldsymbol{A}^+=\boldsymbol{A}$.

9. 设 $\boldsymbol{A}$ 的满秩分解为 $\boldsymbol{A}=\boldsymbol{BC}$,证明 $\boldsymbol{Ax}=\boldsymbol{0}$ 的充分必要条件是 $\boldsymbol{Cx}=\boldsymbol{0}$.

10. 设 $\boldsymbol{A}$、$\boldsymbol{B}$ 为投影矩阵,证明 $\boldsymbol{A}+\boldsymbol{B}$ 仍为投影矩阵当且仅当 $\boldsymbol{AB}=\boldsymbol{BA}=\boldsymbol{0}$.

11. 设 $\boldsymbol{A}$、$\boldsymbol{B}$ 为投影矩阵,证明 $\boldsymbol{A}-\boldsymbol{B}$ 仍为投影矩阵当且仅当 $\boldsymbol{AB}=\boldsymbol{BA}=\boldsymbol{B}$.

12. 证明 $\forall\,\boldsymbol{A}\in\mathbf{C}^{m\times n}$,恒有

$$N(\boldsymbol{A}^+)=N(\boldsymbol{A}^{\mathrm{H}}),$$
$$R(\boldsymbol{A}^+)=R(\boldsymbol{A}^{\mathrm{H}}).$$

13. 设 $\boldsymbol{A}\in\mathbf{C}^{m\times n}$,$\boldsymbol{B}\in\mathbf{C}^{n\times m}$,$\boldsymbol{BA}=\boldsymbol{I}_n$,$\operatorname{rank}(\boldsymbol{AB})=n\,(m\geqslant n)$,

(1) 求 $\boldsymbol{AB}$ 的全部特征值;

(2) 证明 $R(\boldsymbol{AB})=R(\boldsymbol{A})$,$N(\boldsymbol{AB})=N(\boldsymbol{B})$.

14. 求线性方程组 $\begin{pmatrix}0&2&0\\1&0&2\\0&1&0\end{pmatrix}\begin{pmatrix}x_1\\x_2\\x_3\end{pmatrix}=\begin{pmatrix}1\\1\\1\end{pmatrix}$ 的最佳的最小二乘解.

第 5 章　矩 阵 分 析

矩阵分析理论的建立，同数学分析一样，也是以极限理论为基础的，其内容丰富，是研究数值分析方法和其他数学分支以及许多工程问题的重要工具. 本章在引入向量和矩阵的范数及极限的基础上，借助矩阵幂级数来定义矩阵函数，同时讨论函数矩阵的微分和积分，最后介绍它们在求解微分方程组中的应用.

5.1　向 量 范 数

在欧氏空间与酉空间中，我们通过向量的内积定义了向量的长度 $\|\boldsymbol{x}\|=\sqrt{(\boldsymbol{x},\boldsymbol{x})}$. 对于一般的线性空间，我们能否引入一个类似长度而又比其含义更广泛的概念呢？为此，我们引入向量范数的概念.

一、向量范数的概念

定义 5.1　设 V 是数域 F 上的线性空间，且对于 V 的任一个向量 $\boldsymbol{x}$，对应一个非负实数 $\|\boldsymbol{x}\|$，满足以下条件：

(1)正定性：$\|\boldsymbol{x}\|\geqslant 0$，$\|\boldsymbol{x}\|=0$ 当且仅当 $\boldsymbol{x}=\boldsymbol{0}$；

(2)齐次性：$\|a\boldsymbol{x}\|=|a|\cdot\|\boldsymbol{x}\|$，$a\in F$；

(3)三角不等式：对任意 $\boldsymbol{x},\boldsymbol{y}\in V$，都有 $\|\boldsymbol{x}+\boldsymbol{y}\|\leqslant\|\boldsymbol{x}\|+\|\boldsymbol{y}\|$.

则称 $\|\boldsymbol{x}\|$ 为向量 $\boldsymbol{x}$ 的范数，$[V;\|\cdot\|]$为赋范空间.

例 1　在 n 维酉空间 $\mathbf{C}^n$ 中，复向量 $\boldsymbol{x}=(x_1\quad x_2\quad\cdots\quad x_n)^{\mathrm{T}}$ 的长度

$$\|\boldsymbol{x}\|=\sqrt{|x_1|^2+|x_2|^2+\cdots+|x_n|^2}$$

就是一种向量范数. 通常称这种范数为 2-范数，记作 $\|\boldsymbol{x}\|_2$.

例 2　证明 $\|\boldsymbol{x}\|=\max\limits_i|x_i|$ 是 $\mathbf{C}^n$ 上的一种向量范数. 其中 $\boldsymbol{x}=(x_1\quad x_2\quad\cdots\quad x_n)^{\mathrm{T}}\in\mathbf{C}^n$.

证明　当 $\boldsymbol{x}\neq\boldsymbol{0}$ 时，$x_1,x_2,\cdots,x_n$ 不全为零，故 $\|\boldsymbol{x}\|=\max\limits_i|x_i|>0$；$\|\boldsymbol{x}\|=0$，$\max\limits_i|x_i|=0$，当且仅当 $x_i=0(i=1,2,\cdots,n)$，即 $\boldsymbol{x}=\boldsymbol{0}$.

又对任意 $a\in\mathbf{C}^n$，有

$$\|a\boldsymbol{x}\|=\max_i|ax_i|=|a|\max_i|x_i|=|a|\,\|\boldsymbol{x}\|.$$

最后，我们来证明三角不等式也满足. 对任意 $\boldsymbol{y}=(y_1\quad y_2\quad\cdots\quad y_n)^{\mathrm{T}}\in\mathbf{C}^n$，有

$$\|\boldsymbol{x}+\boldsymbol{y}\| = \max_i |x_i+y_i| \leqslant \max_i |x_i| + \max_i |y_i|$$
$$= \|\boldsymbol{x}\| + \|\boldsymbol{y}\|.$$

故 $\|\boldsymbol{x}\| = \max\limits_i |x_i|$ 是 $\mathbf{C}^n$ 上的一种向量范数,称这种范数为∞-范数,记做 $\|\boldsymbol{x}\|_\infty$.

同样,可以证明 $\|\boldsymbol{x}\| = \sum\limits_{i=1}^n |x_i|$ 也是 $\mathbf{C}^n$ 的一种向量范数,称这种范数为 1-范数,记做 $\|\boldsymbol{x}\|_1$(证明留给读者).

一般地,可以证明 $\|\boldsymbol{x}\| = (\sum\limits_{i=1}^n |x_i|^p)^{\frac{1}{p}}(1\leqslant p<\infty)$ 也是 $\mathbf{C}^n$ 的一种向量范数,称这种范数为 p-范数,记做 $\|\boldsymbol{x}\|_p$,其证明相当繁琐,这里不作介绍.

例 3 设 $\boldsymbol{A}$ 是任意一个 n 阶正定矩阵,$\boldsymbol{x}\in\mathbf{R}^n$ 是一个 n 元列向量. 证明

$$\|\boldsymbol{x}\|_A = (\boldsymbol{x}^{\mathrm{T}}\boldsymbol{A}\boldsymbol{x})^{1/2}$$

是一种向量范数,称为加权范数或椭圆范数.

证明 因为 $\boldsymbol{A}$ 正定,所以 $\|\boldsymbol{x}\|_A = (\boldsymbol{x}^{\mathrm{T}}\boldsymbol{A}\boldsymbol{x})^{1/2} \geqslant 0$,且 $\|\boldsymbol{x}\|_A = 0$ 当且仅当 $\boldsymbol{x}=\boldsymbol{0}$.

又对任意 $a\in\mathbf{R}$,有

$$\|a\boldsymbol{x}\|_A = ((a\boldsymbol{x})^{\mathrm{T}}\boldsymbol{A}(a\boldsymbol{x}))^{1/2} = (a^2\boldsymbol{x}^{\mathrm{T}}\boldsymbol{A}\boldsymbol{x})^{1/2}$$
$$= |a|\ \|\boldsymbol{x}\|_A.$$

最后,我们来证明三角不等式也满足. 因为 $\boldsymbol{A}$ 正定,所以存在可逆矩阵 $\boldsymbol{P}$,使 $\boldsymbol{P}^{\mathrm{T}}\boldsymbol{A}\boldsymbol{P}=\boldsymbol{I}$,从而

$$\boldsymbol{A} = (\boldsymbol{P}^{\mathrm{T}})^{-1}\boldsymbol{P}^{-1} = (\boldsymbol{P}^{-1})^{\mathrm{T}}\boldsymbol{P}^{-1} = \boldsymbol{B}^{\mathrm{T}}\boldsymbol{B},$$

其中 $\boldsymbol{B}=\boldsymbol{P}^{-1}$ 为可逆矩阵,于是

$$\|\boldsymbol{x}\|_A = (\boldsymbol{x}^{\mathrm{T}}\boldsymbol{A}\boldsymbol{x})^{1/2} = (\boldsymbol{x}^{\mathrm{T}}\boldsymbol{B}^{\mathrm{T}}\boldsymbol{B}\boldsymbol{x})^{1/2} = [(\boldsymbol{B}\boldsymbol{x})^{\mathrm{T}}\boldsymbol{B}\boldsymbol{x}]^{1/2} = \|\boldsymbol{B}\boldsymbol{x}\|_2,$$

从而

$$\|\boldsymbol{x}+\boldsymbol{y}\|_A = \|\boldsymbol{B}(\boldsymbol{x}+\boldsymbol{y})\|_2 = \|\boldsymbol{B}\boldsymbol{x}+\boldsymbol{B}\boldsymbol{y}\|_2$$
$$\leqslant \|\boldsymbol{B}\boldsymbol{x}\|_2 + \|\boldsymbol{B}\boldsymbol{y}\|_2 = \|\boldsymbol{x}\|_A + \|\boldsymbol{y}\|_A.$$

二、向量范数的连续性与等价性

下面介绍向量范数的两个性质,第一个性质是向量范数是向量坐标的连续函数.

定理 5.1 设 $\boldsymbol{\alpha}_1,\boldsymbol{\alpha}_2,\cdots,\boldsymbol{\alpha}_n$ 是 $\mathbf{C}^n$ 空间的一组基,$\|\boldsymbol{x}\|$ 是 $\mathbf{C}^n$ 空间的任意一个向量范数,则对任意 $\varepsilon>0$,$\boldsymbol{\alpha} = \sum\limits_{i=1}^n a_i\boldsymbol{\alpha}_i$,$\boldsymbol{\beta} = \sum\limits_{i=1}^n b_i\boldsymbol{\alpha}_i \in \mathbf{C}^n$,存在 $\delta>0$,当 $|a_i-b_i|<\delta(i=1,2,\cdots,n)$ 时,有

$$|\ \|\boldsymbol{\alpha}\| - \|\boldsymbol{\beta}\|\ | < \varepsilon.$$

证明 令 $M=\max\limits_i\{\|\boldsymbol{\alpha}_i\|\}$,则 $M>0$,选取 δ,使得 $0<\delta<\dfrac{\varepsilon}{nM}$. 对任意向量 $\boldsymbol{\alpha},\boldsymbol{\beta}\in\mathbf{C}^n$,当 $|a_i-b_i|<\delta(i=1,2,\cdots,n)$ 时,有

$$|\,\|\boldsymbol{\alpha}\| - \|\boldsymbol{\beta}\|\,| \leqslant \|\boldsymbol{\alpha}-\boldsymbol{\beta}\| \leqslant \sum_{i=1}^{n} |a_i - b_i|\,\|\boldsymbol{\alpha}_i\|$$

$$\leqslant M\sum_{i=1}^{n} |a_i - b_i| < \varepsilon. \qquad \square$$

由前面的讨论可见,在有限维线性空间(如 $\mathbf{R}^n$ 及 $\mathbf{C}^n$)上可以引入各种各样的向量范数.虽然范数的种数可无穷多,但下面我们可以证明这些范数都是彼此等价的.

定义 5.2 设 $\|\boldsymbol{x}\|^{(1)}$ 与 $\|\boldsymbol{x}\|^{(2)}$ 是线性空间 V 上定义的两种向量范数.如果存在正数 c_1 与 c_2,使得

$$c_1\|\boldsymbol{x}\|^{(2)} \leqslant \|\boldsymbol{x}\|^{(1)} \leqslant c_2\|\boldsymbol{x}\|^{(2)}, \quad \forall \boldsymbol{x} \in V,$$

则称这两个向量范数是等价的.

定理 5.2 有限维线性空间的任意两种向量范数都是等价的.

证明 因为 n 维线性空间 V 和 $\mathbf{C}^n$ 空间是同构的,所以只就 $\mathbf{C}^n$ 空间来证明.

设 $\|\boldsymbol{x}\|^{(1)}$ 和 $\|\boldsymbol{x}\|^{(2)}$ 是 $\mathbf{C}^n$ 空间的任意两种向量范数.当 $\boldsymbol{x}=\mathbf{0}$ 时,不等式显然满足.下面证明对 $\boldsymbol{x}\neq\mathbf{0}$ 不等式也满足.在 $\mathbf{C}^n$ 空间中,单位球壳

$$S_1 = \{\boldsymbol{x} \in \mathbf{C}^n \mid \|\boldsymbol{x}\|^{(1)} = 1\},$$

$$S_2 = \{\boldsymbol{x} \in \mathbf{C}^n \mid \|\boldsymbol{x}\|^{(2)} = 1\}$$

是有界闭集.$\|\boldsymbol{x}\|^{(1)}$ 与 $\|\boldsymbol{x}\|^{(2)}$ 都是 S_1 与 S_2 上的连续函数,于是可取到最大值,设

$$t_1 = \max_{x\in S_1}\{\|\boldsymbol{x}\|^{(2)}\},$$

$$t_2 = \max_{x\in S_2}\{\|\boldsymbol{x}\|^{(1)}\},$$

则 t_1、$t_2>0$.对任意 $\boldsymbol{x}\neq\mathbf{0}$,有 $\dfrac{\boldsymbol{x}}{\|\boldsymbol{x}\|^{(1)}}\in S_1$,$\dfrac{\boldsymbol{x}}{\|\boldsymbol{x}\|^{(2)}}\in S_2$,于是

$$t_1 \geqslant \left\|\frac{\boldsymbol{x}}{\|\boldsymbol{x}\|^{(1)}}\right\|^{(2)} = \frac{\|\boldsymbol{x}\|^{(2)}}{\|\boldsymbol{x}\|^{(1)}},$$

$$t_2 \geqslant \left\|\frac{\boldsymbol{x}}{\|\boldsymbol{x}\|^{(2)}}\right\|^{(1)} = \frac{\|\boldsymbol{x}\|^{(1)}}{\|\boldsymbol{x}\|^{(2)}}.$$

取 $c_2=t_2$,$c_1=1/t_1$,便有

$$c_1\|\boldsymbol{x}\|^{(2)} \leqslant \|\boldsymbol{x}\|^{(1)} \leqslant c_2\|\boldsymbol{x}\|^{(2)}. \qquad \square$$

注意:在无限维线性空间中,两个向量范数是可以不等价的.

5.2 矩阵范数

矩阵空间 $\mathbf{C}^{m\times n}$ 是一个 mn 维的线性空间,将 $m\times n$ 矩阵 $\boldsymbol{A}$ 看作线性空间 $\mathbf{C}^{m\times n}$ 中的向量,可以按向量范数的办法来定义范数.但是,矩阵之间还有乘法运算,它应该在定义矩阵范数时予以体现.本书只涉及方阵的范数,至于不是方阵的范数可类似地定义.

一、矩阵范数的概念

定义 5.3 在 $F^{n\times n}$ 上定义一个非负实值函数，使得对任意矩阵 $\boldsymbol{A}\in F^{n\times n}$，对应一个非负实数 $\|\boldsymbol{A}\|$，满足以下四个条件：

(1) 正定性：$\|\boldsymbol{A}\|\geqslant 0$，$\|\boldsymbol{A}\|=0$ 当且仅当 $\boldsymbol{A}=\boldsymbol{0}$；

(2) 齐次性：$\|a\boldsymbol{A}\|=|a|\,\|\boldsymbol{A}\|$，$a\in F$；

(3) 三角不等式：对任意 $\boldsymbol{A}$、$\boldsymbol{B}\in F^{n\times n}$，都有 $\|\boldsymbol{A}+\boldsymbol{B}\|\leqslant\|\boldsymbol{A}\|+\|\boldsymbol{B}\|$；

(4) 相容性：对任意 $\boldsymbol{A},\boldsymbol{B}\in F^{n\times n}$，都有 $\|\boldsymbol{AB}\|\leqslant\|\boldsymbol{A}\|\,\|\boldsymbol{B}\|$，则称 $\|\boldsymbol{A}\|$ 为矩阵 $\boldsymbol{A}$ 的范数.

例 4 证明：对任意 $\boldsymbol{A}=(a_{ij})\in\mathbf{C}^{n\times n}$，$\|\boldsymbol{A}\|=\sum_{i=1}^{n}\sum_{j=1}^{n}|a_{ij}|$ 是矩阵范数.

证明 正定性与齐次性容易验证，下证三角不等式与相容性满足.

设 $\boldsymbol{A}=(a_{ij})$，$\boldsymbol{B}=(b_{ij})\in\mathbf{C}^{n\times n}$，则

$$
\begin{aligned}
\|\boldsymbol{A}+\boldsymbol{B}\| &= \sum_{i=1}^{n}\sum_{j=1}^{n}|a_{ij}+b_{ij}|\leqslant\sum_{i=1}^{n}\sum_{j=1}^{n}(|a_{ij}|+|b_{ij}|)\\
&= \sum_{i=1}^{n}\sum_{j=1}^{n}|a_{ij}|+\sum_{i=1}^{n}\sum_{j=1}^{n}|b_{ij}|=\|\boldsymbol{A}\|+\|\boldsymbol{B}\|,\\
\|\boldsymbol{AB}\| &= \sum_{i=1}^{n}\sum_{j=1}^{n}|a_{i1}b_{1j}+\cdots+a_{in}b_{nj}|\\
&\leqslant\sum_{i=1}^{n}\sum_{j=1}^{n}(|a_{i1}b_{1j}|+\cdots+|a_{in}b_{nj}|)\\
&\leqslant\sum_{i=1}^{n}(|a_{i1}|+\cdots+|a_{in}|)\cdot\sum_{j=1}^{n}(|b_{1j}|+\cdots+|b_{nj}|)\\
&= \sum_{i=1}^{n}\sum_{j=1}^{n}|a_{ij}|\cdot\sum_{i=1}^{n}\sum_{j=1}^{n}|b_{ij}|=\|\boldsymbol{A}\|\,\|\boldsymbol{B}\|.
\end{aligned}
$$

例 5 设 $\boldsymbol{A}=(a_{ij})\in\mathbf{C}^{n\times n}$，证明

$$
\|\boldsymbol{A}\|_{\mathrm{F}}=\Big(\sum_{i=1}^{n}\sum_{j=1}^{n}|a_{ij}|^{2}\Big)^{1/2}=[\mathrm{tr}(\boldsymbol{A}^{\mathrm{H}}\boldsymbol{A})]^{1/2}
$$

是 $\mathbf{C}^{n\times n}$ 上的矩阵范数. 称其为 Frobenius **范数**，简称为 F-**范数**.

证明 正定性与齐次性易证，下证三角不等式与相容性满足.

设 $\boldsymbol{A}=(a_{ij})$，$\boldsymbol{B}=(b_{ij})\in\mathbf{C}^{n\times n}$，则

$$
\begin{aligned}
\|\boldsymbol{A}+\boldsymbol{B}\|_{\mathrm{F}} &= \Big(\sum_{i=1}^{n}\sum_{j=1}^{n}|a_{ij}+b_{ij}|^{2}\Big)^{1/2}\\
&\leqslant\Big(\sum_{i=1}^{n}\sum_{j=1}^{n}|a_{ij}|^{2}\Big)^{1/2}+\Big(\sum_{i=1}^{n}\sum_{j=1}^{n}|b_{ij}|^{2}\Big)^{1/2}
\end{aligned}
$$

$$= \| \boldsymbol{A} \|_F + \| \boldsymbol{B} \|_F;$$

$$\| \boldsymbol{AB} \|_F^2 = \sum_{i=1}^{n}\sum_{j=1}^{n}\left(\left| \sum_{k=1}^{n} a_{ik}b_{kj} \right|^2 \right)$$

$$\leqslant \sum_{i=1}^{n}\sum_{j=1}^{n}\left[\left(\sum_{k=1}^{n} | a_{ik} |^2 \right)\left(\sum_{k=1}^{n} | b_{kj} |^2 \right) \right]$$

$$= \left(\sum_{i=1}^{n}\sum_{k=1}^{n} | a_{ik} |^2 \right)\left(\sum_{j=1}^{n}\sum_{k=1}^{n} | b_{kj} |^2 \right)$$

$$= \| \boldsymbol{A} \|_F^2 \| \boldsymbol{B} \|_F^2.$$

例 6 设 $\boldsymbol{A}\in \mathbf{C}^{n\times n}$，$\sigma_1,\sigma_2,\cdots,\sigma_r$ 是矩阵 $\boldsymbol{A}$ 的奇异值，证明

$$\| \boldsymbol{A} \|_F{}^2 = \sigma_1{}^2 + \sigma_2{}^2 + \cdots + \sigma_r{}^2.$$

证明 首先注意到由特征值的定义，$\boldsymbol{A}^H\boldsymbol{A}$ 的非零特征值为 $\sigma_1{}^2,\sigma_2{}^2,\cdots,\sigma_r{}^2$.

从而
$$\mathrm{tr}(\boldsymbol{A}^H\boldsymbol{A}) = \sigma_1{}^2 + \sigma_2{}^2 + \cdots + \sigma_r{}^2.$$

由定义
$$\| \boldsymbol{A} \|_F{}^2 = \mathrm{tr}(\boldsymbol{A}^H\boldsymbol{A}) = \sigma_1{}^2 + \sigma_2{}^2 + \cdots + \sigma_r{}^2.$$

例 7 设 $m\times n$ 阶矩阵 $\boldsymbol{A}$ 的秩为 r，$\boldsymbol{A}$ 的奇异值展开式为

$$\boldsymbol{A} = \boldsymbol{U\Sigma V}^H = \sigma_1 \boldsymbol{u}_1 \boldsymbol{v}_1{}^T + \sigma_2 \boldsymbol{u}_2 \boldsymbol{v}_2{}^T + \cdots + \sigma_r \boldsymbol{u}_r \boldsymbol{v}_r{}^T.$$

令
$$M = \{ \boldsymbol{S} \mid \boldsymbol{S} \in \mathbf{C}^{m\times n}, \mathrm{rank}(\boldsymbol{S}) \leqslant k \}, k \leqslant r,$$

取
$$\boldsymbol{A}_k = \sigma_1 \boldsymbol{u}_1 \boldsymbol{v}_1{}^T + \sigma_2 \boldsymbol{u}_2 \boldsymbol{v}_2{}^T + \cdots + \sigma_k \boldsymbol{u}_k \boldsymbol{v}_k{}^T, (k \leqslant r)$$

证明
$$\| \boldsymbol{A} - \boldsymbol{A}_k \|_F = \min_{S\in M} \| \boldsymbol{A} - \boldsymbol{S} \|_F.$$

证明 首先可注意到

$$\| \boldsymbol{A} - \boldsymbol{A}_k \|_F = (\sigma_{k+1}{}^2 + \sigma_{k+2}{}^2 + \cdots + \sigma_r{}^2)^{\frac{1}{2}}.$$

设 $\boldsymbol{x}\in M$，且 $\| \boldsymbol{A} - \boldsymbol{x} \|_F = \min\limits_{S\in M} \| \boldsymbol{A} - \boldsymbol{S} \|_F$，由 $\boldsymbol{x}$ 的定义

$$\| \boldsymbol{A} - \boldsymbol{x} \|_F \leqslant \| \boldsymbol{A} - \boldsymbol{A}_k \|_F = (\sigma_{k+1}{}^2 + \cdots + \sigma_r{}^2)^{\frac{1}{2}} \qquad ①$$

又设 $\boldsymbol{x}$ 的奇异值分解为

$$\boldsymbol{x} = Q^T \begin{pmatrix} \boldsymbol{\Omega}_k & \boldsymbol{0} \\ \boldsymbol{0} & \boldsymbol{0} \end{pmatrix} \boldsymbol{P} = Q^T \boldsymbol{\Omega P},$$

将 $\boldsymbol{A}$ 表示为

$$\boldsymbol{A} = \boldsymbol{QQ}^T \boldsymbol{APP}^T = \boldsymbol{QBP}^T,$$

其中
$$\boldsymbol{B} = Q^T \boldsymbol{AP},$$

则
$$\| \boldsymbol{A} - \boldsymbol{x} \|_F = \| Q^T(\boldsymbol{B} - \boldsymbol{\Omega})\boldsymbol{P} \|_F = \| \boldsymbol{B} - \boldsymbol{\Omega} \|_F.$$

将 $\boldsymbol{B}$ 分块方式相应分块为

$$\boldsymbol{B} = \begin{bmatrix} \boldsymbol{B}_{11} & \boldsymbol{B}_{12} \\ \boldsymbol{B}_{21} & \boldsymbol{B}_{22} \end{bmatrix},$$

$$\| \boldsymbol{A} - \boldsymbol{x} \|_F^2 = \| \boldsymbol{B} - \boldsymbol{\Omega} \|_F^2$$

$$= \| \boldsymbol{B}_{11} - \boldsymbol{\Omega}_k \|_F^2 + \| \boldsymbol{B}_{12} \|_F^2 + \| \boldsymbol{B}_{21} \|_F^2 + \| \boldsymbol{B}_{22} \|_F^2,$$

由 $\boldsymbol{x}$ 的定义,必有 $\boldsymbol{B}_{12}=0,\boldsymbol{B}_{22}=0,\boldsymbol{B}_{11}=\boldsymbol{\Omega}_k$. 否则可取

$$\boldsymbol{z}=\begin{pmatrix}\boldsymbol{\Omega}_k & \boldsymbol{0}\\ \boldsymbol{0} & \boldsymbol{0}\end{pmatrix}\in M.$$

$\|\boldsymbol{A}-\boldsymbol{z}\|_F^2=\|\boldsymbol{B}_{22}\|_F^2\leqslant\|\boldsymbol{A}-\boldsymbol{x}\|_F^2$,与 $\boldsymbol{x}$ 的定义矛盾. 因此

$$\|\boldsymbol{A}-\boldsymbol{x}\|_F=\|\boldsymbol{B}_{22}\|_F^2.$$

设 $\boldsymbol{B}_{22}$ 的奇异值分解为 $\boldsymbol{B}_{22}=\boldsymbol{U}_1{}^{\mathrm{T}}\boldsymbol{\Lambda}\boldsymbol{V}_1$,令

$$\boldsymbol{U}_2=\begin{pmatrix}\boldsymbol{I}_k & \boldsymbol{0}\\ \boldsymbol{0} & \boldsymbol{U}_1\end{pmatrix},\quad \boldsymbol{V}_2=\begin{pmatrix}\boldsymbol{I}_k & \boldsymbol{0}\\ \boldsymbol{0} & \boldsymbol{V}_1\end{pmatrix},$$

则

$$\boldsymbol{U}_2^{\mathrm{T}}\boldsymbol{B}\boldsymbol{V}_2=\boldsymbol{U}_2^{\mathrm{T}}\boldsymbol{Q}^{\mathrm{T}}\boldsymbol{A}\boldsymbol{P}\boldsymbol{V}_2=\begin{pmatrix}\boldsymbol{\Omega}_k & \\ & \boldsymbol{\Lambda}\end{pmatrix},$$

从而

$$\boldsymbol{A}=(\boldsymbol{Q}\boldsymbol{U}_2)\begin{pmatrix}\boldsymbol{\Omega}_k & \boldsymbol{0}\\ \boldsymbol{0} & \boldsymbol{\Lambda}\end{pmatrix}(\boldsymbol{P}\boldsymbol{V}_2)^{\mathrm{T}}.$$

矩阵 $\boldsymbol{\Lambda}$ 的主对角线上元素是矩阵 $\boldsymbol{A}$ 的奇异值,所以

$$\|\boldsymbol{A}-\boldsymbol{x}\|_F=\|\boldsymbol{B}_{22}\|_F^2=\|\boldsymbol{\Lambda}\|_F^2\geqslant(\sigma_{k+1}{}^2+\cdots+\sigma_r{}^2)^{\frac{1}{2}} \qquad ②$$

由式①和式②,可得

$$\|\boldsymbol{A}-\boldsymbol{x}\|_F=(\sigma_{k+1}{}^2+\cdots+\sigma_r{}^2)^{\frac{1}{2}}=\|\boldsymbol{A}-\boldsymbol{A}_k\|_F,$$

即

$$\|\boldsymbol{A}-\boldsymbol{A}_k\|_F=\min_{S\in m}\|\boldsymbol{A}-\boldsymbol{S}\|_F. \qquad \square$$

二、诱导范数

如同向量范数的情况一样,矩阵也可以有各种各样的范数,而且在大多数情况下,需要涉及矩阵 $\boldsymbol{A}\in\mathbf{C}^{m\times n}$ 和向量 $\boldsymbol{X}\in\mathbf{C}^{n\times 1}$ 的运算 $\boldsymbol{AX}$. 因此,矩阵范数常和向量范数混合在一起使用. 考虑一些矩阵范数时,应该使它能与向量范数联系起来. 这可由矩阵范数与向量范数相容的概念来实现. 下面引入这个概念.

定义 5.4　设 $\|\boldsymbol{x}\|$ 是向量范数,$\|\boldsymbol{A}\|$ 是矩阵范数,若

$$\|\boldsymbol{Ax}\|\leqslant\|\boldsymbol{A}\|\cdot\|\boldsymbol{x}\|,$$

则称矩阵范数 $\|\boldsymbol{A}\|$ 与向量范数 $\|\boldsymbol{x}\|$ 是**相容的**.

矩阵的F-范数与向量的2-范数是相容的. 事实上,因为 $\|\boldsymbol{A}\|_F=\left(\sum_{i=1}^{n}\sum_{j=1}^{n}|a_{ij}|^2\right)^{1/2}$,

$\|\boldsymbol{x}\|_2=\left(\sum_{i=1}^{n}|x_i|^2\right)^{1/2}$,所以

$$\|\boldsymbol{Ax}\|_2^2=\sum_{i=1}^{n}\left(\left|\sum_{j=1}^{n}a_{ij}x_j\right|^2\right)\leqslant\sum_{i=1}^{n}\left(\left(\sum_{j=1}^{n}|a_{ij}|^2\right)\left(\sum_{j=1}^{n}|x_j|^2\right)\right)$$

$$=\left(\sum_{i=1}^{n}\sum_{j=1}^{n}|a_{ij}|^2\right)\left(\sum_{j=1}^{n}|x_j|^2\right)$$

$$=\|\boldsymbol{A}\|_F^2\|\boldsymbol{x}\|_2^2,$$

于是

$$\|\boldsymbol{A}\boldsymbol{x}\|_2\leqslant\|\boldsymbol{A}\|_F\|\boldsymbol{x}\|_2.$$

定理 5.3 设 $\|\boldsymbol{x}\|$ 是向量范数，则

$$\|\boldsymbol{A}\|=\max_{x\neq 0}\left\{\frac{\|\boldsymbol{A}\boldsymbol{x}\|}{\|\boldsymbol{x}\|}\right\}$$

是与向量范数 $\|\boldsymbol{x}\|$ 相容的矩阵范数. 称其为由向量范数 $\|\boldsymbol{x}\|$ 所诱导的诱导范数.

证明 正定性与齐次性显然.

根据向量范数的三角不等式，有

$$\begin{aligned}\|\boldsymbol{A}+\boldsymbol{B}\|&=\max_{x\neq 0}\left\{\frac{\|(\boldsymbol{A}+\boldsymbol{B})\boldsymbol{x}\|}{\|\boldsymbol{x}\|}\right\}=\max_{x\neq 0}\left\{\frac{\|\boldsymbol{A}\boldsymbol{x}+\boldsymbol{B}\boldsymbol{x}\|}{\|\boldsymbol{x}\|}\right\}\\&\leqslant\max_{x\neq 0}\left\{\frac{\|\boldsymbol{A}\boldsymbol{x}\|+\|\boldsymbol{B}\boldsymbol{x}\|}{\|\boldsymbol{x}\|}\right\}\\&\leqslant\max_{x\neq 0}\left\{\frac{\|\boldsymbol{A}\boldsymbol{x}\|}{\|\boldsymbol{x}\|}\right\}+\max_{x\neq 0}\left\{\frac{\|\boldsymbol{B}\boldsymbol{x}\|}{\|\boldsymbol{x}\|}\right\}=\|\boldsymbol{A}\|+\|\boldsymbol{B}\|.\end{aligned}$$

现证矩阵范数的相容性. 设 $\boldsymbol{B}\neq\boldsymbol{0}$，则

$$\begin{aligned}\|\boldsymbol{A}\boldsymbol{B}\|&=\max_{x\neq 0}\left\{\frac{\|\boldsymbol{A}\boldsymbol{B}\boldsymbol{x}\|}{\|\boldsymbol{x}\|}\right\}=\max_{x\neq 0}\left\{\frac{\|\boldsymbol{A}(\boldsymbol{B}\boldsymbol{x})\|}{\|\boldsymbol{B}\boldsymbol{x}\|}\cdot\frac{\|\boldsymbol{B}\boldsymbol{x}\|}{\|\boldsymbol{x}\|}\right\}\\&\leqslant\max_{x\neq 0}\left\{\frac{\|\boldsymbol{A}(\boldsymbol{B}\boldsymbol{x})\|}{\|\boldsymbol{B}\boldsymbol{x}\|}\right\}\cdot\max_{x\neq 0}\left\{\frac{\|\boldsymbol{B}\boldsymbol{x}\|}{\|\boldsymbol{x}\|}\right\}\\&\leqslant\|\boldsymbol{A}\|\cdot\|\boldsymbol{B}\|.\end{aligned}$$

$\boldsymbol{B}=\boldsymbol{0}$ 或存在 $\boldsymbol{x}$，使 $\boldsymbol{B}\boldsymbol{x}=\boldsymbol{0}$，上面推导仍能成立，请读者思考. 最后，我们来证明 $\|\boldsymbol{A}\|$ 与 $\|\boldsymbol{x}\|$ 是相容的. 因为

$$\|\boldsymbol{A}\|=\max_{x\neq 0}\left\{\frac{\|\boldsymbol{A}\boldsymbol{x}\|}{\|\boldsymbol{x}\|}\right\}\geqslant\frac{\|\boldsymbol{A}\boldsymbol{x}\|}{\|\boldsymbol{x}\|},$$

所以

$$\|\boldsymbol{A}\boldsymbol{x}\|\leqslant\|\boldsymbol{A}\|\cdot\|\boldsymbol{x}\|.$$

□

由 $\|\boldsymbol{x}\|_p$ 所诱导的矩阵范数称为**矩阵 p-范数**. 常用的 p-范数为 $\|\boldsymbol{A}\|_1$，$\|\boldsymbol{A}\|_2$ 与 $\|\boldsymbol{A}\|_\infty$. 我们不加证明的给出这三种范数的计算方法.

(1) $\|\boldsymbol{A}\|_1=\max\limits_{j}\left(\sum\limits_{i=1}^{n}|a_{ij}|\right)$，称为**列和范数**;

(2) $\|\boldsymbol{A}\|_2=\sqrt{\lambda_1}$，$\lambda_1$ 为 $\boldsymbol{A}^{\mathrm{H}}\boldsymbol{A}$ 的最大特征值，称为**谱范数**;

(3) $\|\boldsymbol{A}\|_\infty=\max\limits_{i}\left(\sum\limits_{j=1}^{n}|a_{ij}|\right)$，称为**行和范数**.

5.3 向量序列和矩阵序列的极限

定义 5.5 设 $\boldsymbol{x}^{(k)}=(x_1^{(k)}\quad x_2^{(k)}\quad\cdots\quad x_n^{(k)})^{\mathrm{T}}$，$k=1,2,\cdots$ 是 $\mathbf{C}^n$ 空间的一个向量序列，如果当 $k\to+\infty$ 时，它的 n 个分量数列都收敛，即

$$\lim_{k\to\infty} x_i^{(k)} = a_i, \quad i = 1,2,\cdots,n,$$

则称向量序列$\{\boldsymbol{x}^{(k)}\}$是按分量收敛的. 向量$\boldsymbol{\alpha}=(a_1 \quad a_2 \quad \cdots \quad a_n)^{\mathrm{T}}$是它的极限,记为$\lim\limits_{k\to\infty}\boldsymbol{x}^{(k)}=\boldsymbol{\alpha}$或$\boldsymbol{x}^{(k)}\to\boldsymbol{\alpha}$. 如果至少有一个分量数列是发散的,则称向量序列是发散的.

例如向量序列

$$\boldsymbol{x}^{(k)} = \begin{pmatrix} \dfrac{1}{2^k} \\ \dfrac{\sin k}{k} \end{pmatrix}, \quad k = 1,2,\cdots$$

是收敛的,因为$k\to\infty$时,$\dfrac{1}{2^k}\to 0$,$\dfrac{\sin k}{k}\to 0$,所以

$$\lim_{k\to\infty}\boldsymbol{x}^{(k)} = \begin{pmatrix} 0 \\ 0 \end{pmatrix}.$$

而向量序列

$$\boldsymbol{x}^{(k)} = \begin{pmatrix} 1-\dfrac{1}{k} \\ \sin k \end{pmatrix}, \quad k = 1,2,\cdots$$

是发散的,因为$\lim\limits_{k\to\infty}\sin k$不存在.

定义 5.6　设$\{\boldsymbol{x}^{(k)}\}$是$\mathbf{C}^n$空间的一个向量序列,$\|\boldsymbol{x}\|$是$\mathbf{C}^n$空间的一个向量范数. 如果存在向量$\boldsymbol{\alpha}\in\mathbf{C}^n$,当$k\to\infty$时,$\|\boldsymbol{x}^{(k)}-\boldsymbol{\alpha}\|\to 0$,则称向量序列**按向量范数收敛于**$\boldsymbol{\alpha}$.

向量序列按分量收敛与按向量范数收敛有何关系呢? 我们有下面的定理.

定理 5.4　设$\{x^k\}$是$\mathbf{C}^n$空间的一个向量序列,它按分量收敛的充分必要条件是它按$\mathbf{C}^n$空间的任意一个向量范数收敛.

证明　利用范数的等价性,易知只要对于一种范数来证明. 为此取$\|\boldsymbol{x}\|_\infty$来证明.

设$\boldsymbol{x}^{(k)}=(x_1^{(k)} \quad x_2^{(k)} \quad \cdots \quad x_n^{(k)})^{\mathrm{T}}$,$\boldsymbol{\alpha}=(a_1 \quad a_2 \quad \cdots \quad a_n)^{\mathrm{T}}$,则

$$\|\boldsymbol{x}^{(k)}-\boldsymbol{\alpha}\|_\infty \to 0$$

当且仅当

$$\max_i |x_i^{(k)} - a_i| \to 0,$$

当且仅当对每个$i(i=1,2,\cdots,n)$,有

$$|x_i^{(k)} - a_i| \to 0,$$

此即

$$\boldsymbol{x}^{(k)} \to \boldsymbol{\alpha}.$$

□

定理 5.4 表明,尽管不同的向量范数可能具有不同的大小,然而在各种范数下考虑向量序列的敛散性问题时,却表现出明显的一致性. 这就是说,如果向量序列$\{\boldsymbol{x}^{(k)}\}$对某一种范数收敛,且极限为$\boldsymbol{\alpha}$,则对其他范数这个序列仍然收敛,并且具有相同的极限$\boldsymbol{\alpha}$.

对于矩阵范数,我们有类似的结果.

定义 5.7　设$\boldsymbol{A}^{(k)}=(a_{ij}^{(k)})\in\mathbf{C}^{n\times n}$,$\{\boldsymbol{A}^{(k)}\}$是一个矩阵序列. 如果当$k\to\infty$时,它的$n^2$个数列$\{a_{ij}^{(k)}\}$都收敛,即

$$\lim_{k\to\infty} a_{ij}^{(k)} = a_{ij}, \quad i,j = 1,2,\cdots,n,$$

则称矩阵序列$\{\boldsymbol{A}^{(k)}\}$**按元素数列收敛**. 矩阵 $\boldsymbol{A}=(a_{ij})\in \mathbf{C}^{n\times n}$ 是它的极限,记为$\lim\limits_{k\to\infty}\boldsymbol{A}^{(k)}=\boldsymbol{A}$ 或 $\boldsymbol{A}^{(k)}\to\boldsymbol{A}$. 如果至少有一个元素数列是发散的,则称该矩阵**序列发散**.

例如:

$$\begin{pmatrix} \left(1+\dfrac{1}{k}\right)^k & 1+\dfrac{1}{k} \\ -1 & \dfrac{(-1)^k}{k} \end{pmatrix} \to \begin{pmatrix} \mathrm{e} & 1 \\ -1 & 0 \end{pmatrix}.$$

与数列收敛的性质类似,矩阵序列收敛满足以下性质:

(1) 设 $\boldsymbol{A}^{(k)}\to\boldsymbol{A},\boldsymbol{B}^{(k)}\to\boldsymbol{B}$,则

$$\alpha\boldsymbol{A}^{(k)}+\beta\boldsymbol{B}^{(k)}\to\alpha\boldsymbol{A}+\beta\boldsymbol{B}, \quad \alpha,\beta\in\mathbf{C}.$$

(2) 设 $\boldsymbol{A}^{(k)}\to\boldsymbol{A},\boldsymbol{B}^{(k)}\to\boldsymbol{B}$,则

$$\boldsymbol{A}^{(k)}\boldsymbol{B}^{(k)}\to\boldsymbol{AB}.$$

(3) 设 $\boldsymbol{A}^{(k)}$ 与 $\boldsymbol{A}$ 都是可逆矩阵,且 $\boldsymbol{A}^{(k)}\to\boldsymbol{A}$,则

$$(\boldsymbol{A}^{(k)})^{-1}\to\boldsymbol{A}^{-1}.$$

证明 只证明(2)、(3). 设 $\boldsymbol{A}^{(k)}=(a_{ij}^{(k)}),\boldsymbol{B}^{(k)}=(b_{ij}^{(k)}),\boldsymbol{A}=(a_{ij}),\boldsymbol{B}=(b_{ij})\in\mathbf{C}^{n\times n}$.

(2) 由题设,有

$$\begin{matrix} a_{ij}^{(k)}\to a_{ij} \\ b_{ij}^{(k)}\to b_{ij} \end{matrix} \quad \begin{pmatrix} i=1,2,\cdots,n \\ j=1,2,\cdots,n \end{pmatrix},$$

于是矩阵 $\boldsymbol{A}^{(k)}\boldsymbol{B}^{(k)}$ 的第 i 行第 j 列的元素为

$$\sum_{t=1}^{n} a_{it}^{(k)}b_{tj}^{(k)}\to\sum_{t=1}^{n}a_{it}b_{tj},$$

故

$$\boldsymbol{A}^{(k)}\boldsymbol{B}^{(k)}\to\boldsymbol{AB}.$$

(3) 因为

$$(\boldsymbol{A}^{(k)})^{-1}=\frac{1}{|\boldsymbol{A}^{(k)}|}(\boldsymbol{A}^{(k)})^*,$$

这里$(\boldsymbol{A}^{(k)})^*$ 是 $\boldsymbol{A}^{(k)}$ 的伴随矩阵,它的元素与$|\boldsymbol{A}^{(k)}|$的元素均为 $\boldsymbol{A}^{(k)}$ 的元素的多项式,于是

$$(\boldsymbol{A}^{(k)})^*\to\boldsymbol{A}^*, \quad |\boldsymbol{A}^{(k)}|\to|\boldsymbol{A}|,$$

所以有

$$(\boldsymbol{A}^{(k)})^{-1}=\frac{1}{|\boldsymbol{A}^{(k)}|}(\boldsymbol{A}^{(k)})^*\to\frac{1}{|\boldsymbol{A}|}\boldsymbol{A}^*=\boldsymbol{A}^{-1}.$$

值得注意的是性质(3)中 $\boldsymbol{A}^{(k)}$ 与 $\boldsymbol{A}$ 都可逆时才有$(\boldsymbol{A}^{(k)})^{-1}\to\boldsymbol{A}^{-1}$. 如仅有 $\boldsymbol{A}^{(k)}$ 可逆,不能保证其极限 $\boldsymbol{A}$ 可逆. 例如取

$$\boldsymbol{A}^{(k)}=\begin{pmatrix} 1+\dfrac{1}{k} & 1 \\ 1 & 1+\dfrac{1}{k} \end{pmatrix},$$

则对任意 $k=1,2,\cdots$ 由 $|\boldsymbol{A}^{(k)}|=\left(1+\frac{1}{k}\right)^2-1\neq0$ 知 $\boldsymbol{A}^{(k)}$ 皆可逆. 但

$$\lim_{k\to\infty}\boldsymbol{A}^{(k)}=\begin{pmatrix}1&1\\1&1\end{pmatrix}=\boldsymbol{A},$$

其极限 $\boldsymbol{A}$ 不可逆.

定义 5.8 设 $\{\boldsymbol{A}^{(k)}\}$ 是 $\mathbf{C}^{n\times n}$ 空间的一个矩阵序列, $\|\boldsymbol{A}\|$ 是 $\mathbf{C}^{n\times n}$ 的一个矩阵范数. 如果存在矩阵 $\boldsymbol{A}\in\mathbf{C}^{n\times n}$, 当 $k\to\infty$ 时, $\|\boldsymbol{A}^{(k)}-\boldsymbol{A}\|\to0$, 则称**矩阵序列按矩阵范数收敛于 $\boldsymbol{A}$.**

仿照定理 5.4 的证明, 有

定理 5.5 设 $\{\boldsymbol{A}^{(k)}\}$ 是 $\mathbf{C}^{n\times n}$ 的一个矩阵序列, 它按元素数列收敛的充分必要条件是它按 $\mathbf{C}^{n\times n}$ 的任意一个矩阵范数收敛.

定义 5.9 矩阵序列 $\{\boldsymbol{A}^{(k)}\}$ 称为有界的, 如果存在常数 $M>0$, 使得对所有 k 都有

$$|a_{ij}^{(k)}|<M\quad(i=1,2,\cdots,m;\quad j=1,2,\cdots,n).$$

在数学分析中已经知道, 有界数列必有收敛的子数列. 对于矩阵序列也有: 有界的矩阵序列 $\{\boldsymbol{A}^{(k)}\}$ 必有收敛的子序列.

这一结论可以由数列的相应结论推出.

在矩阵序列中, 最常见的是由一个方阵的幂构成的序列, 关于这样的矩阵序列有以下的概念和结果.

定义 5.10 设 $\boldsymbol{A}$ 为方阵, 且当 $k\to\infty$ 时有 $\boldsymbol{A}^k\to0$, 则称 $\boldsymbol{A}$ 为收敛矩阵.

例 8 对 n 阶方阵 $\boldsymbol{A}$ 的方幂所作成的矩阵序列 $\{\boldsymbol{A}^k\}$, 如果对某一种矩阵范数有 $\|\boldsymbol{A}\|<1$, 证明 $\lim\limits_{k\to\infty}\boldsymbol{A}^k=\mathbf{0}$, 即 $\boldsymbol{A}$ 为收敛矩阵.

证明 由矩阵范数的相容性, 有 $\|\boldsymbol{A}^k\|\leqslant\|\boldsymbol{A}\|^k$, 又 $\|\boldsymbol{A}\|<1$, 所以 $\lim\limits_{k\to\infty}\|\boldsymbol{A}^k\|=0$, 由定理 5.5, 有 $\lim\limits_{k\to\infty}\boldsymbol{A}^k=\mathbf{0}$.

5.4 矩阵幂级数

幂级数的理论在数学分析中占重要地位. 在建立矩阵分析的理论时, 也特别重视讨论矩阵幂级数, 因为它是建立矩阵函数的依据. 在讨论矩阵幂级数时, 自然要讨论其敛散性. 矩阵幂级数的敛散性不仅与其收敛半径有关, 而且与其谱半径有关.

一、谱半径

定义 5.11 设矩阵 $\boldsymbol{A}\in\mathbf{C}^{n\times n}$ 的全部特征值为 $\lambda_1,\lambda_2,\cdots,\lambda_n$, 则称 $\rho(\boldsymbol{A})=\max\limits_i|\lambda_i|$ 为 $\boldsymbol{A}$ 的谱半径.

由定义知, $\boldsymbol{A}$ 的全部特征值分布在复平面上以原点为中心, $\rho(\boldsymbol{A})$ 为半径的圆盘上.

例 9 设 $\boldsymbol{A}\in\mathbf{C}^{n\times n}$,则

$$\rho(\boldsymbol{A}^k)=(\rho(\boldsymbol{A}))^k.$$

证明 设 $\boldsymbol{A}$ 的全部特征值为 $\lambda_1,\lambda_2,\cdots,\lambda_n$,则 $\boldsymbol{A}^k$ 的全部特征值为 $\lambda_1^k,\lambda_2^k,\cdots,\lambda_n^k$,于是有

$$\rho(\boldsymbol{A}^k)=\max_i|\lambda_i^k|=(\max_i|\lambda_i|)^k=(\rho(\boldsymbol{A}))^k.$$

例 10 $\boldsymbol{A}^k\to 0(k\to\infty)$的充分必要条件是 $\rho(\boldsymbol{A})<1$.

证明 设 $\boldsymbol{A}$ 的 Jordan 标准形为 $\boldsymbol{J}$,则存在可逆矩阵 $\boldsymbol{P}$,使得

$$\boldsymbol{A}=\boldsymbol{PJP}^{-1}.$$

于是

$$\boldsymbol{A}^k=\boldsymbol{PJ}^k\boldsymbol{P}^{-1}.$$

由此可见,$\boldsymbol{A}^k\to 0$ 的充分必要条件是 $\boldsymbol{J}^k\to 0$. 注意到

$$\boldsymbol{J}^k=\begin{pmatrix}\boldsymbol{J}_1^k(\lambda_1) & & & \\ & \boldsymbol{J}_2^k(\lambda_2) & & \\ & & \ddots & \\ & & & \boldsymbol{J}_s^k(\lambda_s)\end{pmatrix},$$

其中 $\lambda_1,\lambda_2,\cdots,\lambda_s$ 是 $\boldsymbol{A}$ 的特征值. 又 $\boldsymbol{J}^k\to 0$ 的充分必要条件是 $\boldsymbol{J}_i^k(\lambda_i)\to 0(i=1,2,\cdots,s)$,而

$$\boldsymbol{J}_i^k(\lambda_i)=\begin{pmatrix}\lambda_i^k & C_k^1\lambda_i^{k-1} & \cdots & C_k^{n_i-1}\lambda_i^{k-n_i+1}\\ & \lambda_i^k & \ddots & \vdots\\ & & \ddots & C_k^1\lambda_i^{k-1}\\ & & & \lambda_i^{k_i}\end{pmatrix}.$$

当 $\rho(\boldsymbol{A})<1$ 时,$|\lambda_i|<1(i=1,2,\cdots,s)$,于是

$$C_k^l\lambda^{k-l}\to 0\quad(l=0,1,2,\cdots,n_i-1)$$

故

$$\boldsymbol{J}_i^k(\lambda_i)\to 0.$$

反之,若有某个特征值$|\lambda_j|\geqslant 1$,则 λ_j^k 不趋于零,此时 $\boldsymbol{J}_j^k(\lambda_j)$不趋于零,从而 $\boldsymbol{J}^k$ 不趋于零.

综上,$\boldsymbol{A}^k\to 0$ 的充要条件是 $\rho(\boldsymbol{A})<1$.

下面讨论谱半径与矩阵范数之间的关系.

定理 5.6 设 $\boldsymbol{A}\in\mathbf{C}^{n\times n}$,则对 $\mathbf{C}^{n\times n}$上任意一种矩阵范数 $\|\boldsymbol{A}\|$,都有

$$\rho(\boldsymbol{A})\leqslant\|\boldsymbol{A}\|,$$

即 $\boldsymbol{A}$ 的谱半径是 $\boldsymbol{A}$ 的任意一种矩阵范数的下界.

证明 设 λ 是 $\boldsymbol{A}$ 的任意一个特征值,$\boldsymbol{x}\neq\boldsymbol{0}$ 是 λ 对应的特征向量,作一个 n 阶方阵

$$\boldsymbol{B}=(\boldsymbol{x},\boldsymbol{0},\cdots,\boldsymbol{0})\neq\boldsymbol{0},$$

则由 $\boldsymbol{Ax}=\lambda\boldsymbol{x}$,有 $\boldsymbol{AB}=\lambda\boldsymbol{B}$. 于是

$$|\lambda|\cdot\|\boldsymbol{B}\|=\|\lambda\boldsymbol{B}\|=\|\boldsymbol{AB}\|\leqslant\|\boldsymbol{A}\|\cdot\|\boldsymbol{B}\|,$$

又 $\boldsymbol{B}\neq\boldsymbol{0}$，$\|\boldsymbol{B}\|>0$，所以 $|\lambda|\leqslant\|\boldsymbol{A}\|$，从而 $\rho(\boldsymbol{A})\leqslant\|\boldsymbol{A}\|$. □

定理 5.7 设 $\boldsymbol{A}\in\mathbf{C}^{n\times n}$，则对任意 $\varepsilon>0$，存在某种矩阵范数 $\|\boldsymbol{A}\|_*$，使得

$$\|\boldsymbol{A}\|_*\leqslant\rho(\boldsymbol{A})+\varepsilon.$$

如果在圆周 $S=\{z\in\mathbf{C}\,|\,|z|=\rho(\boldsymbol{A})\}$ 上的特征值 λ 对应的 Jordan 子块都是一阶的，则

$$\rho(\boldsymbol{A})=\|\boldsymbol{A}\|_*.$$

证明 对 $\boldsymbol{A}\in\mathbf{C}^{n\times n}$，存在可逆阵 $\boldsymbol{P}$，使得

$$\boldsymbol{P}^{-1}\boldsymbol{A}\boldsymbol{P}=\boldsymbol{J}=\begin{pmatrix}\boldsymbol{J}_1&&&\\&\boldsymbol{J}_2&&\\&&\ddots&\\&&&\boldsymbol{J}_m\end{pmatrix},$$

其中

$$\boldsymbol{J}_i=\begin{pmatrix}\lambda_i&1&&&\\&\lambda_i&1&&\\&&\ddots&\ddots&\\&&&&1\\&&&&\lambda_i\end{pmatrix},\quad i=1,2,\cdots,m.$$

对任意 $\varepsilon>0$，令 $\boldsymbol{D}=\begin{pmatrix}1&&&\\&\varepsilon&&\\&&\ddots&\\&&&\varepsilon^{n-1}\end{pmatrix}$，

作变换 $\boldsymbol{J}\to\boldsymbol{D}^{-1}\boldsymbol{J}\boldsymbol{D}$，则每个 Jordan 子块化为

$$\begin{pmatrix}\lambda_i&\varepsilon&&&\\&\lambda_i&\varepsilon&&\\&&\ddots&\ddots&\\&&&&\varepsilon\\&&&&\lambda_i\end{pmatrix},$$

于是

$$\|(\boldsymbol{P}\boldsymbol{D})^{-1}\boldsymbol{A}\boldsymbol{P}\boldsymbol{D}\|_\infty=\|\boldsymbol{D}^{-1}\boldsymbol{J}\boldsymbol{D}\|_\infty\leqslant\rho(\boldsymbol{A})+\varepsilon.$$

现在定义 $\|\boldsymbol{A}\|_*=\|(\boldsymbol{P}\boldsymbol{D})^{-1}\boldsymbol{A}\boldsymbol{P}\boldsymbol{D}\|_\infty$，易证它是 $\mathbf{C}^{n\times n}$ 上的一种矩阵范数，从而证得 $\|\boldsymbol{A}\|_*\leqslant\rho(\boldsymbol{A})+\varepsilon$.

设 $\boldsymbol{A}$ 的特征值的顺序为

$$\rho(\boldsymbol{A})=|\lambda_1|=\cdots=|\lambda_t|>|\lambda_{t+1}|\geqslant\cdots\geqslant|\lambda_n|,$$

因为 $\lambda_1,\cdots,\lambda_t$ 对应的 Jordan 子块都是一阶的，所以只要选取 $\varepsilon=\rho(\boldsymbol{A})-|\lambda_{t+1}|>0$，便有

$$\|\boldsymbol{A}\|_*=\|\boldsymbol{D}^{-1}\boldsymbol{J}\boldsymbol{D}\|_\infty=\rho(\boldsymbol{A}).$$ □

定理 5.7 说明 $\boldsymbol{A}$ 的谱半径是 $\boldsymbol{A}$ 的所有矩阵范数的下确界.

二、数值范围

一个 n 阶复方阵 $\boldsymbol{A}$ 的数值范围(或值域)定义为

$$W(\boldsymbol{A}) = \{\boldsymbol{x}^* \boldsymbol{A}\boldsymbol{x} \mid \|\boldsymbol{x}\| = 1, \boldsymbol{x} \in \mathbf{C}^n\}.$$

例如,取

$$\boldsymbol{A}=\begin{pmatrix}1 & 0\\0 & 0\end{pmatrix},$$

则 $W(\boldsymbol{A})$是闭区间[0,1]. 取

$$\boldsymbol{B} = \begin{pmatrix}0 & 0\\1 & 1\end{pmatrix},$$

则 $W(\boldsymbol{B})$是一个焦点在(0,0)和(1,0),长半轴为$\sqrt{2}$,短半轴为 1 的椭圆盘.

关于数值范围,有下面的 Toeplitz-Hausdorff 定理.

定理 5.8(Toeplitz-Hausdorff) 一个方阵的数值范围是复平面的一个凸的紧子集.

其证明从略.

对于数值范围 $W(\boldsymbol{A})$,定义

$$w(\boldsymbol{A}) = \sup\{|z| \mid z \in W(\boldsymbol{A})\},$$

称为 $\boldsymbol{A}$ 的数值半径,即

$$w(\boldsymbol{A}) = \sup_{\|x\|=1} |\boldsymbol{x}^* \boldsymbol{A}\boldsymbol{x}|.$$

由定义立即知道,对任意 $\boldsymbol{x}\in \mathbf{C}^n$,都有

$$|\boldsymbol{x}^* \boldsymbol{A}\boldsymbol{x}| \leqslant w(\boldsymbol{A}) \|\boldsymbol{x}\|.$$

我们现在来比较一下数值半径 $w(\boldsymbol{A})$与谱半径 $\rho(\boldsymbol{A})$. 对方阵 $\boldsymbol{A}$ 的最大的奇异值 $\sigma_{\max}(\boldsymbol{A})$,容易看到

$$\sigma_{\max}(\boldsymbol{A}) = \sqrt{\rho(\boldsymbol{A}^* \boldsymbol{A})} = \sup_{\|x=1\|} \|\boldsymbol{A}\boldsymbol{x}\| = \sup_{x\neq 0} \frac{\|\boldsymbol{A}\boldsymbol{x}\|}{\|\boldsymbol{x}\|}.$$

于是对任意 $\boldsymbol{x}\in \mathbf{C}^n$,总有

$$\|\boldsymbol{A}\boldsymbol{x}\| \leqslant \sigma_{\max}(\boldsymbol{A}) \|\boldsymbol{x}\|.$$

谱半径 $\rho(\boldsymbol{A})$,数值半径 $w(\boldsymbol{A})$与最大的奇异值 $\sigma_{\max}(\boldsymbol{A})$(也称为谱模)之间有如下关系.

定理 5.9 设 $\boldsymbol{A}$ 是一个复方阵,则

$$\rho(\boldsymbol{A}) \leqslant w(\boldsymbol{A}) \leqslant \sigma_{\max}(\boldsymbol{A}) \leqslant 2w(\boldsymbol{A}).$$

***证明** 令 λ 是 $\boldsymbol{A}$ 的满足 $\rho(\boldsymbol{A})=|\lambda|$的一个特征值,$\boldsymbol{u}$ 是 $\boldsymbol{A}$ 的属于特征值 λ 的一个单位特征向量,则

$$\rho(\boldsymbol{A}) = |\boldsymbol{u}^* \boldsymbol{A}\boldsymbol{u}| \leqslant w(\boldsymbol{A}).$$

由 Cauchy-Schwarz 不等式

$$|x^* Ax| = |(Ax, x)| \leqslant \|Ax\| \, \|x\|,$$

有
$$w(A) \leqslant \sigma_{\max}(A).$$

最后我们证明
$$\sigma_{\max}(A) \leqslant 2w(A).$$

因为

$$4(Ax, y) = (A(x+y), x+y) - (A(x-y), x-y) + \mathrm{i}(A(x+\mathrm{i}y), x+\mathrm{i}y) - \mathrm{i}(A(x-\mathrm{i}y), x-\mathrm{i}y),$$

再利用$|x^* Ax| \leqslant w(A)\|x\|^2$,有

$$4|(Ax, y)| \leqslant w(A)(\|x+y\|^2 + \|x-y\|^2 + \|x+\mathrm{i}y\|^2 + \|x-\mathrm{i}y\|^2) = 4w(A)(\|x\|^2 + \|y\|^2).$$

因此,对任意 $x, y \in \mathbf{C}^n$, $\|x\| = \|y\| = 1$,有

$$|(Ax, y)| \leqslant 2w(A).$$

注意到$\sigma_{\max}(A) = \sup\limits_{\|x\| = \|y\| = 1} |(Ax, y)|$,有

$$\sigma_{\max}(A) \leqslant 2w(A).$$

三、矩阵幂级数

定义 5.12 设 $A \in \mathbf{C}^{n \times n}$, $a_k \in \mathbf{C}$, $k = 0, 1, 2, \cdots$称

$$a_0 I + a_1 A + a_2 A^2 + \cdots + a_k A^k + \cdots$$

为矩阵 A 的幂级数 ,记为$\sum\limits_{k=0}^{\infty} a_k A^k$.

定义 5.13 矩阵幂级数$\sum\limits_{k=0}^{\infty} a_k A^k$ 的前 $N+1$ 项的和 $S_N(A) = \sum\limits_{k=0}^{N} a_k A^k$ 称为**矩阵幂级数的部分和**. 若矩阵幂级数$\sum\limits_{k=0}^{\infty} a_k A^k$ 的部分和序列$\{S_N(A)\}$收敛,则称$\sum\limits_{k=0}^{\infty} a_k A^k$ **收敛**;否则,称其为发散. 若$\lim\limits_{N \to \infty} S_N(A) = S$,则称 S 为$\sum\limits_{k=0}^{\infty} a_k A^k$ 的**和矩阵**.

给定复变量 z 的幂级数$\sum\limits_{k=0}^{\infty} a_k z^k$,究竟有哪些方阵 A 使$\sum\limits_{k=0}^{\infty} a_k A^k$,收敛?这个问题既与$\sum\limits_{k=0}^{\infty} a_k z^k$ 的收敛半径有关,又与 A 的谱半径有关.

定理 5.10 若复变量 z 的幂级数$\sum\limits_{k=0}^{\infty} a_k z^k$ 的收敛半径为R,而方阵$A \in \mathbf{C}^{n \times n}$ 的谱半径为 $\rho(A)$,则

(1) 当 $\rho(A) < R$ 时,矩阵幂级数$\sum\limits_{k=0}^{\infty} a_k A^k$ 收敛;

(2) 当 $\rho(A) > R$ 时,矩阵幂级数$\sum\limits_{k=0}^{\infty} a_k A^k$ 发散.

证明 对 $\boldsymbol{A}\in\mathbf{C}^{n\times n}$,存在可逆阵 $\boldsymbol{P}$,使得

$$\boldsymbol{A}=\boldsymbol{PJP}^{-1}=\boldsymbol{P}\begin{pmatrix}\boldsymbol{J}_1 & & & \\ & \boldsymbol{J}_2 & & \\ & & \ddots & \\ & & & \boldsymbol{J}_m\end{pmatrix}\boldsymbol{P}^{-1},$$

其中

$$\boldsymbol{J}_i=\begin{pmatrix}\lambda_i & 1 & & & \\ & \lambda_i & 1 & & \\ & & \ddots & \ddots & \\ & & & & 1 \\ & & & & \lambda_i\end{pmatrix},\quad i=1,2,\cdots,m.$$

于是

$$\begin{aligned}S_N(\boldsymbol{A})&=\sum_{k=0}^{N}a_k\boldsymbol{A}^k=\boldsymbol{P}S_N(J)\boldsymbol{P}^{-1}\\&=\boldsymbol{P}\begin{pmatrix}S_N(\boldsymbol{J}_1) & & \\ & \ddots & \\ & & S_N(\boldsymbol{J}_m)\end{pmatrix}\boldsymbol{P}^{-1},\end{aligned}$$

因此,矩阵序列$\{S_N(\boldsymbol{A})\}$收敛当且仅当 m 个矩阵序列$\{S_N(\boldsymbol{J}_i)\}$收敛,$i=1,2,\cdots,m$. 而

$$S_N(J_i)=\begin{pmatrix}S_N(\lambda_i) & S'_N(\lambda_i) & \frac{1}{2!}S''_N(\lambda_i) & \cdots & \frac{1}{(n_i-1)!}S_N^{(n_i-1)}(\lambda_i)\\ & & & \ddots & \vdots\\ & S_N(\lambda_i) & S'_N(\lambda_i) & & \frac{1}{2!}S''_N(\lambda_i)\\ & & & \ddots & \\ & & \ddots & & S'_N(\lambda_i)\\ & & & & S_N(\lambda_i)\end{pmatrix},$$

其中 $S_N^{(t)}(\lambda_i)$表示 $S_N(\lambda)$在 $\lambda=\lambda_i$ 处的 t 阶导数,n_i 是 $\boldsymbol{J}_i$ 的阶数.

(1) 若 $\rho(\boldsymbol{A})<R$,则$|\lambda_i|<R$,此时

$$\{S_N(\lambda_i)\},\{S'_N(\lambda_i)\},\cdots,\{S_N^{(n_i-1)}(\lambda_i)\}$$

皆收敛,从而$\{S_N(\boldsymbol{J}_i)\}$收敛,故 $\sum\limits_{k=0}^{\infty}a_k\boldsymbol{A}^k$ 收敛.

(2) 若 $\rho(\boldsymbol{A})>R$,则存在某个特征值 λ_{i_0},使 $|\lambda_{i_0}|>R$,于是幂级数 $\sum\limits_{k=0}^{\infty}a_k\lambda_{i_0}^k$ 发散,从而$\{S_N(\boldsymbol{J}_i)\}$ 发散,故 $\sum\limits_{k=0}^{\infty}a_k\boldsymbol{A}^k$ 发散.

例 11 讨论矩阵幂级数

$$\sum_{k=0}^{\infty}\boldsymbol{A}^k=\boldsymbol{I}+\boldsymbol{A}+\boldsymbol{A}^2+\cdots+\boldsymbol{A}^k+\cdots$$

的敛散性.当它收敛时,求它的和矩阵.

解 复变量 z 的幂级数 $\sum_{k=0}^{\infty}z^k$ 的收敛半径 $R=1$,故当 $\rho(\boldsymbol{A})<1$,即 $\boldsymbol{A}$ 的所有特征值的模小于 1 时,矩阵幂级数 $\sum_{k=0}^{\infty}\boldsymbol{A}^k$ 收敛.

当 $\rho(\boldsymbol{A})<1$ 时,1 不是 $\boldsymbol{A}$ 的特征值,$|\boldsymbol{I}-\boldsymbol{A}|\neq 0$,故 $\boldsymbol{I}-\boldsymbol{A}$ 可逆.又

$$S_N(\boldsymbol{A})=\boldsymbol{I}+\boldsymbol{A}+\cdots+\boldsymbol{A}^N,$$

$$\boldsymbol{I}-\boldsymbol{A}^{N+1}=(\boldsymbol{I}-\boldsymbol{A})(\boldsymbol{I}+\boldsymbol{A}+\cdots+\boldsymbol{A}^N)=(\boldsymbol{I}-\boldsymbol{A})S_N(\boldsymbol{A}),$$

于是

$$\lim_{N\to\infty}(\boldsymbol{I}-\boldsymbol{A})S_N(\boldsymbol{A})=\lim_{N\to\infty}(\boldsymbol{I}-\boldsymbol{A}^{N+1})=\boldsymbol{I},$$

故

$$S=\lim_{N\to\infty}S_N(\boldsymbol{A})=(\boldsymbol{I}-\boldsymbol{A})^{-1}.$$

当计算 $\boldsymbol{A}$ 的特征值比较困难时,由定理 5.6 知 $\boldsymbol{A}$ 的每个范数都是谱半径 $\rho(\boldsymbol{A})$ 的上界,只要能找到一种特殊的矩阵范数 $\|\boldsymbol{A}\|$,使 $\|\boldsymbol{A}\|<R$,便可断定该矩阵幂级数是收敛的.

例如,对矩阵

$$\boldsymbol{A}=\begin{pmatrix}0.2 & 0.1 & 0.2\\ 0.5 & 0.5 & 0.4\\ 0.1 & 0.3 & 0.2\end{pmatrix},$$

由 $\|\boldsymbol{A}\|_1=0.9$,$\rho(\boldsymbol{A})\leqslant\|\boldsymbol{A}\|_1<1$ 知 $\sum_{k=0}^{\infty}\boldsymbol{A}^k$ 收敛.

当矩阵的谱半径 $\rho(\boldsymbol{A})$ 等于幂级数的收敛半径 R 时,定理 5.10 的判定方法失效,须单独考虑.

例 12 讨论矩阵幂级数 $\sum_{k=1}^{\infty}\frac{1}{k^2}\boldsymbol{A}^k$ 的敛散性,其中

$$\boldsymbol{A}=\begin{pmatrix}1 & 4\\ -1 & -3\end{pmatrix}.$$

解 矩阵 $\boldsymbol{A}$ 的特征值为 $\lambda_1=\lambda_2=-1$,$\rho(\boldsymbol{A})=1$,收敛半径 $R=1$.不能按定理 5.10 的判定方法来判断.直接计算知 $\boldsymbol{A}$ 不能对角化,于是,存在可逆阵 $\boldsymbol{P}$,使得

$$\boldsymbol{P}^{-1}\boldsymbol{A}\boldsymbol{P}=\begin{pmatrix}-1 & 1\\ 0 & -1\end{pmatrix}.$$

而

$$\boldsymbol{A}^k=\boldsymbol{P}\begin{pmatrix}(-1)^k & (-1)^{k-1}k\\ 0 & (-1)^k\end{pmatrix}\boldsymbol{P}^{-1},$$

$$\sum_{k=1}^{\infty}\frac{1}{k^2}\boldsymbol{A}^k=\boldsymbol{P}\begin{pmatrix}\sum_{k=1}^{\infty}\frac{(-1)^k}{k^2} & \sum_{k=1}^{\infty}\frac{(-1)^{k-1}}{k}\\ 0 & \sum_{k=1}^{\infty}\frac{(-1)^k}{k^2}\end{pmatrix}\boldsymbol{P}^{-1},$$

由于 $\sum_{k=1}^{\infty}\frac{(-1)^k}{k^2}$ 与 $\sum_{k=1}^{\infty}\frac{(-1)^{k-1}}{k}$ 均收敛,因此 $\sum_{k=1}^{\infty}\frac{1}{k^2}\boldsymbol{A}^k$ 收敛.

5.5 矩阵函数

矩阵函数的概念与通常的函数概念一样,它是以 n 阶矩阵为自变量和函数值(因变量)的一种函数.本节利用矩阵幂级数定义矩阵函数,并讨论矩阵函数的有关性质与计算方法.

一、矩阵函数的定义与性质

定义 5.14 设 $f(z)$是复变量的解析函数,$f(z)=\sum_{k=0}^{\infty}a_kz^k$ 的收敛半径为R.如果矩阵 $\boldsymbol{A}\in\mathbf{C}^{n\times n}$的谱半径$\rho(\boldsymbol{A})<R$,则称

$$f(\boldsymbol{A})=\sum_{k=0}^{\infty}a_k\boldsymbol{A}^k$$

为 $\boldsymbol{A}$ 的**矩阵函数**.

例如,函数

$$\mathrm{e}^z=1+\frac{z}{1!}+\frac{z^2}{2!}+\cdots+\frac{z^k}{k!}+\cdots$$

$$\cos z=1-\frac{z^2}{2!}+\frac{z^4}{4!}-\cdots+(-1)^k\frac{z^{2k}}{(2k)!}+\cdots$$

$$\sin z=z-\frac{z^3}{3!}+\frac{z^5}{5!}-\cdots+(-1)^k\frac{z^{2k+1}}{(2k+1)!}+\cdots$$

在整个复平面上都是收敛的,于是无论 $\boldsymbol{A}\in\mathbf{C}^{n\times n}$是任何矩阵,总有

$$\mathrm{e}^{\boldsymbol{A}}=\sum_{k=0}^{\infty}\frac{1}{k!}\boldsymbol{A}^k,\quad \boldsymbol{A}\in\mathbf{C}^{n\times n};$$

$$\cos\boldsymbol{A}=\sum_{k=0}^{\infty}\frac{(-1)^k}{(2k)!}\boldsymbol{A}^{2k},\quad \boldsymbol{A}\in\mathbf{C}^{n\times n};$$

$$\sin\boldsymbol{A}=\sum_{k=0}^{\infty}\frac{(-1)^k}{(2k+1)!}\boldsymbol{A}^{2k+1},\quad \boldsymbol{A}\in\mathbf{C}^{n\times n}$$

分别称之为矩阵 $\boldsymbol{A}$ 的指数函数、余弦函数及正弦函数.同样地,由

$$\frac{1}{1-z}=1+z+z^2+\cdots+z^k+\cdots$$

$$\ln(1+z)=z-\frac{z^2}{2}+\frac{z^3}{3}-\cdots+(-1)^{k-1}\frac{z^k}{k}+\cdots$$

在复平面$|z|<1$内是收敛的，于是对$\boldsymbol{A}\in\mathbf{C}^{n\times n}$，当$\rho(\boldsymbol{A})<1$时，总有

$$(\boldsymbol{I}-\boldsymbol{A})^{-1}=\sum_{k=0}^{\infty}\boldsymbol{A}^k,\quad \rho(\boldsymbol{A})<1;$$

$$\ln(\boldsymbol{I}+\boldsymbol{A})=\sum_{k=1}^{\infty}\frac{(-1)^{k-1}}{k}\boldsymbol{A}^k,\quad \rho(\boldsymbol{A})<1.$$

值得注意的是，在数学分析中指数函数具有运算规则$\mathrm{e}^{z_1}\mathrm{e}^{z_2}=\mathrm{e}^{z_2}\mathrm{e}^{z_1}=\mathrm{e}^{z_1+z_2}$，但是在矩阵分析中$\mathrm{e}^{\boldsymbol{A}}\mathrm{e}^{\boldsymbol{B}}=\mathrm{e}^{\boldsymbol{B}}\mathrm{e}^{\boldsymbol{A}}=\mathrm{e}^{\boldsymbol{A}+\boldsymbol{B}}$一般不再成立. 例如，令

$$\boldsymbol{A}=\begin{pmatrix}1&1\\0&0\end{pmatrix},\quad \boldsymbol{B}=\begin{pmatrix}1&-1\\0&0\end{pmatrix},$$

则$\boldsymbol{A}^2=\boldsymbol{A}$，$\boldsymbol{B}^2=\boldsymbol{B}$. 从而

$$\boldsymbol{A}=\boldsymbol{A}^2=\boldsymbol{A}^3=\cdots,\quad \boldsymbol{B}=\boldsymbol{B}^2=\boldsymbol{B}^3=\cdots$$

于是

$$\mathrm{e}^{\boldsymbol{A}}=\boldsymbol{I}+(\mathrm{e}-1)\boldsymbol{A}=\begin{pmatrix}\mathrm{e}&\mathrm{e}-1\\0&1\end{pmatrix},$$

$$\mathrm{e}^{\boldsymbol{B}}=\boldsymbol{I}+(\mathrm{e}-1)\boldsymbol{B}=\begin{pmatrix}\mathrm{e}&1-\mathrm{e}\\0&1\end{pmatrix},$$

$$\mathrm{e}^{\boldsymbol{A}}\mathrm{e}^{\boldsymbol{B}}=\begin{pmatrix}\mathrm{e}^2&-(\mathrm{e}-1)^2\\0&1\end{pmatrix},$$

$$\mathrm{e}^{\boldsymbol{B}}\mathrm{e}^{\boldsymbol{A}}=\begin{pmatrix}\mathrm{e}^2&(\mathrm{e}-1)^2\\0&1\end{pmatrix}.$$

又由

$$\boldsymbol{A}+\boldsymbol{B}=\begin{pmatrix}2&0\\0&0\end{pmatrix},$$

可得$(\boldsymbol{A}+\boldsymbol{B})^2=2(\boldsymbol{A}+\boldsymbol{B})$，于是$(\boldsymbol{A}+\boldsymbol{B})^k=2^{k-1}(\boldsymbol{A}+\boldsymbol{B})$，$k=1,2,\cdots$由此容易推出

$$\mathrm{e}^{\boldsymbol{A}+\boldsymbol{B}}=\boldsymbol{I}+\frac{1}{2}(\mathrm{e}^2-1)(\boldsymbol{A}+\boldsymbol{B})=\begin{pmatrix}\mathrm{e}^2&0\\0&1\end{pmatrix}.$$

可见$\mathrm{e}^{\boldsymbol{A}}\mathrm{e}^{\boldsymbol{B}}$，$\mathrm{e}^{\boldsymbol{B}}\mathrm{e}^{\boldsymbol{A}}$及$\mathrm{e}^{\boldsymbol{A}+\boldsymbol{B}}$两两不等.

如果矩阵$\boldsymbol{A}$和$\boldsymbol{B}$可交换，则有$\mathrm{e}^{\boldsymbol{A}}\mathrm{e}^{\boldsymbol{B}}=\mathrm{e}^{\boldsymbol{B}}\mathrm{e}^{\boldsymbol{A}}=\mathrm{e}^{\boldsymbol{A}+\boldsymbol{B}}$.

事实上，

$$\begin{aligned}\mathrm{e}^{\boldsymbol{A}}\mathrm{e}^{\boldsymbol{B}}&=\left(\sum_{k=0}^{\infty}\frac{1}{k!}\boldsymbol{A}^k\right)\left(\sum_{k=0}^{\infty}\frac{1}{k!}\boldsymbol{B}^k\right)\\&=\boldsymbol{I}+(\boldsymbol{A}+\boldsymbol{B})+\left(\frac{1}{2!}\boldsymbol{A}^2+\boldsymbol{AB}+\frac{1}{2!}\boldsymbol{B}^2\right)+\cdots\end{aligned}$$

$$\begin{aligned}\mathrm{e}^{\boldsymbol{A}+\boldsymbol{B}}&=\sum_{k=0}^{\infty}\frac{1}{k!}(\boldsymbol{A}+\boldsymbol{B})^k\\&=\boldsymbol{I}+(\boldsymbol{A}+\boldsymbol{B})+\frac{1}{2!}(\boldsymbol{A}+\boldsymbol{B})^2+\cdots\end{aligned}$$

因为 $\boldsymbol{AB}=\boldsymbol{BA}$，所以 $e^{\boldsymbol{A}}e^{\boldsymbol{B}}=e^{\boldsymbol{A}+\boldsymbol{B}}$，同理可证 $e^{\boldsymbol{B}}e^{\boldsymbol{A}}=e^{\boldsymbol{A}+\boldsymbol{B}}$.

如果矩阵 $\boldsymbol{A}$ 和 $\boldsymbol{B}$ 可交换，那么许多三角恒等式也可以推广到矩阵上，例如

$$\sin(\boldsymbol{A}+\boldsymbol{B}) = \sin\boldsymbol{A}\cos\boldsymbol{B} + \cos\boldsymbol{A}\sin\boldsymbol{B},$$

$$\sin 2\boldsymbol{A} = 2\sin\boldsymbol{A}\cos\boldsymbol{A}.$$

二、矩阵函数的求法

在实际应用中常常是给定了解析函数 $f(z)$ 和矩阵 $\boldsymbol{A}\in\mathbf{C}^{n\times n}$，要求计算矩阵 $f(\boldsymbol{A})\in\mathbf{C}^{n\times n}$. 下面介绍两种有效的计算方法. 在计算 $f(\boldsymbol{A})=\sum\limits_{k=0}^{\infty}a_k\boldsymbol{A}^k$ 时，总假定 $\boldsymbol{A}$ 的谱半径小于幂级数的收敛半径.

1. Jordan 标准形法

定理 5.11 设 $f(z)$ 是复变量 z 的解析函数，$\boldsymbol{A}\in\mathbf{C}^{n\times n}$，且存在可逆阵 $\boldsymbol{P}$，使得

$$\boldsymbol{A} = \boldsymbol{PJP}^{-1} = \boldsymbol{P}\mathrm{diag}(\boldsymbol{J}_1,\boldsymbol{J}_2,\cdots,\boldsymbol{J}_m)\boldsymbol{P}^{-1},$$

则

$$f(\boldsymbol{A}) = \boldsymbol{P}f(\boldsymbol{J})\boldsymbol{P}^{-1} = \boldsymbol{P}\mathrm{diag}(f(\boldsymbol{J}_1),f(\boldsymbol{J}_2),\cdots,f(\boldsymbol{J}_m))\boldsymbol{P}^{-1}.$$

其中

$$f(\boldsymbol{J}_i) = \begin{pmatrix} f(\lambda_i) & f'(\lambda_i) & \frac{1}{2!}f''(\lambda_i) & \cdots & \frac{1}{(n_i-1)!}f^{(n_i-1)}(\lambda_i) \\ & f(\lambda_i) & f'(\lambda_i) & & \\ & & \ddots & & \vdots \\ & & & \ddots & \frac{1}{2!}f''(\lambda_i) \\ & & & \ddots & f'(\lambda_i) \\ & & & & f(\lambda_i) \end{pmatrix}_{n_i\times n_i},$$

其证明只需将定理 5.10 中有关等式取极限即得.

推论 若 $\boldsymbol{A}$ 的特征值为 $\lambda_1,\lambda_2,\cdots,\lambda_n$，则 $f(\boldsymbol{A})$ 的特征值为 $f(\lambda_1),f(\lambda_2),\cdots,f(\lambda_n)$.

例 13 已知矩阵

$$\boldsymbol{A} = \begin{pmatrix} 2 & 0 & 0 \\ 1 & 1 & 1 \\ 1 & -1 & 3 \end{pmatrix},$$

计算 $e^{\boldsymbol{A}}$ 和 $\sin\boldsymbol{A}$.

解 $\boldsymbol{A}$ 的 Jordan 标准形为

$$\boldsymbol{J} = \begin{pmatrix} 2 & 1 & 0 \\ 0 & 2 & 0 \\ 0 & 0 & 2 \end{pmatrix},$$

变换矩阵 $\boldsymbol{P}$ 和 $\boldsymbol{P}^{-1}$ 分别为

$$\boldsymbol{P} = \begin{pmatrix} 0 & 1 & 1 \\ 1 & 0 & 0 \\ 1 & 0 & -1 \end{pmatrix}, \quad \boldsymbol{P}^{-1} = \begin{pmatrix} 0 & 1 & 0 \\ 1 & -1 & 1 \\ 0 & 1 & -1 \end{pmatrix},$$

且

$$f(\boldsymbol{J}) = \begin{pmatrix} f(2) & f'(2) & 0 \\ 0 & f(2) & 0 \\ 0 & 0 & f(2) \end{pmatrix},$$

故

$$\begin{aligned} f(\boldsymbol{A}) &= \boldsymbol{P}f(\boldsymbol{J})\boldsymbol{P}^{-1} \\ &= \begin{pmatrix} 0 & 1 & 1 \\ 1 & 0 & 0 \\ 1 & 0 & -1 \end{pmatrix} \begin{pmatrix} f(2) & f'(2) & 0 \\ 0 & f(2) & 0 \\ 0 & 0 & f(2) \end{pmatrix} \begin{pmatrix} 0 & 1 & 0 \\ 1 & -1 & 1 \\ 0 & 1 & -1 \end{pmatrix} \\ &= \begin{pmatrix} f(2) & 0 & 0 \\ f'(2) & f(2)-f'(2) & f'(2) \\ f'(2) & -f'(2) & f(2)+f'(2) \end{pmatrix}. \end{aligned}$$

当 $f(z)=\mathrm{e}^z$ 时，$f(2)=\mathrm{e}^2$，$f'(2)=\mathrm{e}^2$，故

$$\mathrm{e}^{\boldsymbol{A}} = \begin{pmatrix} \mathrm{e}^2 & 0 & 0 \\ \mathrm{e}^2 & 0 & \mathrm{e}^2 \\ \mathrm{e}^2 & -\mathrm{e}^2 & 2\mathrm{e}^2 \end{pmatrix}.$$

当 $f(z)=\sin z$ 时，$f(2)=\sin 2$，$f'(2)=\cos 2$，故

$$\sin \boldsymbol{A} = \begin{pmatrix} \sin 2 & 0 & 0 \\ \cos 2 & \sin 2-\cos 2 & \cos 2 \\ \cos 2 & -\cos 2 & \sin 2+\cos 2 \end{pmatrix}.$$

定理 5.11 提供了计算矩阵函数的一种方法，用这种方法须先算出 Jordan 标准形 $\boldsymbol{J}$ 和变换矩阵 $\boldsymbol{P}$. 从所举例子看到，对一个比较简单的矩阵 $\boldsymbol{A}$，即使只要求出最简单的矩阵函数 $\mathrm{e}^{\boldsymbol{A}}$、$\sin\boldsymbol{A}$，其过程也还是比较繁琐的. 下面介绍的最小多项式法，比起上述方法来要简便些. 但是，这一方法的理论推导相当繁琐，所以这里不作推导，我们只将结果介绍给读者.

2. 最小多项式法

设 $m_{\boldsymbol{A}}(\lambda)$ 是 n 阶矩阵 $\boldsymbol{A}$ 的最小多项式，它的次数为 m，若 $f(\lambda)$ 是 $l(l\geqslant m)$ 次多项式，以 $m_{\boldsymbol{A}}(\lambda)$ 去除 $f(\lambda)$ 即得

$$f(\lambda) = m_{\boldsymbol{A}}(\lambda)q(\lambda) + r(\lambda),$$

余式 $r(\lambda)=0$ 或 $r(\lambda)$ 的次数低于 $m_{\boldsymbol{A}}(\lambda)$ 的次数. 因此

$$f(\boldsymbol{A}) = m_{\boldsymbol{A}}(\boldsymbol{A})q(\boldsymbol{A}) + r(\boldsymbol{A}) = r(\boldsymbol{A}).$$

由此可见，次数大于等于 m 的任意矩阵多项式 $f(\boldsymbol{A})$ 都可以化为次数小于等于 $m-1$ 的 $\boldsymbol{A}$ 的多项式 $r(\boldsymbol{A})$ 来计算.

把这一思想推广到由矩阵幂级数确定的矩阵函数 $f(\boldsymbol{A})$ 上，我们有如下的定理.

定理 5.12 设 n 阶矩阵 $\boldsymbol{A}$ 的最小多项式为

$$m_{\boldsymbol{A}}(\lambda)=(\lambda-\lambda_1)^{n_1}(\lambda-\lambda_2)^{n_2}\cdots(\lambda-\lambda_s)^{n_s},$$

其中 $\lambda_1,\lambda_2,\cdots,\lambda_s$ 为 $\boldsymbol{A}$ 的所有不同特征值，$\sum_{i=1}^{s}n_i=m$，$f(\lambda)$是复变量 λ 的解析函数，令

$$g(\lambda)=c_0+c_1\lambda+\cdots+c_{m-1}\lambda^{m-1},$$

则 $f(\boldsymbol{A})=g(\boldsymbol{A})$的充分必要条件是

$$g^{(j)}(\lambda_i)=f^{(j)}(\lambda_i),\quad i=1,2,\cdots,s,\quad j=0,1,2,\cdots,n_i-1. \tag{5.1}$$

我们用例子说明这一方法.

例 14 用定理 5.12 提供的方法，对例 13 的矩阵 $\boldsymbol{A}$ 计算 $\mathrm{e}^{\boldsymbol{A}},\sin\boldsymbol{A},\mathrm{e}^{\boldsymbol{A}t}$.

解 $\boldsymbol{A}$ 的最小多项式为 $m_{\boldsymbol{A}}(\lambda)=(\lambda-2)^2$，令

$$g(\lambda)=c_0+c_1\lambda,$$

则

$$\begin{cases}f(2)=c_0+2c_1,\\ f'(2)=c_1.\end{cases}$$

解得 $c_0=f(2)-2f'(2)$，$c_1=f'(2)$，故

$$f(\boldsymbol{A})=c_0\boldsymbol{I}+c_1\boldsymbol{A}=\begin{pmatrix}f(2) & 0 & 0\\ f'(2) & f(2)-f'(2) & f'(2)\\ f'(2) & -f'(2) & f(2)+f'(2)\end{pmatrix}.$$

当 $f(z)=\mathrm{e}^z$ 时，$f(2)=\mathrm{e}^2$，$f'(2)=\mathrm{e}^2$，故

$$\mathrm{e}^{\boldsymbol{A}}=\begin{pmatrix}\mathrm{e}^2 & 0 & 0\\ \mathrm{e}^2 & 0 & \mathrm{e}^2\\ \mathrm{e}^2 & -\mathrm{e}^2 & 2\mathrm{e}^2\end{pmatrix}.$$

当 $f(z)=\sin z$ 时，$f(2)=\sin2$，$f'(2)=\cos2$，故

$$\sin\boldsymbol{A}=\begin{pmatrix}\sin2 & 0 & 0\\ \cos2 & \sin2-\cos2 & \cos2\\ \cos2 & -\cos2 & \sin2+\cos2\end{pmatrix}.$$

当 $f(z)=\mathrm{e}^{tz}$ 时，$f(2)=\mathrm{e}^{2t}$，$f'(2)=t\mathrm{e}^{2t}$，故

$$\mathrm{e}^{\boldsymbol{A}t}=\begin{pmatrix}\mathrm{e}^{2t} & 0 & 0\\ t\mathrm{e}^{2t} & \mathrm{e}^{2t}-t\mathrm{e}^{2t} & t\mathrm{e}^{2t}\\ t\mathrm{e}^{2t} & -t\mathrm{e}^{2t} & \mathrm{e}^{2t}+t\mathrm{e}^{2t}\end{pmatrix}.$$

例 14 中，求 $\mathrm{e}^{t\boldsymbol{A}}$应注意 t 只是一个参数，求导时 t 看成一个常量.

例 15 已知矩阵 $\boldsymbol{A}=\begin{pmatrix}0 & 0 & -2\\ 0 & 1 & 0\\ 1 & 0 & 3\end{pmatrix}$，计算 $\mathrm{e}^{\boldsymbol{A}t}$.

解 $\boldsymbol{A}$ 的最小多项式为 $m_{\boldsymbol{A}}(\lambda)=(\lambda-1)(\lambda-2)$，令 $g(\lambda)=c_0+c_1\lambda$，则 $\begin{cases}c_0+c_1=\mathrm{e}^t,\\ c_0+2c_1=\mathrm{e}^{2t}.\end{cases}$ 解得

$$c_0=2\mathrm{e}^t-\mathrm{e}^{2t},\quad c_1=\mathrm{e}^{2t}-\mathrm{e}^t,$$

故
$$\mathrm{e}^{\boldsymbol{A}t}=c_0I+c_1\boldsymbol{A}=\begin{pmatrix}2\mathrm{e}^t-\mathrm{e}^{2t} & 0 & 2\mathrm{e}^t-2\mathrm{e}^{2t}\\ 0 & \mathrm{e}^t & 0\\ \mathrm{e}^{2t}-\mathrm{e}^t & 0 & 2\mathrm{e}^{2t}-\mathrm{e}^t\end{pmatrix}.$$

当计算最小多项式比较困难时，我们也可以用特征多项式来代替最小多项式. 读者可以对例 15 的矩阵 $\boldsymbol{A}$，利用特征多项式计算 $\mathrm{e}^{\boldsymbol{A}t}$.

5.6　函数矩阵的微分与积分

在实际应用中，矩阵函数与函数矩阵的微分、积分常常是同时出现的，因此我们学习了矩阵函数的计算以后，还须学习函数矩阵的微分与积分. 比起前者来，后者要简单、容易得多，它只是一般微积分概念法则的一种形式的推广.

现在考虑矩阵元素是实变量 t 的实函数的矩阵

$$\boldsymbol{A}(t)=\begin{pmatrix}a_{11}(t) & a_{12}(t) & \cdots & a_{1n}(t)\\ a_{21}(t) & a_{22}(t) & \cdots & a_{2n}(t)\\ \vdots & \vdots & & \vdots\\ a_{m1}(t) & a_{m2}(t) & \cdots & a_{mn}(t)\end{pmatrix},$$

$\boldsymbol{A}(t)$中所有的元素 $a_{ij}(t)$定义在同一区间$[a,b]$上.

$\boldsymbol{A}(t)$在区间$[a,b]$上有界，连续，可微，可积是指所有的 $a_{ij}(t)$在$[a,b]$上有界，连续，可微，可积. 例如函数矩阵 $\boldsymbol{A}(t)$的微分与积分定义为

$$\frac{\mathrm{d}}{\mathrm{d}t}\boldsymbol{A}(t)=\left(\frac{\mathrm{d}}{\mathrm{d}t}a_{ij}(t)\right)_{m\times n},$$

$$\int_{t_0}^{t}\boldsymbol{A}(\tau)\mathrm{d}\tau=\left(\int_{t_0}^{t}a_{ij}(\tau)\mathrm{d}\tau\right)_{m\times n}.$$

函数矩阵的微分满足以下性质：

(1) $\dfrac{\mathrm{d}}{\mathrm{d}t}(\boldsymbol{A}(t)+\boldsymbol{B}(t))=\dfrac{\mathrm{d}}{\mathrm{d}t}\boldsymbol{A}(t)+\dfrac{\mathrm{d}}{\mathrm{d}t}\boldsymbol{B}(t)$；

(2) $\dfrac{\mathrm{d}}{\mathrm{d}t}(k(t)\boldsymbol{A}(t))=\dfrac{\mathrm{d}k(t)}{\mathrm{d}t}\boldsymbol{A}(t)+k(t)\dfrac{\mathrm{d}}{\mathrm{d}t}\boldsymbol{A}(t)$，其中 $k(t)$为 t 的可微函数；

(3) $\dfrac{\mathrm{d}}{\mathrm{d}t}(\boldsymbol{A}(t)\boldsymbol{B}(t))=\dfrac{\mathrm{d}}{\mathrm{d}t}\boldsymbol{A}(t)\cdot\boldsymbol{B}(t)+\boldsymbol{A}(t)\cdot\dfrac{\mathrm{d}}{\mathrm{d}t}\boldsymbol{B}(t)$；

(4) 若 $\boldsymbol{A}(t)$与 $\boldsymbol{A}^{-1}(t)$都可微，则

$$\frac{\mathrm{d}}{\mathrm{d}t}\boldsymbol{A}^{-1}(t)=-\boldsymbol{A}^{-1}(t)\left(\frac{\mathrm{d}}{\mathrm{d}t}\boldsymbol{A}(t)\right)\boldsymbol{A}^{-1}(t).$$

一般说来，$\dfrac{\mathrm{d}}{\mathrm{d}t}\boldsymbol{A}^2(t)\neq 2\boldsymbol{A}(t)\dfrac{\mathrm{d}}{\mathrm{d}t}\boldsymbol{A}(t)$，因为 $\boldsymbol{A}(t)$和$\dfrac{\mathrm{d}}{\mathrm{d}t}\boldsymbol{A}(t)$一般不可交换.

例 16　设 n 阶矩阵 $\boldsymbol{A}$ 与 t 无关，证明：

(1) $\frac{\mathrm{d}}{\mathrm{d}t}\mathrm{e}^{tA}=A\mathrm{e}^{tA}=\mathrm{e}^{tA}A$;

(2) $\frac{\mathrm{d}}{\mathrm{d}t}\cos(tA)=-A\sin tA=-(\sin tA)A$;

(3) $\frac{\mathrm{d}}{\mathrm{d}t}(\sin tA)=A\cos tA=(\cos tA)A$.

证明 只证(1),其余留给读者.

注意到 e^{tA} 的第 i 行第 j 列的元素为

$$(\mathrm{e}^{tA})_{ij}=\sum_{k=0}^{\infty}\frac{1}{k!}t^k(A^k)_{ij},$$

上式右边是 t 的幂级数,不论 t 的取值,它总是收敛的.因此,可以对其逐项微分

$$\frac{\mathrm{d}}{\mathrm{d}t}(\mathrm{e}^{tA})_{ij}=\sum_{k=1}^{\infty}\frac{1}{(k-1)!}t^{k-1}(A^k)_{ij},$$

于是

$$\frac{\mathrm{d}}{\mathrm{d}t}\mathrm{e}^{tA}=\sum_{k=1}^{\infty}\frac{1}{(k-1)!}t^{k-1}A^k=A\sum_{k=1}^{\infty}\frac{1}{(k-1)!}t^{k-1}A^{k-1}=A\mathrm{e}^{tA}.$$

同样,
$$\frac{\mathrm{d}}{\mathrm{d}t}\mathrm{e}^{tA}=\left(\sum_{k=1}^{\infty}\frac{1}{(k-1)!}t^{k-1}A^{k-1}\right)A=\mathrm{e}^{tA}A.$$

函数矩阵的积分满足以下性质:

(1) $\int[aA(t)+bB(t)]\mathrm{d}t=a\int A(t)\mathrm{d}t+b\int B(t)\mathrm{d}t$($a,b$ 为任意实数);

(2) $\int C\cdot A(t)\mathrm{d}t=C\int A(t)\mathrm{d}t$($C$ 为常数矩阵);

(3) $\int A(t)B'(t)\mathrm{d}t=A(t)B(t)-\int A'(t)B(t)\mathrm{d}t$($B'(t)$表示 $B(t)$的导数).

上面所列性质都可直接验证,这里不再给出.顺便指出,上述函数矩阵的微分、积分概念,还可以作些推广,比如可定义 $A(t)$的广义积分与拉氏变换等.但正如以上所讲的情况一样,这仅仅是一种约定,实质性的东西并不多,如在应用中遇到,可按所给出的定义去理解,这里不再赘述.

5.7 矩阵函数的应用

在线性控制系统中,常常涉及求解线性微分方程组的问题.矩阵函数在其中有着重要的应用.我们要求解形如:

$$\begin{cases}\dot{x}_1(t)=a_{11}(t)x_1(t)+\cdots+a_{1n}(t)x_n(t)+f_1(t),\\ \dot{x}_2(t)=a_{21}(t)x_1(t)+\cdots+a_{2n}(t)x_n(t)+f_2(t),\\ \quad\vdots\\ \dot{x}_n(t)=a_{n1}(t)x_1(t)+\cdots+a_{nn}(t)x_n(t)+f_n(t)\end{cases}$$

的一阶线性常微分方程组，在应用中，牵涉得最多的是求解微分方程组的初值问题，即寻求一组函数 $x_1(t), x_2(t), \cdots, x_n(t)$，使它们满足方程组和下列一组初始条件：

$$x_1(t_0)=c_1, x_2(t_0)=c_2, \cdots, x_n(t_0)=c_n.$$

为了应用矩阵函数求解上述微分方程的初值问题，首先用矩阵表示方程组和初始条件. 令 $\boldsymbol{A}(t)=(a_{ij}(t))_{n\times n}$，$\boldsymbol{f}(t)=(f_1(t) \quad f_2(t) \quad \cdots \quad f_n(t))^{\mathrm{T}}$，$\boldsymbol{x}(t)=(x_1(t) \quad x_2(t) \quad \cdots \quad x_n(t))^{\mathrm{T}}$，$\boldsymbol{x}(t_0)=(c_1 \quad c_2 \quad \cdots \quad c_n)^{\mathrm{T}}=\boldsymbol{C}_{n\times 1}$. 于是，方程组和初始条件的矩阵形式是

$$\begin{cases}\dot{\boldsymbol{x}}(t)=\boldsymbol{A}(t)\boldsymbol{x}(t)+\boldsymbol{f}(t),\\ \boldsymbol{x}(t_0)=\boldsymbol{C}_{n\times 1}.\end{cases}$$

设所考虑的时间区间为$[t_0,+\infty)$，若在该区间上 $\boldsymbol{f}(t)=\boldsymbol{0}$，称方程组是齐次的，否则称为非齐次的；如果系数矩阵 $\boldsymbol{A}(t)=\boldsymbol{A}$ 是常数矩阵，称方程组是常系数的，否则称为变系数的. 本节只讨论一阶常系数微分方程组的求解问题.

一、一阶线性常系数齐次微分方程组

定理 5.13 一阶线性常系数齐次微分方程组

$$\begin{cases}\dot{\boldsymbol{x}}(t)=\boldsymbol{A}\boldsymbol{x}(t),\\ \boldsymbol{x}(t_0)=\boldsymbol{C}_{n\times 1}\end{cases}$$

的解为

$$\boldsymbol{x}(t)=\mathrm{e}^{\boldsymbol{A}(t-t_0)}\boldsymbol{x}(t_0).$$

证明 根据函数矩阵的微分法则

$$\frac{\mathrm{d}}{\mathrm{d}t}(\mathrm{e}^{-\boldsymbol{A}t}\boldsymbol{x}(t))=\mathrm{e}^{-\boldsymbol{A}t}(-\boldsymbol{A})\boldsymbol{x}(t)+\mathrm{e}^{-\boldsymbol{A}t}\dot{\boldsymbol{x}}(t)$$

$$=\mathrm{e}^{-\boldsymbol{A}t}(\dot{\boldsymbol{x}}(t)-\boldsymbol{A}\boldsymbol{x}(t))=\boldsymbol{0},$$

将上式两端在$[t_0,t]$上积分，得

$$\mathrm{e}^{-\boldsymbol{A}t}\boldsymbol{x}(t)-\mathrm{e}^{-\boldsymbol{A}t_0}\boldsymbol{x}(t_0)=\boldsymbol{0},$$

所以

$$\boldsymbol{x}(t)=\mathrm{e}^{\boldsymbol{A}(t-t_0)}\boldsymbol{x}(t_0).$$

例 17 设 $\boldsymbol{A}=\begin{pmatrix}2&0&0\\1&1&1\\1&-1&3\end{pmatrix}$，求微分方程组 $\dot{\boldsymbol{x}}(t)=\boldsymbol{A}\boldsymbol{x}(t)$满足初始条件 $\boldsymbol{x}(0)=(1 \quad 1 \quad 1)^{\mathrm{T}}$ 的解.

解 由定理 5.13 知微分方程组满足初始条件的解为

$$\boldsymbol{x}(t)=\mathrm{e}^{\boldsymbol{A}t}\boldsymbol{x}(0),$$

在例 14 中已经求出

$$\mathrm{e}^{\boldsymbol{A}t}=\mathrm{e}^{2t}\begin{pmatrix}1&0&0\\t&1-t&t\\t&-t&1+t\end{pmatrix},$$

所以解为
$$x(t)=(e^{2t}\quad (1+t)e^{2t}\quad (1+t)e^{2t})^T.$$

二、一阶线性常系数非齐次微分方程组

定理 5.14 一阶线性常系数非齐次线性方程组
$$\begin{cases}\dot{x}(t)=Ax(t)+f(t),\\ x(t_0)=C\end{cases}$$
的解为
$$\begin{aligned}x(t)&=e^{A(t-t_0)}x(t_0)+e^{At}\int_{t_0}^{t}e^{-A\tau}f(\tau)d\tau\\ &=e^{A(t-t_0)}x(t_0)+\int_{t_0}^{t}e^{A(t-\tau)}f(\tau)d\tau.\end{aligned}$$

证明 其证明过程和定理 5.13 的类似. 根据函数矩阵的微分法则，有
$$\begin{aligned}\frac{d}{dt}(e^{-At}x(t))&=e^{-At}(-A)x(t)+e^{-At}\dot{x}(t)\\ &=e^{-At}(\dot{x}(t)-Ax(t))\\ &=e^{-At}f(t),\end{aligned}$$
将上式两端在$[t_0,t]$上积分，得
$$e^{-At}x(t)-e^{-At_0}x(t_0)=\int_{t_0}^{t}e^{-A\tau}f(\tau)d\tau.$$
于是有
$$x(t)=e^{A(t-t_0)}x(t_0)+\int_{t_0}^{t}e^{A(t-\tau)}f(\tau)d\tau.$$

例 18 设
$$A=\begin{pmatrix}2&0&0\\1&1&1\\1&-1&3\end{pmatrix},$$
$f(t)=(e^{2t}\quad e^{2t}\quad 0)^T$. 求微分方程组 $\dot{x}(t)=Ax(t)+f(t)$满足初始条件 $x(0)=(-1\quad 1\quad 0)^T$的解.

解 由定理 5.14 知微分方程组满足初始条件的解为
$$x(t)=e^{At}x(0)+\int_0^t e^{A(t-\tau)}f(\tau)d\tau,$$
在例 14 中已经求出
$$e^{At}=e^{2t}\begin{pmatrix}1&0&0\\t&1-t&t\\t&-t&1+t\end{pmatrix}.$$

计算
$$\mathrm{e}^{-\boldsymbol{A}\tau}\boldsymbol{f}(\tau)=\mathrm{e}^{-2\tau}\begin{pmatrix}1&0&0\\-\tau&1+\tau&-\tau\\-\tau&\tau&1-\tau\end{pmatrix}\begin{pmatrix}\mathrm{e}^{2\tau}\\\mathrm{e}^{2\tau}\\0\end{pmatrix}=\begin{pmatrix}1\\1\\0\end{pmatrix},$$
$$\int_0^t\mathrm{e}^{-\boldsymbol{A}\tau}\boldsymbol{f}(\tau)\mathrm{d}\tau=\begin{pmatrix}t\\t\\0\end{pmatrix},$$
所以解为
$$\boldsymbol{x}(t)=\mathrm{e}^{\boldsymbol{A}t}\begin{pmatrix}-1\\1\\0\end{pmatrix}+\mathrm{e}^{\boldsymbol{A}t}\begin{pmatrix}t\\t\\0\end{pmatrix}=\mathrm{e}^{2t}\begin{pmatrix}1&0&0\\t&1-t&t\\t&-t&1+t\end{pmatrix}\begin{pmatrix}t-1\\t+1\\0\end{pmatrix}=\begin{pmatrix}(t-1)\mathrm{e}^{2t}\\(1-t)\mathrm{e}^{2t}\\-2t\mathrm{e}^{2t}\end{pmatrix}.$$

习 题 五

1. 设 $a_1,a_2,\cdots,a_n$ 都是正实数，$\boldsymbol{x}=(x_1\quad x_2\quad\cdots\quad x_n)^{\mathrm{T}}\in\mathbf{R}^n$，证明由 $\|\boldsymbol{x}\|=\left(\sum\limits_{i=1}^{n}a_ix_i{}^2\right)^{1/2}$ 定义的非负实值函数是 $\mathbf{R}^n$ 空间的一个向量范数.

2. 证明：若 $\boldsymbol{x}\in\mathbf{C}^n$，则

(1) $\|\boldsymbol{x}\|_2\leqslant\|\boldsymbol{x}\|_1\leqslant\sqrt{n}\|\boldsymbol{x}\|_2$；

(2) $\|\boldsymbol{x}\|_\infty\leqslant\|\boldsymbol{x}\|_1\leqslant n\|\boldsymbol{x}\|_\infty$；

(3) $\|\boldsymbol{x}\|_\infty\leqslant\|\boldsymbol{x}\|_2\leqslant\sqrt{n}\|\boldsymbol{x}\|_\infty$.

3. 已知矩阵
$$\boldsymbol{A}=\begin{pmatrix}-1&0&2&i\\3&5&-1&0\\1&2&0&-1\\7&-i&2&-4\end{pmatrix},\quad i^2=-1.$$
计算 $\|\boldsymbol{A}\|_1$ 和 $\|\boldsymbol{A}\|_\infty$. 如果 $\boldsymbol{x}=(-1\quad 2\quad 0\quad -i)^{\mathrm{T}}$，计算 $\|\boldsymbol{Ax}\|_1$ 和 $\|\boldsymbol{Ax}\|_\infty$.

4. 设 $\boldsymbol{U}$ 是酉矩阵，证明：

(1) $\|\boldsymbol{U}\|_2=1$；

(2) $\|\boldsymbol{UA}\|_2=\|\boldsymbol{A}\|_2$；

(3) $\|\boldsymbol{U}^{\mathrm{H}}\boldsymbol{AU}\|_2=\|\boldsymbol{A}\|_2$.

5. 设 $\|\boldsymbol{A}\|_P$ 是由向量范数 $\|\boldsymbol{x}\|_P$ 诱导的矩阵范数，$\boldsymbol{A}$ 可逆，证明：

(1) $\|\boldsymbol{A}^{-1}\|_P\geqslant\|\boldsymbol{A}\|_P{}^{-1}$；

(2) $\|\boldsymbol{A}^{-1}\|_P{}^{-1}=\min\limits_{x\neq\boldsymbol{0}}\dfrac{\|\boldsymbol{Ax}\|_P}{\|\boldsymbol{x}\|_P}$.

6. 设矩阵序列 $\{\boldsymbol{A}^{(k)}\}$ 收敛，其极限为 $\boldsymbol{A}$. 证明：对任意 n 阶可逆阵 $\boldsymbol{P}$，矩阵序列

$\{P^{-1}A^{(k)}P\}$也收敛,且极限为$P^{-1}AP$.

7. 设三阶方阵A的特征值为$\lambda_1=\lambda_2=1,\lambda_3=\frac{1}{2}$,对应的特征向量为$\alpha_1=(1\quad 0\quad 0)^{\mathrm{T}},\alpha_2=(1\quad 1\quad 0)^{\mathrm{T}},\alpha_3=(1\quad 1\quad 1)^{\mathrm{T}}$,求$\lim\limits_{k\to\infty}A^k$.

8. 设$A=\begin{pmatrix}0 & c & c\\ c & 0 & c\\ c & c & 0\end{pmatrix}$,讨论$c$取何值时,$\sum\limits_{k=0}^{\infty}A^k$收敛.

9. 设λ为矩阵$A\in\mathbf{C}^{n\times n}$的特征值.证明:对任意正整数$k$及矩阵范数$\|A\|$,都有

$$|\lambda|\leqslant\|A^k\|^{\frac{1}{k}}.$$

10. 设A是正规矩阵.证明:

$$\rho(A)=\|A\|_2.$$

11. 求矩阵幂级数$\sum\limits_{k=0}^{\infty}A^k$的和矩阵.其中

$$A=\begin{pmatrix}0.1 & 0.7\\ 0.3 & 0.6\end{pmatrix}.$$

12. 讨论矩阵幂级数$\sum\limits_{k=1}^{\infty}\frac{1}{k^2}A^k$的敛散性.其中

$$A=\begin{pmatrix}-2 & 1\\ -1 & 0\end{pmatrix}.$$

13. 证明:矩阵幂级数的敛散性是相似不变性.

14. 设$A=\begin{pmatrix}2 & 1 & 4\\ 0 & 2 & 0\\ 0 & 3 & 1\end{pmatrix}$,计算$\mathrm{e}^{At}$,$\sin At$.

15. 设$A=\begin{pmatrix}1 & 4 & 10\\ 0 & 2 & 0\\ 0 & 0 & 3\end{pmatrix}$,计算$\mathrm{e}^{At}$.

16. 设$A=\begin{pmatrix}3 & 0 & 8\\ 3 & -1 & 6\\ -2 & 0 & -5\end{pmatrix}$,求微分方程组$\dot{x}(t)=Ax(t)$满足初始条件$x(0)=(1\quad 1\quad 1)^{\mathrm{T}}$的解.

17. 设$A=\begin{pmatrix}-2 & 1 & 0\\ -4 & 2 & 0\\ 1 & 0 & 1\end{pmatrix}$,$f(t)=(1\quad 2\quad \mathrm{e}^t-1)^{\mathrm{T}}$.求微分方程组$\dot{x}(t)=Ax(t)+f(t)$满足初始条件$x(0)=(1\quad 1\quad -1)^{\mathrm{T}}$的解.

第 6 章 矩阵的 Kronecker 积与 Hadamard 积

已有的知识背景已足以使我们认识到了矩阵乘法的重要性. 实际上,在矩阵的普通乘法以外,还可以定义其他的乘法. 这一章将要介绍的 Kronecker 积与 Hadamard 积也是重要的矩阵乘法,它们有很好的物理、数学等学科研究问题的背景,已被成功地应用在许多领域中.

这一章将介绍 Kronecker 积与 Hadamard 积的定义、基本性质及其结合矩阵的向量化算子建立起来的基本理论结果,同时也简要介绍了它们在求解矩阵方程中的应用例子.

6.1 Kronecker 积与 Hadamard 积的定义

与矩阵的普通乘法 $\boldsymbol{AB}$ 要求 $\boldsymbol{A}\in F^{m\times k}$, $\boldsymbol{B}\in F^{k\times n}$ 不同,Kronecker 积是在任意的两个矩阵之间可以定义的运算,而 Hadamard 积则是在两个同阶的矩阵之间定义的简单运算.

定义 6.1 设 $\boldsymbol{A}=(a_{ij})\in \mathbf{C}^{m\times n}$, $\boldsymbol{B}=(b_{ij})\in \mathbf{C}^{s\times t}$,则 $\boldsymbol{A}$ 与 $\boldsymbol{B}$ 的 Kronecker 积 $\boldsymbol{A}\otimes\boldsymbol{B}$ 定义为

$$\boldsymbol{A}\otimes\boldsymbol{B}=\begin{pmatrix} a_{11}\boldsymbol{B} & a_{12}\boldsymbol{B} & \cdots & a_{1n}\boldsymbol{B} \\ a_{21}\boldsymbol{B} & a_{22}\boldsymbol{B} & \cdots & a_{2n}\boldsymbol{B} \\ \vdots & \vdots & & \vdots \\ a_{m1}\boldsymbol{B} & a_{m2}\boldsymbol{B} & \cdots & a_{mn}\boldsymbol{B} \end{pmatrix}\in \mathbf{C}^{ms\times nt} \tag{6.1}$$

如果 $\boldsymbol{A}$ 与 $\boldsymbol{B}$ 是同阶矩阵,即 $\boldsymbol{A}=(a_{ij})\in \mathbf{C}^{m\times n}$, $\boldsymbol{B}=(b_{ij})\in \mathbf{C}^{m\times n}$,则 $\boldsymbol{A}$ 与 $\boldsymbol{B}$ 的 Hadamard 积 $\boldsymbol{A}\circ\boldsymbol{B}$ 定义为

$$\boldsymbol{A}\circ\boldsymbol{B}=(a_{ij}b_{ij})\in \mathbf{C}^{m\times n}. \tag{6.2}$$

从定义看矩阵的 Kronecker 积被表示为矩阵的分块运算,即 $\boldsymbol{A}\otimes\boldsymbol{B}$ 是一个分块矩阵,每一个子块是数乘矩阵运算($a_{ij}\boldsymbol{B}$). 矩阵的 Kronecker 积也称为**直积**或**张量积**. 矩阵 $\boldsymbol{A}$ 与 $\boldsymbol{B}$ 的 Hadamard 积是简单地将 $\boldsymbol{A}$ 与 $\boldsymbol{B}$ 对应的元素相乘. 矩阵的 Hadamard 也称为 Schur 积.

例 1 设 $\boldsymbol{A}=\begin{pmatrix}1 & 2\\ 3 & 4\end{pmatrix}$, $\boldsymbol{B}=\begin{pmatrix}-1 & 5\\ 4 & -3\end{pmatrix}$,计算 $\boldsymbol{A}\otimes\boldsymbol{B}$, $\boldsymbol{B}\otimes\boldsymbol{A}$, $\boldsymbol{A}\circ\boldsymbol{B}$ 和 $\boldsymbol{B}\circ\boldsymbol{A}$.

解　$$\boldsymbol{A}\otimes\boldsymbol{B}=\begin{pmatrix}1\boldsymbol{B} & 2\boldsymbol{B}\\ 3\boldsymbol{B} & 4\boldsymbol{B}\end{pmatrix}=\left(\begin{array}{cc:cc}-1 & 5 & -2 & 10\\ 4 & -3 & 8 & -6\\ \hdashline -3 & 15 & -4 & 20\\ 12 & -9 & 16 & -12\end{array}\right),$$

$$\boldsymbol{B}\otimes\boldsymbol{A}=\begin{pmatrix}-\boldsymbol{A} & 5\boldsymbol{A}\\ 4\boldsymbol{A} & -3\boldsymbol{A}\end{pmatrix}=\left(\begin{array}{cc:cc}-1 & -2 & 5 & 10\\ -3 & -4 & 15 & 20\\ \hdashline 4 & 8 & -3 & -6\\ 12 & 16 & -9 & -12\end{array}\right),$$

$$\boldsymbol{A}\circ\boldsymbol{B}=\begin{pmatrix}-1 & 10\\ 12 & -12\end{pmatrix},\quad \boldsymbol{B}\circ\boldsymbol{A}=\begin{pmatrix}-1 & 10\\ 12 & -12\end{pmatrix}.$$

从例 1 可以看到，$\boldsymbol{A}\circ\boldsymbol{B}=\boldsymbol{B}\circ\boldsymbol{A}$. 一般地，由于 $a_{ij}b_{ij}=b_{ij}a_{ij}$，因此成立 $\boldsymbol{A}\circ\boldsymbol{B}=\boldsymbol{B}\circ\boldsymbol{A}$，即 Hadamard 积是有交换律的，它克服了普通乘法不可交换($\boldsymbol{AB}\neq\boldsymbol{BA}$)的问题. 但 $\boldsymbol{A}\otimes\boldsymbol{B}\neq\boldsymbol{B}\otimes\boldsymbol{A}$，即 Kronecker 积仍不具有交换律，这一点和普通乘法一样. 但观察 $\boldsymbol{A}\otimes\boldsymbol{B}$ 与 $\boldsymbol{B}\otimes\boldsymbol{A}$，

$$\boldsymbol{A}\otimes\boldsymbol{B}\xrightarrow{c_2\leftrightarrow c_3}\begin{pmatrix}-1 & -2 & 5 & 10\\ 4 & 8 & -3 & -6\\ -3 & -4 & 15 & 20\\ 12 & 16 & 9 & -12\end{pmatrix}\xrightarrow{r_2\leftrightarrow r_3}\begin{pmatrix}-1 & -2 & 5 & 10\\ -3 & -4 & 15 & 20\\ 4 & 8 & -3 & -6\\ 12 & 16 & -9 & -12\end{pmatrix}=\boldsymbol{B}\otimes\boldsymbol{A},$$

即互换 $\boldsymbol{A}\otimes\boldsymbol{B}$ 中第 2 列与第 3 列，再互换第 2 行与第 3 行就得到了 $\boldsymbol{B}\otimes\boldsymbol{A}$. 后面将证明：一般地，只需要简单地重排 $\boldsymbol{A}\otimes\boldsymbol{B}$ 的某些行和列，就可以得到 $\boldsymbol{B}\otimes\boldsymbol{A}$. 从这一点上可以说 Kronecker 积部分地克服了普通乘法不可交换的缺点.

如果 $\boldsymbol{A},\boldsymbol{B}$ 是向量，$\boldsymbol{A}=(a_1\quad a_2\quad\cdots\quad a_n)^{\mathrm{T}}\in\mathbf{C}^n$，$\boldsymbol{B}=(b_1\quad b_2\quad\cdots\quad b_n)^{\mathrm{T}}\in\mathbf{C}^n$，则有

$$\boldsymbol{A}\otimes\boldsymbol{B}=(a_1b_1\quad a_1b_2\quad\cdots\quad a_1b_n\quad\cdots\quad a_nb_1\quad a_nb_2\quad\cdots\quad a_nb_n)^{\mathrm{T}}\in\mathbf{C}^{nn},$$

$$\boldsymbol{A}\circ\boldsymbol{B}=(a_1b_1\quad a_2b_2\quad\cdots\quad a_nb_n)^{\mathrm{T}}\in\mathbf{C}^n,$$

即向量的 Kronecker 积与 Hadamard 积仍是向量.

易于验证下列简单性质成立.

(1) $\mathbf{0}\otimes\mathbf{0}=\mathbf{0}$，　$\mathbf{0}\circ\mathbf{0}=\mathbf{0}$.

(2) $\boldsymbol{I}\otimes\boldsymbol{I}=\boldsymbol{I}$，　$\boldsymbol{I}\circ\boldsymbol{I}=\boldsymbol{I}$.

(3) 如果 $\boldsymbol{A}$ 是对角矩阵，则 $\boldsymbol{A}\otimes\boldsymbol{B}$ 是准对角矩阵，$\boldsymbol{A}\circ\boldsymbol{B}$ 是对角矩阵，

$$\boldsymbol{A}\otimes\boldsymbol{B}=\begin{pmatrix}a_{11}\boldsymbol{B} & & & \\ & a_{22}\boldsymbol{B} & & \\ & & \ddots & \\ & & & a_{mm}\boldsymbol{B}\end{pmatrix},\quad \boldsymbol{A}\circ\boldsymbol{B}=\begin{pmatrix}a_{11}b_{11} & & & \\ & a_{22}b_{22} & & \\ & & \ddots & \\ & & & a_{mm}b_{mm}\end{pmatrix}.$$

特别地，两个对角矩阵的 Kronecker 积和 Hadamard 积仍是对角矩阵.

更进一步，可以证明 Kronecker 积的结合律，分配律等性质成立.

定理 6.1 设 A,B,C 是矩阵，k 是数，则下列性质成立

(1) $(kA)\otimes B=A\otimes(kB)=k(A\otimes B)$；

(2) $A\otimes(B+C)=A\otimes B+A\otimes C$；$(B+C)\otimes A=B\otimes A+C\otimes A$；

(3) $(A\otimes B)\otimes C=A\otimes(B\otimes C)$；

(4) $(A\otimes B)^{\mathrm{H}}=A^{\mathrm{H}}\otimes B^{\mathrm{H}}$.

证明 因为 Kronecker 积是用分块矩阵定义的，所以用分块矩阵性质，证明等式两边子矩阵相等即可.

(1) $(kA)\otimes B=(ka_{ij})\otimes B=(ka_{ij}B)=(a_{ij}(kB))=A\otimes(kB)$；

(2) $A\otimes(B+C)=(a_{ij}(B+C))=(a_{ij}B+a_{ij}C)=(a_{ij}B)+(a_{ij}C)$

$=A\otimes B+A\otimes C$；

(3) 设
$$A=(a_{ij})\in C^{m\times n},B=(b_{ij})\in C^{s\times t},$$
则
$$(A\otimes B)\otimes C=(a_{ij}B)\otimes C=(a_{ij}b_{st}C).$$
又
$$A\otimes(B\otimes C)=A\otimes(b_{st}C)=(a_{ij}b_{st}C),$$
因此
$$(A\otimes B)\otimes C=A\otimes(B\otimes C).$$

(4) $(A\otimes B)^{\mathrm{H}}=(a_{ij}B)^{\mathrm{H}}$，所以矩阵$(A\otimes B)^{\mathrm{H}}$ 的第 i 行第 j 列位置上的子块为：
$$((A\otimes B)^{\mathrm{H}})_{ij}=(\bar{a}_{ji}B^{\mathrm{H}}).$$
又
$$A^{\mathrm{H}}\otimes B^{\mathrm{H}}=((A^{\mathrm{H}})_{ij}B^{\mathrm{H}})=(\bar{a}_{ji}B^{\mathrm{H}}),$$
因此
$$(A\otimes B)^{\mathrm{H}}=A^{\mathrm{H}}\otimes B^{\mathrm{H}}.$$ □

下面定理将有助于处理 Kronecker 积和矩阵普通乘法的关系.

定理 6.2 设矩阵 A,B,C,D 是使下列运算有意义的矩阵，则有
$$(A\otimes B)(C\otimes D)=(AC)\otimes(BD).$$

证明 设$(A\otimes B)_{ik}$表示矩阵依 B 阶数分块中的第 i 行、第 k 列子块矩阵，同理于$(C\otimes D)_{kj}$.

因此，用分块矩阵的乘法，可以有下列子块表示式：
$$((A\otimes B)(C\otimes D))_{ij}=\sum_{k=1}^{n}(A\otimes B)_{ik}(C\otimes D)_{kj}=\sum_{k=1}^{n}(a_{ik}B)(c_{kj}D)$$
$$=\sum_{k=1}^{n}a_{ik}c_{kj}(BD)=(AC)_{ij}BD,$$
从而
$$(A\otimes B)(C\otimes D)=(AC)\otimes(BD).$$ □

应用定理 6.2
$$A\otimes B=(IA)\otimes(BI)=(I\otimes B)(A\otimes I).$$

推论 设 $A\in F^{m\times m},B\in F^{n\times n}$，则
$$A\otimes B=(I_m\otimes B)(A\otimes I_n).$$

定理 6.2 给出了 Kronecker 积与矩阵乘法的关系式，应用它可以得到许多涉及 Kronecker 积运算得到的矩阵的重要性质.

例 2 证明如果方阵 $\boldsymbol{A},\boldsymbol{B}$ 皆可逆，则矩阵 $\boldsymbol{A}\otimes\boldsymbol{B}$ 可逆，而且 $(\boldsymbol{A}\otimes\boldsymbol{B})^{-1}=\boldsymbol{A}^{-1}\otimes\boldsymbol{B}^{-1}$.

证明 由已知，存在 $\boldsymbol{A}^{-1}$ 和 $\boldsymbol{B}^{-1}$. 由定理 6.2,

$$(\boldsymbol{A}\otimes\boldsymbol{B})(\boldsymbol{A}^{-1}\otimes\boldsymbol{B}^{-1})=(\boldsymbol{A}\boldsymbol{A}^{-1})\otimes(\boldsymbol{B}\boldsymbol{B}^{-1})=\boldsymbol{I}\otimes\boldsymbol{I}=\boldsymbol{I}.$$

由矩阵可逆的定义，$\boldsymbol{A}\otimes\boldsymbol{B}$ 可逆，而且

$$(\boldsymbol{A}\otimes\boldsymbol{B})^{-1}=\boldsymbol{A}^{-1}\otimes\boldsymbol{B}^{-1}.$$

从定义可以看到，矩阵的 Hadamard 积是比较简单的运算，易于验证下列性质成立.

(1) $(k\boldsymbol{A})\circ\boldsymbol{B}=\boldsymbol{A}\circ(k\boldsymbol{B})$;

(2) $\boldsymbol{A}\circ(\boldsymbol{B}+\boldsymbol{C})=\boldsymbol{A}\circ\boldsymbol{B}+\boldsymbol{A}\circ\boldsymbol{C}$;

(3) $(\boldsymbol{A}\circ\boldsymbol{B})\circ\boldsymbol{C}=\boldsymbol{A}\circ(\boldsymbol{B}\circ\boldsymbol{C})$;

(4) $(\boldsymbol{A}\circ\boldsymbol{B})^{\mathrm{H}}=\boldsymbol{A}^{\mathrm{H}}\circ\boldsymbol{B}^{\mathrm{H}}$.

另外，$\boldsymbol{A}\circ\boldsymbol{B}$ 的第 i 行、第 j 列的元素 $(\boldsymbol{A}\circ\boldsymbol{B})_{ij}=a_{ij}b_{ij}$，一定是 $\boldsymbol{A}\otimes\boldsymbol{B}$ 的元素之一，在例 1 中，观察 $\boldsymbol{A}\otimes\boldsymbol{B}$ 和 $\boldsymbol{A}\circ\boldsymbol{B}$，可以发现如果在 $\boldsymbol{A}\otimes\boldsymbol{B}$ 中取第 1 行，第 1 列；第 4 行，第 4 列，由位于这些行与列交叉处元素构成的子矩阵就是 $\boldsymbol{A}\circ\boldsymbol{B}$. 该事实在一般的方阵中也成立.

定理 6.3 设 $\boldsymbol{A},\boldsymbol{B}\in F^{n\times n}$，集合 $\boldsymbol{S}=\{1,n+2,2n+3,3n+4,\cdots,(n-1)n+n=n^2\}$，则 Hardamard 积 $\boldsymbol{A}\circ\boldsymbol{B}$ 是在 Kronecker 积 $\boldsymbol{A}\otimes\boldsymbol{B}$ 中同时取 $\boldsymbol{S}$ 中的数对应的行和列得到的子矩阵，记为 $\boldsymbol{A}\otimes\boldsymbol{B}\{\boldsymbol{S}\}=\boldsymbol{A}\circ\boldsymbol{B}$.

证明 首先应用空间 F^n 中的基本单位向量 $\boldsymbol{e}_i$，可以将矩阵 $\boldsymbol{A}$ 和 $\boldsymbol{B}$ 的元素分别表示为

$$a_{ij}=\boldsymbol{e}_i^{\mathrm{T}}\boldsymbol{A}\boldsymbol{e}_j,\quad b_{ij}=\boldsymbol{e}_i^{\mathrm{T}}\boldsymbol{B}\boldsymbol{e}_j,$$

从而有

$$a_{ij}b_{ij}=(\boldsymbol{e}_i^{\mathrm{T}}\boldsymbol{A}\boldsymbol{e}_j)\otimes(\boldsymbol{e}_i^{\mathrm{T}}\boldsymbol{B}\boldsymbol{e}_j)=(\boldsymbol{e}_i\otimes\boldsymbol{e}_i)^{\mathrm{T}}(\boldsymbol{A}\otimes\boldsymbol{B})(\boldsymbol{e}_j\otimes\boldsymbol{e}_j).$$

以向量 $\boldsymbol{e}_i\otimes\boldsymbol{e}_i$ 作为第 i 列得矩阵 $\boldsymbol{E}$,

$$\boldsymbol{E}=(\boldsymbol{e}_1\otimes\boldsymbol{e}_1\quad \boldsymbol{e}_2\otimes\boldsymbol{e}_2\quad\cdots\quad \boldsymbol{e}_n\otimes\boldsymbol{e}_n)\in F^{n^2\times n},$$

则

$$\boldsymbol{E}^{\mathrm{T}}(\boldsymbol{A}\otimes\boldsymbol{B})\boldsymbol{E}=\begin{pmatrix}(\boldsymbol{e}_1\otimes\boldsymbol{e}_1)^{\mathrm{T}}\\(\boldsymbol{e}_2\otimes\boldsymbol{e}_2)^{\mathrm{T}}\\\vdots\\(\boldsymbol{e}_n\otimes\boldsymbol{e}_n)^{\mathrm{T}}\end{pmatrix}(\boldsymbol{A}\otimes\boldsymbol{B})((\boldsymbol{e}_1\otimes\boldsymbol{e}_1)\quad(\boldsymbol{e}_2\otimes\boldsymbol{e}_2)\quad\cdots\quad(\boldsymbol{e}_n\otimes\boldsymbol{e}_n))$$

$$=\begin{pmatrix}(\boldsymbol{e}_1\otimes\boldsymbol{e}_1)^{\mathrm{T}}(\boldsymbol{A}\otimes\boldsymbol{B})(\boldsymbol{e}_1\otimes\boldsymbol{e}_1) & (\boldsymbol{e}_1\otimes\boldsymbol{e}_1)^{\mathrm{T}}(\boldsymbol{A}\otimes\boldsymbol{B})(\boldsymbol{e}_2\otimes\boldsymbol{e}_2) & \cdots & (\boldsymbol{e}_1\otimes\boldsymbol{e}_1)^{\mathrm{T}}(\boldsymbol{A}\otimes\boldsymbol{B})(\boldsymbol{e}_n\otimes\boldsymbol{e}_n)\\(\boldsymbol{e}_2\otimes\boldsymbol{e}_2)^{\mathrm{T}}(\boldsymbol{A}\otimes\boldsymbol{B})(\boldsymbol{e}_1\otimes\boldsymbol{e}_1) & (\boldsymbol{e}_2\otimes\boldsymbol{e}_2)^{\mathrm{T}}(\boldsymbol{A}\otimes\boldsymbol{B})(\boldsymbol{e}_2\otimes\boldsymbol{e}_2) & \cdots & (\boldsymbol{e}_2\otimes\boldsymbol{e}_2)^{\mathrm{T}}(\boldsymbol{A}\otimes\boldsymbol{B})(\boldsymbol{e}_n\otimes\boldsymbol{e}_n)\\\vdots & \vdots & & \vdots\\(\boldsymbol{e}_n\otimes\boldsymbol{e}_n)^{\mathrm{T}}(\boldsymbol{A}\otimes\boldsymbol{B})(\boldsymbol{e}_1\otimes\boldsymbol{e}_1) & (\boldsymbol{e}_n\otimes\boldsymbol{e}_n)^{\mathrm{T}}(\boldsymbol{A}\otimes\boldsymbol{B})(\boldsymbol{e}_2\otimes\boldsymbol{e}_2) & \cdots & (\boldsymbol{e}_n\otimes\boldsymbol{e}_n)^{\mathrm{T}}(\boldsymbol{A}\otimes\boldsymbol{B})(\boldsymbol{e}_n\otimes\boldsymbol{e}_n)\end{pmatrix}$$

$$=\begin{pmatrix}a_{11}b_{11} & a_{12}b_{12} & \cdots & a_{1n}b_{1n}\\a_{21}b_{21} & a_{22}b_{22} & \cdots & a_{2n}b_{2n}\\\vdots & \vdots & & \vdots\\a_{n1}b_{n1} & a_{n2}b_{n2} & \cdots & a_{nn}b_{nn}\end{pmatrix}=\boldsymbol{A}\circ\boldsymbol{B}.$$

由于矩阵 $\boldsymbol{E}$ 的 n 个列向量分别是空间 F^{n^2} 中的基本单位向量 $\boldsymbol{e}_1,\boldsymbol{e}_{n+2},\boldsymbol{e}_{2n+3},\boldsymbol{e}_{3n+4},\cdots,\boldsymbol{e}_{n^2}$，故 $\boldsymbol{E}^{\mathrm{T}}(\boldsymbol{A}\otimes\boldsymbol{B})\boldsymbol{E}$ 的作用是取 $\boldsymbol{S}$ 中数对应的行和列，即取第 j 行、第 j 列，$j\in\boldsymbol{S}$，因此 $\boldsymbol{A}\circ\boldsymbol{B}$ 是(取 $\boldsymbol{A}\otimes\boldsymbol{B}$ 中第 j 行与第 j 列对所有的 $j\in\boldsymbol{S}$)得到的子矩阵. □

6.2 Kronecker 积与 Hadamard 积的性质

在上一节中，已经证明了 Kronecker 积与 Hadamard 积的一些简单性质. 对矩阵 $\boldsymbol{A}$ 和 $\boldsymbol{B}$ 这两种积运算以后的结果，$\boldsymbol{A}\otimes\boldsymbol{B}$ 与 $\boldsymbol{A}\circ\boldsymbol{B}$ 仍然是矩阵. 这一节主要从矩阵的角度，讨论矩阵 $\boldsymbol{A}\otimes\boldsymbol{B}$ 和 $\boldsymbol{A}\circ\boldsymbol{B}$ 的一些性质，它们将有助于在矩阵研究和方法中处理 $\boldsymbol{A}\otimes\boldsymbol{B}$ 和 $\boldsymbol{A}\circ\boldsymbol{B}$.

定理 6.4 设 $\boldsymbol{A}$ 和 $\boldsymbol{B}$ 是使下列运算有意义的矩阵，对 $\boldsymbol{A}$ 与 $\boldsymbol{B}$ 的 Kronecker 积矩阵 $\boldsymbol{A}\otimes\boldsymbol{B}$，下列性质成立.

(1) 当 $\boldsymbol{A},\boldsymbol{B}$ 分别可逆时，$\boldsymbol{A}\otimes\boldsymbol{B}$ 为逆矩阵，而且有

$$(\boldsymbol{A}\otimes\boldsymbol{B})^{-1}=\boldsymbol{A}^{-1}\otimes\boldsymbol{B}^{-1};$$

(2) 当方阵 $\boldsymbol{A}\in F^{m\times m}$，$\boldsymbol{B}\in F^{n\times n}$ 时，方阵 $\boldsymbol{A}\otimes\boldsymbol{B}$ 的行列式

$$|\boldsymbol{A}\otimes\boldsymbol{B}|=|\boldsymbol{B}\otimes\boldsymbol{A}|=|\boldsymbol{A}|^n\,|\boldsymbol{B}|^m;$$

(3) 若 $\boldsymbol{A}$ 和 $\boldsymbol{B}$ 都是 Hermite 矩阵，则 $\boldsymbol{A}\otimes\boldsymbol{B}$ 是 Hermite 矩阵；

(4) 若 $\boldsymbol{A}$ 与 $\boldsymbol{B}$ 都是酉矩阵，则 $\boldsymbol{A}\otimes\boldsymbol{B}$ 是酉矩阵.

证明 (1) 已在例 2 中给出了证明.

(2) 对方阵 $\boldsymbol{A}$，存在可逆矩阵 $\boldsymbol{P}$ 和 Jordan 矩阵 $\boldsymbol{J}_A$，使 $\boldsymbol{A}=\boldsymbol{P}\boldsymbol{J}_A\boldsymbol{P}^{-1}$，其中

$$\boldsymbol{J}=\begin{bmatrix}\lambda_1 & & * & \\ & \lambda_2 & & \\ & & \ddots & \\ & & & \lambda_n\end{bmatrix},\quad \text{且已知 } |\boldsymbol{A}|=\prod_{i=1}^{n}\lambda_i.$$

由定理 5.2 及其推论

$$\begin{aligned}\boldsymbol{A}\otimes\boldsymbol{B}&=(\boldsymbol{I}_m\otimes\boldsymbol{B})(\boldsymbol{A}\otimes\boldsymbol{I}_n)=(\boldsymbol{I}_m\otimes\boldsymbol{B})((\boldsymbol{P}\boldsymbol{J}_A\boldsymbol{P}^{-1})\otimes\boldsymbol{I}_n)\\&=(\boldsymbol{I}_m\otimes\boldsymbol{B})(\boldsymbol{P}\otimes\boldsymbol{I})(\boldsymbol{J}_A\otimes\boldsymbol{I}_n)(\boldsymbol{P}\otimes\boldsymbol{I})^{-1},\end{aligned}$$

从而有

$$|\boldsymbol{A}\otimes\boldsymbol{B}|=|\boldsymbol{I}_m\otimes\boldsymbol{B}|\,|\boldsymbol{J}_A\otimes\boldsymbol{I}_n|=\begin{vmatrix}\boldsymbol{B} & & & \\ & \boldsymbol{B} & & \\ & & \ddots & \\ & & & \boldsymbol{B}\end{vmatrix}\begin{vmatrix}\lambda_1\boldsymbol{I} & & * & \\ & \lambda_2\boldsymbol{I} & & \\ & & \ddots & \\ & & & \lambda_n\boldsymbol{I}\end{vmatrix}$$

$$=|\boldsymbol{B}|^m\Big(\prod_{i=1}^{n}\lambda_i\Big)^n=|\boldsymbol{A}|^n\,|\boldsymbol{B}|^m.$$

用同样方法，显然

$$|\boldsymbol{A}\otimes\boldsymbol{B}|=|\boldsymbol{B}\otimes\boldsymbol{A}|=|\boldsymbol{A}|^{n}|\boldsymbol{B}|^{m}.$$

(3) 已知 Hermite 矩阵 $\boldsymbol{A},\boldsymbol{B}$ 满足条件 $\boldsymbol{A}^{\mathrm{H}}=\boldsymbol{A};\boldsymbol{B}^{\mathrm{H}}=\boldsymbol{B}$,

则
$$(\boldsymbol{A}\otimes\boldsymbol{B})^{\mathrm{H}}=\boldsymbol{A}^{\mathrm{H}}\otimes\boldsymbol{B}^{\mathrm{H}}=\boldsymbol{A}\otimes\boldsymbol{B}.$$

从而,$\boldsymbol{A}\otimes\boldsymbol{B}$ 也是 Hermite 矩阵.

(4) 已知酉矩阵 $\boldsymbol{A},\boldsymbol{B}$ 满足条件

$$\boldsymbol{A}^{\mathrm{H}}\boldsymbol{A}=\boldsymbol{A}\boldsymbol{A}^{\mathrm{H}}=\boldsymbol{I},\quad \boldsymbol{B}^{\mathrm{H}}\boldsymbol{B}=\boldsymbol{B}\boldsymbol{B}^{\mathrm{H}}=\boldsymbol{I},$$

则
$$\begin{aligned}(\boldsymbol{A}\otimes\boldsymbol{B})^{\mathrm{H}}(\boldsymbol{A}\otimes\boldsymbol{B})&=(\boldsymbol{A}^{\mathrm{H}}\otimes\boldsymbol{B}^{\mathrm{H}})(\boldsymbol{A}\otimes\boldsymbol{B})=(\boldsymbol{A}^{\mathrm{H}}\boldsymbol{A})\otimes(\boldsymbol{B}^{\mathrm{H}}\boldsymbol{B})\\&=\boldsymbol{I}\otimes\boldsymbol{I}=\boldsymbol{I}.\end{aligned}$$

同理可验证

$$(\boldsymbol{A}\otimes\boldsymbol{B})(\boldsymbol{A}\otimes\boldsymbol{B})^{\mathrm{H}}=\boldsymbol{I},$$

从而 $\boldsymbol{A}\otimes\boldsymbol{B}$ 也是酉矩阵. □

从定理 6.4 可以看到,矩阵的 Kronecker 积有一些很方便的性质,它们较矩阵的普通乘法优越一些. 如性质(3)与矩阵的普通乘法对照,在普通乘法中当 $\boldsymbol{A}$ 和 $\boldsymbol{B}$ 是 Hermite矩阵时,$\boldsymbol{AB}$ 是 Hermite 矩阵是需要 $\boldsymbol{A}$ 与 $\boldsymbol{B}$ 乘法可交换这一条件的.

在矩阵的等价和矩阵相似上,可以在 Kronecker 积中建立如下结果.

定理 6.5 设 $\boldsymbol{A},\boldsymbol{B}$ 使下列运算有意义,则有

(1) 设 $\boldsymbol{A},\boldsymbol{B}$ 为同阶矩阵,且 $\boldsymbol{A}$ 等价于 $\boldsymbol{B}$,则对任意单位矩阵 $\boldsymbol{I}$,$(\boldsymbol{A}\otimes\boldsymbol{I})$ 等价于 $(\boldsymbol{B}\otimes\boldsymbol{I})$.

(2) 设方阵 $\boldsymbol{A}\in F^{m\times m}$,$\boldsymbol{B}\in F^{n\times n}$,如果 $\boldsymbol{A}$ 相似于 $\boldsymbol{J}_A$,$\boldsymbol{B}$ 相似于 $\boldsymbol{J}_B$,则 $\boldsymbol{A}\otimes\boldsymbol{B}$ 相似于 $\boldsymbol{J}_A\otimes\boldsymbol{J}_B$.

证明 (1) 由等价的定义,存在可逆矩阵 $\boldsymbol{P},\boldsymbol{Q}$,使 $\boldsymbol{PAQ}=\boldsymbol{B}$,则由定理 6.3 与定理 6.4,对任意单位矩阵 $\boldsymbol{I}$,$\boldsymbol{P}\otimes\boldsymbol{I}$ 和 $\boldsymbol{Q}\otimes\boldsymbol{I}$ 仍然是可逆矩阵. 而且

$$(\boldsymbol{P}\otimes\boldsymbol{I})(\boldsymbol{A}\otimes\boldsymbol{I})(\boldsymbol{Q}\otimes\boldsymbol{I})=((\boldsymbol{PA})\otimes\boldsymbol{I})(\boldsymbol{Q}\otimes\boldsymbol{I})=(\boldsymbol{PAQ})\otimes\boldsymbol{I}=\boldsymbol{B}\otimes\boldsymbol{I},$$

所以,矩阵 $(\boldsymbol{A}\otimes\boldsymbol{I})$ 与矩阵 $(\boldsymbol{B}\otimes\boldsymbol{I})$ 等价.

(2) 设 $\boldsymbol{P},\boldsymbol{Q}$ 为可逆阵,$\boldsymbol{P}\in F^{m\times m}$,$\boldsymbol{Q}\in F^{n\times n}$,使

$$\boldsymbol{P}^{-1}\boldsymbol{AP}=\boldsymbol{J}_A,\quad \boldsymbol{Q}^{-1}\boldsymbol{BQ}=\boldsymbol{J}_B,$$

则 $\boldsymbol{P}\otimes\boldsymbol{Q}$ 仍然是可逆矩阵

$$\begin{aligned}(\boldsymbol{P}\otimes\boldsymbol{Q})^{-1}(\boldsymbol{A}\otimes\boldsymbol{B})(\boldsymbol{P}\otimes\boldsymbol{Q})&=((\boldsymbol{P}^{-1}\boldsymbol{A})\otimes(\boldsymbol{Q}^{-1}\boldsymbol{B}))(\boldsymbol{P}\otimes\boldsymbol{Q})\\&=(\boldsymbol{P}^{-1}\boldsymbol{AP})\otimes\boldsymbol{Q}^{-1}\boldsymbol{BQ}=\boldsymbol{J}_A\otimes\boldsymbol{J}_B.\end{aligned}$$ □

在矩阵的普通乘法中,方阵 $\boldsymbol{A},\boldsymbol{B}$ 的特征值与它们的乘积 $(\boldsymbol{AB})$ 的特征值之间是没有相应的乘法关系的. 在 Kronecker 积中,下面的定理将证明相应的乘法关系成立.

定理 6.6 设方阵 $\boldsymbol{A}\in F^{m\times m}$,$\boldsymbol{A}$ 的特征值是 λ_i,相应的特征向量是 $\boldsymbol{x}_i$,$i=1,2,\cdots,m$. 方阵 $\boldsymbol{B}\in F^{n\times n}$,$\boldsymbol{B}$ 的特征值是 μ_i,相应的特征向量是 $\boldsymbol{y}_i$,$i=1,2,\cdots,n$,则

(1) $\boldsymbol{A}\otimes\boldsymbol{B}$ 的特征值是 $\lambda_i\mu_j$,对应的特征向量是 $\boldsymbol{x}_i\otimes\boldsymbol{y}_j$,$i=1,2,\cdots,m$;$j=1,2,\cdots,n$.

(2) $A\otimes I_n+I_m\otimes B$ 的特征值是 $\lambda_i+\mu_j$，对应的特征向量是 $x_i\otimes y_j$，$i=1,2,\cdots,m$；$j=1,2,\cdots,n$.

证明 (1) $(A\otimes B)(x_i\otimes y_j)=(Ax_i)\otimes(By_j)=(\lambda_i x_i)\otimes(\mu_j y_j)=\lambda_i\mu_j(x_i\otimes y_j)$.

(2) $$\begin{aligned}(A\otimes I_n+I_m\otimes B)(x_i\otimes y_j)&=(A\otimes I_n)(x_i\otimes y_j)+(I_m\otimes B)(x_i\otimes y_j)\\&=(Ax_i\otimes y_j)+(x_i\otimes By_j)=\lambda_i(x_i\otimes y_j)+\mu_j(x_i\otimes y_j)\\&=(\lambda_i+\mu_j)(x_i\otimes y_j).\end{aligned}$$

因此，$(\lambda_i+\mu_j)$是 $A\otimes I_n+I_m\otimes B$ 的特征值，$x_i\otimes y_j$ 是与之对应的特征向量. □

在矩阵讨论中，$(A\otimes I_n+I_m\otimes B)$称为方阵 A 和 B 的 Kronecker 和，记为

$$A\oplus B=A\otimes I_n+I_m\otimes B. \tag{6.3}$$

当 A,B 可对角化时，即存在可逆矩阵 P,Q，使 $P^{-1}AP=\Lambda_A$，$Q^{-1}BQ=\Lambda_B$，其中

$$\Lambda_A=\begin{pmatrix}\lambda_1&&&\\&\lambda_2&&\\&&\ddots&\\&&&\lambda_m\end{pmatrix},\quad \Lambda_B=\begin{pmatrix}\mu_1&&&\\&\mu_2&&\\&&\ddots&\\&&&\mu_n\end{pmatrix}.$$

由定理 6.5

$$(P\otimes Q)^{-1}(A\otimes B)(P\otimes Q)=\Lambda_A\otimes\Lambda_B.$$

$$(P\otimes Q)^{-1}(A\otimes I_n+I_m\otimes B)(P\otimes Q)=\Lambda_A\otimes I+I_m\otimes\Lambda_B.$$

从而，$A\otimes B$，$A\oplus B$ 都可对角化.

对方阵 $A\in F^{m\times m}$，$B\in F^{n\times n}$，矩阵多项式

$$P(A,B)=\sum_{i,j=0}^{T}c_{ij}A^i\otimes B^j\in F^{mn\times mn}$$

可以将矩阵多项式 $P(A,B)$对应于一个关于不可交换的变元 x,y 的多项式 $P(x,y)$.

如 $$P(x,y)=x^2-2xy+x-y^2.$$

则 $$P(A,B)=A^2\otimes I-2A\otimes B+A\otimes I-I\otimes B^2.$$

在这种对应下，可建立 Kronecker 积的特征值的一个更为一般的结果.

定理 6.7 设方阵 $A\in F^{m\times m}$ 的特征值是 $\lambda_1,\lambda_2,\cdots,\lambda_m$，矩阵 $B\in F^{n\times n}$ 的特征值是 $\mu_1,\mu_2,\cdots,\mu_n$，则矩阵

$$P(A,B)=\sum_{i,j=0}^{T}c_{ij}A^i\otimes B^j$$

的特征值是

$$P(\lambda_r,\mu_s)=\sum_{i,j=0}^{T}c_{ij}\lambda_r^i\mu_s^j,\quad r=1,2,\cdots,m,\quad s=1,2,\cdots,n.$$

证明 设 $A=PJ_AP^{-1}$，$B=QJ_BQ^{-1}$，其中 J_A,J_B 分别是 A 和 B 的 Jordan 矩阵，则有乘幂结果

$$A^i=PJ_A^iP^{-1},\quad B^j=QJ_B^jQ^{-1},$$

从而
$$A^i \otimes B^j = (P \otimes Q)(J_A^i \otimes J_B^j)(P \otimes Q)^{-1},$$
进而有
$$P(A,B) = (P \otimes Q)P(J_A, J_B)(P \otimes Q)^{-1}.$$
已知 A,B 的特征值分别是 λ_r 和 μ_s 时，J_A^i 和 J_B^j 的特征值分别是 λ_r^i 和 μ_s^j.

由定理 6.6，$J_A^i \otimes J_B^j$ 的特征值为 $\lambda_r^i \mu_s^j$，从而矩阵多项式 $P(J_A, J_B)$ 的特征值是 $P(\lambda_r, \mu_s)$ 又从上述相似结果，$P(A,B)$ 的特征值是
$$P(\lambda_r, \mu_s) = \sum_{i,j} c_{ij} \lambda_r^i \mu_s^j,\quad 1 \leqslant r \leqslant m,\quad 1 \leqslant s \leqslant n.$$
□

$A \otimes B$ 与 $A \otimes I_n + I_m \otimes B$ 可视为矩阵多项式 $P(A,B)$ 的特例：

$P(x,y)=xy$ 时，　　$P(A,B)=A \otimes B$,

$P(x,y)=x+y$ 时，　　$P(A,B)=A \otimes I_n + I_m \otimes B$,

从而定理 6.7 的结果比定理 6.6 更一般.

定理 6.8　设 $f(z)$ 是解析函数，$A \in F^{n\times n}$，且 $f(A)$ 存在，则
$$f(I_m \otimes A) = I_m \otimes f(A),$$
$$f(A \otimes I_m) = f(A) \otimes I_m.$$

证明　当 $f(z)$ 为解析函数，$f(A)$ 收敛时，从 6.5 小节已知 $f(A)$ 可表示为一个次数不超过 $n-1$ 的矩阵多项式，即
$$f(A) = \sum_{k=0}^{n-1} a_k A^k,$$
$$f(I_m \otimes A) = \sum_{k=0}^{n-1} a_k (I_m \otimes A)^k = \sum_{k=0}^{n-1} a_k (I_m \otimes A^k) = \sum_{k=0}^{n-1} (I_m \otimes a_k A^k)$$
$$= I_m \otimes \sum_{k=0}^{n-1} a_k A^k = I_m \otimes f(A).$$
类似地，
$$f(A \otimes I_n) = \sum_{k=0}^{n-1} a_k (A \otimes I_m)^k = \sum_{k=0}^{n-1} a_k (A^k \otimes I_m)$$
$$= \Big(\sum_{k=0}^{n-1} a_k A^k\Big) \otimes I_m = f(A) \otimes I_m.$$
定理得证.
□

定理 6.8 的一个重要应用是对 $f(z)=\mathrm{e}^z$，
$$\mathrm{e}^{I_m \otimes A} = I_m \otimes \mathrm{e}^A,$$
$$\mathrm{e}^{A \otimes I_m} = \mathrm{e}^A \otimes I_m.$$

例 3　设 $A=\begin{pmatrix} 3 & -1 \\ 0 & 1 \end{pmatrix}$，$B=\begin{pmatrix} 2 & 0 \\ 1 & -1 \end{pmatrix}$，

(1) 求 $A \otimes B$ 的特征值与特征向量；

(2) 求 $A \otimes I_2 + I_2 \otimes B$ 的特征值与特征向量.

解　易求得 A 的特征值 $\lambda_1=3, \lambda_2=1$，对应的特征向量 $x_1=(1\quad 0)^{\mathrm{T}}$，$x_2=(1\quad 2)^{\mathrm{T}}$. B 的特征值 $\mu_1=2, \mu_2=-1$，对应的特征向量

$$\boldsymbol{y}_1=(3\quad 1)^{\mathrm{T}},\quad \boldsymbol{y}_2=(0\quad 1)^{\mathrm{T}}.$$

(1) $$\boldsymbol{A}\otimes\boldsymbol{B}=\left(\begin{array}{cc:cc}6&0&-2&0\\3&-3&-1&1\\\hdashline 0&0&2&0\\0&0&1&-1\end{array}\right),$$

$\boldsymbol{A}\otimes\boldsymbol{B}$ 的特征值及其对应特征向量分别是:

$\lambda_1\mu_1=6$; $\boldsymbol{x}_1\otimes\boldsymbol{y}_1=(3\quad 1\quad 0\quad 0)^{\mathrm{T}}$,

$\lambda_1\mu_2=-3$; $\boldsymbol{x}_1\otimes\boldsymbol{y}_2=(0\quad 1\quad 0\quad 0)^{\mathrm{T}}$,

$\lambda_2\mu_1=2$; $\boldsymbol{x}_2\otimes\boldsymbol{y}_1=(3\quad 1\quad 9\quad 3)^{\mathrm{T}}$,

$\lambda_2\mu_2=-1$; $\boldsymbol{x}_2\otimes\boldsymbol{y}_2=(0\quad 1\quad 0\quad 3)^{\mathrm{T}}$.

(2) $$\boldsymbol{A}\otimes\boldsymbol{I}_2+\boldsymbol{I}_2\otimes\boldsymbol{B}=\left(\begin{array}{cc:cc}3&0&-1&0\\0&3&0&-1\\\hdashline 0&0&1&0\\0&0&0&1\end{array}\right)+\left(\begin{array}{cc:cc}2&0&0&0\\1&-1&0&0\\\hdashline 0&0&2&0\\0&0&1&-1\end{array}\right)$$

$$=\left(\begin{array}{cc:cc}5&0&-1&0\\1&2&0&-1\\\hdashline 0&0&3&0\\0&0&1&0\end{array}\right).$$

$\boldsymbol{A}\otimes\boldsymbol{I}_2+\boldsymbol{I}_2\otimes\boldsymbol{B}$ 的特征值及对应的特征向量为

$\lambda_1+\mu_1=5$; $\boldsymbol{x}_1\otimes\boldsymbol{y}_1=(3\quad 1\quad 0\quad 0)^{\mathrm{T}}$,

$\lambda_1+\mu_2=2$; $\boldsymbol{x}_1\otimes\boldsymbol{y}_2=(0\quad 1\quad 0\quad 0)^{\mathrm{T}}$,

$\lambda_2+\mu_1=3$; $\boldsymbol{x}_2\otimes\boldsymbol{y}_1=(3\quad 1\quad 9\quad 3)^{\mathrm{T}}$,

$\lambda_2+\mu_2=0$; $\boldsymbol{x}_2\otimes\boldsymbol{y}_2=(0\quad 1\quad 0\quad 3)^{\mathrm{T}}$.

本题中 $\boldsymbol{A},\boldsymbol{B}$ 可相似对角化,即 $\boldsymbol{J}_A$ 与 $\boldsymbol{J}_B$ 为对角矩阵. 因此,$\boldsymbol{A}\otimes\boldsymbol{B}$ 与 $\boldsymbol{A}\otimes\boldsymbol{I}_2+\boldsymbol{I}_2\otimes\boldsymbol{B}$ 的 Jordan 标准形分别是:

$$\boldsymbol{J}_{A\otimes B}=\boldsymbol{J}_A\otimes\boldsymbol{J}_B,\quad \boldsymbol{J}_{(A\otimes I_2+I_2\otimes B)}=\boldsymbol{J}_A\otimes\boldsymbol{I}_2+\boldsymbol{I}_2\otimes\boldsymbol{J}_B.$$

从定理 6.6 还可以推出,如果 $\boldsymbol{A},\boldsymbol{B}$ 是正定矩阵,则 $\boldsymbol{A}\otimes\boldsymbol{B}$ 与($\boldsymbol{A}\otimes\boldsymbol{I}_n+\boldsymbol{I}_m\otimes\boldsymbol{B}$)都是正定矩阵. Hadamard 积也具有保有正定性这一性质. Schur 积定理将证明这一点. Schur 积定理也是建立矩阵不等式和处理与正定、半正定矩阵相关的问题中常用的重要定理.

定理 6.9(Schur 积定理) 设 $\boldsymbol{A},\boldsymbol{B}\in F^{n\times n}$,如果 $\boldsymbol{A},\boldsymbol{B}$ 是半正定(正定)矩阵,则 $\boldsymbol{A}\circ\boldsymbol{B}$ 也是半正定(正定)矩阵.

证明 设 $\boldsymbol{A},\boldsymbol{B}$ 分别是秩为 k 和 l 的半正定矩阵,则由定理 3.6,$\boldsymbol{A},\boldsymbol{B}$ 可分别表示为

$$\boldsymbol{A}=v_1v_1^{\mathrm{H}}+v_2v_2^{\mathrm{H}}+\cdots+v_kv_k^{\mathrm{H}};\quad \boldsymbol{B}=w_1w_1^{\mathrm{H}}+w_2w_2^{\mathrm{H}}+\cdots+w_lw_l^{\mathrm{H}}.$$

由此,可将 Hadamard 积表示为

$$A \circ B = \sum_{i,j=1}^{k,l} u_{ij} \cdot u_{ij}{}^{H},$$

其中

$$u_{ij} = v_i \circ w_j.$$

而 $u_{ij}u_{ij}{}^{H}$ 是半正定矩阵，从而其和 $A\circ B$ 是半正定矩阵.

当 A,B 是正定矩阵时，有 $k=l=n$，$\{v_i\}$ 和 $\{w_i\}$ 是空间 F^n 的正交基. 由上证明 $A\circ B$ 半正定，要证 $A\circ B$ 正定，仅证 $A\circ B$ 非奇异即可.

反证 $A\circ B$ 是奇异矩阵，则 $\exists x\in F^n$，$x\neq 0$，但 $(A\circ B)x=0$，从而

$$x^{H}(A \circ B)x = \sum_{i,j=1}^{k,l} x^{H}(u_{ij}u_{ij}{}^{H})x = \sum_{i,j=1}^{k,l} |u_{ij}{}^{H}x|^2 = 0.$$

这导出

$$u_{ij}{}^{H}x = 0 \quad 或 \quad x^{H}(v_i \circ w_j) = 0, \quad \forall i,j.$$

又

$$x^{H}(v_i \circ w_j) = (x \circ \bar{v}_i)^{H} w_j = 0, \quad \forall i,j,$$

这说明 $(x\circ\bar{v}_i)$ 与 F^n 中正交基 $\{w_j\}$ 中每一向量正交，

因此有

$$x \circ \bar{v}_i = 0, \quad i = 1,2,\cdots,n.$$

注意

$$x \circ \bar{v}_i = 0 \Leftrightarrow v_i{}^{H}x = 0, \quad i = 1,2,\cdots,n.$$

这导出 x 与空间 F^n 的正交基 $\{v_i\}$ 正交，有 $x=0$，与 $x\neq 0$ 矛盾，从而 $A\circ B$ 非奇异，即 $A\circ B$ 是正定矩阵.

6.3　矩阵的向量化算子与 Kronecker 积

在许多理论和应用问题的分析中，处理数值向量的问题往往比处理数值矩阵的问题有更多的方法上的方便之处. 例如一个方程 $Ax=B$，当 A 为奇异矩阵时，若 x 和 B 是向量，则容易用线性方程组的方法求解. 当 x 和 B 是矩阵时，其中的一个方法是在 x 的列向量 x_i 和 B 的列向量 b_i 之间建立方程 $Ax_i=b_i$，$i=1,2,\cdots$ 来求解. 而对形如 $Ax+xA=B$ 的方程，就难以直接用列向量将问题转化为线性方程组了. 这一节介绍的矩阵的向量化算子是一种将矩阵表示为向量的方法，将它结合于 Kronecker 积，可用于解决上述方程组的问题和解决其他的问题.

定义 6.2　设 $A\in F^{m\times n}$ 是 $m\times n$ 阶矩阵，$A=(A_1,A_2,\cdots,A_n)$，其中 $A_i\in F^m$ 是 A 的第 i 列，则 A 的向量算子 $\mathrm{Vec}(A)$，定义为：

$$\mathrm{Vec}(A) = \begin{pmatrix} A_1 \\ A_2 \\ \vdots \\ A_n \end{pmatrix} \in F^{nm}.$$

$\mathrm{Vec}(A)$ 在 A 上的作用是依 A 的列的顺序将 A 转化为一个列向量. 例如

$$\mathrm{Vec}\begin{pmatrix}2 & 1 & 4 & 3\\ 0 & -1 & 2 & 7\\ 5 & 4 & 3 & 1\end{pmatrix}=[2,0,5,1,-1,4,4,2,3,3,7,1]^{\mathrm{T}}.$$

用定义,易于证明下列简单性质:

(1) 当 $\boldsymbol{A}$ 是 $m\times n$ 矩阵时,$\mathrm{Vec}(\boldsymbol{A})$ 是 mn 维向量;

(2) 当 $\boldsymbol{x}$ 是向量时,$\mathrm{Vec}(\boldsymbol{x})=\mathrm{Vec}(\boldsymbol{x}^{\mathrm{T}})=\boldsymbol{x}$;

(3) 当 $\boldsymbol{x}$ 是 $m\times 1$ 向量,$\boldsymbol{y}$ 是 $n\times 1$ 向量时,$\mathrm{Vec}(\boldsymbol{x}\boldsymbol{y}^{\mathrm{T}})=\boldsymbol{y}\otimes\boldsymbol{x}$;

(4) Vec 是线性算子,即 $\boldsymbol{A},\boldsymbol{B}\in F^{m\times n}$,$a,b$ 是数,

$$\mathrm{Vec}(a\boldsymbol{A}+b\boldsymbol{B})=a\mathrm{Vec}(\boldsymbol{A})+b\mathrm{Vec}(\boldsymbol{B});$$

(5) 若 $\boldsymbol{A}_1,\boldsymbol{A}_2,\cdots,\boldsymbol{A}_k$ 是空间 $F^{m\times n}$ 中的线性无关向量组,则 $\mathrm{Vec}(\boldsymbol{A}_1),\mathrm{Vec}(\boldsymbol{A}_2),\cdots,\mathrm{Vec}(\boldsymbol{A}_k)$是空间 F^{mn} 中的线性无关组.

更进一步有下列定理.

定理 6.10 设矩阵 $\boldsymbol{A}\in F^{m\times k}$,$\boldsymbol{B}\in F^{k\times s}$,$\boldsymbol{C}\in F^{s\times n}$,则

$$\mathrm{Vec}(\boldsymbol{ABC})=(\boldsymbol{C}^{\mathrm{T}}\otimes\boldsymbol{A})\mathrm{Vec}(\boldsymbol{B}).\tag{6.4}$$

证明 设用列向量分别将 $\boldsymbol{B},\boldsymbol{C}$ 表示为

$$\boldsymbol{B}=(\boldsymbol{B}_1\quad\boldsymbol{B}_2\quad\cdots\quad\boldsymbol{B}_s),\quad\boldsymbol{C}=(\boldsymbol{C}_1\quad\boldsymbol{C}_2\quad\cdots\quad\boldsymbol{C}_n),$$

则
$$\boldsymbol{ABC}=\boldsymbol{A}(\boldsymbol{B}_1\quad\boldsymbol{B}_2\quad\cdots\quad\boldsymbol{B}_s)\boldsymbol{C}=\boldsymbol{A}\left(\sum_{j=1}^{s}\boldsymbol{C}_{1j}\boldsymbol{B}_j\quad\sum_{j=1}^{s}\boldsymbol{C}_{2j}\boldsymbol{B}_j\quad\cdots\quad\sum_{j=1}^{s}\boldsymbol{C}_{nj}\boldsymbol{B}_j\right)$$

$$=\left(\boldsymbol{A}\sum_{j=1}^{s}\boldsymbol{C}_{1j}\boldsymbol{B}_j\quad\boldsymbol{A}\sum_{j=1}^{s}\boldsymbol{C}_{2j}\boldsymbol{B}_j\quad\cdots\quad\boldsymbol{A}\sum_{j=1}^{s}\boldsymbol{C}_{nj}\boldsymbol{B}_j\right)$$

$$=(\boldsymbol{A}\boldsymbol{C}_1{}^{\mathrm{T}}\mathrm{Vec}(\boldsymbol{B})\quad\boldsymbol{A}\boldsymbol{C}_2{}^{\mathrm{T}}\mathrm{Vec}(\boldsymbol{B})\quad\cdots\quad\boldsymbol{A}\boldsymbol{C}_n{}^{\mathrm{T}}\mathrm{Vec}(\boldsymbol{B})).$$

$$\mathrm{Vec}(\boldsymbol{ABC})=\mathrm{Vec}(\boldsymbol{A}\boldsymbol{C}_1{}^{\mathrm{T}}\mathrm{Vec}(\boldsymbol{B})\quad\boldsymbol{A}\boldsymbol{C}_2{}^{\mathrm{T}}\mathrm{Vec}(\boldsymbol{B})\quad\cdots\quad\boldsymbol{A}\boldsymbol{C}_n{}^{\mathrm{T}}\mathrm{Vec}(\boldsymbol{B}))$$

$$=\begin{pmatrix}\boldsymbol{A}\boldsymbol{C}_1{}^{\mathrm{T}}\mathrm{Vec}(\boldsymbol{B})\\ \boldsymbol{A}\boldsymbol{C}_2{}^{\mathrm{T}}\mathrm{Vec}(\boldsymbol{B})\\ \vdots\\ \boldsymbol{A}\boldsymbol{C}_n{}^{\mathrm{T}}\mathrm{Vec}(\boldsymbol{B})\end{pmatrix}=\begin{pmatrix}C_{11}\boldsymbol{A} & C_{21}\boldsymbol{A} & \cdots & C_{s1}\boldsymbol{A}\\ C_{12}\boldsymbol{A} & C_{22}\boldsymbol{A} & \cdots & C_{s2}\boldsymbol{A}\\ \vdots & \vdots & & \vdots\\ C_{1n}\boldsymbol{A} & C_{2n}\boldsymbol{A} & \cdots & C_{sn}\boldsymbol{A}\end{pmatrix}\mathrm{Vec}(\boldsymbol{B})$$

$$=(\boldsymbol{C}^{\mathrm{T}}\otimes\boldsymbol{A})\mathrm{Vec}(\boldsymbol{B}).$$

定理得证. □

推论 设 $\boldsymbol{A}\in F^{m\times k}$,$\boldsymbol{X}\in F^{k\times s}$,$\boldsymbol{C}\in F^{s\times n}$,则有

(1) $\mathrm{Vec}(\boldsymbol{AX})=(\boldsymbol{I}_s\otimes\boldsymbol{A})\mathrm{Vec}(\boldsymbol{X})$;

(2) $\mathrm{Vec}(\boldsymbol{XC})=(\boldsymbol{C}^{\mathrm{T}}\otimes\boldsymbol{I}_k)\mathrm{Vec}(\boldsymbol{X})$.

例 4 设 $\boldsymbol{A}=\begin{pmatrix}1 & -1\\ 0 & 2\end{pmatrix}$,$\boldsymbol{B}=\begin{pmatrix}-3 & 4\\ 1 & 0\end{pmatrix}$,$\boldsymbol{D}=\begin{pmatrix}1 & 3\\ -2 & 2\end{pmatrix}$,求解矩阵方程 $\boldsymbol{AX}+\boldsymbol{XB}=\boldsymbol{D}$.

解 用向量化算子 Vec 作用在等式两边,有

$$(\boldsymbol{I}_2 \otimes \boldsymbol{A} + \boldsymbol{B}^{\mathrm{T}} \otimes \boldsymbol{I}_2)\mathrm{Vec}(\boldsymbol{X}) = \mathrm{Vec}(\boldsymbol{D}),$$

即
$$\begin{pmatrix} -2 & -1 & 1 & 0 \\ 0 & -1 & 0 & 1 \\ 4 & 0 & 1 & -1 \\ 0 & 4 & 0 & 2 \end{pmatrix}\begin{pmatrix} X_1 \\ X_2 \\ X_3 \\ X_4 \end{pmatrix} = \begin{pmatrix} 1 \\ -2 \\ 3 \\ 2 \end{pmatrix}. \tag{6.5}$$

易求得二阶方阵 $\boldsymbol{A},\boldsymbol{B}$ 的特征值分别为 $\lambda_1=1,\lambda_2=2;\mu_1=-4,\mu_2=1$. 从而上述线性方程组(6.5)的系数矩阵($\boldsymbol{I}_2\otimes\boldsymbol{A}+\boldsymbol{B}^{\mathrm{T}}\otimes\boldsymbol{I}_2$)的特征值为:$\lambda_i+\mu_j\neq 0,i=1,2,j=1,2$,即系数矩阵非奇异,故线性方程组(6.5)有唯一解

$$\mathrm{Vec}(\boldsymbol{X}) = (0 \quad 1 \quad 2 \quad -1)^{\mathrm{T}}.$$

因此,原方程组的解矩阵 $\boldsymbol{X}=\begin{pmatrix} 0 & 2 \\ 1 & -1 \end{pmatrix}$.

例 5 设 $\boldsymbol{A}_1 = \begin{pmatrix} 2 & 2 \\ 2 & -1 \end{pmatrix}, \boldsymbol{A}_2 = \begin{pmatrix} 0 & 1 \\ -2 & -1 \end{pmatrix}, \boldsymbol{B}_1 = \begin{pmatrix} 1 & 0 \\ -1 & 1 \end{pmatrix}, \boldsymbol{B}_2 = \begin{pmatrix} 0 & 2 \\ -1 & 3 \end{pmatrix}$, $\boldsymbol{D}=\begin{pmatrix} 4 & -6 \\ 0 & 8 \end{pmatrix}$,求解矩阵方程 $\boldsymbol{A}_1\boldsymbol{Z}\boldsymbol{B}_1+\boldsymbol{A}_2\boldsymbol{Z}\boldsymbol{B}_2=\boldsymbol{D}$.

解 用向量化算子 Vec 作用方程两边得

$$(\boldsymbol{B}_1{}^{\mathrm{T}} \otimes \boldsymbol{A}_1 + \boldsymbol{B}_2{}^{\mathrm{T}} \otimes \boldsymbol{A}_2)\mathrm{Vec}(\boldsymbol{Z}) = \mathrm{Vec}(\boldsymbol{D}),$$

即
$$\begin{pmatrix} 2 & 2 & -2 & -3 \\ 2 & -1 & 0 & 2 \\ 0 & 2 & 2 & 5 \\ -4 & -2 & -4 & -4 \end{pmatrix}\mathrm{Vec}(\boldsymbol{Z}) = \begin{pmatrix} 4 \\ 0 \\ -6 \\ 8 \end{pmatrix}.$$

解得该方程组的唯一解为

$$\mathrm{Vec}(\boldsymbol{Z}) = (1 \quad -1 \quad -2 \quad 0)^{\mathrm{T}},$$

从而
$$\boldsymbol{Z} = \begin{pmatrix} 1 & -2 \\ -1 & 0 \end{pmatrix}.$$

从例 4 和例 5 可以看到,用算子 Vec 结合 Kronecker 积能求解用矩阵普通乘法不易求解的矩阵方程. 它们的另一个应用是求解微分方程组.

例 6 求解微分方程组

$$\begin{cases} \dot{\boldsymbol{X}}(t) = \boldsymbol{A}\boldsymbol{X}(t) + \boldsymbol{X}(t)\boldsymbol{B}, \\ \boldsymbol{X}(0) = \boldsymbol{C}, \end{cases}$$

其中
$$\boldsymbol{A} \in \mathbf{C}^{m\times m}, \boldsymbol{B} \in \mathbf{C}^{n\times n}, \boldsymbol{X} \in \mathbf{C}^{m\times n}.$$

解 用向量化算子作用方程两边,有

$$\mathrm{Vec}\dot{\boldsymbol{X}}(t) = (\boldsymbol{I}_n \otimes \boldsymbol{A} + \boldsymbol{B}^{\mathrm{T}} \otimes \boldsymbol{I}_m)\mathrm{Vec}(\boldsymbol{X}(t))$$
$$\mathrm{Vec}\boldsymbol{X}(0) = \mathrm{Vec}(\boldsymbol{C}).$$

令
$$Y(t)=\mathrm{Vec}X(t),\quad C_1=\mathrm{Vec}(C),$$
$$G=I_n\otimes A+B^{\mathrm T}\otimes I_m,$$
则原方程组等价于
$$\begin{cases}\dot{Y}(t)=GY(t),\\ Y(0)=C_1.\end{cases}$$

用定理5.11,有 $Y(t)=\mathrm{e}^{Gt}C_1$,即
$$\begin{aligned}\mathrm{Vec}(X(t))&=\exp\{(I_n\otimes A+B^{\mathrm T}\otimes I_m)t\}\mathrm{Vec}(C)\\&=\exp\{(I_n\otimes A)t\}\cdot\exp\{(B^{\mathrm T}\otimes I_m)t\}\mathrm{Vec}(C)\\&=(I_n\otimes\exp(At))(\exp(B^{\mathrm T}t)\otimes I_m)\mathrm{Vec}(C).\end{aligned}$$
又
$$(\exp(B^{\mathrm T}t)\otimes I_n)\mathrm{Vec}(C)=\mathrm{Vec}(C\exp(Bt)),$$
从而$\mathrm{Vec}(X(t))=(I_n\otimes\exp(At))\cdot\mathrm{Vec}(C\exp(Bt))=\mathrm{Vec}(\exp(At)C\exp(Bt))$.
因此,方程组的解为
$$X(t)=\exp(At)\cdot C\exp(Bt).$$

在6.1的例1中,我们曾指出$A\otimes B\neq B\otimes A$,但交换$A\otimes B$的某些行和列,可得到$B\otimes A$.下面将证明可找到矩阵$P$,使
$$P^{\mathrm T}(A\otimes B)P=B\otimes A.$$

定义6.3 令$E_{ij}\in F^{m\times n}$表示第i行,第j列元素为1,其余元素为0的矩阵,则方阵$K_{mn}\in F^{mn\times mn}$定义为
$$K_{mn}=\sum_{i=1}^{m}\sum_{j=1}^{n}E_{ij}\otimes E_{ij}^{\mathrm T}.$$

在矩阵理论中,K_{mn}称为**交换矩阵**(commutation matrix).

定理6.11 矩阵K_{mn}有下列性质

(1) $K_{mn}^{\mathrm T}=K_{nm}$;

(2) $K_{1n}=K_{n1}=I_n$;

(3) $K_{mn}=\sum\limits_{j=1}^{n}(e_j{}^{\mathrm T}\otimes I_m\otimes e_j)$.

证明 (1) $$K_{mn}^{\mathrm T}=\Big(\sum_{i=1}^{m}\sum_{j=1}^{n}E_{ij}\otimes E_{ij}^{\mathrm T}\Big)^{\mathrm T}=\sum_{i=1}^{m}\sum_{j=1}^{n}(E_{ij}\otimes E_{ij}^{\mathrm T})^{\mathrm T}$$
$$=\sum_{i=1}^{n}\sum_{j=1}^{m}(E_{ji}^{\mathrm T}\otimes E_{ji})=\sum_{i=1}^{n}\sum_{j=1}^{m}(E_{ij}\otimes E_{ij}^{\mathrm T})=K_{nm}.$$

(2) 注意到$E_{1j}\otimes E_{1j}^{\mathrm T}=e_j^{\mathrm T}\otimes e_j$,

所以 $$K_{1n}=\sum_{j=1}^{n}(E_{1j}\otimes E_{1j}^{\mathrm T})=\sum_{j=1}^{n}(e_j^{\mathrm T}\otimes e_j)=(e_1,e_2,\cdots,e_n)I_n.$$

由(1) $$K_{n1}=K_{1n}^{\mathrm T}=I_n{}^{\mathrm T}=I_n.$$

(3) 注意到$E_{ij}=d_ie_j{}^{\mathrm T}$,其中$d_i\in F^m$,$e_j\in F^n$均是空间中的基本单位向量(第$i(j)$个分量为1,其余分量为0),所以

$$K_{mn}=\sum_{i=1}^{m}\sum_{j=1}^{n}((d_ie_j{}^{\mathrm T})\otimes(d_ie_j{}^{\mathrm T})^{\mathrm T})=\sum_{i=1}^{m}\sum_{j=1}^{n}((d_ie_j{}^{\mathrm T})\otimes(e_jd_i{}^{\mathrm T}))$$
$$=\sum_{i=1}^{m}\sum_{j=1}^{n}((e_j{}^{\mathrm T}\otimes d_i)(d_i{}^{\mathrm T}\otimes e_j))=\sum_{j=1}^{n}\left(e_j{}^{\mathrm T}\otimes\left(\sum_{i=1}^{m}d_i\otimes d_i{}^{\mathrm T}\right)\otimes e_j\right)$$
$$=\sum_{j=1}^{n}(e_j{}^{\mathrm T}\otimes I_m\otimes e_j).$$
□

定理 6.12　设 $A=(a_{ij})\in F^{m\times n}$,则

$$\mathrm{Vec}(A)=K_{mn}^{\mathrm T}\mathrm{Vec}(A^{\mathrm T}).$$

证明　由于矩阵$\{E_{ij},1\leqslant i\leqslant m,1\leqslant j\leqslant n\}$是空间 $F^{m\times n}$的基,又 A 的元素 a_{ij} 可表示为

$$a_{ij}=d_i{}^{\mathrm T}Ae_j=e_j{}^{\mathrm T}A^{\mathrm T}d_i,$$

所以
$$A=\sum_{j=1}^{n}\sum_{i=1}^{m}a_{ij}E_{ij}=\sum_{j=1}^{n}\sum_{i=1}^{m}(d_i{}^{\mathrm T}Ae_j)(d_ie_j{}^{\mathrm T})$$
$$=\sum_{j=1}^{n}\sum_{i=1}^{m}d_i(e_j{}^{\mathrm T}A^{\mathrm T}d_i)e_j{}^{\mathrm T}.$$

从而
$$\mathrm{Vec}(A)=\mathrm{Vec}\left(\sum_{j=1}^{m}\sum_{i=1}^{n}d_i(e_j{}^{\mathrm T}A^{\mathrm T}d_i)e_j{}^{\mathrm T}\right)=\mathrm{Vec}\left(\sum_{j=1}^{m}\sum_{i=1}^{n}(d_ie_j{}^{\mathrm T})A^{\mathrm T}(d_ie_j{}^{\mathrm T})\right)$$
$$=\mathrm{Vec}\left(\sum_{j=1}^{m}\sum_{i=1}^{n}(E_{ij}A^{\mathrm T}E_{ij})\right)=\sum_{j=1}^{m}\sum_{i=1}^{n}\mathrm{Vec}(E_{ij}A^{\mathrm T}E_{ij})$$
$$=\sum_{j=1}^{m}\sum_{i=1}^{n}(E_{ij}^{\mathrm T}\otimes E_{ij})\mathrm{Vec}(A^{\mathrm T})=K_{mn}^{\mathrm T}\mathrm{Vec}(A^{\mathrm T}).$$
□

定理 6.13　设矩阵 $A\in F^{m\times p}$,$B\in F^{n\times q}$,则

$$K_{mn}(B\otimes A)K_{pq}^{\mathrm T}=A\otimes B.$$

证明　设 C 为 $F^{q\times p}$空间中的任意矩阵,则

$$K_{mn}(B\otimes A)K_{pq}^{\mathrm T}(\mathrm{Vec}(C))=K_{mn}(B\otimes A)\mathrm{Vec}(C^{\mathrm T})=K_{mn}\mathrm{Vec}(AC^{\mathrm T}B^{\mathrm T})$$
$$=\mathrm{Vec}((AC^{\mathrm T}B^{\mathrm T})^{\mathrm T})=\mathrm{Vec}(BCA^{\mathrm T})$$
$$=(A\otimes B)\mathrm{Vec}(C),$$

即对任意 $C\in F^{p\times q}$,有

$$K_{mn}(B\otimes A)K_{pq}^{\mathrm T}(\mathrm{Vec}(C))=(A\otimes B)(\mathrm{Vec}(C))$$

即
$$K_{mn}(B\otimes A)K_{pq}^{\mathrm T}=A\otimes B.$$
□

习　题　六

1. 设 A,B 为使下列运算有意义的矩阵,证明

(1) $(A\otimes B)^k=A^k\otimes B^k$;

(2) $\mathrm{rank}(\boldsymbol{A}\otimes\boldsymbol{B})=\mathrm{rank}(\boldsymbol{A})\cdot\mathrm{rank}(\boldsymbol{B})$;

(3) $\boldsymbol{A}\otimes\boldsymbol{B}=\boldsymbol{0}$ 当且仅当 $\boldsymbol{A}=\boldsymbol{0}$ 或 $\boldsymbol{B}=\boldsymbol{0}$.

2. 设 $\boldsymbol{A}\in F^{n\times n}$ 为非奇异矩阵,证明行列式 $|\boldsymbol{A}\otimes\boldsymbol{A}^{-1}|=|\boldsymbol{A}^{-1}\otimes\boldsymbol{A}|=1$.

3. 设 $\boldsymbol{x},\boldsymbol{y},\boldsymbol{u},\boldsymbol{v}$ 为酉空间($\mathbf{C}^n\,|\,(\boldsymbol{x},\boldsymbol{y})=\boldsymbol{y}^{\mathrm{H}}\boldsymbol{x}$)中的元素,证明

$$(\boldsymbol{x},\boldsymbol{y})(\boldsymbol{u},\boldsymbol{v})=(\boldsymbol{x}\otimes\boldsymbol{u},\boldsymbol{y}\otimes\boldsymbol{v}).$$

4. 设 $\boldsymbol{A}$ 和 $\boldsymbol{B}$ 为方阵,证明

$$\mathrm{tr}(\boldsymbol{A}\otimes\boldsymbol{B})=\mathrm{tr}(\boldsymbol{A})\cdot\mathrm{tr}(\boldsymbol{B}).$$

5. 设 $\boldsymbol{H}\in\mathbf{R}^{n\times n}$,若 $\boldsymbol{H}$ 满足条件(1) $\boldsymbol{H}$ 的元素只取 ±1,(2) $\boldsymbol{H}^{\mathrm{T}}\boldsymbol{H}=n\boldsymbol{I}$,则 $\boldsymbol{H}$ 称为 Hadamard 矩阵.证明若 $\boldsymbol{H}_1\in\mathbf{R}^{n_1\times n_1}$,$\boldsymbol{H}_2\in\mathbf{R}^{n_2\times n_2}$ 都是 Hadamard 矩阵,则 $\boldsymbol{H}_1\otimes\boldsymbol{H}_2$ 仍是 Hadamard 矩阵.

6. 设 $\boldsymbol{A}=\begin{pmatrix}1&2&4\\0&1&0\\0&1&1\end{pmatrix}$,$\boldsymbol{B}=\begin{pmatrix}2&1&0\\3&0&1\\1&0&0\end{pmatrix}$,求矩阵 $\boldsymbol{E}$,使 $\boldsymbol{E}^{\mathrm{T}}(\boldsymbol{A}\otimes\boldsymbol{B})\boldsymbol{E}=\boldsymbol{A}\circ\boldsymbol{B}$.

7. 举例说明当矩阵 $\boldsymbol{A}$ 和 $\boldsymbol{B}$ 的秩均为正数时,矩阵 $\boldsymbol{A}\circ\boldsymbol{B}$ 的秩可以是 0.

8. 证明 $\mathrm{rank}(\boldsymbol{A}\circ\boldsymbol{B})\leqslant\mathrm{rank}(\boldsymbol{A})\cdot\mathrm{rank}(\boldsymbol{B})$.

9. 设 $\boldsymbol{A}\in\mathbf{C}^{m\times m}$ 和 $\boldsymbol{B}\in\mathbf{C}^{n\times n}$ 是方程的矩阵,线性空间 $\mathbf{C}^{m\times n}$ 上线性变换 T_1 和 T_2 定义为

$$\forall\,\boldsymbol{X}\in\mathbf{C}^{m\times n},\quad T_1(\boldsymbol{X})=\boldsymbol{A}\boldsymbol{X}\boldsymbol{B},$$
$$\forall\,\boldsymbol{X}\in\mathbf{C}^{m\times n},\quad T_2(\boldsymbol{X})=\boldsymbol{A}\boldsymbol{X}+\boldsymbol{X}\boldsymbol{B}.$$

证明线性变换 T_1 和 T_2 关于空间 $\mathbf{C}^{m\times n}$ 中基 $\{\boldsymbol{E}_{ij},i=1,2,\cdots,m;j=1,2,\cdots,n\}$ 的变换矩阵分别为 $\boldsymbol{B}^{\mathrm{T}}\otimes\boldsymbol{A}$ 和 $(\boldsymbol{I}_n\otimes\boldsymbol{A}+\boldsymbol{B}^{\mathrm{T}}\otimes\boldsymbol{I}_m)$.

10. 设 $\boldsymbol{A}=\begin{bmatrix}1&-1\\0&2\end{bmatrix}$,$\boldsymbol{B}=\begin{bmatrix}-3&4\\0&-1\end{bmatrix}$,$\boldsymbol{D}=\begin{bmatrix}0&5\\2&-9\end{bmatrix}$,求解关于 $\boldsymbol{X}$ 的矩阵方程:

$$\boldsymbol{A}\boldsymbol{X}+\boldsymbol{X}\boldsymbol{B}=\boldsymbol{D}.$$

11. 已知 $\boldsymbol{A}\in\mathbf{C}^{n\times n}$,$\mu$ 是常数,讨论矩阵方程 $\boldsymbol{A}\boldsymbol{X}-\boldsymbol{X}\boldsymbol{A}=\mu\boldsymbol{X}$ 有唯一解的条件.

12. 设矩阵 $\boldsymbol{A}\in\mathbf{C}^{m\times m}$,$\boldsymbol{B}\in\mathbf{C}^{n\times n}$,$\boldsymbol{D}\in\mathbf{C}^{m\times n}$,证明谱半径 $\rho(\boldsymbol{A})\cdot\rho(\boldsymbol{B})<1$ 时,方程:

$$\boldsymbol{X}=\boldsymbol{A}\boldsymbol{X}\boldsymbol{B}+\boldsymbol{D}$$

的解为

$$\boldsymbol{X}=\sum_{k=0}^{\infty}\boldsymbol{A}^k\boldsymbol{C}\boldsymbol{B}^k.$$

13. 给定函数矩阵 $\boldsymbol{A}(t)$,$\boldsymbol{B}(t)$,设 $\boldsymbol{C}(t)=\boldsymbol{A}(t)\otimes\boldsymbol{B}(t)$,证明 $\dfrac{\mathrm{d}\boldsymbol{C}(t)}{\mathrm{d}t}=\dfrac{\mathrm{d}\boldsymbol{A}(t)}{\mathrm{d}t}\otimes\boldsymbol{B}+\boldsymbol{A}(t)\otimes\dfrac{\mathrm{d}\boldsymbol{B}(t)}{\mathrm{d}t}$.

*第 7 章　非负矩阵介绍

在经济数学、概率论以及系统稳定性分析等方面，常遇到一类特殊的矩阵，即所谓非负矩阵. 这些矩阵的元素皆是非负的，故有某些一般矩阵所没有的性质.

7.1　非负矩阵

定义 7.1　设 $\boldsymbol{A}\in\mathbf{R}^{m\times n}$. 如果 $\boldsymbol{A}$ 的所有元素皆是非负的，则称 $\boldsymbol{A}$ 为非负矩阵. 如果 $\boldsymbol{A}$ 的所有元素皆为正，则称 $\boldsymbol{A}$ 为正矩阵.

对于矩阵 $\boldsymbol{A}=(a_{ij}),\boldsymbol{B}=(b_{ij})\in\mathbf{R}^{m\times n}$，我们约定：

$$\begin{array}{ll}\boldsymbol{A}\geqslant\boldsymbol{B} & \text{表示 } a_{ij}\geqslant b_{ij}, \\ \boldsymbol{A}>\boldsymbol{B} & \text{表示 } a_{ij}>b_{ij},\end{array}\quad (i=1,2,\cdots,m;j=1,2,\cdots,n).$$

按照上面约定，$\boldsymbol{A}\geqslant\boldsymbol{0}$ 表示 $\boldsymbol{A}$ 是**非负矩阵**，$\boldsymbol{A}>\boldsymbol{0}$ 表示 $\boldsymbol{A}$ 是**正矩阵**.

非负矩阵满足以下性质：

(1) 设 $\boldsymbol{A},\boldsymbol{B}\in\mathbf{R}^{m\times n}$. 如果 $\boldsymbol{A}\geqslant\boldsymbol{0},\boldsymbol{B}\geqslant\boldsymbol{0}$，则对任意非负实数 a,b，有

$$a\boldsymbol{A}+b\boldsymbol{B}\geqslant\boldsymbol{0};$$

(2) 设 $\boldsymbol{A}\in\mathbf{R}^{m\times n},\boldsymbol{B}\in\mathbf{R}^{n\times k}$. 如果 $\boldsymbol{A}\geqslant\boldsymbol{0},\boldsymbol{B}\geqslant\boldsymbol{0}$，则

$$\boldsymbol{AB}\geqslant\boldsymbol{0};$$

(3) 设 $\boldsymbol{A}\in\mathbf{R}^{m\times n}$，则 $\boldsymbol{A}\geqslant\boldsymbol{0}$ 当且仅当对任意 $\boldsymbol{x}\in\mathbf{R}^n,\boldsymbol{x}\geqslant\boldsymbol{0}$，都有 $\boldsymbol{Ax}\geqslant\boldsymbol{0}$；

(4) 设 $\boldsymbol{A},\boldsymbol{B}\in\mathbf{R}^{n\times n}$. 如果 $\boldsymbol{A}\geqslant\boldsymbol{B}\geqslant\boldsymbol{0}$，则对任意正整数 k，有

$$\boldsymbol{A}^k\geqslant\boldsymbol{B}^k.$$

证明　只证明(4)，对 k 用数学归纳法.

当 $k=1$ 时，结论成立.

假设结论对 $k-1$ 成立，即

$$\boldsymbol{A}^{k-1}\geqslant\boldsymbol{B}^{k-1},$$

所以

$$\boldsymbol{A}^{k-1}-\boldsymbol{B}^{k-1}\geqslant\boldsymbol{0}.$$

又 $\boldsymbol{A}\geqslant\boldsymbol{B}\geqslant\boldsymbol{0}$，结合(2)，有

$$\begin{aligned}\boldsymbol{A}^k-\boldsymbol{B}^k&=\boldsymbol{A}^k-\boldsymbol{AB}^{k-1}+\boldsymbol{AB}^{k-1}-\boldsymbol{B}^k\\&=\boldsymbol{A}(\boldsymbol{A}^{k-1}-\boldsymbol{B}^{k-1})+(\boldsymbol{A}-\boldsymbol{B})\boldsymbol{B}^{k-1}\geqslant\boldsymbol{0},\end{aligned}$$

故

$$\boldsymbol{A}^k\geqslant\boldsymbol{B}^k.$$

值得注意的是，如果 $\boldsymbol{A}\geqslant\boldsymbol{0}$ 且 $\boldsymbol{A}\neq\boldsymbol{0}$，则未必有 $\boldsymbol{A}>\boldsymbol{0}$.

在第 5 章，我们证明了任意一种矩阵范数都是它的谱半径的上界. 对于非负矩阵，

有更深刻的结果.我们先给出一个一般的结果.

引理 7.1 设 $\boldsymbol{A}\in \mathbf{R}^{n\times n}$，$\|\boldsymbol{A}\|$ 是 $\mathbf{R}^{n\times n}$ 上的任意一种矩阵范数,则

$$\rho(\boldsymbol{A})=\lim_{k\to\infty}\|\boldsymbol{A}^k\|^{\frac{1}{k}}.$$

证明 由第 5 章例 7,对任意正整数 k,有

$$\rho(\boldsymbol{A}^k)=[\rho(\boldsymbol{A})]^k,$$

又由定理 5.6,有

$$\rho(\boldsymbol{A}^k)\leqslant\|\boldsymbol{A}^k\|,$$

所以

$$[\rho(\boldsymbol{A})]^k\leqslant\|\boldsymbol{A}^k\|,$$

于是

$$\rho(\boldsymbol{A})\leqslant\|\boldsymbol{A}^k\|^{\frac{1}{k}},$$

取极限,得

$$\rho(\boldsymbol{A})\leqslant\lim_{k\to\infty}\|\boldsymbol{A}^k\|^{\frac{1}{k}}.$$

另一方面,对任意 $\varepsilon>0$,令 $\boldsymbol{B}=\dfrac{1}{\rho(\boldsymbol{A})+\varepsilon}\boldsymbol{A}$,则 $\rho(\boldsymbol{B})<1$.因而$\lim\limits_{k\to\infty}\boldsymbol{B}^k=\boldsymbol{0}$.于是存在正整数 N,当 $k>N$ 时,有

$$\|\boldsymbol{B}^k\|<1.$$

即

$$\frac{1}{[\rho(\boldsymbol{A})+\varepsilon]^k}\|\boldsymbol{A}^k\|<1,$$

于是

$$\|\boldsymbol{A}^k\|^{\frac{1}{k}}<\rho(\boldsymbol{A})+\varepsilon,$$

取极限,再由 ε 的任意性,有

$$\lim_{k\to\infty}\|\boldsymbol{A}^k\|^{\frac{1}{k}}\leqslant\rho(\boldsymbol{A}),$$

故

$$\rho(\boldsymbol{A})=\lim_{k\to\infty}\|\boldsymbol{A}^k\|^{\frac{1}{k}}.$$

定理 7.1 设 $\boldsymbol{A},\boldsymbol{B}\in \mathbf{R}^{n\times n}$,如果 $\boldsymbol{A}\geqslant\boldsymbol{B}\geqslant\boldsymbol{0}$,则

$$\rho(\boldsymbol{A})\geqslant\rho(\boldsymbol{B}).$$

证明 因为 $\boldsymbol{A}\geqslant\boldsymbol{B}\geqslant\boldsymbol{0}$,所以对任意正整数 k,有

$$\boldsymbol{A}^k\geqslant\boldsymbol{B}^k\geqslant\boldsymbol{0},$$

于是

$$\|\boldsymbol{A}^k\|_1\geqslant\|\boldsymbol{B}^k\|_1,$$

故

$$\|\boldsymbol{A}^k\|_1^{\frac{1}{k}}\geqslant\|\boldsymbol{B}^k\|_1^{\frac{1}{k}},$$

取极限,有

$$\lim_{k\to\infty}\|\boldsymbol{A}^k\|_1^{\frac{1}{k}}\geqslant\lim_{k\to\infty}\|\boldsymbol{B}^k\|_1^{\frac{1}{k}}.$$

由引理 7.1,有

$$\rho(\boldsymbol{A})\geqslant\rho(\boldsymbol{B}).$$ □

推论 设 $\boldsymbol{A}\in \mathbf{R}^{n\times n}$是非负矩阵,$\boldsymbol{A}_k$ 为 $\boldsymbol{A}$ 的任意 k 阶主子式,则

$$\rho(\boldsymbol{A})\geqslant\rho(\boldsymbol{A}_k).$$

特别地,有 $\rho(\boldsymbol{A})\geqslant a_{ii}$，$i=1,2,\cdots,n$.

证明 将 $\boldsymbol{A}$ 中 $\boldsymbol{A}_k$ 以外的所有元素换为零而得到的矩阵记为 $\boldsymbol{B}$,则

$$\boldsymbol{A}\geqslant\boldsymbol{B}\geqslant\boldsymbol{0},$$

由定理7.1，有

$$\rho(\boldsymbol{A}) \geqslant \rho(\boldsymbol{B}) = \rho(\boldsymbol{A}_k).$$

引理 7.2　设 $\boldsymbol{A}=(a_{ij})\in \mathbf{R}^{n\times n}$ 是非负矩阵，则

(1) 当 $\boldsymbol{A}$ 的各个行和是同一常数 a 时，有

$$\rho(\boldsymbol{A}) = \|\boldsymbol{A}\|_\infty = a.$$

(2) 当 $\boldsymbol{A}$ 的各个列和是同一常数 a 时，有

$$\rho(\boldsymbol{A}) = \|\boldsymbol{A}\|_1 = a.$$

证明　(1) 因为

$$a = \sum_{j=1}^{n} |a_{ij}| = \sum_{j=1}^{n} a_{ij},$$

所以 $\|\boldsymbol{A}\|_\infty = a$. 由定理5.6，有

$$\rho(\boldsymbol{A}) \leqslant a,$$

另一方面，令 $\boldsymbol{x}=(1\quad 1\quad \cdots\quad 1)^{\mathrm{T}}$，则 $\boldsymbol{A}\boldsymbol{x}=a\boldsymbol{x}$，即 a 是 $\boldsymbol{A}$ 的一个特征值，故

$$\rho(\boldsymbol{A}) \geqslant a.$$

(2) 考虑 $\boldsymbol{A}^{\mathrm{T}}$，因为 $\rho(\boldsymbol{A})=\rho(\boldsymbol{A}^{\mathrm{T}})$，且 $\boldsymbol{A}^{\mathrm{T}}$ 各个行和为同一常数 a，由(1)知 $\rho(\boldsymbol{A}^{\mathrm{T}})=\|\boldsymbol{A}^{\mathrm{T}}\|_\infty$. 但 $\|\boldsymbol{A}^{\mathrm{T}}\|_\infty = \|\boldsymbol{A}\|_1$，故

$$\rho(\boldsymbol{A}) = \|\boldsymbol{A}\|_1 = a.$$

定理 7.2　(Frobenius 定理)设 $\boldsymbol{A}\in \mathbf{R}^{n\times n}$ 是非负矩阵，则

(1)

$$\min_i \sum_{j=1}^{n} a_{ij} \leqslant \rho(\boldsymbol{A}) \leqslant \max_i \sum_{j=1}^{n} a_{ij}, \tag{7.1}$$

$$\min_j \sum_{i=1}^{n} a_{ij} \leqslant \rho(\boldsymbol{A}) \leqslant \max_j \sum_{i=1}^{n} a_{ij}; \tag{7.2}$$

(2) 对任意 n 个正数 $x_1, x_2, \cdots, x_n$，有

$$\min_i \frac{1}{x_i}\sum_{j=1}^{n} a_{ij}x_j \leqslant \rho(\boldsymbol{A}) \leqslant \max_i \frac{1}{x_i}\sum_{j=1}^{n} a_{ij}x_j, \tag{7.3}$$

$$\min_j x_j \sum_{i=1}^{n} \frac{a_{ij}}{x_i} \leqslant \rho(\boldsymbol{A}) \leqslant \max_j x_j \sum_{i=1}^{n} \frac{a_{ij}}{x_i}; \tag{7.4}$$

(3) 当 $\boldsymbol{A}\boldsymbol{x}=\lambda\boldsymbol{x}$，且 $\boldsymbol{x}=(x_1\quad x_2\quad \cdots\quad x_n)^{\mathrm{T}}>0$ 时，$\lambda=\rho(\boldsymbol{A})$，即非负矩阵 $\boldsymbol{A}$ 的正特征向量对应的特征值就是 $\boldsymbol{A}$ 的谱半径.

证明　(1) 令

$$a = \min_i \sum_{j=1}^{n} a_{ij},\ b_{ij} = a a_{ij}\Big(\sum_{j=1}^{n} a_{ij}\Big)^{-1},\quad \boldsymbol{B} = (b_{ij}),$$

则
$$\boldsymbol{B} \geqslant \boldsymbol{0},\ a_{ij} \geqslant b_{ij}\quad (i,j = 1,2,\cdots,n),$$

于是
$$\boldsymbol{A} \geqslant \boldsymbol{B} \geqslant \boldsymbol{0}.$$

又
$$\sum_{j=1}^{n} b_{ij} = a\quad (i = 1,2,\cdots,n),$$

由引理 7.2 有 $\rho(\boldsymbol{B})=a$，再由定理 6.1，有

$$\rho(\boldsymbol{A}) \geqslant \rho(\boldsymbol{B}) = a = \min_i \sum_{j=1}^n a_{ij}.$$

同理可证 $\rho(\boldsymbol{A}) \leqslant \max\limits_i \sum\limits_{j=1}^n a_{ij}$，这便证得(7.1)式.

在(7.1)式中，用 $\boldsymbol{A}^{\mathrm{T}}$ 替换 $\boldsymbol{A}$，并注意到 $\rho(\boldsymbol{A})=\rho(\boldsymbol{A}^{\mathrm{T}})$，便得(7.2)式.

(2) 令 $\boldsymbol{S}=\operatorname{diag}(x_1 \quad x_2 \quad \cdots \quad x_n)$，其中 $x_i>0, i=1,2,\cdots,n$，则当 $\boldsymbol{A}\geqslant\boldsymbol{0}$ 时，$\boldsymbol{S}^{-1}\boldsymbol{A}\boldsymbol{S}=(x_i^{-1}a_{ij}x_j)\geqslant\boldsymbol{0}$，且

$$\rho(\boldsymbol{A}) = \rho(\boldsymbol{S}^{-1}\boldsymbol{A}\boldsymbol{S}).$$

将(7.1)式与(7.2)式应用到 $\boldsymbol{S}^{-1}\boldsymbol{A}\boldsymbol{S}$ 及其转置矩阵上，便得到(7.3)式与(7.4)式.

(3) 由 $\boldsymbol{A}\geqslant\boldsymbol{0}, \boldsymbol{x}>\boldsymbol{0}$ 且 $\boldsymbol{A}\boldsymbol{x}=\lambda\boldsymbol{x}$，有 $\lambda\geqslant 0$，且

$$\lambda = x_i^{-1}\sum_{j=1}^n a_{ij}x_j \quad (i=1,2,\cdots,n),$$

由(7.3)式，有 $\lambda = \min\limits_i x_i^{-1}\sum\limits_{j=1}^n a_{ij}x_j \leqslant \rho(\boldsymbol{A}) \leqslant \max\limits_i x_i^{-1}\sum\limits_{j=1}^n a_{ij}x_j = \lambda$，

故

$$\lambda = \rho(\boldsymbol{A}).$$

□

7.2 正 矩 阵

正矩阵中最重要的结果是本节将要介绍的配朗(Perron)定理. 作为准备，我们先介绍 Wielandt 引理.

定理 7.3(Wielandt 引理) 设 $\boldsymbol{A}\in\mathbf{R}^{n\times n}$ 是正矩阵，则

(1) $\boldsymbol{A}$ 的谱半径 $\rho(\boldsymbol{A})$ 是 $\boldsymbol{A}$ 的一个正特征值，且有正的特征向量；

(2) $\boldsymbol{A}$ 的所有其他特征值的模都小于 $\rho(\boldsymbol{A})$.

证明 (1) 设 λ 是 $\boldsymbol{A}$ 的模最大的特征值，即 $|\lambda|=\rho(\boldsymbol{A})$，$\boldsymbol{x}=(x_1 \quad x_2 \quad \cdots \quad x_n)^{\mathrm{T}}$ 是对应的特征向量，记 $|\boldsymbol{x}|=(|x_1| \quad |x_2| \quad \cdots \quad |x_n|)^{\mathrm{T}}$，下面证明 $|\boldsymbol{x}|$ 是 $\boldsymbol{A}$ 的关于特征值 $|\lambda|=\rho(\boldsymbol{A})$ 的正特征向量.

因为 $\boldsymbol{A}\boldsymbol{x}=\lambda\boldsymbol{x}$，所以

$$\lambda x_i = \sum_{j=1}^n a_{ij}x_j \quad (i=1,2,\cdots,n),$$

于是

$$\rho(\boldsymbol{A})\mid x_i\mid = \mid \lambda x_i \mid \leqslant \sum_{j=1}^n a_{ij}\mid x_j\mid \quad (i=1,2,\cdots,n),$$

由此可得到

$$\rho(\boldsymbol{A})\mid \boldsymbol{x}\mid \leqslant \boldsymbol{A}\mid \boldsymbol{x}\mid,$$

亦即

$$(\boldsymbol{A}-\rho(\boldsymbol{A})\boldsymbol{I})\mid \boldsymbol{x}\mid \geqslant \boldsymbol{0},$$

如果 $(\boldsymbol{A}-\rho(\boldsymbol{A})\boldsymbol{I})|\boldsymbol{x}|\neq\boldsymbol{0}$，令 $\boldsymbol{A}-\rho(\boldsymbol{A})\boldsymbol{I}|\boldsymbol{x}|=\boldsymbol{z}$，则 $\boldsymbol{z}$ 为非零的非负向量，因为 $\boldsymbol{A}$ 为正矩阵，所以 $\boldsymbol{A}\boldsymbol{z}>\boldsymbol{0}$. 又由于 $\boldsymbol{A}|\boldsymbol{x}|>\boldsymbol{0}$，因此存在数 $\varepsilon>0$，使得 $\boldsymbol{A}\boldsymbol{z}\geqslant\varepsilon\boldsymbol{A}|\boldsymbol{x}|$. 由

$$(A-\rho(A)I)|x|=z,$$

可得到

$$A(A-\rho(A)I)|x|=Az,$$

于是

$$A^2|x|=Az+\rho(A)A|x|\geqslant \varepsilon A|x|+\rho(A)A|x|$$
$$=(\varepsilon+\rho(A))A|x|,$$

故

$$(\varepsilon+\rho(A))^{-1}A^2|x|\geqslant A|x|.$$

再令 $B=(\varepsilon+\rho(A))^{-1}A$，便有

$$BA|x|\geqslant A|x|,$$
$$B^2A|x|\geqslant BA|x|\geqslant A|x|,$$

以此类推，对任意正整数 k，都有

$$B^kA|x|\geqslant A|x|.$$

又 B 的谱半径为 $(\varepsilon+\rho(A))^{-1}\rho(A)<1$，故 $\lim\limits_{k\to\infty}B^k=0$，从而 $A|x|\leqslant 0$ 矛盾，故 $z=0$，即 $(A-\rho(A)I)|x|=0$，这就证明了(1).

(2) 设除了 $|\lambda|=\rho(A)$ 以外，还有 $|u|=\rho(A)$，且 u 对应的特征向量为 $y=(y_1\ \ y_2\ \ \cdots\ \ y_n)^{\mathrm{T}}$. 由(1)有

$$|Ay|=|uy|=|u|\cdot|y|=A|y|,$$

于是

$$\left|\sum_{j=1}^n a_{ij}y_j\right|=\sum_{j=1}^n a_{ij}|y_j|,\quad i=1,2,\cdots,n.$$

这表明三角不等式中等式必须成立，因此复数 $a_{ij}y_j$ 有相同的幅角 θ. 但所有 a_{ij} 都是正实数，于是所有 y_j 有相同的幅角 θ，即有

$$y_j=|y_j|\mathrm{e}^{\mathrm{i}\theta}\quad(j=1,2,\cdots,n),$$

于是

$$y=\mathrm{e}^{\mathrm{i}\theta}|y|.$$

但 $|y|$ 是 A 的对应于特征值 $|u|=\rho(A)$ 的特征向量，所以 y 也是 A 的对应于特征值 $\rho(A)$ 的特征向量. 而 y 又是 A 的对应于特征值 u 的特征向量，且不同特征值不可能有相同的特征向量，故

$$u=\rho(A).$$

这样便证明了 A 的不同于 $\rho(A)$ 的特征值的模一定小于 $\rho(A)$. □

定理 7.4 设 $A\in\mathbf{R}^{n\times n}$ 是正矩阵，则矩阵 $B=(\rho(A))^{-1}A$ 是幂收敛的，即 $\{B^k\}$ 收敛.

证明 显然 $\rho(B)=1$. 由定理 7.3 知 1 是 B 的一个特征值，且其他特征值的模都小于 1. 由 Jordan 分解知，存在可逆阵 P，使得 $P^{-1}AP=J$. 如能证明特征值 1 对应的 Jordan 块是一阶的，则 B 便是幂收敛的.

设 y 是 B 对应于特征值 1 的正特征向量，即 $By=y>0$，则对任意正整数 k，都有

$$B^ky=y.$$

令

$$y_s=\max_i y_i,\quad y_t=\min_i y_i,$$

则

$$y_s\geqslant y_i=\sum_{j=1}^n(B^k)_{ij}y_j\geqslant(B^k)_{ij}y_j\geqslant(B^k)_{ij}y_t.$$

其中$(\boldsymbol{B}^k)_{ij}$表示$\boldsymbol{B}^k$的第i行第j列的元素. 于是

$$\mathbf{0} < (\boldsymbol{B}^k)_{ij} \leqslant y_s / y_t. \qquad \square$$

这就证明了$\boldsymbol{B}$是幂有界的,这意味着$\boldsymbol{B}$的Jordan标准形中,对应于特征值1的Jordan块只能是一阶的.

定理 7.5　正矩阵$\boldsymbol{A}$的特征值$\rho(\boldsymbol{A})$是一个单根.

证明　注意到$\rho(\boldsymbol{A})$作为$\boldsymbol{A}$的特征值的重数等于1作为$\boldsymbol{B}=(\rho(\boldsymbol{A}))^{-1}\boldsymbol{A}$的特征值的重数,所以我们对$\boldsymbol{B}$来讨论.

由定理7.4知,$\boldsymbol{B}$的对应于特征值1的Jordan块都是一阶的,所以$\boldsymbol{B}$的Jordan标准形为

$$\boldsymbol{J} = \begin{pmatrix} \boldsymbol{I}_{n_0} & & & \\ & \boldsymbol{J}_{n_1}(\lambda_1) & & \\ & & \ddots & \\ & & & \boldsymbol{J}_{n_t}(\lambda_t) \end{pmatrix},$$

其中n_0为1作为$\boldsymbol{B}$的特征值的重数,且$|\lambda_i|<1(i=1,2,\cdots,t)$. 下证$n_0=1$,由

$$\boldsymbol{J}-\boldsymbol{I} = \begin{pmatrix} \mathbf{0} & & & \\ & \boldsymbol{J}_{n_1}(\lambda_1-1) & & \\ & & \ddots & \\ & & & \boldsymbol{J}_{n_t}(\lambda_t-1) \end{pmatrix},$$

因为$|\lambda_i|<1$,所以$\boldsymbol{J}_{n_i}(\lambda_i-1)(i=1,2,\cdots,t)$为满秩矩阵,故

$$n_0 = \dim N(\boldsymbol{J}-\boldsymbol{I}) = \dim N(\boldsymbol{B}-\boldsymbol{I}),$$

设$\boldsymbol{x}>\mathbf{0}$是$\boldsymbol{B}$关于特征值1的特征向量,则$\boldsymbol{Bx}=\boldsymbol{x}$,即$(\boldsymbol{B}-\boldsymbol{I})\boldsymbol{x}=\mathbf{0}$,故$\boldsymbol{x}\in N(\boldsymbol{B}-\boldsymbol{I})$,于是$n_0=\dim N(\boldsymbol{B}-\boldsymbol{I})\geqslant 1$.

如果$n_0>1$,则存在与$\boldsymbol{x}$线性无关的向量$\boldsymbol{y}\in\mathbf{R}^n$,满足$\boldsymbol{By}=\boldsymbol{y}$,令

$$\max_i(y_i/x_i) = y_j/x_j = a,$$

则

$$a\boldsymbol{x} \geqslant \boldsymbol{y},$$

因为$\boldsymbol{x},\boldsymbol{y}$线性无关,所以$a\boldsymbol{x}-\boldsymbol{y}\neq\mathbf{0}$,于是

$$\boldsymbol{B}(a\boldsymbol{x}-\boldsymbol{y}) > \mathbf{0},$$

即

$$a\boldsymbol{Bx}-\boldsymbol{By} > \mathbf{0},$$

又因为$\boldsymbol{Bx}=\boldsymbol{x},\boldsymbol{By}=\boldsymbol{y}$,所以

$$a\boldsymbol{x}-\boldsymbol{y} > \mathbf{0}.$$

考虑其分量,便有

$$ax_i > y_i \quad (i=1,2,\cdots,n),$$

即

$$a > y_i/x_i,$$

这与a的取法矛盾,故$n_0=1$. $\square$

将定理7.3与定理7.5合在一起,得到经典的Perron定理.

定理7.6(Perron定理) 设$\boldsymbol{A}\in\mathbf{R}^{n\times n}$是正矩阵,则$\rho(\boldsymbol{A})$是$\boldsymbol{A}$的一个单特征值,并且对应于$\rho(\boldsymbol{A})$有正的特征向量,而$\boldsymbol{A}$的其他的不等于$\rho(\boldsymbol{A})$的特征值的模都小于$\rho(\boldsymbol{A})$.

1912年,Frobenius把上述定理推广到不可约的非负矩阵上,结论更为圆满,所以历史上又叫做Perron-Frobenius定理,这里不作介绍.

Perron定理有许多应用,一个优美而有效的应用是:利用占优非负矩阵的谱半径和主对角元得到了矩阵$\boldsymbol{A}$的特征值包含区域.

定理7.7(Ky Fan定理) 设$\boldsymbol{A}=(a_{ij})\in\mathbf{C}^{n\times n}$,$\lambda$为$\boldsymbol{A}$的任意特征值,非负矩阵$\boldsymbol{B}=(b_{ij})\in\mathbf{R}^{n\times n}$满足

$$b_{ij}\geqslant|a_{ij}|\quad(i,j=1,2,\cdots,n),$$

则存在某个i,使得

$$|\lambda-a_{ii}|\leqslant\rho(\boldsymbol{B})-b_{ii}.$$

证明 若$\boldsymbol{B}$是正矩阵,由Perron定理,存在正向量$\boldsymbol{x}=(x_1\quad x_2\quad\cdots\quad x_n)^{\mathrm{T}}>\mathbf{0}$,使得$\boldsymbol{Bx}=\rho(\boldsymbol{B})\boldsymbol{x}$.

令
$$\boldsymbol{S}=\operatorname{diag}(x_1\ x_2\cdots\ x_n),\quad \boldsymbol{C}=(c_{ij})=\boldsymbol{S}^{-1}\boldsymbol{AS},$$
由盖尔斯果林圆盘定理,存在某个i使得

$$|\lambda-c_{ii}|\leqslant\sum_{\substack{j=1\\j\neq i}}^{n}|c_{ij}|.$$

由$\boldsymbol{C}=\boldsymbol{S}^{-1}\boldsymbol{AS}$,有
$$c_{ij}=x_i^{-1}a_{ij}x_j,$$

所以
$$|\lambda-a_{ii}|\leqslant\sum_{\substack{j=1\\j\neq i}}^{n}x_i^{-1}|a_{ij}|x_j\leqslant\sum_{\substack{j=1\\j\neq i}}^{n}x_i^{-1}b_{ij}x_j=\sum_{j=1}^{n}x_i^{-1}b_{ij}x_j-b_{ii}.$$

由$\boldsymbol{Bx}=\rho(\boldsymbol{B})\boldsymbol{x}$,有

$$\sum_{j=1}^{n}b_{ij}x_j=\rho(\boldsymbol{B})x_i,$$

故
$$|\lambda-a_{ii}|\leqslant\rho(\boldsymbol{B})-b_{ii}.$$

若$\boldsymbol{B}$不是正矩阵,令

$$b_{ij}^{(k)}=b_{ij}+\frac{1}{k}\quad(i,j=1,2,\cdots,n),$$

则$\boldsymbol{B}_k=(b_{ij}^{(k)})$便是正矩阵.由前面的证明,对任意正整数$k$,都存在某个$i_k$,使得

$$|\lambda-a_{i_ki_k}|\leqslant\rho(\boldsymbol{B}_k)-b_{i_ki_k}^{(k)}.$$

由于$1\leqslant i\leqslant n$,所以当$k=1,2,\cdots$时,i_k必有重复.事实上,i_k将无限次地取1到n间的某个正整数i,把取i的i_k的下脚标k依次记为$k_1,k_2,\cdots,k_t,\cdots$于是有

$$|\lambda-a_{ii}|\leqslant\rho(\boldsymbol{B}_{k_t})-b_{ii}^{(k_t)},$$

又注意到矩阵的特征值及其模为矩阵元素的连续函数,故

$$\lim_{t\to\infty}\rho(\boldsymbol{B}_{k_t})=\rho(\boldsymbol{B}),\quad \lim_{t\to\infty}b_{ii}^{(k_t)}=b_{ii}.$$

从而证明了
$$|\lambda - a_{ii}| \leqslant \rho(\boldsymbol{B}) - b_{ii}.$$

7.3 素 矩 阵

上一节我们简单地介绍了正矩阵的某些性质，现在讨论更为一般的非负矩阵，即素矩阵.将正矩阵的某些性质推广到素矩阵上.

定义 7.2 设 $\boldsymbol{A}\in\mathbf{R}^{n\times n}$ 是非负矩阵.如果存在正整数 m，使得 $\boldsymbol{A}^m$ 为正矩阵，则称 $\boldsymbol{A}$ 是**素矩阵或本原矩阵或幂正矩阵**.

显然正矩阵是素矩阵，但反过来不对.如取

$$\boldsymbol{A}=\begin{pmatrix}0&1&1\\1&0&0\\1&1&1\end{pmatrix},$$

则 $\boldsymbol{A}$ 不是正矩阵，但 $\boldsymbol{A}^4>\boldsymbol{0}$，所以 $\boldsymbol{A}$ 是素矩阵.

由定义不难验证，素矩阵满足以下性质：

(1)如果 $\boldsymbol{A}$ 是素矩阵，则 $\boldsymbol{A}^{\mathrm{T}}$ 是素矩阵；

(2)如果 $\boldsymbol{A}$ 是素矩阵，则对任意正整数 k，$\boldsymbol{A}^k$ 是素矩阵；

(3)如果 $\boldsymbol{A}$ 是素矩阵，则对任意非负矩阵 $\boldsymbol{B}$，$\boldsymbol{A}+\boldsymbol{B}$ 是素矩阵.

证明 只证明(3)，其他的留给读者.

因为 $\boldsymbol{A}$ 是素矩阵，所以存在正整数 m，使得 $\boldsymbol{A}^m>\boldsymbol{0}$，而

$$(\boldsymbol{A}+\boldsymbol{B})^m=\boldsymbol{A}^m+\boldsymbol{C},$$

其中 $\boldsymbol{C}\geqslant\boldsymbol{0}$，故 $(\boldsymbol{A}+\boldsymbol{B})^m>\boldsymbol{0}$，即 $\boldsymbol{A}+\boldsymbol{B}$ 是素矩阵. □

下面我们将正矩阵的 Perron 定理推广到素矩阵上.

定理 7.8 设 $\boldsymbol{A}\in\mathbf{R}^{n\times n}$ 为素矩阵，则

(1) $\rho(\boldsymbol{A})$ 为 $\boldsymbol{A}$ 的具有正特征向量的特征值；

(2) $\boldsymbol{A}$ 的特征值 $\rho(\boldsymbol{A})$ 是一个单根；

(3) $\boldsymbol{A}$ 的其他特征值的模小于 $\rho(\boldsymbol{A})$.

证明 (1)由定义，存在正整数 m，使得 $\boldsymbol{A}^m>\boldsymbol{0}$，由定理 6.3，存在 $\boldsymbol{x}>\boldsymbol{0}$，使得

$$\boldsymbol{A}^m\boldsymbol{x}=\rho(\boldsymbol{A}^m)\boldsymbol{x}.$$

令
$$\bar{\boldsymbol{x}}=\sum_{i=0}^{m-1}(\rho(\boldsymbol{A}))^{-i}\boldsymbol{A}^i\boldsymbol{x},$$

则 $\bar{\boldsymbol{x}}>\boldsymbol{0}$，且

$$\begin{aligned}\boldsymbol{A}\bar{\boldsymbol{x}}&=\sum_{i=0}^{m-1}(\rho(\boldsymbol{A}))^{-i}\boldsymbol{A}^{i+1}\boldsymbol{x}\\&=\sum_{i=0}^{m-2}(\rho(\boldsymbol{A}))^{-i}\boldsymbol{A}^{i+1}\boldsymbol{x}+(\rho(\boldsymbol{A}))^{1-m}\boldsymbol{A}^m\boldsymbol{x}\end{aligned}$$

$$=\sum_{i=1}^{m-1}(\rho(\boldsymbol{A}))^{1-i}\boldsymbol{A}^i\boldsymbol{x}+(\rho(\boldsymbol{A}))^{1-m}\rho(\boldsymbol{A}^m)\boldsymbol{x},$$

又对任意正整数 k，有 $\rho(\boldsymbol{A}^k)=(\rho(\boldsymbol{A}))^k$，因此

$$\begin{aligned}\boldsymbol{A}\bar{\boldsymbol{x}}&=\rho(\boldsymbol{A})\Big(\sum_{i=1}^{m-1}(\rho(\boldsymbol{A}))^{-i}\boldsymbol{x}+\boldsymbol{x}\Big)\\&=\rho(\boldsymbol{A})\sum_{i=0}^{m-1}(\rho(\boldsymbol{A}))^{-i}\boldsymbol{x}=\rho(\boldsymbol{A})\bar{\boldsymbol{x}}.\end{aligned}$$

这说明 $\rho(\boldsymbol{A})$是 $\boldsymbol{A}$ 的具有正特征向量 $\bar{\boldsymbol{x}}$ 的特征值.

又由 $\boldsymbol{A}\bar{\boldsymbol{x}}=\rho(\boldsymbol{A})\bar{\boldsymbol{x}}$，有

$$\boldsymbol{A}^m\bar{\boldsymbol{x}}=(\rho(\boldsymbol{A}))^m\bar{\boldsymbol{x}}=\rho(\boldsymbol{A}^m)\bar{\boldsymbol{x}}.$$

这说明 $\boldsymbol{x}$、$\bar{\boldsymbol{x}}$ 都是 $\boldsymbol{A}^m$ 的对应于单特征值 $\rho(\boldsymbol{A}^m)$的特征向量，所以 $\boldsymbol{x}$ 与 $\bar{\boldsymbol{x}}$ 是线性相关的，从而 $\boldsymbol{x}$ 也是 $\boldsymbol{A}$ 的对应于特征值 $\rho(\boldsymbol{A})$的正特征向量.

(2)注意到 $\rho(\boldsymbol{A})$作为 A 的特征值的重数(不超过$(\rho(\boldsymbol{A}))^m$)作为 $\boldsymbol{A}^m$ 的特征值的重数，而$(\rho(\boldsymbol{A}))^m=\rho(\boldsymbol{A}^m)$是正矩阵 $\boldsymbol{A}^m$ 的单重特征值，所以 $l=1$.

(3)如果 $\boldsymbol{A}$ 有特征值 λ 满足 $|\lambda|=\rho(\boldsymbol{A})$，则存在非零向量 $\boldsymbol{y}$，使得 $\boldsymbol{A}\boldsymbol{y}=\lambda\boldsymbol{y}$. 于是

$$\boldsymbol{A}^m\boldsymbol{y}=\lambda^m\boldsymbol{y},$$

$$|\lambda^m|=|\lambda|^m=(\rho(\boldsymbol{A}))^m=\rho(\boldsymbol{A}^m).$$

又 λ^m 是 $\boldsymbol{A}^m$ 的特征值，$\boldsymbol{A}^m$ 是正矩阵，故 $\lambda^m=\rho(\boldsymbol{A}^m)$. 于是

$$\boldsymbol{A}^m\boldsymbol{y}=\rho(\boldsymbol{A}^m)\boldsymbol{y}.$$

这说明 $\boldsymbol{x}$、$\boldsymbol{y}$ 都是 $\boldsymbol{A}^m$ 对应于特征值 $\rho(\boldsymbol{A}^m)$的特征向量，但 $\rho(\boldsymbol{A}^m)$是 $\boldsymbol{A}^m$ 的单特征值，所以 $\boldsymbol{y}$ 与 $\boldsymbol{x}$ 线性相关. 由(1)知 $\boldsymbol{x}$ 是 $\boldsymbol{A}$ 的对应于特征值 $\rho(\boldsymbol{A})$的特征向量，所以 $\boldsymbol{y}$ 也是 $\boldsymbol{A}$ 的对应于特征值 $\rho(\boldsymbol{A})$的特征向量，故必有 $\lambda=\rho(\boldsymbol{A})$.

给定非负矩阵 $\boldsymbol{A}$，按照定义如要判定 $\boldsymbol{A}$ 是否为素矩阵，则要计算 $\boldsymbol{A}^m$. 自然要问：使得 $\boldsymbol{A}^m>\boldsymbol{0}$ 的正整数 m 有什么特性？为此，我们引入素数指数的概念.

定义 7.3　素矩阵 $\boldsymbol{A}$ 的使得 $\boldsymbol{A}^m>\boldsymbol{0}$ 的最小正整数 m 称为 $\boldsymbol{A}$ 的素数指数或本原指数，记为 $\gamma(\boldsymbol{A})$.

我们不加证明地给出下面关于素数指数 $\gamma(\boldsymbol{A})$的一些上界.

定理 7.9　设 $\boldsymbol{A}\in\mathbf{R}^{n\times n}$是素矩阵，且对某个正整数 h 和矩阵

$$\boldsymbol{A}+\boldsymbol{A}^2+\cdots+\boldsymbol{A}^h,$$

至少有 $d(>0)$个正对角元，则有

$$\gamma(\boldsymbol{A})\leqslant n-d+(n-1)h.$$

将此定理用于本节开头的非负矩阵

$$\boldsymbol{A}=\begin{pmatrix}0&1&1\\1&0&0\\1&1&1\end{pmatrix},$$

取 $h=1$,则 $d=1$,而 $n=3$,所以

$$\gamma(\boldsymbol{A}) \leqslant 3-1+(3-1)=4.$$

推论 设 $\boldsymbol{A}\in\mathbf{R}^{n\times n}$是素矩阵,并且 a_{ij} 与 a_{ji} 同时为正或同时为零,则

$$\gamma(\boldsymbol{A}) \leqslant 2(n-1).$$

证明 首先可推出 $\boldsymbol{A}^2$ 的对角元全为正,从而取 $h=2$,此时 $d=n$. 由定理 7.9,有

$$\gamma(\boldsymbol{A}) \leqslant n-n+2(n-1)=2(n-1).$$

定理 7.10 设 $\boldsymbol{A}\in\mathbf{R}^{n\times n}$是素矩阵,则

$$\gamma(\boldsymbol{A}) \leqslant (n-1)^2+1.$$

7.4 M 矩 阵

本节所要介绍的 $\boldsymbol{M}$ 矩阵,经常出现在诸如偏微分方程的有限差分法和有限元素法、经济学中的投入产出法、运筹学中的线性余问题以及概率统计的 Markov 过程等不同的科技领域中. $\boldsymbol{M}$ 矩阵这个术语是 Ostrowski 在 1937 年首先提出的,它有许多等价的定义.

定义 7.4 设 $\boldsymbol{A}=s\boldsymbol{I}-\boldsymbol{B}$ 为 n 阶实矩阵,且 $\boldsymbol{B}\geqslant 0$,$s>0$,那么,若 $s\geqslant\rho(\boldsymbol{B})$,则称 $\boldsymbol{A}$ 为 $\boldsymbol{M}$ 矩阵;若 $s>\rho(\boldsymbol{B})$,则称 $\boldsymbol{A}$ 为非奇异 $\boldsymbol{M}$ 矩阵.

记 $\boldsymbol{Z}^{n\times n}=\{\boldsymbol{A}=(a_{ij})\in\mathbf{R}^{n\times n}$,当 $i\neq j$ 时 $a_{ij}\leqslant 0;i,j=1,2,\cdots,n\}$.

定理 7.11 设 $\boldsymbol{A}=(a_{ij})\in\mathbf{R}^{n\times n}$,则以下各条等价:

(1) $\boldsymbol{A}$ 的所有主子式大于 0;

(2) 若对角矩阵 $\boldsymbol{D}\geqslant\mathbf{0}$,则 $\boldsymbol{A}+\boldsymbol{D}$ 的所有主子式不为零;

(3) $\forall\,\mathbf{0}\neq\boldsymbol{x}=(x_1\quad x_2\quad\cdots\quad x_n)^{\mathrm{T}}\in\mathbf{R}^n$,$\boldsymbol{y}=\boldsymbol{A}\boldsymbol{x}=(y_1\quad y_2\quad\cdots\quad y_n)^{\mathrm{T}}$,则存在 i,使 $x_iy_i>0$;

(4) $\forall\,\mathbf{0}\neq\boldsymbol{x}\in\mathbf{R}^n$,存在正对角矩阵 $\boldsymbol{D}_x$,使 $\boldsymbol{x}^{\mathrm{T}}\boldsymbol{D}_x\boldsymbol{A}\boldsymbol{x}>\mathbf{0}$;

(5) $\forall\,\mathbf{0}\neq\boldsymbol{x}\in\mathbf{R}^n$,存在非负对角矩阵 $\boldsymbol{H}_x$,使 $\boldsymbol{x}^{\mathrm{T}}\boldsymbol{H}_x\boldsymbol{A}\boldsymbol{x}>\mathbf{0}$;

(6) $\boldsymbol{A}$ 的每一个主子矩阵的任意实特征值都大于 0;

(7) $\forall\,\mathbf{0}\neq\boldsymbol{x}\in\mathbf{R}^n$,且 $\boldsymbol{z}=\boldsymbol{A}^{\mathrm{T}}\boldsymbol{x}=(z_1\quad z_2\quad\cdots\quad z_n)^{\mathrm{T}}$,存在 k,使得 $\boldsymbol{x}_k\boldsymbol{z}_k>\mathbf{0}$;

(8) 对每个 n 阶符号矩阵 $\boldsymbol{S}$(即 $\boldsymbol{S}$ 为对角矩阵,且对角元素为 1 或 -1),由 $\boldsymbol{S}\boldsymbol{A}^{\mathrm{T}}\boldsymbol{S}\boldsymbol{z}\leqslant\mathbf{0}$,$\boldsymbol{z}\geqslant\mathbf{0}$ 可推出 $\boldsymbol{z}=\mathbf{0}$.

证明 (1)⇒(2) 对 $\boldsymbol{D}=\mathrm{diag}(d_1\quad d_2\quad\cdots\quad d_n)\geqslant 0$,当把 $\boldsymbol{A}+\boldsymbol{D}$ 的任意一个 k 阶主子式拆成 2^k 个行列式之和时,由于每一个行列式均非负,且至少有一个为正,故此 k 阶主子式大于零(当然不等于零).

(2)⇒(3) 设存在 $\boldsymbol{x}=(x_1\quad x_2\quad\cdots\quad x_n)^{\mathrm{T}}\neq 0$ 使 $\boldsymbol{y}=\boldsymbol{A}\boldsymbol{x}=(y_1\quad y_2\quad\cdots\quad y_n)^{\mathrm{T}}$,对一切 i,均有 $\boldsymbol{x}_i\boldsymbol{y}_i\leqslant\mathbf{0}$.

设 $\boldsymbol{x}$ 的分量中不为零的元是 $x_{i_1},\cdots,x_{i_m}$，其中 $i_1<\cdots<i_m$，令 $\boldsymbol{B}=\boldsymbol{A}\begin{pmatrix} i_1 & \cdots & i_m \\ \vdots & & \vdots \\ i_1 & \cdots & i_m \end{pmatrix}$ 为 $\boldsymbol{A}$ 的相应的主子矩阵，$\boldsymbol{z}=(x_{i_1}\ \ \cdots\ \ x_{i_m})^{\mathrm{T}}$，$\boldsymbol{u}=(y_{i_1}\ \ \cdots\ \ y_{i_m})^{\mathrm{T}}$，则 $\boldsymbol{u}=\boldsymbol{Bz}$.

因为 $\boldsymbol{x}_i\boldsymbol{y}_i\leqslant 0$，所以存在非负的对角矩阵 $\boldsymbol{D}=\mathrm{diag}(d_{i_1}\ \ \cdots\ \ d_{i_m})$，使 $\boldsymbol{u}=-\boldsymbol{Dz}$，从而 $(\boldsymbol{B}+\boldsymbol{D})\boldsymbol{z}=\boldsymbol{0}$. 由(2)的假设知 $|\boldsymbol{B}+\boldsymbol{D}|\neq 0$，故 $\boldsymbol{z}=\boldsymbol{0}$，矛盾.

(3)⇒(4)　取 $\boldsymbol{x}^{\mathrm{T}}=(x_1\cdots x_n)^{\mathrm{T}}$，$\boldsymbol{y}=\boldsymbol{Ax}=(y_1\cdots y_n)^{\mathrm{T}}$，存在 i，使 $\boldsymbol{x}_i\boldsymbol{y}_i>\boldsymbol{0}$. 从而存在充分小的 $\varepsilon>0$，使 $x_iy_i+\varepsilon\sum\limits_{j\neq i}x_jy_j>0$. 令 $\boldsymbol{D}=\mathrm{diag}(\varepsilon\cdots\varepsilon\ 1\ \varepsilon\cdots\varepsilon)$（其中 1 位于第 i 个），则 $\boldsymbol{D}>\boldsymbol{0}$，$\boldsymbol{x}^{\mathrm{T}}\boldsymbol{DAx}=\boldsymbol{x}^{\mathrm{T}}\boldsymbol{Dy}=x_iy_i+\varepsilon\sum\limits_{j\neq i}x_jy_j>0$.

(4)⇒(5)　显然.

(5)⇒(6)　设 $\boldsymbol{B}=\boldsymbol{A}\begin{pmatrix} i_1 & \cdots & i_k \\ \cdots & \cdots & \cdots \\ i_1 & \cdots & i_k \end{pmatrix}$ 为 $\boldsymbol{A}$ 的任一主子阵，其中 $i_1<\cdots<i_k$. 设 λ 是 $\boldsymbol{B}$ 的任一实特征值，$\boldsymbol{\alpha}$ 是对应的实特征向量，$\boldsymbol{B\alpha}=\lambda\boldsymbol{\alpha}$，$\boldsymbol{\alpha}=(x_{i_1}\cdots x_{i_k})^{\mathrm{T}}$. 令 $\boldsymbol{y}=(y_1\cdots y_n)^{\mathrm{T}}$，其中 $y_{i_j}=x_{i_j}$，$j=1,2,\cdots,k$. 其余 y_i 都取零，则 $\boldsymbol{y}\neq\boldsymbol{0}$. 由(5)的假设，存在 $\boldsymbol{H}\geqslant\boldsymbol{0}$，使 $\boldsymbol{y}^{\mathrm{T}}\boldsymbol{HAy}>\boldsymbol{0}$，令 $\boldsymbol{S}=\mathrm{diag}(h_{i_1}\cdots h_{i_k})$，则

$$0<\boldsymbol{y}^{\mathrm{T}}\boldsymbol{HAy}=\boldsymbol{\alpha}^{\mathrm{T}}\boldsymbol{SB\alpha}=\boldsymbol{\alpha}^{\mathrm{T}}\boldsymbol{S}\lambda\boldsymbol{\alpha}=\lambda\boldsymbol{\alpha}^{\mathrm{T}}\boldsymbol{S\alpha}$$

但 $\boldsymbol{S}\geqslant\boldsymbol{0}$，所以 $\boldsymbol{\alpha}^{\mathrm{T}}\boldsymbol{S\alpha}\geqslant\boldsymbol{0}$，因而 $\lambda>0$.

(6)⇒(1)　设 $\boldsymbol{B}=\boldsymbol{A}\begin{pmatrix} i_1 & \cdots & i_k \\ \cdots & \cdots & \cdots \\ i_1 & \cdots & i_k \end{pmatrix}$ 为 $\boldsymbol{A}$ 的任一主子阵，则由 $\boldsymbol{B}$ 的复特征值成对，实特征值都大于零知 $|\boldsymbol{B}|>\boldsymbol{0}$.

(7)⇒(3)　由于(1)与(3)等价，$\boldsymbol{A}$ 的所有主子式大于 0，又等价于 $\boldsymbol{A}^{\mathrm{T}}$ 的所有主子式大于零.

(7)⇒(8)　若存在符号矩阵 $\boldsymbol{S}$，使得 $\boldsymbol{u}\geqslant\boldsymbol{0}$，$\boldsymbol{SA}^{\mathrm{T}}\boldsymbol{Su}\leqslant\boldsymbol{0}$，$\boldsymbol{u}\neq\boldsymbol{0}$，则

$$\boldsymbol{u}^{\mathrm{T}}\boldsymbol{SA}^{\mathrm{T}}\boldsymbol{Su}\leqslant\boldsymbol{0}.$$

令 $\boldsymbol{Su}=\boldsymbol{y}=(y_1\ \ \cdots\ \ y_n)^{\mathrm{T}}$，由 $\boldsymbol{u}\neq\boldsymbol{0}$，$\boldsymbol{S}$ 可逆知 $\boldsymbol{y}\neq\boldsymbol{0}$. 再令 $\boldsymbol{A}^{\mathrm{T}}\boldsymbol{y}=\boldsymbol{z}=(z_1\cdots z_n)^{\mathrm{T}}$，由(1)有

$$\boldsymbol{0}\geqslant(\boldsymbol{Su})^{\mathrm{T}}\boldsymbol{A}^{\mathrm{T}}\boldsymbol{Su}=\boldsymbol{y}^{\mathrm{T}}\boldsymbol{z}.$$

所以 $y_iz_i\leqslant 0$，$i=1,2,\cdots,n$. 这与(7)的假设矛盾.

(8)⇒(7)　若存在 $\boldsymbol{y}=(y_1\cdots y_n)^{\mathrm{T}}\neq\boldsymbol{0}$，使得 $\boldsymbol{z}=\boldsymbol{A}^{\mathrm{T}}\boldsymbol{y}=(z_1\cdots z_n)^{\mathrm{T}}$，而 $y_kz_k\leqslant 0$，$k=1,2,\cdots,n$. 可选取符号矩阵 $\boldsymbol{S}$ 使得 $\boldsymbol{u}=\boldsymbol{Sy}\geqslant\boldsymbol{0}$ 且 $\boldsymbol{Sz}\leqslant\boldsymbol{0}$，而 $\boldsymbol{S}^2=\boldsymbol{I}$.

$$\boldsymbol{SA}^{\mathrm{T}}\boldsymbol{Su}=\boldsymbol{SA}^{\mathrm{T}}\boldsymbol{S}(\boldsymbol{Sy})=\boldsymbol{SA}^{\mathrm{T}}\boldsymbol{y}=\boldsymbol{Sz}\leqslant\boldsymbol{0},\quad \boldsymbol{u}\geqslant\boldsymbol{0}.$$

□

但 $\boldsymbol{u}\neq\boldsymbol{0}$，这与(8)的假设矛盾.

定理 7.12 设 A 是 n 阶 $\boldsymbol{M}$ 矩阵,则下面几条等价:

(1) $\boldsymbol{A}$ 是非奇异 M 矩阵;

(2) 存在 $\boldsymbol{P},\boldsymbol{Q}\in \mathbf{R}^{n\times n}$,使得 $\boldsymbol{A}=\boldsymbol{P}-\boldsymbol{Q},\boldsymbol{P}^{-1}\geqslant\boldsymbol{0},\boldsymbol{Q}\geqslant\boldsymbol{0},\rho(\boldsymbol{P}^{-1}\boldsymbol{Q})<1$;

(3) $\boldsymbol{A}$ 可逆,且 $\boldsymbol{A}^{-1}\geqslant\boldsymbol{0}$;

(4) 存在 $\boldsymbol{x}>\boldsymbol{0}$,使 $\boldsymbol{Ax}>\boldsymbol{0}$;

(5) $\boldsymbol{A}$ 的任一特征值的实部大于 $\boldsymbol{0}$.

证明 (1)⇒(2) 设 $\boldsymbol{A}=s\boldsymbol{E}-\boldsymbol{B},s>\rho(\boldsymbol{B})\geqslant\boldsymbol{0},\boldsymbol{B}\geqslant\boldsymbol{0}$. 令 $\boldsymbol{P}=s\boldsymbol{E},\boldsymbol{Q}=\boldsymbol{B}$,则 $\boldsymbol{P}^{-1}=\frac{1}{s}\boldsymbol{E}$ $\geqslant\boldsymbol{0},\boldsymbol{Q}\geqslant\boldsymbol{0}$. 于是 $\boldsymbol{A}=\boldsymbol{P}-\boldsymbol{Q}$,且 $\rho(\boldsymbol{P}^{-1}\boldsymbol{Q})=\rho\left(\frac{1}{s}\boldsymbol{Q}\right)=\frac{1}{s}\rho(\boldsymbol{B})<1$.

(2)⇒(3) 由假设,$\boldsymbol{A}=\boldsymbol{P}-\boldsymbol{Q},\boldsymbol{P}^{-1}\geqslant\boldsymbol{0},\boldsymbol{Q}\geqslant\boldsymbol{0},\rho(\boldsymbol{P}^{-1}\boldsymbol{Q})<1$. 令 $\boldsymbol{C}=\boldsymbol{P}^{-1}\boldsymbol{Q}$,则 $\boldsymbol{A}=\boldsymbol{P}-\boldsymbol{Q}=\boldsymbol{P}(\boldsymbol{E}-\boldsymbol{C})$. 因为 $\rho(\boldsymbol{C})<1$,所以就有 $|\boldsymbol{E}-\boldsymbol{C}|\neq 0$,从而 $|\boldsymbol{A}|\neq 0$,故 $\boldsymbol{A}$ 可逆,且

$$\boldsymbol{A}^{-1}=(\boldsymbol{E}-\boldsymbol{C})^{-1}\boldsymbol{P}^{-1}=(\boldsymbol{E}+\boldsymbol{C}+\boldsymbol{C}^2+\cdots)\boldsymbol{P}^{-1}.$$

由于 $\boldsymbol{P}^{-1}\geqslant\boldsymbol{0},\boldsymbol{Q}\geqslant\boldsymbol{0}$,因此 $\boldsymbol{C}=\boldsymbol{P}^{-1}\boldsymbol{Q}\geqslant\boldsymbol{0}$. 从而 $\boldsymbol{A}^{-1}\geqslant\boldsymbol{0}$.

(3)⇒(4) 令 $\boldsymbol{x}=\boldsymbol{A}^{-1}\boldsymbol{e}$,其中 $\boldsymbol{e}'=(1\ \cdots\ 1)$. 由于 $\boldsymbol{A}^{-1}\geqslant\boldsymbol{0}$,因此 $\boldsymbol{x}=\boldsymbol{A}^{-1}\boldsymbol{e}\geqslant\boldsymbol{0},\boldsymbol{Ax}=\boldsymbol{e}>\boldsymbol{0}$.

若 $\boldsymbol{x}>\boldsymbol{0}$,则结论成立. 否则 $\boldsymbol{x}$ 的分量中有为 0 者时,取充分小 $\varepsilon>0$,使 $0<\boldsymbol{Ax}+\varepsilon\boldsymbol{Ae}=\boldsymbol{A}(\boldsymbol{x}+\varepsilon\boldsymbol{e})$,这时 $\boldsymbol{x}+\varepsilon\boldsymbol{e}>\boldsymbol{0}$ 即为所求.

(4)⇒(5) 由于 $\boldsymbol{A}$ 是 $\boldsymbol{M}$ 矩阵,则 $\boldsymbol{A}=s\boldsymbol{E}-\boldsymbol{B},s>0,\boldsymbol{B}\geqslant\boldsymbol{0}$. 若存在 $\boldsymbol{x}>0$,使 $\boldsymbol{Ax}>\boldsymbol{0}$,则$(s\boldsymbol{E}-\boldsymbol{B})\boldsymbol{x}>\boldsymbol{0}$,即

$$s\boldsymbol{x}>\boldsymbol{Bx}.$$

设 $\boldsymbol{B}'$ 相应于特征值 $\rho(\boldsymbol{B}')$ 的一个特征向量为 $\boldsymbol{\gamma}$,即 $\boldsymbol{B}'\boldsymbol{\gamma}=\rho(\boldsymbol{B})\boldsymbol{\gamma}$. 在(1)式两端左乘以 $\boldsymbol{\gamma}'$ 得 $s\boldsymbol{\gamma}'\boldsymbol{x}>\boldsymbol{\gamma}'\boldsymbol{Bx}=(\boldsymbol{B}'\boldsymbol{\gamma})'\boldsymbol{x}=(\rho(\boldsymbol{B})\boldsymbol{\gamma})'\boldsymbol{x}=\rho(\boldsymbol{B})\boldsymbol{\gamma}'\boldsymbol{x}$,所以 $s>\rho(\boldsymbol{B})$.

但 $\boldsymbol{A}=s\boldsymbol{E}-\boldsymbol{B}$. 设 $\lambda=a+ib$ 为 $\boldsymbol{A}$ 的任一特征值,α 是相应的一个特征向量,那么由 $\boldsymbol{A\alpha}=\lambda\boldsymbol{\alpha}$ 得

$$(s\boldsymbol{E}-\boldsymbol{B})\boldsymbol{\alpha}=\lambda\boldsymbol{\alpha},\quad \boldsymbol{B\alpha}=(\lambda-s)\boldsymbol{\alpha}.$$

从而 $\lambda-s$ 为 $\boldsymbol{B}$ 的特征值,且 $|\lambda-s|\leqslant\rho(\boldsymbol{B})<\boldsymbol{S},|(a-s)+bi|<s$,所以 $a>0$.

(5)⇒(1) 设 $\boldsymbol{A}=s\boldsymbol{E}-\boldsymbol{B},\boldsymbol{B}\geqslant\boldsymbol{0}$,则 $s-\rho(\boldsymbol{B})$ 是 $\boldsymbol{A}$ 的特征值. 而 $s-\rho(\boldsymbol{B})$ 是实数,所以 $s-\rho(\boldsymbol{B})>\boldsymbol{0}$,故 $\boldsymbol{A}$ 是非奇异 M 矩阵. □

习题答案与提示

习　题　一

1. (1),(2) 是;(3),(4) 不是.

2. (1) $\dim W=\dfrac{n^2+n}{2}$;一组基:$\left\{\begin{pmatrix}1&&&\\&0&&\\&&\ddots&\\&&&0\end{pmatrix},\begin{pmatrix}0&&&\\&1&&\\&&\ddots&\\&&&0\end{pmatrix}\cdots\begin{pmatrix}0&&&\\&0&&\\&&\ddots&\\&&&1\end{pmatrix}\right.$

$\left.\begin{pmatrix}0&1&0&0\\1&0&&\\0&\ddots&&\\\cdots&&&\\0&&&0\end{pmatrix}\begin{pmatrix}0&0&1&0\\0&0&&\\1&0&\ddots&\\\cdots&&&\\&&&0\end{pmatrix}\cdots\begin{pmatrix}0&0&\cdots&1\\0&0&&\\&\ddots&&\\\cdots&&&\\1&&&0\end{pmatrix}\right\}.$

3. (1) 是;(2) 不是;(3) 是;(4) 是.

8. 线性相关.

9. $R(\boldsymbol{A})=L\left\{\begin{pmatrix}1\\-2\\-1\end{pmatrix},\begin{pmatrix}-1\\1\\-1\end{pmatrix}\right\}$,$N(\boldsymbol{A})=L\{(1\ 4\ 1\ 0)^{\mathrm{T}},(1\ 1\ 0\ 1)^{\mathrm{T}}\}$.

10. $W_1\cap W_2=L\{\boldsymbol{\alpha}_3-4\boldsymbol{\alpha}_2\}=L\{3\boldsymbol{\beta}_1-\boldsymbol{\beta}_2\}$,$W_1+W_2=L\{\boldsymbol{\alpha}_1,\boldsymbol{\alpha}_2,\boldsymbol{\beta}_1\}$.

11. $\boldsymbol{C}=\begin{pmatrix}0&1&1&1\\1&0&1&1\\1&1&0&1\\1&1&1&0\end{pmatrix}$;　$\boldsymbol{X}=\begin{pmatrix}0\\-1\\-2\\3\end{pmatrix}$.

12. $\boldsymbol{C}=\begin{pmatrix}1&2&1\\-1&3&3\\0&2&2\end{pmatrix}$;　$\boldsymbol{X}=\begin{pmatrix}3\\4\\4\end{pmatrix}$.

18. $\boldsymbol{\beta}_1=\dfrac{1}{\sqrt{2}}(\boldsymbol{\varepsilon}_1+\boldsymbol{\varepsilon}_5)$,$\boldsymbol{\beta}_2=\dfrac{1}{\sqrt{10}}(\boldsymbol{\varepsilon}_1-2\boldsymbol{\varepsilon}_2+2\boldsymbol{\varepsilon}_4-\boldsymbol{\varepsilon}_5)$,$\boldsymbol{\beta}_3=\dfrac{1}{2}(\boldsymbol{\varepsilon}_1+\boldsymbol{\varepsilon}_2+\boldsymbol{\varepsilon}_3-\boldsymbol{\varepsilon}_5)$.

20. $W^{\perp}=L\{(1\ 0\ 1\ 0)^{\mathrm{T}},(-1\ 0\ 0\ 1)^{\mathrm{T}}\}$.

24. (1) 不是;(2) 是;(3) 不是;(4) 是.

25. $\boldsymbol{A}=\begin{pmatrix}2 & -1 & 0\\ 0 & 3 & -2\\ 2 & -1 & 1\end{pmatrix}$.

26. (1) $\boldsymbol{X}_1=\begin{pmatrix}a & 0 & b & 0\\ 0 & a & 0 & b\\ c & 0 & d & 0\\ 0 & c & 0 & d\end{pmatrix}$; $\boldsymbol{X}_2=\begin{pmatrix}a & c & 0 & 0\\ b & d & 0 & 0\\ 0 & 0 & a & c\\ 0 & 0 & b & d\end{pmatrix}$; $\boldsymbol{X}_3=\boldsymbol{X}_1\cdot\boldsymbol{X}_2$.

(2) T_1+T_2 矩阵:$\boldsymbol{X}_1+\boldsymbol{X}_2$;$T_1\cdot T_2$ 矩阵:$\boldsymbol{X}_3$.

28. (1)$R(T)=L\{T(\boldsymbol{e}_1),T(\boldsymbol{e}_2),T(\boldsymbol{e}_3)\}=L\left\{\begin{pmatrix}0\\1\\0\end{pmatrix},\begin{pmatrix}0\\0\\1\end{pmatrix}\right\}$,$N(T)=L\left\{\begin{pmatrix}0\\0\\1\end{pmatrix}\right\}$.

(2)$\dim R(T)=2$,基$\{\boldsymbol{e}_2,\boldsymbol{e}_3\}$;$\dim N(T)=1$,基$\{\boldsymbol{e}_3\}$.

30. $V_1=L\left\{\begin{pmatrix}1\\1\end{pmatrix}\right\}$,$V_2=L\left\{\begin{pmatrix}-1\\1\end{pmatrix}\right\}$.

31. (1) 不变子空间 $L\{\boldsymbol{u}\}$和 $\boldsymbol{u}$ 的正交补子空间 $\boldsymbol{u}^{\perp}$,$R^3=L\{\boldsymbol{u}\}\oplus\boldsymbol{u}^{\perp}$,

(2) $T\xrightarrow{\{\boldsymbol{u}_1,\boldsymbol{u}_2,\boldsymbol{u}_3\}}\begin{pmatrix}k & & \\ & 1 & \\ & & 1\end{pmatrix}$;$\boldsymbol{u}=\boldsymbol{u}_1$,$\boldsymbol{u}^{\perp}=L\{\boldsymbol{u}_2,\boldsymbol{u}_3\}$,$\{\boldsymbol{u}_1,\boldsymbol{u}_2,\boldsymbol{u}_3\}$为标准正交基.

32. 椭圆　$y_1{}^2+4y_2{}^2=1$.

33. $R^3=L\{u_1\}\oplus L\left\{\left(\frac{1}{3}\ \frac{2}{3}\ -\frac{2}{3}\right)^{\mathrm{T}},\left(\frac{2}{3}\ \frac{1}{3}\ \frac{2}{3}\right)^{\mathrm{T}}\right\}$,$\boldsymbol{P}\xrightarrow{u_1u_2u_3}\begin{pmatrix}0 & & \\ & 1 & \\ & & 1\end{pmatrix}$.

34. $T(\boldsymbol{\varepsilon}_3)=-\frac{1}{3}\boldsymbol{\varepsilon}_1+\frac{2}{3}\boldsymbol{\varepsilon}_2+\frac{2}{3}\boldsymbol{\varepsilon}_3$.

习　题　二

1. 提示:由题意,存在 $\boldsymbol{X}\neq\boldsymbol{0}$,使$(\boldsymbol{AB}-\boldsymbol{BA})\boldsymbol{X}=\boldsymbol{0}$,证明该 $\boldsymbol{X}$ 是 $\boldsymbol{A}^{-1}\boldsymbol{B}^{-1}\boldsymbol{AB}$ 关于$\lambda=1$的特征向量.

2. (1) 证明 $\boldsymbol{SS}=\boldsymbol{I}$,从而 $\boldsymbol{S}^{-1}=\boldsymbol{S}$.

(2) $\boldsymbol{S}^{-1}\boldsymbol{AS}=\begin{pmatrix}a_{44} & a_{43} & a_{42} & a_{41}\\ a_{34} & a_{33} & a_{32} & a_{31}\\ a_{24} & a_{23} & a_{22} & a_{21}\\ a_{14} & a_{13} & a_{12} & a_{11}\end{pmatrix}$

3. $\lambda_1=2$,　$\lambda_2=4$,　$\lambda_3=6$,　$\lambda_4=8$.

$\boldsymbol{\alpha}_1=(1\ \ 1\ \ 1\ \ 1)^{\mathrm{T}}$， $\boldsymbol{\alpha}_2=(1\ \ -1\ \ 1\ \ -1)$，

$\boldsymbol{\alpha}_3=(1\ \ 1\ \ -1\ \ -1)^{\mathrm{T}}$， $\boldsymbol{\alpha}_4=(1\ \ -1\ \ -1\ \ 1)^{\mathrm{T}}$.

4. (1) $\lambda=1$ 或者 $\lambda=0$.

(2) $\boldsymbol{A}$ 可对角化.

5. $\lambda_1=\lambda_2=1$， $V_{\lambda_1}=L\{3\boldsymbol{\alpha}_1-6\boldsymbol{\alpha}_2+20\boldsymbol{\alpha}_3\}$， $\lambda_3=-2$， $V_{\lambda_3}=L\{\boldsymbol{\alpha}_3\}$.

8. $\boldsymbol{A}$ 和 $\boldsymbol{C}$ 相似，$\boldsymbol{B}$ 和 $\boldsymbol{C}$ 不相似.

9. (1) $\begin{pmatrix}2&&\\&2&\\&&-1\end{pmatrix}$，$\begin{pmatrix}2&1&\\&2&\\&&-1\end{pmatrix}$.

(2) $a=0$；b 与 c 可取任何常数.

12. (1) $\boldsymbol{J}_A=\begin{pmatrix}2&&\\&1&1\\&&1\end{pmatrix}$；$\boldsymbol{P}=\begin{pmatrix}0&1&-1\\0&2&-1\\1&-1&0\end{pmatrix}$.

(2) $\boldsymbol{J}_A=\begin{pmatrix}-1&&\\&-1&1\\&&-1\end{pmatrix}$；$\boldsymbol{P}=\begin{pmatrix}2&3&1\\-1&1&0\\0&1&0\end{pmatrix}$.

(3) $\boldsymbol{J}_A=\begin{pmatrix}1&1&&\\&1&&\\&&1&1\\&&&1\end{pmatrix}$；$\boldsymbol{P}=\begin{pmatrix}1&0&0&0\\-2&1&0&0\\2&0&-1&0\\0&0&1&1\end{pmatrix}$.

13. (1) $\begin{cases}\boldsymbol{\beta}_1=\boldsymbol{\alpha}_1+\boldsymbol{\alpha}_2\\\boldsymbol{\beta}_2=\boldsymbol{\alpha}_1+\boldsymbol{\alpha}_3\\\boldsymbol{\beta}_3=-\boldsymbol{\alpha}_1\end{cases}$； $\boldsymbol{J}_A=\begin{pmatrix}4&&\\&4&1\\&&4\end{pmatrix}$.

(2) $m_T(\lambda)=(\lambda-4)^2$.

14. (1) $m_A(\lambda)=(\lambda-2)(\lambda-1)^2$； (2) $m_A(\lambda)=(\lambda+1)^2$；

(3) $m_A(\lambda)=(\lambda-1)^2$.

15. $\boldsymbol{J}=\begin{pmatrix}2&&&\\&2&&\\&&-3&1\\&&&-3\end{pmatrix}$ 或 $\begin{pmatrix}2&&&\\&-3&&\\&&-3&1\\&&&-3\end{pmatrix}$.

17. $g(\boldsymbol{A})=\boldsymbol{P}\begin{pmatrix}g(2)&&\\&g(1)&g'(1)\\&&g(1)\end{pmatrix}\boldsymbol{P}^{-1}$， $\boldsymbol{P}=\begin{pmatrix}0&1&-1\\0&2&-1\\1&-1&0\end{pmatrix}$.

19. (1) $m_A(\lambda)=(\lambda-2)(\lambda-3)$， $m_A(\lambda)=(\lambda-2)^2(\lambda-3)$，

$m_A(\lambda)=(\lambda-2)(\lambda-3)^2$， $m_A(\lambda)=(\lambda-2)^2(\lambda-3)^2$.

(2) $J_A=\begin{pmatrix}2&&&\\&2&&\\&&3&\\&&&3\end{pmatrix},\begin{pmatrix}2&1&&\\&2&&\\&&3&\\&&&3\end{pmatrix},$

$\begin{pmatrix}2&&&\\&2&&\\&&3&1\\&&&3\end{pmatrix},\begin{pmatrix}2&1&&\\&2&&\\&&3&1\\&&&3\end{pmatrix}.$

20. 提示：分解 $V_n(F)=W\oplus U$，T 的矩阵为 $\begin{pmatrix}\boldsymbol{A}&\boldsymbol{B}\\\boldsymbol{0}&\boldsymbol{C}\end{pmatrix}$，

求 $\boldsymbol{A}$ 的一个特征值 λ 对应的特征向量.

习　题　三

2. $\boldsymbol{A}=\begin{pmatrix}1&&&\\\frac{2}{\sqrt{5}}&1&&\\\frac{-4}{5}&-2&1&\\0&5&2&1\end{pmatrix}\begin{pmatrix}5&&&\\&\frac{1}{5}&&\\&&1&\\&&&-7\end{pmatrix}\begin{pmatrix}1&\frac{2}{5}&-\frac{4}{5}&0\\&1&-2&5\\&&1&2\\&&&1\end{pmatrix}.$

3. (1) $\boldsymbol{A}=\begin{pmatrix}1\\1\\1\end{pmatrix}(1\quad 1\quad 1).$

(2) $\boldsymbol{A}=\begin{pmatrix}1&0\\0&-1\\1&1\end{pmatrix}\begin{pmatrix}1&2&3&0\\0&-2&-1&1\end{pmatrix}.$

(3) $\boldsymbol{A}=\begin{pmatrix}0&1\\2&1\\2i&0\end{pmatrix}\begin{pmatrix}1&\frac{1}{2}&0\\0&0&1\end{pmatrix}.$

5. $\boldsymbol{A}=\boldsymbol{P}\begin{pmatrix}3&\\&0\end{pmatrix}\boldsymbol{P}^{-1}+\boldsymbol{P}\begin{pmatrix}0&\\&-1\end{pmatrix}\boldsymbol{P}^{-1}=3\begin{pmatrix}\frac{1}{2}&\frac{1}{4}\\1&\frac{1}{2}\end{pmatrix}-\begin{pmatrix}\frac{1}{2}&-\frac{1}{4}\\-1&\frac{1}{2}\end{pmatrix},$

$\boldsymbol{P}=\begin{pmatrix}1&1\\2&-2\end{pmatrix}.$

6. $A=P\begin{pmatrix}-2&&\\&-2&\\&&0\end{pmatrix}P^{-1}+P\begin{pmatrix}0&&\\&0&\\&&4\end{pmatrix}P^{-1},P=\begin{pmatrix}1&-1&1\\1&0&1\\0&1&2\end{pmatrix}$.

13. (1) $A=\begin{pmatrix}\frac{1}{\sqrt{6}}&\frac{1}{\sqrt{2}}&\frac{1}{\sqrt{3}}\\\frac{1}{\sqrt{6}}&-\frac{1}{\sqrt{2}}&\frac{1}{\sqrt{3}}\\\frac{2}{\sqrt{6}}&0&-\frac{1}{\sqrt{3}}\end{pmatrix}\begin{pmatrix}\sqrt{3}&0\\0&1\\0&0\end{pmatrix}\begin{pmatrix}\frac{1}{\sqrt{2}}&\frac{1}{\sqrt{2}}\\\frac{1}{\sqrt{2}}&-\frac{1}{\sqrt{2}}\end{pmatrix}$.

(2) $A=\begin{pmatrix}0&0&1&0\\0&0&0&1\\1&0&0&0\\0&1&0&0\end{pmatrix}\begin{pmatrix}1&0&0\\0&1&0\\0&0&0\\0&0&0\end{pmatrix}\begin{pmatrix}1&0&0\\0&0&1\\0&1&0\end{pmatrix}$.

习　题　四

1. $\begin{pmatrix}1&1&1\\2&2&1\end{pmatrix}$.　　2. $\begin{pmatrix}1&0\\0&1\\0&-1\end{pmatrix}$.

3. (1) $C^{-1}B_L^{-1}A^{-1}$是ABC的左逆.

(2) $C^{-1}B_R^{-1}A^{-1}$是ABC的右逆.

4. 由$A=PBQ$知，$\text{rank}(A)\leqslant\text{rank}(B)$. 又因$P$列满秩，$Q$行满秩，所以$B=P_L^{-1}AQ_R^{-1}$，于是$\text{rank}(B)\leqslant\text{rank}(A)$.

5. $A\{1\}=\left\{Q\begin{pmatrix}1&0\\0&1\\a&b\end{pmatrix}P,a,b\text{ 为任意数}\right\},P=\begin{pmatrix}1&0\\0&-1\end{pmatrix},Q=\begin{pmatrix}-3&-2&-7\\0&0&1\\2&1&4\end{pmatrix}$.

6. $\forall z\in C^n,z=z_1+z_2,z_1\in T,z_2\in N(A)$，于是$AGAz=AGAz_1+AGAz_2=AGAz_1=Az_1=Az$. 故$AGA=A$.

7. $A^+=\frac{1}{20}\begin{pmatrix}2&3&-1&1\\8&2&6&-6\\-2&-3&1&-1\end{pmatrix}$.

8. 验证A满足M－P逆定义中的四个条件.

9. $Ax=0$，即$BCx=0$，由B列满秩知$Cx=0$.

10. 必要性：由条件可推得，$AB+BA=0$，将此式左乘A得：$AB+ABA=0$；右乘A，得：$ABA+BA=0$，于是$AB=BA$，故$AB=0$.

11. 必要性:由条件可推得,$2\boldsymbol{B}=\boldsymbol{AB}+\boldsymbol{BA}$,左乘 $\boldsymbol{A}$ 得 $2\boldsymbol{AB}=\boldsymbol{AB}+\boldsymbol{ABA}$,即 $\boldsymbol{AB}=\boldsymbol{ABA}$,右乘 $\boldsymbol{A}$ 得 $2\boldsymbol{BA}=\boldsymbol{BA}+\boldsymbol{ABA}$,即 $\boldsymbol{BA}=\boldsymbol{ABA}$,故 $\boldsymbol{AB}=\boldsymbol{BA}$,从而 $\boldsymbol{B}=\boldsymbol{AB}=\boldsymbol{BA}$.

12. $\forall \boldsymbol{x}\in N(\boldsymbol{A}^+)\Rightarrow \boldsymbol{A}^+\boldsymbol{x}=\boldsymbol{0}\Rightarrow \boldsymbol{AA}^+\boldsymbol{x}=\boldsymbol{0}\Rightarrow(\boldsymbol{AA}^+)^{\mathrm{H}}\boldsymbol{x}=\boldsymbol{0}\Rightarrow(\boldsymbol{A}^+)^{\mathrm{H}}\boldsymbol{A}^{\mathrm{H}}\boldsymbol{x}=\boldsymbol{0}\Rightarrow \boldsymbol{A}^{\mathrm{H}}(\boldsymbol{A}^+)^{\mathrm{H}}\boldsymbol{A}^{\mathrm{H}}\boldsymbol{x}=\boldsymbol{0}\Rightarrow \boldsymbol{A}^{\mathrm{H}}\boldsymbol{x}=\boldsymbol{0}\Rightarrow \boldsymbol{x}\in N(\boldsymbol{A}^{\mathrm{H}})$,

$\forall \boldsymbol{x}\in N(\boldsymbol{A}^{\mathrm{H}})\Rightarrow \boldsymbol{A}^{\mathrm{H}}\boldsymbol{x}=\boldsymbol{0}\Rightarrow(\boldsymbol{A}^+)^{\mathrm{H}}\boldsymbol{A}^{\mathrm{H}}\boldsymbol{x}=\boldsymbol{0}\Rightarrow(\boldsymbol{AA}^+)^{\mathrm{H}}\boldsymbol{x}=\boldsymbol{0}\Rightarrow \boldsymbol{AA}^+\boldsymbol{x}=\boldsymbol{0}\Rightarrow \boldsymbol{AA}^+\boldsymbol{Ax}=\boldsymbol{0}\Rightarrow \boldsymbol{Ax}=\boldsymbol{0}\Rightarrow \boldsymbol{x}\in N(\boldsymbol{A})$.

$\forall \boldsymbol{y}\in R(\boldsymbol{A}^+)$,$\exists \boldsymbol{x}$,使 $\boldsymbol{y}=\boldsymbol{A}^+\boldsymbol{x}=\boldsymbol{A}^+\boldsymbol{AA}^+\boldsymbol{x}=(\boldsymbol{A}^+\boldsymbol{A})^{\mathrm{H}}\boldsymbol{A}^+\boldsymbol{x}=\boldsymbol{A}^{\mathrm{H}}(\boldsymbol{A}^+)^{\mathrm{H}}\boldsymbol{A}^+\boldsymbol{x}\in R(\boldsymbol{A}^{\mathrm{H}})$,从而 $R(\boldsymbol{A}^+)\subseteq R(\boldsymbol{A}^{\mathrm{H}})$,反过来的包含关系同理可证.

13. (1) $(\boldsymbol{AB})^2=\boldsymbol{ABAB}=\boldsymbol{AB}$,所以 $\boldsymbol{AB}$ 的特征值为 1 或 0,又 $\mathrm{rank}(\boldsymbol{AB})=n$,所以 $\boldsymbol{AB}$ 的特征值有 n 个 1,$m-n$ 个 0.

(2) $R(\boldsymbol{AB})\subseteq R(\boldsymbol{A})$,$N(\boldsymbol{B})\subseteq N(\boldsymbol{AB})$易证.注意到

$$\forall \boldsymbol{y}\in R(\boldsymbol{A}),\exists \boldsymbol{x},\text{使 } \boldsymbol{y}=\boldsymbol{Ax}=\boldsymbol{ABAx}\in R(\boldsymbol{AB}),$$

$$\forall \boldsymbol{x}\in N(\boldsymbol{AB}),\text{有 } \boldsymbol{ABx}=\boldsymbol{0}\Rightarrow \boldsymbol{BABx}=\boldsymbol{0}\Rightarrow \boldsymbol{Bx}=\boldsymbol{0},$$

即得证.

14. $\boldsymbol{A}^+=\dfrac{1}{5}\begin{pmatrix}0&1&0\\2&0&1\\0&2&0\end{pmatrix}$,$\boldsymbol{x}_0=\boldsymbol{A}^+\boldsymbol{b}=\left(\dfrac{1}{5}\ \dfrac{3}{5}\ \dfrac{2}{5}\right)^{\mathrm{T}}$.

习 题 五

1. 只验证三角不等式成立.在 $\mathbf{R}^n$ 中,定义

$$(\boldsymbol{x},\boldsymbol{y})=\sum_{i=1}^{n}a_i x_i y_i,$$

验证它是 $\mathbf{R}^n$ 的一个内积,于是三角不等式成立.

2. 直接验证.

3. $\|\boldsymbol{A}\|_1=12$,$\|\boldsymbol{A}\|_\infty=14$;

$\|\boldsymbol{Ax}\|_1=9+\sqrt{10}+\sqrt{53}$,$\|\boldsymbol{Ax}\|_\infty=\sqrt{53}$.

4. (1) $\|\boldsymbol{U}\|_2=\max\limits_{x\neq 0}\dfrac{\|\boldsymbol{Ux}\|_2}{\|\boldsymbol{x}\|_2}=\max\limits_{x\neq 0}\dfrac{((\boldsymbol{Ux})^{\mathrm{H}}\boldsymbol{Ux})^{1/2}}{(\boldsymbol{x}^{\mathrm{H}}\boldsymbol{x})^{1/2}}=\max\limits_{x\neq 0}\dfrac{(\boldsymbol{x}^{\mathrm{H}}\boldsymbol{U}^{\mathrm{H}}\boldsymbol{Ux})^{1/2}}{(\boldsymbol{x}^{\mathrm{H}}\boldsymbol{x})^{1/2}}=1$.

(2),(3) 类似可证.

5. (1) 因为

$$1=|\boldsymbol{I}|_P=\|\boldsymbol{AA}^{-1}\|_P\leqslant\|\boldsymbol{A}\|_P\|\boldsymbol{A}^{-1}\|_P,$$

所以

$$\|\boldsymbol{A}^{-1}\|_P\geqslant\|\boldsymbol{A}\|_P^{-1}.$$

(2) 因为

$$\|\boldsymbol{A}^{-1}\|_P=\max_{x\neq 0}\frac{\|\boldsymbol{A}^{-1}\boldsymbol{x}\|_P}{\|\boldsymbol{x}\|_P}\xlongequal{\boldsymbol{A}^{-1}\boldsymbol{x}=\boldsymbol{y}}\max_{y\neq 0}\frac{\|\boldsymbol{y}\|_P}{\|\boldsymbol{Ay}\|_P}$$

$$=\left(\min_{y\neq 0}\frac{\|\boldsymbol{Ay}\|_P}{\|\boldsymbol{y}\|_P}\right)^{-1},$$

所以
$$\|\boldsymbol{A}^{-1}\|_P^{-1}=\min_{x\neq 0}\frac{\|\boldsymbol{Ax}\|_P}{\|\boldsymbol{x}\|_P}.$$

6. 因$\{\boldsymbol{A}^{(k)}\}$收敛于$\boldsymbol{A}$,则对任意矩阵范数$\|\cdot\|$,有
$$\|\boldsymbol{A}^{(k)}-\boldsymbol{A}\|\to 0,$$
又
$$\|\boldsymbol{P}^{-1}\boldsymbol{A}^{(k)}\boldsymbol{P}-\boldsymbol{P}^{-1}\boldsymbol{AP}\|=\|\boldsymbol{P}^{-1}(\boldsymbol{A}^{(k)}-\boldsymbol{A})\boldsymbol{P}\|$$
$$\leqslant\|\boldsymbol{P}^{-1}\|\cdot\|\boldsymbol{A}^{(k)}-\boldsymbol{A}\|\cdot\|\boldsymbol{P}\|\to 0,$$
所以
$$\lim_{k\to\infty}\boldsymbol{P}^{-1}\boldsymbol{A}^{(k)}\boldsymbol{P}=\boldsymbol{P}^{-1}\boldsymbol{AP}.$$

7. $\begin{pmatrix}1&0&-1\\0&1&-1\\0&0&0\end{pmatrix}$.

8. $|c|<\frac{1}{2}$.

9. $|\lambda|\leqslant\rho(\boldsymbol{A})\Rightarrow|\lambda^k|=|\lambda|^k\leqslant(\rho(\boldsymbol{A}))^k=\rho(\boldsymbol{A}^k)$. 又$\rho(\boldsymbol{A}^k)\leqslant\|\boldsymbol{A}^k\|$,所以$|\lambda|\leqslant\|\boldsymbol{A}^k\|^{\frac{1}{k}}$.

10. 设$\boldsymbol{A}$的特征值为$\lambda_1,\lambda_2,\cdots,\lambda_n$,因为$\boldsymbol{A}$是正规阵,所以存在酉矩阵$\boldsymbol{U}$,使得
$$\boldsymbol{U}^{\mathrm{H}}\boldsymbol{AU}=\mathrm{diag}(\lambda_1\quad\lambda_2\quad\cdots\quad\lambda_n),$$
于是
$$\boldsymbol{U}^{\mathrm{H}}\boldsymbol{A}^{\mathrm{H}}\boldsymbol{AU}=(\boldsymbol{U}^{\mathrm{H}}\boldsymbol{AU})^{\mathrm{H}}\cdot\boldsymbol{U}^{\mathrm{H}}\boldsymbol{AU}=\mathrm{diag}(|\lambda_1|^2\quad|\lambda_2|^2\quad\cdots\quad|\lambda_n|^2),$$
即$\boldsymbol{A}^{\mathrm{H}}\boldsymbol{A}$的特征值为$|\lambda_1|^2,|\lambda_2|^2,\cdots,|\lambda_n|^2$,从而
$$\|\boldsymbol{A}\|_2=\boldsymbol{A}^{\mathrm{H}}\boldsymbol{A}\text{ 的最大特征值的平方根}=\rho(\boldsymbol{A}).$$

11. $\frac{2}{3}\begin{pmatrix}4&7\\3&9\end{pmatrix}$.

12. 收敛.

13. $\boldsymbol{B}=\boldsymbol{P}^{-1}\boldsymbol{AP},\boldsymbol{B}^k=\boldsymbol{P}^{-1}\boldsymbol{A}^k\boldsymbol{P}$. 验证$\sum_{k=0}^{\infty}\boldsymbol{B}^k$收敛$\Leftrightarrow\sum_{k=0}^{\infty}\boldsymbol{A}^k$收敛.

14. $$\mathrm{e}^{\boldsymbol{A}t}=\begin{pmatrix}\mathrm{e}^{2t}&12\mathrm{e}^t-12\mathrm{e}^{2t}+13t\mathrm{e}^{2t}&-4\mathrm{e}^t+4\mathrm{e}^{2t}\\0&\mathrm{e}^{2t}&0\\0&-3\mathrm{e}^t+3\mathrm{e}^{2t}&\mathrm{e}^t\end{pmatrix},$$
$$\sin\boldsymbol{A}t=\begin{pmatrix}\sin 2t&12\sin t-12\sin 2t+13t\cos 2t&-4\sin t+4\sin 2t\\0&\sin 2t&0\\0&-3\sin t+3\sin 2t&\sin t\end{pmatrix}.$$

15. $$\mathrm{e}^{\boldsymbol{A}t}=\begin{pmatrix}\mathrm{e}^t&-4\mathrm{e}^t+4\mathrm{e}^{2t}&-5\mathrm{e}^t+5\mathrm{e}^{3t}\\0&\mathrm{e}^{2t}&0\\0&0&\mathrm{e}^{3t}\end{pmatrix}.$$

16. $e^{At}=e^{-t}\begin{pmatrix}1+4t & 0 & 8t\\ 3t & 1 & 6t\\ -2t & 0 & 1-4t\end{pmatrix}$, $x(t)=((1+12t)e^{-t}\quad (1+9t)e^{-t}\quad (1-6t)e^{-t})^{T}$.

17. $e^{At}=\begin{pmatrix}1-2t & t & 0\\ -4t & 2t+1 & 0\\ 1+2t-e^{t} & e^{t}-t-1 & e^{t}\end{pmatrix}$, $x(t)=(1\quad 1\quad (t-1)e^{t})^{T}$.

习 题 六

1. (1) 使用定理 5.2,对 k 用归纳法证.

(2) 设 $\mathrm{rank}(\boldsymbol{A})=r$, $\mathrm{rank}(\boldsymbol{B})=s$, $\exists\, \boldsymbol{P}_1,\boldsymbol{P}_2,\boldsymbol{Q}_1,\boldsymbol{Q}_2$,有

$$\boldsymbol{P}_1\boldsymbol{A}\boldsymbol{Q}_1=\begin{pmatrix}\boldsymbol{I}_r & \boldsymbol{0}\\ \boldsymbol{0} & \boldsymbol{0}\end{pmatrix},\quad \boldsymbol{P}_2\boldsymbol{B}\boldsymbol{Q}_2=\begin{pmatrix}\boldsymbol{I}_s & \boldsymbol{0}\\ \boldsymbol{0} & \boldsymbol{0}\end{pmatrix},$$

则

$$(\boldsymbol{P}_1\otimes\boldsymbol{P}_2)(\boldsymbol{A}\otimes\boldsymbol{B})(\boldsymbol{Q}_1\otimes\boldsymbol{Q}_2)=(\boldsymbol{P}_1\boldsymbol{A}\boldsymbol{Q}_1)\otimes(\boldsymbol{P}_2\boldsymbol{B}\boldsymbol{Q}_2)=\begin{pmatrix}\boldsymbol{I}_r & \boldsymbol{0}\\ \boldsymbol{0} & \boldsymbol{0}\end{pmatrix}\otimes\begin{pmatrix}\boldsymbol{I}_s & \boldsymbol{0}\\ \boldsymbol{0} & \boldsymbol{0}\end{pmatrix}.$$

$$\mathrm{rank}(\boldsymbol{A}\otimes\boldsymbol{B})=\mathrm{rank}\left(\begin{pmatrix}\boldsymbol{I}_r & \boldsymbol{0}\\ \boldsymbol{0} & \boldsymbol{0}\end{pmatrix}\otimes\begin{pmatrix}\boldsymbol{I}_s & \boldsymbol{0}\\ \boldsymbol{0} & \boldsymbol{0}\end{pmatrix}\right)=r\cdot s.$$

(3) $\mathrm{rank}(\boldsymbol{A}\otimes\boldsymbol{B})=\boldsymbol{0}\Leftrightarrow\boldsymbol{A}\otimes\boldsymbol{B}=\boldsymbol{0}$.

由(2) $\mathrm{rank}(\boldsymbol{A}\otimes\boldsymbol{B})=\mathrm{rank}(\boldsymbol{A})\mathrm{rank}(\boldsymbol{B})=0\Rightarrow$或 $\begin{matrix}\mathrm{rank}(\boldsymbol{A})=0\Leftrightarrow\boldsymbol{A}=\boldsymbol{0},\\ \mathrm{rank}(\boldsymbol{B})=0\Leftrightarrow\boldsymbol{B}=\boldsymbol{0}.\end{matrix}$

3. $(\boldsymbol{x}\otimes\boldsymbol{u},\boldsymbol{y}\otimes\boldsymbol{v})=(\boldsymbol{y}\otimes\boldsymbol{v})^{H}(\boldsymbol{x}\otimes\boldsymbol{u})=(\boldsymbol{y}^{H}\boldsymbol{x})\otimes(\boldsymbol{v}^{H}\boldsymbol{u})=(\boldsymbol{y}^{H}\boldsymbol{x})\cdot(\boldsymbol{v}^{H}\boldsymbol{u})$. 内积为数.

4. $$\begin{aligned}\mathrm{tr}(\boldsymbol{A}\otimes\boldsymbol{B})&=\mathrm{tr}(a_{11}\boldsymbol{B})+\mathrm{tr}(a_{22}\boldsymbol{B})+\cdots+\mathrm{tr}(a_{mm}\boldsymbol{B})\\&=a_{11}\mathrm{tr}(\boldsymbol{B})+a_{22}\mathrm{tr}(\boldsymbol{B})+\cdots+a_{mm}\mathrm{tr}(\boldsymbol{B})\\&=(a_{11}+a_{22}+\cdots+a_{mm})\mathrm{tr}(\boldsymbol{B})=\mathrm{tr}(\boldsymbol{A})\cdot\mathrm{tr}(\boldsymbol{B}).\end{aligned}$$

5. 直接验证 $\boldsymbol{H}_1\otimes\boldsymbol{H}_2$ 满足 Hadamard 定义的条件.

6. $$\boldsymbol{E}=\begin{pmatrix}1&0&0\\0&0&0\\0&0&0\\0&0&0\\0&1&0\\0&0&0\\0&0&0\\0&0&0\\0&0&1\end{pmatrix}.$$

8. 用定理 6.3 结合题 1(2)证.

9. 注意 $\mathrm{Vec}(T_1(\boldsymbol{X}))$是 $T_1(\boldsymbol{X})$在$\{\boldsymbol{E}_{ij}, i=1,2,\cdots,m; j=1,2,\cdots,n\}$下的坐标,又

$$T_1(\boldsymbol{X}) = \boldsymbol{AXB} \Rightarrow \mathrm{Vec}(T_1(\boldsymbol{X})) = \boldsymbol{B}^{\mathrm{T}} \otimes \boldsymbol{A}\mathrm{Vec}(\boldsymbol{X}),$$

由线性变换的坐标式,可知 T_1 的变换矩阵为 $\boldsymbol{B}^{\mathrm{T}}\otimes\boldsymbol{A}$. 同理可证 $T_2(\boldsymbol{X})$.

10. $\boldsymbol{X}=\begin{pmatrix} 1 & k \\ -2 & -1 \end{pmatrix}$, k 为任意常数.

11. $\forall r,s,\mu\neq\lambda_r-\lambda_s$, λ_i 为 $\boldsymbol{A}$ 的特征值.

12. 因为$(\boldsymbol{I}_n{}^{\mathrm{T}}\otimes\boldsymbol{I}_m-\boldsymbol{B}^{\mathrm{T}}\otimes\boldsymbol{A})\mathrm{Vec}\boldsymbol{X}=\mathrm{Vec}\boldsymbol{D}$,当 $\rho(\boldsymbol{A})\cdot\rho(\boldsymbol{B})<1$ 时$\Rightarrow\rho(\boldsymbol{B}^{\mathrm{T}}\otimes\boldsymbol{A})<1$, $(\boldsymbol{I}_{mn}-\boldsymbol{B}^{\mathrm{T}}\otimes\boldsymbol{A})$可逆,且

$$\mathrm{Vec}\boldsymbol{X} = (\boldsymbol{I}_{mn} - \boldsymbol{B}^{\mathrm{T}} \otimes \boldsymbol{A})^{-1}\mathrm{Vec}\boldsymbol{C} = \sum_{k=0}^{\infty}(\boldsymbol{B}^{\mathrm{T}} \otimes \boldsymbol{A})^k\mathrm{Vec}(\boldsymbol{C}) = \mathrm{Vec}\sum_{k=0}^{\infty}\boldsymbol{A}^k\boldsymbol{C}\boldsymbol{B}^k.$$

13. $(\boldsymbol{C}(t))_{ij}=(\boldsymbol{A}(t)\otimes\boldsymbol{B}(t))_{ij}=a_{ij}(t)\boldsymbol{B}(t)$

利用

$$\frac{\mathrm{d}}{\mathrm{d}t}(a_{ij}(t)\boldsymbol{B}(t))=\frac{\mathrm{d}a_{ij}(t)}{\mathrm{d}t}\boldsymbol{B}(t)+a_{ij}(t)\frac{\mathrm{d}\boldsymbol{B}(t)}{\mathrm{d}t}$$
$$=\left(\frac{\mathrm{d}\boldsymbol{A}(t)}{\mathrm{d}t}\otimes\boldsymbol{B}(t)+\boldsymbol{A}\times\frac{\mathrm{d}\boldsymbol{B}(t)}{\mathrm{d}t}\right)_{ij}.$$

参 考 书 目

1 余鄂西.矩阵论.北京:高等教育出版社,1995.

2 蒋正新,等.矩阵理论及其应用.北京:北京航空学院出版社,1988.

3 程云鹏.矩阵论.西安:西北工业大学出版社,1999.

4 北京大学数学系.高等代数.北京:高等教育出版社,1987.

5 史荣昌.矩阵分析.北京:北京理工大学出版社,1996.

6 罗家洪.矩阵分析引论.广州:华南理工大学出版社,2000.

7 李乔.矩阵论八讲.上海:上海科学技术出版社,1988.

8 Fuzhen Zhang, Matrix Theory, Springer, 1999.

“研究生教学用书”可供书目

书　　名	作　者
机械工程测试·信息·信号分析(第二版)(教育部推荐教材,获国家级优秀教材奖、获部委优秀教材奖、省科技进步奖)	卢文祥等
应用泛函简明教程(第三版)	李大华
时间序列分析与工程应用(上)(下)(获中国图书奖、国家图书奖)	杨叔子等
偏微分方程数值解法(第二版)	徐长发
数字语音处理(获部委优秀教材奖、省科技进步奖)	姚天任
辩证法史论稿	阳作华等
机械振动系统——分析、测试、建模与对策(上)(下)(第二版)(教育部推荐教材,获部委优秀教材奖)	师汉民等
薄膜生长理论(获部委优秀教材奖)	王敬义
高等弹性力学	钟伟芳等
硒的化学、生物化学及其在生命科学中的应用	徐辉碧等
水电系统最优控制	张勇传
高等工程数学(第三版)	于　寅
并行分布式程序设计	刘　键
损伤力学(获中国图书奖)	沈　为
非线性分析——理论与方法	胡适耕
模糊专家系统	李　凡
现代数字信号处理	姚天任等
动态传热学	郭方中
内燃机工作过程模拟	刘永长
半鞅序列理论及应用	胡必锦
化学计量学	陆晓华等
自然辩证法新编(第二版)	李思孟等
机电动力系统分析	辜承林
并行程序设计方法学	刘　键
加工过程数控(第二版)(教育部推荐教材)	宾鸿赞
近代数学基础	于　寅
气体电子学	丘军林
工程噪声控制学	黄其柏
最优化原理	胡适耕

书　　名	作　者
随机过程(第二版)	刘次华
信息存储技术原理	张江陵
应用群论导引	张端明
高等教育管理学	姚启和
稳定性的理论方法和应用	廖晓昕
动力工程现代测试技术	黄素逸
行政学原理(第二版)(教育部推荐教材)	徐晓林
中国传统文化十二讲	王炯华
实用小波方法(第二版)	徐长发
建筑结构诊断鉴定与加固修复	李惠强
国际经济学	方齐云
遗传算法及其在电力系统中的应用	熊信银等
英语科技学术论文——撰写与投稿(第二版)	朱月珍
非线性固体计算力学	宋天霞
现代制造系统的监控与故障诊断	周祖德
制造系统性能分析建模——理论与方法	李培根
快速成形技术	王运赣
智能系统非经典数学方法	朱剑英
面向对象程序设计及其应用	刘正林
激光先进制造技术	郑启光
断裂力学及断裂物理	赵建生
水力发电过程控制	叶鲁卿
科学社会主义理论与实践	编写组
现代实用光学系统	陈海清
矩阵论	杨明　刘光忠
微观经济的数理分析	胡适耕
矩阵论学习辅导与典型题解析	林升旭
数值分析	李　红
钢筋混凝土非线性有限元及其优化设计	宋天霞等
快速模具制造及其应用	王运赣
高等流体力学	王献孚
工业激光技术	丘军林
计算流体力学	李万平
科技应用中的微分变分模型	徐长发
动力机械电子控制	张宗杰